U0217622

堰塞坝应急处置
与开发利用

张宗亮　程　凯　吴学明　周兴波　等 编著

中国水利水电出版社
www.waterpub.com.cn
·北京·

内 容 提 要

　　本书是中国电建集团昆明勘测设计研究院有限公司以技术创新为主体，依托红石岩堰塞坝应急处置与开发利用工作创新研究成果，理论联系实际，对堰塞坝应急抢险、后续处置、开发利用三个阶段的工作进行了深入的研究和探讨，在充分吸收高等院校、科研机构和施工单位等产、学、研创新成果的基础上，总结了堰塞坝应急处置与开发利用的关键技术成功经验。

　　本书适合从事堰塞湖灾害应急处置与开发利用工作的人员使用，也可供高等院校水利工程、防灾减灾相关专业师生参考。

图书在版编目（CIP）数据

堰塞坝应急处置与开发利用 / 张宗亮等编著. -- 北京 ：中国水利水电出版社，2021.2
ISBN 978-7-5170-9429-6

Ⅰ. ①堰… Ⅱ. ①张… Ⅲ. ①堤防抢险 Ⅳ. ①TV871.3

中国版本图书馆CIP数据核字（2021）第029590号

书　　名	堰塞坝应急处置与开发利用 YANSEBA YINGJI CHUZHI YU KAIFA LIYONG
作　　者	张宗亮　程　凯　吴学明　周兴波　等　编著
出版发行	中国水利水电出版社 （北京市海淀区玉渊潭南路1号D座　100038） 网址：www. waterpub. com. cn E - mail：sales@mwr. gov. cn 电话：（010）68545888（营销中心）
经　　售	北京科水图书销售有限公司 电话：（010）68545874、63202643 全国各地新华书店和相关出版物销售网点
排　　版	中国水利水电出版社微机排版中心
印　　刷	北京印匠彩色印刷有限公司
规　　格	184mm×260mm　16开本　27.5印张　669千字
版　　次	2021年2月第1版　2021年2月第1次印刷
印　　数	0001—1000册
定　　价	**258.00元**

本书编委会

主　　编　张宗亮

副 主 编　程　凯　吴学明　周兴波

参编人员　杨再宏　张丙印　肖恩尚　周　伟　周彦章

　　　　　　严　磊　王　昆　迟世春　李明宇　冯燕明

　　　　　　吴小东　徐云泉

PREFACE 序

　　获悉《堰塞坝应急处置与开发利用》一书即将付梓，欣然为之作序。

　　我国是全球地质灾害多发的国家，堰塞坝是山体滑坡堵塞江河形成的挡水体。近年来受强降雨、强地震等极端条件影响，堰塞坝发生频率明显增加，其不仅会造成巨大的淹没损失，而且一旦失控溃决将严重威胁下游沿岸人民生命财产安全。仅 2008 年汶川地震就诱发形成 34 座堰塞湖，其中唐家山堰塞湖危及下游 130 多万人民生命，紧急转移近 28 万人。堰塞坝应急处置与开发利用是国家自然灾害防治体系建设的重大需求。受环境危险、条件恶劣、时间紧迫、交通不便等因素制约，且堰塞体具有水文气象、地形地质、物质结构、溃堰形式、环境社会等不确定性，以及宽级配非均匀结构、材料颗粒尺度离散性大、空间结构和物性参数随机性强等特征，堰塞坝应急抢险和处置难度极大。堰塞坝整治开发利用是根除堰塞体风险、减灾兴利的关键举措，国内外尚无先例，现有技术难以解决堰塞坝勘察设计施工难题。

　　红石岩堰塞坝是 2014 年 "8·03" 云南鲁甸 6.5 级强震引发山体滑坡而形成的，堰塞坝高 103m，库容 2.6 亿 m^3，控制流域面积 12087 km^2，回水长度 25km，边坡高度 750m，堰塞体总方量约 1000 万 m^3，堰塞湖直接影响上下游沿河 3 万余人以及下游天花板、黄角树水电站的安全，其风险等级为 "极高危险"，溃决损失严重性为 "严重"。

　　本书依托国家、企业科技项目，以 "产学研用" 深度融合创新模式，在堰塞体风险识别与溃堰分析的应急抢险关键技术、堰塞坝静动力工作性态分析和安全评价新方法、堰塞坝开发利用勘察设计与安全监控技术体系、堰塞坝开发利用的关键灌浆材料和施工成套装备等方面进行了系统研究，首创堰塞坝 "应急抢险—后续处置—开发利用" 一体化技术体系。

　　红石岩堰塞坝作为首例 "减灾兴利、变废为宝" 的堰塞体整治开发利用工程，具有极强的示范和引领作用。如今，红石岩堰塞湖已经被改造成具有防洪、供水、灌溉、发电等功能的大型综合水利枢纽，工程于 2019 年下闸蓄水、2020 年 6 月正式发电，经历了高水位的考验，运行安全。

　　本书研究成果为今后各类堰塞湖、滑坡体等自然灾害的应急抢险、后续处置及开发利用提供宝贵经验，有力促进了高效科学的堰塞坝灾害防治体系的建立，为国家自然灾害监测预警信息化工程建设提供技术支撑，可全面提升国家的自然灾害应急处置能力。

中国科学院院士

2020 年 10 月

20 世纪 80 年代以来，国内外专家已经对堰塞坝开展了相关研究，主要包括堰塞坝形成条件和机制、失稳溃决特性及稳定分析方法、应急除险技术等。2008 年"5·12"汶川地震发生后，形成了以唐家山堰塞湖为代表的多个堰塞湖，给下游人民生命财产带来了巨大威胁，有关单位相继开展了"震损水库及堰塞湖风险评估与处置关键技术研究"等 6 个堰塞坝相关的国家和行业科研项目研究，我国堰塞坝应急处置技术研究得到快速发展。2009 年以后，水利部陆续颁布实施了堰塞湖风险等级划分及应急处置等行业技术标准，在甘肃省舟曲特大山洪泥石流堵江等堰塞湖应急处置中发挥了重要作用。

在 2014 年"8·03"鲁甸地震牛栏江红石岩堰塞湖形成后，中国电建集团昆明勘测设计研究院有限公司（以下简称"昆明院"）迅速组织人员研发了堰塞坝应急抢险指挥平台，在应急抢险中发挥了重要作用。应急处置的 10 余天时间，昆明院在中国水利水电科学研究院、长江水利勘测规划设计研究院等单位的配合下，先后编制完成了《堰塞湖对上下游影响分析报告》《堰塞体安全评价报告》《应急处置后续评估及后续处置报告》《应急泄洪通道安全评价报告》等，科学、快速、准确地提交了抢险和应急处置方案并付诸实施，使得堰塞湖得以快速放空，为后期开发利用创造了条件。堰塞坝体量大、坝坡缓，物质组成较好，整体稳定性满足要求，右岸边坡整体稳定，有可以利用的水头落差，后续处置完成后有施工期的泄流通道和施工时间，因而创新性提出"减灾兴利、开发利用"的治理思路。

虽然国内外学者已经针对堰塞湖、堰塞坝开展了不少研究工作，但主要集中于堰塞湖应急抢险方面，关于堰塞坝开发利用的相关研究少见报道。完成堰塞湖应急抢险后，对堰塞坝进行病险情处置、加固处理及开发利用，使之成为调蓄水库和绿色电站，具有良好的经济和社会效益。目前国内外直接利用堰塞坝或堰塞湖的工程案例很少，相应的综合勘察技术、综合治理技术、加固处理技术、安全监测技术和安全保障技术成果缺乏，其开发利用评价理论、病险情处置、勘测设计、加固处理与安全保障等技术明显不足。

堰塞坝具有水文气象、地形地质、物质结构、溃堰形式、环境社会等不确定性，以及宽级配非均匀结构、材料颗粒尺度离散性大、空间结构和物性参数随机性强等特征。堰塞坝形成诱因、形成机理和特征有所不同。为满足堰塞坝应急抢险和开发利用需要，亟须研究基于乏信息基础数据采集技术、溃坝机理及洪水演进分析，识别和评价堰塞坝空间结构和物性参数以及其密实性、级配、均匀性和结构特性，开发基于尺寸效应分析方案的堰塞坝长期变形规律研究，提出堰塞坝开发利用勘察设计及施工关键技术。为了解决堰塞坝应急处置与开发利用中面临的上述关键科学技术问题，昆明院联合国内多家相关高校和科研机构开展了大量科研工作，并将成果应用于红石岩堰塞坝的应急处置和开发利用中，取得了良好的效果。

为了推广应用该项目科研成果，使其发挥更大的效益，特将取得的研究成果整理编写成书。本书从堰塞体风险识别与溃堰分析的应急抢险关键技术、堰塞坝静动力工作性态分析和安全评价新方法、堰塞坝开发利用勘察设计与安全监控技术体系、堰塞坝开发利用的关键灌浆材料和施工成套装备等方面详细介绍了堰塞坝应急处置与开发利用的关键技术，创建堰塞坝"应急抢险—后续处置—开发利用"一体化技术体系，可为今后堰塞坝的应急处置和开发利用提供有益参考。

由于作者水平有限，书中难免存在错误和不足之处，敬请读者批评指正。

作 者

2020 年 10 月

目录

CONTENTS

绪论 1

1.1 堰塞湖

堰塞湖是在一定的地质和地貌条件下，由于河谷岸坡在动力地质作用下迅速产生崩塌、滑坡、泥石流以及冰川、融雪活动所产生的堆积物或火山喷发物等形成的自然堤坝横向阻塞山谷、河谷或河床，导致上游段壅水而形成的。而起挡水作用的自然堤坝称之为堰塞坝。

堰塞湖在世界各国山区沟谷中有广泛的发育，常伴随地质灾害产生。我国是一个地震多发国家，尤其是西南地区地处青藏高原的周边地带，随着青藏高原第四纪期间的快速隆升及河谷的快速下切，在青藏高原东部形成典型的高山峡谷地貌；此外，该区的断裂带如龙门山断裂、鲜水河断裂、安宁河—红河断裂等活动频繁，造成该区域强震活动不断出现。在高山峡谷、高地应力场、地震活动、暴雨及人类活动等复杂的内外动力耦合作用下，我国西南地区大规模的崩塌、滑坡事件屡屡发生，尤其在河谷地段往往发生大型的崩滑堵江断流形成堰塞坝的事件。近年来受极端条件（气候、地震等）影响，堰塞坝发生频率明显增加。表 1.1-1、表 1.1-2 分别列举了国内外部分典型的堰塞坝（湖）。

堰塞坝的高度有几米到几百米，其最大高度比目前世界上已建、在建和拟建的人工土石坝都要高，形成的堰塞湖的库容从几十立方米到上百亿立方米，其存在时间也由数小时至数百年甚至上千年，长者足以超过任何一个人工水库的使用期。如表 1.1-2 中所列的发生于 1911 年在塔吉克斯坦境内的地震造成 22 亿 m^3 的滑坡体失稳，形成一个长 6km、高 600m 的堰塞坝，并在坝后形成一个库容达 170 亿 m^3 的萨雷兹湖，该堰塞坝远远高出人类建造的土石坝世界纪录。

堰塞坝具有水文气象、地形地质、物质结构、溃坝形式、环境社会等不确定性，以及宽级配非均匀结构、材料颗粒尺度离散性大、空间结构和物性参数随机性强等特征，堰塞坝开发利用是根除堰塞体风险、减灾兴利的重大举措，属于国家重大需求课题，但在堰塞坝应急抢险、后续处置、开发利用三大阶段中，仍有诸多重大科学技术难题亟待解决，且现有技术难以解决堰塞坝勘察设计施工难题。本书系统阐述了堰塞湖应急抢险与风险处置、堰塞体工作形态分析和安全评价、堰塞坝开发利用评估与规划、堰塞坝开发利用勘察与设计、堰塞坝开发利用施工与装备等方面研究成果，构建了堰塞坝应急处置与开发利用一体化技术体系。

表 1.1-1 国内部分堰塞坝（湖）一览表

序号	堰塞坝（湖）名称	形成时间	堰塞体方量/万 m^3	堰塞湖库容/万 m^3
1	叠溪古城堰塞湖	1933 年	1.5	40000
2	天山奎屯河堰塞湖	1987 年 7 月 15 日	7.5	166.6
3	台湾花莲堰塞湖	1999 年	15000	4600
4	易贡巨型滑坡堰塞湖	2000 年 4 月 9 日	28000~30000	288
5	大宁河青岩洞滑坡堰塞湖	2005 年 6 月 21 日	30	150
6	窑子沟堰塞湖	2008 年 5 月 12 日	80.8	620
7	关门山堰塞湖	2008 年 5 月 12 日	92.3	370
8	肖家桥堰塞坝	2008 年 5 月 12 日	242	3000
9	唐家山堰塞湖	2008 年 5 月 12 日	2037	31600
10	木鱼镇堰塞坝	2008 年 5 月 12 日	4	10
11	杨家沟堰塞湖	2008 年 5 月 12 日	60	85
12	茂县宗渠沟堰塞湖	2008 年 5 月 12 日	80	25
13	青牛沱崩塌群及崩滑堵江形成堰塞湖	2008 年 5 月 12 日	2.99	55.97
14	武隆鸡尾山堰塞湖	2009 年 6 月 5 日	1200	49
15	汉源永定桥飞水沟堰塞湖	2010 年 7 月 20 日	60	195
16	贵州岑巩县思旸镇龙家坡堰塞湖	2012 年 6 月 29 日	300~400	7
17	甲尔沟堰塞湖	2012 年 8 月	6.5	0.3
18	三交乡永定桥堰塞湖	2013 年 7 月 13 日	160	200
19	牛栏江红石岩堰塞湖	2014 年 8 月 3 日	1200	26000
20	白格堰塞湖	2018 年 10 月 10 日	2500	5000

表 1.1-2 国外部分堰塞坝（湖）一览表

序号	堰塞坝（湖）名称	国家	形成时间	堰塞体方量/万 m^3	堰塞湖库容/万 m^3
1	萨雷兹湖	塔吉克斯坦	1911 年	200000	1700000
2	奥斯迪亚湖	意大利	1952 年	8	230
3	艾力达湖	日本	1953 年	260	5000
4	德拉贡湖	意大利	1954 年	700	910
5	马蒂森湖	美国	1959 年	2600	118100
6	瓦琼特滑坡	意大利	1963 年	25000	600
7	凡杜森湖	美国	1964 年	43	7500
8	白谷云水湖	日本	1965 年	140	900

续表

序号	堰塞坝（湖）名称	国家	形成时间	堰塞体方量/万 m³	堰塞湖库容/万 m³
9	恒河瑞诗湖	印度	1968 年	43	57600
10	南史密斯福克湖	美国	1970 年	28	77500
11	科斯坦蒂诺湖	意大利	1973 年	600	430
12	沃福伦湖	加拿大	1974 年	7	2100
13	曼塔罗湖	秘鲁	1974 年	30100	4500000
14	泼尼湖	美国	1983 年	2	65200
15	奥塔基湖	日本	1984 年	1250	12000
16	贝拉曼湖	巴布亚新几内亚	1985 年	12000	5000
17	普拉湖	意大利	1987 年	4000	5380
18	波斯基亚沃湖	意大利	1987 年	8156	1980
19	银溪湖	美国	1988 年	2	1400
20	凯巴布湖	美国	1990 年	0.14	1800
21	拉利玛湖	危地马拉	1998 年	50000	600
22	桑科西湖	尼泊尔	2014 年	200	1110

1.1.1 堰塞湖的成因

从堰塞湖成因分类研究来看，国内外学者依据其诱发因素将堰塞湖分为地震堰塞湖、冰碛堰塞湖、火山堰塞湖、沉积堰塞湖四类。从堰塞湖形成和影响因素研究来看，Schuster 和 Costa（1986）在对一些天然土石坝调查研究的基础上，确定出控制堰塞湖发育的主要因素，包括构造活动、地震、火山活动，以及岩层的上下层节理、裂隙、变形错动等。柴贺军等（2002）对岷江流域的堰塞湖进行调查，发现巨大的滑坡和易产生粗大颗粒的硬岩有利于堰塞湖的形成。崔鹏等（2003）发现，泥石流堰塞湖的形成前提为泥石流具有大量的粗大颗粒及较大的流量和总量，主要影响因素为泥石流流量、泥石流一次堆积的总量、主河的流量、泥石流沟与主河的交角、泥石流的物质组成等。此外，对于高海拔山区，第四纪冰川退缩的过程中冰碛物堆积和固结后，其后缘径流汇集可形成冰碛堰塞湖。我国大量的冰碛堰塞湖均是在第四纪冰川退缩过程中冰碛物堵塞沟道而形成，典型代表有米堆沟的光谢措和聂拉木的嘎龙措等。从堰塞湖形成过程、模式与力学机理研究来看，结合实验分析方法和水力学分析方法，建立了一些定量和半定量的堰塞湖溃决动力过程模型。

随着青藏高原的隆起，地表强烈侵蚀与剥蚀，为堰塞湖发育提供了条件，其分布广泛，堰塞湖形成机理研究也越来越得到人们的重视。堰塞湖的形成机理是地球内外动力共同作用的结果，其研究主要集中在深化现场调查和物理模拟定量描述堰塞湖形成的地质条件、地形条件和动力条件，分析堰塞湖的物质运动和能量转化以阐释堰塞湖的形成和发展过程。极端气候与地震活动对堰塞湖发育的控制将是今后研究的重点。

根据世界上 184 个堰塞体的调查研究发现，在表 1.1-3 梳理的六种滑坡堵江类型中，最为常见的是第Ⅱ种和第Ⅲ种堵江模式，其中第Ⅱ种模式约占统计总数的 44%，第Ⅲ种模式约占统计总数的 41%；其余几种模式则并不常见，第Ⅰ种模式约占 11%，而第Ⅳ种、第Ⅴ种、第Ⅵ种模式约占统计总数的 4%。

1.1.2 堰塞坝的特征

1.1.2.1 寿命特征

堰塞坝形成后，由于其体积、内部结构、组成物质、上游集水面积及流量等特征差别很大，以致其生存时间差异甚远，有的形成后立即被水流冲走消失，而有的则存在几十年甚至几百年的时间。

Costa 和 Schuster（1988）对世界上 72 个已溃坝堰塞坝资料分析，约 15% 的堰塞坝在形成后长时间未发生溃决，甚至有些自形成以来一直保留至今。根据 63 个有详细记载堰塞坝溃决时间统计发现，堰塞坝形成后，有 22% 的在一天内溃决，44% 的在一周内溃决，50% 的在 10 天内溃决，59% 的在一个月内溃决，83% 的在 6 个月内溃决，91% 的在一年内溃决（见图 1.1-1）。

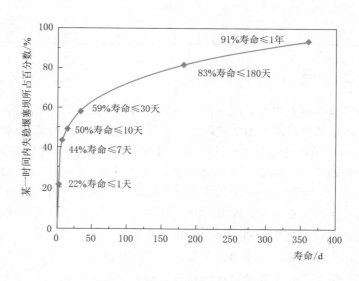

图 1.1-1　堰塞坝寿命统计曲线

一般情况下，大部分堰塞坝在形成一年以内溃决，如果一年之内堰塞坝没有发生破坏，则发生溃决的可能性较小。如 1911 年塔吉克斯坦东南部的穆尔加布河上形成的长 6km 的萨雷兹堰塞坝（坝高 600m，库容约 $1.7 \times 10^{10} \mathrm{m}^3$），至今未发生溃决，但是不排除在一些突发因素的影响（如特大洪水、地震等）下，会导致长期处于稳定状态的堰塞坝突然溃决的风险。如美国怀俄明州的格若斯维崔湖和澳大利亚的伊丽莎白湖的堰塞坝，在存在几年以后由于罕见的特大洪水而溃决。

表1.1-3　堰塞湖形成的主要模式

模式	特　征	平面示意图	剖面示意图	典型实例
I	滑坡、崩塌体或泥石流以较高的速度穿越河床冲向对岸，并有一定的爬高。 如果爬坡未超过对岸河床形成堰塞体（I），规模一般较小、较低，很少带来危害。			金沙江中游清石板堰塞坝
II	若滑体冲向对岸形成的爬坡超过河床继续沿斜坡向上（II），这种情况下堰塞坝规模相对较大、较高，容易产生较大的次生灾害。			唐古栋堰塞坝、麦地坡堰塞坝、公棚海子堰塞坝等
III	滑坡以整体或碎屑流的形式，沿河床以一定的速度冲向河床，沿河沟向上游、下游流动一定的距离，形成较宽厚的堰塞坝。通常堵塞河流，形成较大的堰塞坝			扣山堰塞坝、新西兰韦克瑞莫纳堰塞坝、禄劝堰塞坝、贡嘎堰塞坝等

续表

模式	特　征	平面示意图	剖面示意图	典型实例
IV	河谷两岸的斜坡同时失稳，向河谷运动，有时甚至碰撞，形成同一个堰塞坝堵塞河流			观音岩－银屏岩山崩形成的堰塞坝
V	滑坡体在下滑过程中分成几股，堵塞河流乃至两座或几座堰塞坝，其中至少有一座造成完全堵江			鸡冠岭堰塞坝、叠溪－较场台地滑坡形成的堰塞坝等
VI	两个或多个滑坡或崩塌体同时下滑，堵塞河流，形成同一个堰塞坝			日本磐梯山滑坡形成的堰塞坝

注　1—河床；2—滑坡体及运动方向；3—两岸斜坡；4—河流；5—堰塞湖。

1.1.2.2　组成物质的空间分布特征

堰塞坝是由不同大小的岩石和土体自然堆积而成，颗粒分布极不均匀，组成差异较大。比如，灰岩区的颗粒较粗，粗颗粒形状较规则，而砂泥岩、板岩与千枚岩地区的细颗粒较多，粗大颗粒多为长条状或片状。

堰塞坝的物质组成特征反映为组成堰塞坝的不同大小堆石颗粒的多少。堰塞坝的颗粒大小影响堰塞坝的抗冲蚀能力以及出现溃口后的侵蚀速率，还影响着堰塞坝上下游的边坡稳定性以及抗剪切强度，表现在粗大块石的抗冲刷能力强，而细颗粒的抗冲刷能力弱。

下面根据国内外堰塞坝的级配资料，论述堰塞坝岩石和土体的分布特征，并探讨堰塞坝物质组成的总体特征。

1. 堰塞坝的级配

（1）国内堰塞坝的级配研究。国内相关典型堰塞坝级配的研究表明，直径 1m 以上块体的含量高于 10% 的堰塞坝有部分或者全部存留下来，而含量低于 10% 的堰塞坝基本已全部冲毁。因此，直径大于 1m 的块体的含量是决定堰塞坝稳定性的关键因素之一。根据红石岩堰塞坝地勘资料对粒径 40mm 以下颗粒的筛分试验结果及对 40mm 以上粒径的比例表观判断，红石岩堰塞坝 1000mm 以上颗粒含量约占 40%，因此，从级配组成角度分析，红石岩堰塞坝具备长期存在的条件。

（2）国外堰塞坝的级配研究。图 1.1-2 为意大利亚平宁山脉 42 个堰塞坝体的颗粒物

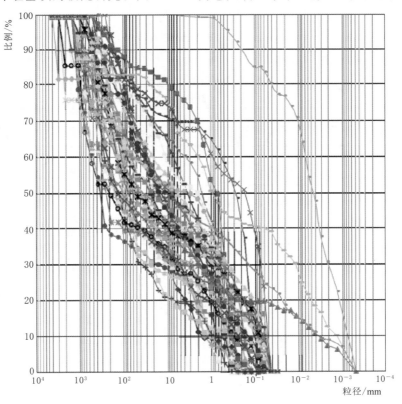

图 1.1-2　意大利亚平宁山脉 42 个堰塞坝体的颗粒物质粒径组成

质粒径组成，从图 1.1-2 可以看出，除了少数出现异常的曲线之外，大部分堰塞坝的级配曲线都相近，并呈现出分选较差和双峰型优势分布的特征。目前很多的溃坝模型都采用 D_{50} 作为级配的特征参数，而堰塞坝双峰型优势分布的特征将会增大溃坝计算误差。

（3）易贡堰塞坝的级配现场试验研究。在易贡堰塞坝左岸冲沟靠上游的侧壁上从低到高依次在四个采样点取土。其中第 2 采样点为侧壁上的塌落料，其他点均是直接在侧壁上取料。取土点的位置见图 1.1-3 和表 1.1-4，在取样时发现，GPS 测量的高程存在较大误差，取土点的高程以位置描述为准。

图 1.1-3 易贡堰塞坝遗址及取土点位置

表 1.1-4 左岸取土点位置

编号	高程/m	位 置	类 型
1	2217	左岸扎木弄沟靠上游侧的最低点	无黏性
2	2243	从第 1 点沿扎木弄沟往上 10m 的侧壁	无黏性
3	2255	从第 2 点沿扎木弄沟往上 10m 的侧壁	无黏性
4	2264	从第 3 点沿扎木弄沟往上 10m 的侧壁	无黏性

各个取土点的级配曲线、特征参数及分类见图 1-1.4 和表 1-1.5。

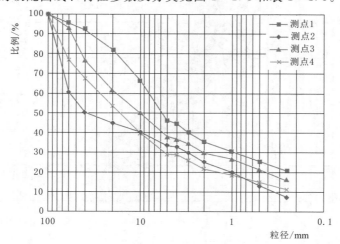

图 1.1-4 左岸各测点的级配曲线

这 4 个取土点均分布在滑坡的后沿上。从级配曲线来看，除测点 2 外，随着取土点高度的升高，砂粒含量减少，砾粒含量增加，符合高速远程滑坡上粗下细的反粒序特征。10mm 以下的砂粒含量从 40%～66.5%不等。而测点 2 是塌落料，级配与其他料有明显区别。

表 1.1-5   左岸各测点的特征参数及分类

测点编号	中值粒径 D_{50}/mm	不均系数 C_u	曲率系数 C_c	分 类
1	6	61.54	0.96	粉土质砂
2	40	176.47	0.44	含细粒土砂
3	10	115.50	1.39	含细粒土砂
4	17	135	5.01	含细粒土砂

右岸的取土点的粒径较左岸要粗，呈现出明显的反粒序特征，即堆积体的上部较粗，下部较细的特征。由于右岸坡堆积体松散，时有块石滚落，取样不便，只取到堆积体中部和下部的土石料（见表 1.1-6）。

表 1.1-6   右 岸 取 土 位 置

编号	高程/m	位 置	类型
1	2196	右岸堆积体靠下游的坡脚处	无黏性
2	2196	从第 1 点向上爬至堆积体中部取土	无黏性
3	2181	从第 1 点沿河向上游 20m 的坡脚处	无黏性
4	2188	从第 2 点沿河向上游 30m 的坡脚处	无黏性

从图 1.1-5 和表 1.1-7 中可以看出，右岸堆积体的级配差异较大。10mm 以下的颗粒含量为 35%～67%不等，总体偏细。

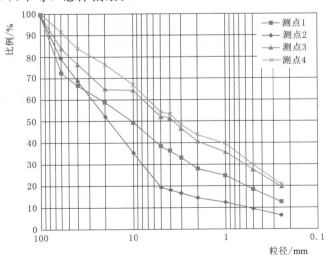

图 1.1-5　右岸各测点的级配曲线

表1.1-7　　　　　　　　　　　右岸各测点的特征参数及分类

测点编号	中值粒径 D_{50}/mm	不均系数 C_u	曲率系数 C_c	分 类
1	19	50.00	3.56	级配不良砾
2	3.4	14	1.79	含细粒土砂
3	11	115.00	1.36	级配良好砾
4	3.9	66.67	0.39	含细粒土砾

图1.1-6　小岗剑堰塞坝遗址

（4）小岗剑堰塞坝的级配调查。2008年汶川地震中，小岗剑绵远河右岸边坡滑坡，滑坡物质冲到左岸，堵塞绵远河，形成小岗剑堰塞坝。随后武警部队在小岗剑堰塞坝上开挖引流槽，至小岗剑溃决（见图1.1-6）。

在泥石流沟口偏绵远河上游面，离泥石流沟口稍远，岸坡较老，岩块表面呈绿色，由岩块和黏性土组成，明显有别于新鲜泥石流堆积物的沙性组成，判断此处即为堰塞坝残留堆积物，而黏性土来源于右岸边坡滑坡。在这个岸坡共布置了7个取土点，岸坡下部从下游到上游布置了3个取土点，岸坡中部布置了1个取土点，岸坡顶部有3个取土点。各取土点的位置见图1.1-7和表1.1-8。

图1.1-7　取土点位置

表1.1-8　　　　　　　　　　　右岸取土点特征信息

编号	高程/m	位　　置	类型
1	811	下游左岸新泥石流堆积物中出露的绿色旧堆积物	黏性
2	841	上游左岸的堰塞坝残留岸坡的下部	黏性
3	835	测点2往上游10m，堰塞坝残留岸坡的下部	黏性
4	829	堰塞坝残留岸坡的中部	无黏性

编号	高程/m	位　　　置	类型
5	818	堰塞坝残留岸坡顶部，偏下游处	无黏性
6	844	堰塞坝残留岸坡顶部，测点5往上游10m处	无黏性
7	835	堰塞坝残留岸坡顶部，测点6往上游10m处	无黏性

每个测点取5袋土进行筛分实验，得出5条级配曲线，剔除偏差较大的曲线后取平均作为该测点的特征级配曲线。各测点的特征级配曲线见图1.1-8。

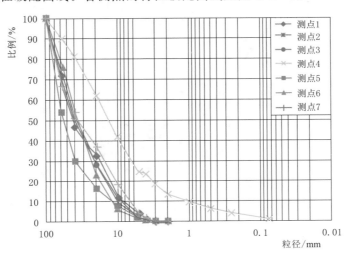

图 1.1-8　各测点的级配曲线

从图1.1-8中可以看出，除测点4和测点5外，其他测点的颗粒级配基本一致，且没有明显反粒序特征。经分析，主要有两方面原因：一方面是滑坡体的运移距离不长，振动筛分和颗粒破碎的作用不明显，没有形成反粒序的堆积；另一方面是因为小岗堰塞坝在2008年溃决后，受到绵阳河的冲刷和左岸泥石流堆积物的覆盖，仅有左岸上游处残留一段十几米高的岸坡。由于可取样的范围较小，在小范围内颗粒的级配没有明显的差异。其中测点4和测点5的级配异常可能是因为受到左岸泥石流的影响。

根据各个测点的级配曲线计算出中值粒径 D_{50}，不均系数 C_u 和曲率系数 C_c。然后对土体进行分类，分类结果见表1.1-9。

表 1.1-9　　　　　　　　　　　各测点土的级配参数及分类

编号	中值粒径 D_{50}/mm	不均系数 C_u	曲率系数 C_c	分　类
1	43	5.78	0.69	级配不良砾
2	37	4.18	0.87	级配不良砾
3	40	5.88	0.94	级配不良砾
4	14	17.27	1.72	级配良好砾
5	57	5.33	2.08	巨粒混合土
6	43	3.92	1.10	级配不良砾
7	37	7.14	0.73	级配不良砾

（5）红石岩堰塞坝级配分析。对红石岩堰塞体钻孔芯样的颗粒级配曲线（见图 1.1-9）进行分析，发现多个钻孔都具有以下规律，同一钻孔上部的颗粒相对粒径较大，中部逐渐减小，下部更小。初步判断，红石岩堰塞坝的级配空间组成呈现反粒序的结构组成特征，如图 1.1-10 所示。其基本特征是上覆颗粒相对较粗，下覆颗粒相对较细，与原堆积层间存在滑动剪切带。

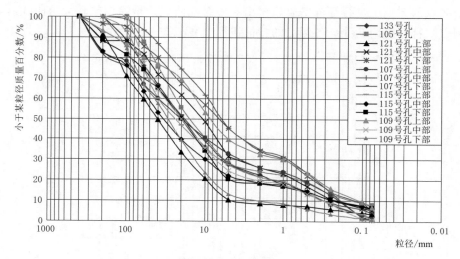

图 1.1-9　红石岩堰塞体钻孔芯样颗粒级配曲线图

2. 土体组成特征

堰塞坝细颗粒土体在堰塞坝稳定性中起着十分重要的作用，一定组成的细颗粒有利于抗渗透、抗冲刷和提高黏滞力。

黏性土结构的形成与其颗粒大小、黏土矿物组成、沉积条件有关。由于黏土颗粒细小，矿物成分复杂，结构型式多样，其结构主要有三类：蜂窝状结构、絮凝型结构、分散型结构。

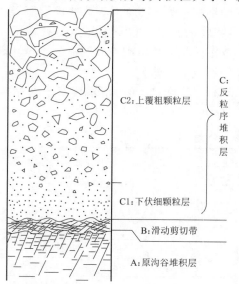

图 1.1-10　反粒序结构特征示意图

砾石土具有更复杂的物理化学性质。砾石土的抗剪强度由黏聚力和内摩擦系数决定。它们的大小取决于土的物理性质（主要是孔隙比，颗粒大小、形状和级配，超固结比和土体含水量）。土中黏粒的存在将降低嵌合作用，而表面摩擦系数的降低实质上可以降低内摩擦角和产生一些黏聚力。黏聚力是由黏土颗粒相互连接而形成的。黏土颗粒小，但表面积大。具有一定黏滞性的结合水使颗粒发育为水胶联结构，从而为土体提供附加的剪切阻力。土体在外荷作用下必须克服这种阻力才能滑动。黏聚力主要与土的结构强度有关，与垂直压力关系不大。

土体的结构强度主要与土体含水量有关。土体含水量越大，粒间黏结力越小，抗剪强度就越小。

3. 岩石的组成特征

岩石组成对堰塞坝稳定性的影响主要体现在层理厚度，坚硬的岩石其抗滑、抗冲刷能力强，有利于堰塞坝的整体稳定性。

有些堰塞坝主要由细砂和淤泥质粉砂组成，堰塞坝组成中大的岩块较少，堰塞坝整体稳定性较差。例如，位于安县茶坪河上的肖家桥堰塞坝，由于地震中马颈项北部大山整体垮塌移位，大部分山体滑坡到河床上形成一道长 272m、宽 198m、高 67m 的堤坝，其危险性仅次于唐家山堰塞坝。肖家桥堰塞坝组成物质主要是青灰色石灰岩，以碎石为主，粉砂、泥土含量少，经过泄流冲刷的河床有少量粒径 2～3m 巨石，粒径 1m 以上的大石所占比例不到 5%，粒径 0.1～1m 的石块约占 10%，粒径 2～10cm 的碎石占到 60% 以上。大石比例小使得肖家桥堰塞坝处于不稳定的状态，必须采取人工导流措施。又如，1990 年 1 月 2 日，厄瓜多尔北部发生体积 3.16 亿 m³ 的滑坡，滑坡堵塞皮斯克河，形成沿河长 450m、宽 60m、高 58m 的堰塞坝。堰塞坝主要由细砂和淤泥质粉砂组成，零星分布有凝灰岩和砂岩碎片、碎块、角砾。此类岩土组成的堰塞坝易发生溃决。

有些堰塞坝比较宽厚，由大的岩块、碎块石和少量的土组成，水通过块石间的空隙渗漏，渗漏量很大，与上游河水流量平衡，堰塞湖水位保持稳定，且坝下渗流清澈，水对堰塞坝不再有强冲蚀作用。在洪水季节，堰塞湖水猛涨，虽在坝顶发生溢流，由于大块石不易被水冲走，而不会发生溢顶漫流破坏。例如，位于西藏八宿县的然乌湖，湖长 26km，平均宽 1～2km，是距今 2000 年左右的一次崩塌所形成的。然乌湖泄流到出口，两岸出露粗粒花岗岩体，悬崖陡壁下方是宽 400m 的崩积平台地形，即堵江堰塞坝，巨大的花岗岩块体直径为 3～5m，甚至达到 10～20m，湖水通过其空隙渗漏，渗漏量很大。从地形和堰塞坝物质组成上分析，然乌湖堰塞坝目前稳定。

4. 堰塞坝物质组成的总体特征

(1) 物质的粒径变幅很大，往往含有大量的粗粒石块。堰塞坝的物质粒径变幅很大，可从小于 0.001mm 的黏粒到大于十余米，甚至几十米的巨石。岷江上游支流宗渠沟的两河口堰塞坝，其最大的巨石长径达 17.2m，d_{90} 达 1.7m；老虎嘴堰塞坝物质中 d_{90} 为 1.9m。泥石流坝的堰塞坝物质中粗粒物质比滑坡坝相对小一些，但与人工土石坝相比却很大，如磨子沟泥石流坝表面最大孤石的长径为 4.8m，d_{90} 为 1.4m。在岷江上游经过详细调查和量测的三个滑坡坝（包括支沟内的），其 d_{90} 均等于或大于 1.7m；6 个泥石流坝的 d_{90} 均大于 0.61m，其中有 4 个泥石流坝大于 1.0m。如汶川草坡河塘房堰塞坝，其堰塞坝主要由巨块石、块石、漂石、碎石等组成，粒间有少量黏土充填。堰塞坝内粗大颗粒形成的架状结构发育。又如岷江映秀湾磨子沟堰塞坝，堰塞坝是由磨子沟泥石流堵塞岷江形成的，堰塞坝内物质主要由巨块石、块石、漂石、碎石等组成，粒间以砂、粉质黏土及黏土充填。

(2) 堰塞坝内物质粗细分布不均，水平或垂直方向分异明显。在同一个堰塞坝中，各部位的粒径相差也很大，如两河口滑坡坝表面，以面积 10m×10m 为准，有的部位长径大于 2.0m 的巨石约占总面积的 40%；而有的部位长径大于 2.0m 的巨石一块都没有。在垂直方向，从出露堰塞坝断面来看变化也很大。如岷江支流绵篪沟的高山寨滑坡坝（属茂县南新镇）在堰塞坝下游陡坡段出露的物质大致可以分为三层：上层为碎石块石土，d_{50}约 10cm，厚 12m 左右；中层为砾石碎石土，d_{50}约 6cm，厚 8m 左右；下层以块石为主，间有巨石和碎石块石土，d_{50}约 25cm，出露部分厚 10m 左右。三层的水平连续性较差。

（3）不同类型的堰塞坝坝体物质组成差别明显。在堰塞坝物质组成上，泥石流坝与滑坡坝具有明显的差异。即使都属于泥石流坝（或滑坡坝），由于子类型不同，物质组成也有一定差异。泥石流形成和运动过程中，经过分选和搅动，组成物质比滑坡坝相对要均匀些，磨圆度要好一些，大巨石相对较少，含水量较高，堆积初期处于饱和状态或过饱和状态。黏性泥石流与稀性泥石流有一定不同：黏性泥石流细颗粒，尤其黏粒含量比较高，粗细物质比较均匀地混杂在一起，堆积后水分不易很快分离出来；而稀性泥石流，黏粒含量一般很少，搬运和堆积过程有一定的分选性，导致粗细颗粒在堆积坝中分布不均匀，一旦堆积下来，水分很快析出。滑坡坝也是这样，如崩塌形成的堰塞坝与典型滑坡形成的堰塞坝，岩体滑坡与土体滑坡，高速滑坡和低速滑坡形成的堰塞坝都有一定的不同。岩体滑坡以碎块石为主，土体细颗粒含量很少；土体滑坡往往以碎砾石土为主。低速滑坡在其运动过程中往往呈整体前进，保持着滑动前物质的初始组成，前缘爬高或壅高不明显；而高速滑坡在其高速运动过程中，原来的物质遭到扰动，发生重新组合，前缘有明显的爬高或壅高。

总之，堰塞坝的物质组成非常复杂，差别很大，不仅不同的堰塞坝之间差别很大，即使同一堰塞坝其内部的差别也很大，但在考虑其对堰塞坝的溃决和溃口形式的影响时，与极不规则的堰塞坝形态一样，也必须对其进行概化或均化，即突出主体而忽略次要部分，或取其平均状况下的数值。

1.1.2.3 堰塞坝溃决模式

堰塞坝的溃决模式按溃决时间长短通常可以分为瞬间溃决和逐渐溃决两种，按溃口形状大小分类则又可分为全部溃决和局部溃决。对于瞬间溃决及全局溃决情况通常发生在一些堰塞坝规模较小，而且河道流量较大的河流中；而对于一些大型乃至巨型堰塞坝的溃决过程一般来讲是在水流的冲刷作用下发生逐渐溃决，且其溃决过程持续时间相对较长。

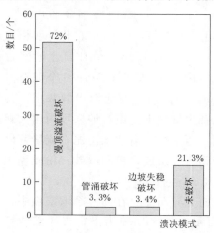

图 1.1-11　堰塞坝溃决模式统计

从溃坝的原因上，堰塞坝的溃决模式又可以分为漫顶溢流破坏、管涌破坏及堰塞坝边坡失稳破坏三种。Costa 和 Schuster（1988）根据 72 座统计的堰塞坝分析发现，有 72% 的堰塞坝是由于漫顶溢流溃决破坏，3.3% 的堰塞坝是因渗流管涌破坏导致的，3.4% 的是因堰塞坝边坡失稳导致的，而另外 21.3% 的堰塞坝未发生破坏（见图 1.1-11）。根据柴贺军等（2002）的统计分析，在 67 座堰塞坝溃决案例中，67% 溃决模式为漫顶破坏，坝坡失稳占 7.5%，管涌潜蚀的占 6%，人工干预溃决的占 15%（见表 1.1-10）。

表 1.1-10　汶川地震中形成的部分堰塞坝的人工干预溃决统计

名称	调查时间	所在市（县）	所在河流	顺河长度/m	横河长度/m	堰高/m	堰塞坝方量/万m³	库容/万m³	影响人数/万人	调查时状态	危险等级	除险方案	泄流时最大流量/(m³/s)
肖家桥	5月27日	安州	茶坪河	280	220	65	280	2000	11.4	蓄水	高危	机械挖槽	1000
罐滩	5月28日	安州	干河子	100~130	80~120	16	20	500	5	已过流	中危	机械挖槽	—
红松电站	7月25日	什邡	石亭江	105	113	40	24	34	15	已导流	中危	爆破导流	—
马槽滩上	7月26日	什邡	石亭江	300	100	40~50	100	25	15	已导流	中危	爆破导流	—
马槽滩中	7月26日	什邡	石亭江	80	90	40~50	20	78	15	已导流	中危	爆破导流	—
马槽滩下	7月26日	什邡	石亭江	60	80~100	30	14	35	15	已导流	低危	爆破导流	—
木瓜坪	7月26日	什邡	石亭江	20~30	100	15	20	5.9	15	已导流	低危	爆破导流	—
燕子岩	7月26日	什邡	石亭江	20	30	10	—	5	15	已导流	低危	爆破导流	—
小岗剑上	8月07日	绵竹	绵远河	300	150	92	160	1100	21	已导流	高危	爆破导流	3900
小岗剑下	8月07日	绵竹	绵远河	150	150	30	350	700	21	堰塞坝不存在	低危	爆破导流	3900
一把刀	8月07日	绵竹	绵远河	248	57.6	15	10	50	21	堰塞坝不存在	中危	爆破导流	3900
石板沟	8月10日	青川	青竹江	300	120	60	810	2000	5	已导流	高危	机械结合爆破挖槽	—
红石河	8月10日	青川	青竹江	370	140	55	800	300	5	已导流	中危	机械结合爆破挖槽	—
东河口	8月10日	青川	青竹江	300	312	12	525	400	5	已导流	低危	机械结合爆破挖槽	—

1. 漫顶溢流溃决破坏

当堰塞坝渗透性较低、力学性质较好且上游入流量较大时，堰塞坝内蓄水量远大于堰塞坝的渗漏量，随着水位的上升，湖面将最终超过坝顶，沿堰塞坝坝顶较低的部位首先下泄溢流。随着水位的上升、下泄水流速度的增加，当水流作用超过堰塞坝的抗冲刷能力时，堰塞坝物质不断被冲刷、发生逐渐溃决破坏。在开始时，溃决过程通常较为缓慢，随着溃口的逐渐扩大和水流的增强，溃决过程也将逐渐加速；当堰塞坝断面被削弱到一定程度后，随着堰塞湖内水位的降低，冲刷能力也逐渐削弱，溃决过程也逐渐终止。

2. 渗透管涌溃决破坏

堰塞坝通常是快速堆积形成的，构成堰塞坝的岩土体一般来讲较为松散，当上游水位不断上升后堰塞坝内浸润线逐步形成并不断抬高，堰塞坝内的渗透比降也逐渐增大，当渗流产生的渗透比降超过其临界渗透比降时，堰塞坝内将产生不同程度的渗透破坏。在渗透力的作用下，堰塞坝材料中的细颗粒被渗透水流逐渐被带走发生管涌破坏，管涌不断发展后渗漏通道将越来越大，渗透水流的冲蚀能力也不断增强，形成贯穿堰塞坝的"管道"。管道中的渗透水流不仅将继续对周围岩土体产生冲刷，使其直径变大，同时渗水集中后还将造成对坡面的水流冲刷。

这种情况下，根据堰塞坝的内部结构不同，其溃决过程也不同，有的首先发生局部的滑动失稳，而后逐渐向上游发展、破坏；而有的则会发生突然的溃决破坏。

3. 边坡失稳导致溃决破坏

当构成堰塞坝的岩土体渗透性和强度较低时，在水位上升过程中，堰塞坝内部的渗流区不断地向下游及堰塞坝上部发展。这一方面导致堰塞坝内部（尤其是对于下游边坡）的孔隙水压力不断增高；另一方面使得浸润面以下的岩土体达到饱和，从而降低了其抗剪强度。从而使得堰塞坝下游边坡的稳定性逐渐降低，当堰塞坝内水位达到某一临界值时，下游边坡将发生失稳破坏，从而导致堰塞坝溃决。这种情况下的溃决过程通常非常迅速，而且容易形成大规模的泥石流现象。

1.1.3 国内外典型堰塞坝

1.1.3.1 我国典型的堰塞坝

1. 2008 年四川省唐家山堰塞坝

唐家山堰塞坝是由于通口河右岸的唐家山顺层岩质滑坡在地震触发作用下失稳、堆积于通口河河谷而形成的巨型堰塞坝。唐家山滑坡体后缘高程约 1200m，滑坡体落差约 400m，滑坡后形成倾角约 40°的较光滑的基岩面滑坡壁。

唐家山堰塞坝在平面形态上呈长条形，顺河向长度约 803m，横河向最大宽度 611.8m，坝高 82～124m，体积约 $24.4 \times 10^6 m^3$。堰塞坝顶面宽约 300m，地形起伏较大。由于滑坡高速下滑过程中，受对岸山体阻挡，滑坡前缘（左岸）具有明显的爬坡运动过程，导致其堆积体（堰塞坝）在横河向呈现左侧高、右侧低，其中左侧最高点高程为 793.9m，右侧最高点高程为 775m。并在堰塞坝约中部位置形成了一沿顺河向的沟槽，贯通上下游，沟槽为右弓形，沟槽底宽 20～40m，中部最低点高程 753m。堰塞坝上游坡缓，坡度约 $20°$；下游坝坡长约 300m，坡脚高程 669.55m，上部陡坡长约 50m，坡度约 $55°$，中部缓坡长约 230m，坡度约 $32°$，下部陡坡长约 20m，坡度约 $64°$。

通过"5·12"汶川特大地震后唐家山堰塞湖的日平均流量曲线可见，入库流量平均为 $90m^3/s$，远远超过堰塞坝本身的渗漏量，从而造成堰塞湖内水位的急剧升高，大约以每天 $1.0\sim1.5m$ 的速率上涨。堰塞坝最低点高程约为 753m，原始河床 663m，当堰塞湖蓄满时，库容将达 3.2 亿 m^3，上下游落差可达 90m。如不进行抢救处理，洪水可能破坏沿江的各中小城市，并超过绵阳市百年一遇的设防标准。为降低唐家山堰塞湖溃坝可能造成的巨大风险，通过采用开挖一条导流明渠对堰塞坝进行人工溃决除险的方案，其基本指导思想是降低坝高，从而减少堰塞坝溃决时的水库库容和溃坝洪峰流量（见图 1.1－12）。

（a）泄洪开始

（b）溃口不断发展

（c）达到洪峰流量

图 1.1－12　唐家山堰塞坝泄洪槽发展过程

2. 1933 年四川省叠溪堰塞坝

1933 年 8 月 25 日，四川省叠溪发生 7.5 级地震，引发了许多滑坡、崩塌，导致三个大型滑坡、崩塌堵塞岷江，并在岷江干流上自下而上形成了叠溪海子、小海子和大海子三个堰塞坝（见图 1.1－13）。其中，叠溪海子堰塞坝坝高为 225m，横河向宽约 400m，顺

图 1.1-13 1933年叠溪地震形成的叠溪海子

河向长约 1300m；大海子堰塞坝由两个岩石崩塌而形成，其固体物质来源于两岸陡峭山坡的变质岩崩塌，其粒径较大，最大粒径达 5.0m，平均粒径为 0.8～1.0m（见图 1.1-14）；坝高为 156m、坝宽 800m（横河方向）、坝长 1700m（顺河方向）。

三个堰塞坝的形成导致岷江干道断流 40 余日，并于 1933 年 10 月 9 日叠溪海子和小海子相继溃决，引动大海子坝顶以上超高部分的水体同时下泄，大海子水库中水位消落 12～15m。粗略估算，在 2～3 小时内，大海子坝面上过水的洪峰流量应当在 10000m³/s 以上（约为万年一遇洪水流量的 6 倍）。湖水决坝溃下，特大洪水沿江而下，直达都江堰，又造成了惨烈的次生灾害，酿成巨灾。然而，如此猛烈的洪水翻坝而过并没有将堰坝冲垮，实际冲刷深度仅为 12～14m，不到当时坝高的 1/10。根据不完全统计，堰塞坝溃决形成的洪水淹死居民 2500 余人，冲毁房屋 6800 多间，毁坏农田 7700 多亩，冲走粮食 50 万 kg、牲畜 4500 多头。

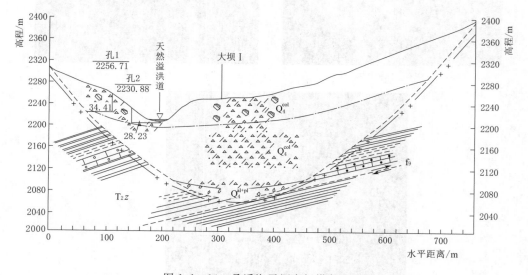

图 1.1-14 叠溪海子堰塞坝横断面图

在叠溪堰塞坝溃决后，直到 1986 年的半个多世纪内未再见有大海子、小海子堰塞坝溃垮的报道。大海子堰塞坝中部靠左侧有一个溃决时形成的溢洪道，溢洪道平面上呈弧线不规则分布，水深 2～3m，溢洪道底宽 30～40m，顶宽 80～100m，坡高 10～20m，左岸边坡坡度 30°～40°，右岸边坡坡度 40°～50°，局部在 70°以上。20 世纪 80 年代在溢洪道冲刷段修建了一些岷江导漂（木）堤坝，以保护溢洪道岸坡的稳定。

目前大海子堰塞坝天然状态整体稳定，未见垮塌现象，而且值得指出的是现存堰塞坝相当于坝面溢流的土石坝。由于堰塞坝内部含有巨大的孤石，在洪水多年反复的冲刷下，表面的细颗粒逐渐被冲走，粗颗粒和巨石逐渐富集，对坝面特别是天然溢洪道起到了一种保护作用。

综上看来，大海子堰塞坝经过四次特大洪水冲刷后，由大岩块从高空坠落堆砌而成的地震堰塞坝具有超强的抗冲力，目前堰塞坝具有良好的稳定性和抗震性能，不存在整体溃垮的可能。

3. 四川省雅砻江唐古栋堰塞坝

1967年6月8日，四川省南部的长江上游支流雅砻江西岸唐古栋发生滑坡，约有6800m³的滑坡体滑入雅砻江，形成高355m（最低点高为175m）、宽约400m（横河方向）、坝底长约3km（顺河方向）的堰塞坝。堰塞湖上游回水长约53km，最大蓄水量约为6.8亿m³。

堵江九天九夜之后，在坝顶最低点发生溢流，经过13小时，冲出一个88m深的缺口，造成灾害性洪水，沿雅砻江和长江流向下游至宜宾。在坝址下游6km处的洪水波高达50.4m，至攀枝花市仍为15m高的洪峰，其最大洪峰流量约为53000m³/s。

由于洪水预报及时，下游居民已避难，洪水没有造成死伤，但财产损失却是相当严重的。据唐古栋滑坡调查队的调查结果，该次洪水冲毁房屋435栋、8座公路桥、47个公路隧道，毁坏公路51km、耕地230hm²、3个水文站。

4. 长江新滩堰塞坝

新滩滑坡临近三峡大坝三斗坪，为长江西陵峡岩崩六大不稳定边坡之一。1985年6月12日凌晨3时45分，长江西陵峡西段兵书宝剑峡出口处，湖北省秭归县长江北岸新滩镇发生大滑坡，将新滩镇全部摧毁。滑坡方量约为800万m³，约有260万m³滑入江中，导致长江瞬间断流，并堵塞江面的1/3。滑坡入江后形成高约54m的涌浪，涌浪向上波及至15.5km的秭归县城，下至三斗坪（26.6km），长江被迫停航12天。

由于预报及时、准确，滑坡区内457户、1371人安全转移。据统计，滑坡摧毁房屋1569间，面积达52400m²；毁农田980亩、柑橘树35000株，涌浪使新滩上下游8km内港口停泊的240匹马力以下的机动船13艘（其中淹没7艘）、木船64只被冲翻，夜舍船民死10人、失踪2人、伤8人，总计损失达832.42万元。

5. 乌江鸡冠岭岩崩堰塞坝

1994年4月30日11时45分，在长江支流乌江下游边滩峡左岸重庆武隆区鸡冠岭发生巨大岩崩。山体崩塌长度约760m，平均宽约200m，总体积约530万m³。约有100万m³的岩石滑入江床，产生约30m高的涌浪，当即在江心形成宽约110m的堆积坝，致使乌江断流半小时，上下游水位差达10m左右，24小时后，乱石坝被冲开宽约40m的缺口，但上下游水位差达5～6m，致使乌江断航半年多。据当地政府不完全统计，崩塌造成死亡4人、伤5人、下落不明12人；直接经济损失988万元，其造成的断航间接经济损失无法估计。

6. 西藏易贡堰塞坝

2000年4月9日20时左右，我国西藏东南部的易贡藏布江支沟扎木弄沟发生特大滑坡灾害，约有3亿m³的滑坡体堵塞了易贡藏布江，形成高达130余m，顺河向长约1500m的堰塞坝（见图1.1-15）。

图 1.1-15　易贡堰塞湖卫星图（滑坡后 26 天）

　　此次山体滑坡的主要原因是气温转暖，冰雪融化，使位于扎木弄沟高达 5520m 以上雪峰的上亿方滑坡体饱水失稳，并沿陡倾岩层（倾角 70°～80°）呈楔形高速下滑，撞击堆积体和扫动两侧山体，转化为"碎屑流"，高速下滑入江，并撞击右岸老滑坡堆积体，形成高约 200m 的"土—石—水—气"混合体。其中，一部分翻越高约 150m 的老滑坡，摧毁滑体上高达数十米的茂密山松，并转化为泥石流，到达易贡茶厂桥边，距民房约200m；另一部分堆积于新堆积的滑坡体上，并向下游和上游转化为泥石流体。滑坡堆积体主要由砂石、块石构成，细砂土占 70%～80%，个别块石体积达数百立方米，母岩主要由花岗岩、大理岩组成，风化强烈。滑坡堆积体将易贡河截断，使易贡湖水位约以50cm/d 的速度上涨，如不加处理，预计在 6 月底湖水将涨至堆积体最低高程并漫过堆积体下泄，届时堰塞湖内蓄水量将达 50 亿 m^3。

　　如前所述，如不采取措施，易贡堰塞湖一旦溃决将对下游居民乃至印度沿岸居民的生命财产安全带来巨大的损失。为降低灾害损失，专家组经过调查分析研究，提出了工程措施与非工程措施相结合的抢险减灾预案，经有关部门同意后开始实施。分析比较了自然漫溢、开渠泄流、永久溢洪道泄流等三种方案，确定采取开渠泄流的方案，即通过在堆积体较低处顺河床挖临时泄水渠，以达到降低堆积体过水高程、减小泄流量、减少湖区淹没损失等目的。

　　2000 年 6 月 8 日 6 时 40 分，堰塞湖开始经泄水渠向下游泄流，最初流速为 1m/s，流量为 1.2 m^3/s，后逐渐加大，由于开始时湖内进水流量大于泄流流量，湖水继续上涨了5.49m，直到 6 月 10 日 19 时 50 分，湖水位才开始下降。随着堰塞坝冲刷的逐渐加剧，下泄流量急剧增大，洪峰于 11 日 2 时 50 分通过下游 17km 处的通麦大桥，最大瞬时流量达 $1 \times 10^4 m^3$/s，水位高出大桥桥面 32m，至 11 日 21 时，堰塞湖进出流基本达到平衡，堰塞湖内的 30 亿 m^3 水体按照预定方案下泄完毕，滑坡险情得以解除。

溃决洪水冲毁了下游帕隆藏布江和雅鲁藏布江沿岸的道路、桥梁及通信设施，并出现了多处新的滑坡、崩塌等地质灾害现象，形成了较为严重的灾害链。

7. 四川省大光包堰塞坝

汶川地震中形成的规模最大的一个堰塞坝为位于四川省绵竹市安州区的大光包—红洞子沟的大光包滑坡堵江形成的堰塞坝，其体积达 7.41 亿 m^3，坝高达 570m，是国内已发现最大的滑坡体，也是目前世界上最高的堰塞坝，但是由于其上游汇水面积较小、堰塞湖渗漏量超过其入流量，堰塞湖的潜在危险性较小（见图 1.1-16、图 1.1-17）。

图 1.1-16 大光包滑坡航空遥感影像图

8. 云南省红石岩堰塞坝

2014 年 8 月 3 日 16 时 30 分，云南省鲁甸县发生 6.5 级地震，地震造成重大的人员伤亡，对人民生命财产和基础设施造成巨大的破坏。8 月 3 日 17 时 40 分，昭通市防汛办公室接到昭阳区水利局情况报告，在鲁甸县火德红乡李家山村和巧家县包谷垴乡红石岩村交界的牛栏江干流上，因地震造成两岸山体塌方形成堰塞湖（见图 1.1-18）。

堰塞体位于牛栏江流域原红石岩水电站取水坝下游 60m 处。红石岩左岸滑坡体在历史上曾发生堵江事件，地震发生后，滑坡表面物质被震松，大孤石及局部失稳碎石土滑移进入牛栏江，但滑坡体整体没有滑，处于稳定状态。右岸滑坡体滑向河床形成泥石流向下游运动，加剧了中上部边坡岩体的变形破坏，高速倾倒崩滑，迅速向河床堆积而形成了堰塞体。

红石岩堰塞体长度约 910m，后缘岩壁高度约 600m，最大坡顶高程约 1843.7m，堰塞体方量 1000 余万 m^3，高约 103m，属特大型崩塌。堰塞湖风险等级为最高级别Ⅰ级。

堰塞湖体导致该河段水位急剧上涨，致使纸厂乡江边村委会 5 个村民小组 800 余人生

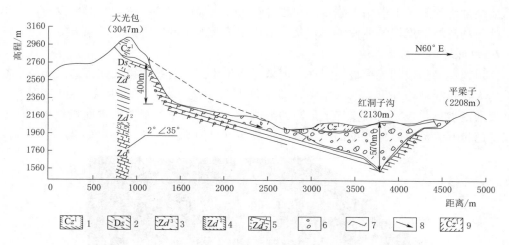

图 1.1-17 大光包滑坡主剖面图

1—石炭系总长组一段紫红色砂泥岩；2—泥盆系沙窝组白云岩夹磷矿；3—震旦系灯影组一段块状、
葡萄状白云岩；4—震旦系灯影组二段灰岩、红色泥岩互层；5—震旦系灯影组三段鲕状灰岩；
6—滑坡堆积碎块石土；7—原地形线；8—滑动方向；9—大光包抛射而置的"飞来峰"

图 1.1-18 红石岩堰塞体（湖）全景

命财产受到严重威胁。堰塞湖形成于 8 月，正处于汛期，一旦上游德泽水库蓄满，将难以
为堰塞湖承担分洪任务，溃坝风险剧增。堰塞湖下游两岸分布有鲁甸县 4 个乡镇、巧家县
5 个乡镇、昭阳区 1 个乡镇，涉及 3 万余人，3.3 万亩耕地。堰塞湖下游建有天花板和黄
角树两座水电站，天花板水电站大坝为混凝土拱坝，为超静定结构，具有一定抵御溃坝洪
水翻坝能力，而黄角树水电站大坝为面板堆石坝，如若洪水漫顶，较易导致其溃坝，故需
要采取及时有效的应急处置措施。

1.1.3.2 国外典型的堰塞坝

1. 美国格若斯维崖（Gros Ventre）堰塞坝

1923 年 6 月 23 日 16 时左右，因降雨作用，美国怀俄明州的格若斯维崖发生滑坡，

约有 3800 万 m³ 的滑坡体涌入临近格若斯维崔流域的斯内克河，并形成高约 75m、宽约 900m、顺河向长约 2400m 的堰塞坝。三周后，上游形成了水深约 54m、水面面积为 390 万 m²、蓄水量 8000 万 m³ 的堰塞湖，回水淹没了上游的牧场。由于堰塞坝渗透性较好，上游来水与渗漏水量基本保持平衡，堰塞坝维持了将近两年。据资料记载，因融雪水造成上游来水猛增，1927 年 5 月 28 日中午，在崩塌地点附近产生裂缝，有涌水从裂缝流出，堰塞坝部分慢慢滑动，到下午 4 时左右，堰塞坝发生大崩塌而溃决，约有 5300 万 m³ 的水量下泄，形成洪水导致下游 6km 处的凯利街被淹，并有 6 人淹死，洪水传到了下游 220km 处。最后形成了深度为 15m 的溃口。

2. 美国西尔斯（Thistle）堰塞坝

1983 年 4 月 10 日，美国犹他州的西尔斯地区发生大型滑坡，其体积达 2200 万 m³，滑坡物质运动 1km 左右，堵塞了坎坷桑河形成高约为 62m、横河向宽约 200m、顺河向长约 600m 的堰塞坝，堰塞坝体积约 500 万 m³。堰塞坝形成后，因上游来水量较大，上游水位约以 4m/d 的速度上涨。十几天后，形成的堰塞湖就几乎达到满水状态，湖内最大水深达 62m，水面面积为 2700m²，蓄水量 7800 万 m³，造成上游的西尔斯城全部被淹，冲毁公司 25 家、房屋 10 户，并埋没了 6 号、89 号高速公路和格兰德西部铁路，直接经济损失达 2 亿美元。

为防止堰塞坝溃决造成下游更大的洪水灾害损失，立即在堰塞坝高程 1579m 处开挖了泄洪道，并于当年 5 月 4 日完工。5 月 18 日开始排水，但由于泄洪道的泄洪能力不够，湖水位继续上涨，5 月 31 日达到最高水位 1586.3m，随即又在高程为 1535m 处开挖了一泄洪洞，同年 10 月 1 日泄洪洞启用，直到 12 月排水结束，成功泄洪。

3. 秘鲁曼塔罗（Mantaro）堰塞坝

1974 年 4 月 25 日 21 时，秘鲁的曼塔罗河发生体积为 190 亿 m³ 的特大型滑坡，被称为世界上有史以来最大的滑坡事件，滑坡体进入溪沟形成泥石流并到达曼塔罗河，堵塞河道形成堰塞坝。从滑坡体顶端到堵江地点的距离约 8km 滑坡，泥石流在其运动过程中破坏沿途所有建筑物，造成 317 人死亡、134 人失踪的惨重灾害。所形成的巨型堰塞坝的高度达 170m，横河向宽约 1000m，顺河向长约 3800m，堰塞坝体积达 130 亿 m³。由于上游来水量较大，上游蓄水位猛增，并于堵江后的第 42 天（当年 6 月 6 日），发生坝顶溢流而溃决。溃决洪水冲毁下游沿岸房屋造成 1000 人无家可归，破坏公路 30km，桥梁三座损失极为严重。堰塞坝溃决后残留了高约 63m 的坝体，并保留了与此对应的堰塞湖。

4. 哥斯达黎加里约托罗（Rio - Toro）堰塞坝

1992 年 6 月 13 日，哥斯达黎加的阿拉胡埃拉省在经历了强烈暴雨后，约有 300 万 m³ 的滑坡体下滑形成堰塞坝，并堵塞了邻近的里约托罗河。堰塞坝位于哥斯达黎加首都圣何塞西北约 45km，距离阿拉胡埃拉省会约 30km 处。

整个堰塞坝横河向宽约 175m，顺河向长约 600m。堰塞坝右岸高左岸低（见图 1.1 - 19），右岸坝高约 100m，左岸高约 70m。形成堰塞湖的回水长度约 1200m，最大水深达 52m，蓄水量约 50 万 m³。堰塞坝主要由块碎石组成，粒径最大者可达 8m 多，其中粒径超过 2m 的块石约占 20%；粒径位于 0.5~2m 块石约占 50%。

由于堰塞坝结构松散，而且大量水渗入堰塞坝，特别是由于上游暴雨引起来水使湖内水

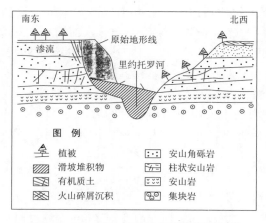

图1.1-19 里约托罗河堰塞坝横断面图

位增加到934~936m时，渗流作用在下游坡面产生管涌和堰塞坝内侵蚀，从而引起下游坡面滑动和破坏，并于6月16日下游坡面约27万 m^3 （总体积的10%左右）的物质发生移动。类似的小型崩塌破坏分别于6月24日、27日、30日和10月2日、4日、10日相继发生，都伴随大量水流泛滥通过堰塞坝到达坡脚。

在7月13—14日期间当地发生强暴雨，其中13日17—20时之间，降雨量达154mm；在18—19时，降雨强度最大达81mm/h。降雨使上游水位迅猛增加，水流通过堰塞坝在下游坡面形成严重管涌，从而产生溯源崩塌及坝体局部塌陷。堰塞坝溃决主要是由于堰塞坝内侵蚀坍塌，以及从左右两岸坡的小沟流到堰塞坝的水流所产生的表面侵蚀所致，据溃坝后的调查表明，在堰塞坝受溯源崩塌及坍塌作用溃决之前，没有发生坝顶溢流，这也是管涌引起堰塞坝溃决的少有事例。7月13日21时左右，由于堰塞坝溃决，在堰塞坝最低点（沟谷左侧）出现了一个深30~50m、宽40~80m的缺口，上游蓄水从缺口处溢出，其流量猛增到400 m^3/s ，冲刷堰塞坝形成泥石流。泥石流在坝下游1000m范围内堆积，没有伤亡及直接经济损失的报道，但在计划建托罗Ⅱ号电站的厂址处泥沙淤积厚10m。

1.2 堰塞湖应急处置技术现状

1.2.1 信息获取与监测技术

堰塞湖信息获取与监测在不同阶段目的不同：在堰塞湖的蓄水期，主要是收集堰塞湖的基本几何特征，通过监测上游来水以掌握堰塞湖的蓄水量及其变化，推算堰塞体最低点的过水时间，为制定排险措施、施工调度、抗震救灾及安排受威胁的人员转移等提供最基本的决策依据。在堰塞湖的泄流期，主要是通过堰塞湖溃坝洪水演算和沿江城市预警机制的建立及解除来保证下游人民的生命财产安全。

1.2.1.1 水情获取与监测

1. 气象与降雨

气象与降雨监测内容包括堰塞湖区及上下游水位、降水量信息。制订监测方案时应充分利用堰塞湖上下游已建的遥测站和水文报汛站网，配置人工雨量观测仪器和自动采集系统，当现有的水文测站或其观测项目不能满足水文预测和应急处置的要求时，应增建水文站点、水情站点或改变位置。如已在地震中损毁，宜根据现场条件尽量恢复，既有利于保持水文资料的连续性，又有利于应用已有的资料编制预报方案。

当现有水（雨）情测报站点不能控制常见的暴雨中心和主要产流区，雨量站数量不足、分布不合理，缺少关键的控制性报汛站，不能满足水情监测预报要求时，需增设必要的水文站、水位站、雨量站。

2. 径流

径流监测内容包括在堰塞湖上游的主要支流设置水文站监测水位、流量，对区域来水特性进行分析，形成上游来水情况监测网络。在堰塞体区域及其上下游分别设立水文站网，以定点监测的方式，实施动态水文监测，控制上游来水与堰塞湖及下游的水位变化，收集实时的水文监测信息。

3. 堰塞湖及河道地形

与堰塞湖地形信息相关的监测内容包括堰塞湖典型断面、水下地形和陆上地形测绘。堰塞湖上、下游河道典型断面和地形的监测方案：可先用 GPS 静态建立测区总体控制；然后用 RTK（实时动态测量）在地域开阔的地方进行碎部测量，对陡壁和树林地区则用全站仪和免棱镜全站仪进行补测，从而快速、准确地获取地形资料。

4. 堰塞湖水文要素

堰塞湖水文要素包括来水与降水量信息，可以分析区域的来水特性，预测堰塞湖的入湖流量及湖水位的变化趋势与幅度。

湖区水文要素主要包括堰塞湖的水位、入湖流量、出湖流量（渗流量、溢流量）、湖容量、蓄量。库容与高程关系曲线是堰塞湖抢险工作中需要提供的首要资料。

堰塞体口门水流的实测主要涉及对堰塞体溢流口（过水口）的宽度、深度、口门流速等参数的详细测量，以便掌握进出堰塞湖的流量和测时水位、蓄水量。

堰塞湖下游水文要素监测主要包括水位、流量、降水量，可以分析堰塞湖的下泄流量。

监测方案包括在堰塞湖上游的主要支流分别设置水文站，主要监测水位、流量、降水量，形成上游来水情况、降水量监测网络。水位、降水量通常采用自动遥测，信息传输采用 GPRS（有条件时）、卫星通信。监测流量，有条件时采用实测；无条件时，可采用水文分析并经上、下游临时断面实测流量检验的水位流量关系查算。降水量、水位观测宜采用自动测报方式。

在堰塞湖区域和堰塞体下游附近等较为稳定的岸边，分别设置水位站，主要监测水位、降水量，形成堰塞湖区域的水位、降水量监测网络。水位、降水量采用自动遥测，信息传输采用 GPRS（有条件时）、卫星通信。有条件时，最好分别设立备用监测站，以防自然因素造成监测站点失效，也可同时采用雷达、卫星等对堰塞湖区域进行降水量监测。需要特别注意的是：由于应急事件处置数据的重要性和准确性，以及仪器安装的紧迫性，应选择易于安装的雷达式和压力式水位计。在堰塞湖区域的重要遥测监测点应进行冗余设计，即采用双传感器设计，确保数据可靠；采用双站间隔安装同时监测的系统配置，以确保系统连续可靠运转。

在堰塞湖下游的适当断面设置堰塞湖出口水文控制站，主要监测水位、流量、降水量。水位、降水量通常采用自动遥测，信息传输采用 GPRS（有条件时）、卫星通信。监测流量采用实测。

1.2.1.2　堰塞体勘测与信息获取

1. 勘测内容

堰塞体勘测主要包括堰塞湖坝体几何特征、物质组成和坝体材料物理力学性质勘测。

堰塞体几何特征包括长度、宽度、高度、体积和形态。堰塞体的物质组成决定其在水流等外力因素作用下的表现。在堰塞体形成后及时调查掌握坝体的物质组成，分析其组成是否包括岩块、碎石、卵石、砾石乃至泥土和植物等，掌握各成分的含量。在此基础上，必要时对相应成分进行物理力学性质分析与试验，如粒径、密度、渗透系数、黏聚力、内摩擦角等。

2. 勘测方案

由于滑坡体形成时间短，新的地质平衡还未形成，加上堰塞湖水位不断上升，库容不断增大，随时都有可能溃决。因此，主要采用免棱镜全站仪配电子图板现场成图的 GIS 系统，人不到测点就可测出滑坡体的表面地形。根据滑坡体下游两岸的地形测出坡比和河底宽，推出滑坡体顺江两个面的地形数据，滑坡体迎水面的地形数据根据露出水面部分的坡比推出，背水面地形数据是实际测得的。勘测滑坡体底面地形数据的方法是测出滑坡体下游天然河流的比降和河底宽，再用比降和河底宽推出滑坡体底面数据，此时得到 6 个面的数据，用 GIS 软件算出滑坡体体积。

在堰塞体区域采集泥沙样本，分析其物质组成，对其进行泥沙颗粒级配分析，并收集堰塞湖关键区域的影像、图片资料。按照水文泥沙河床质的采样方法采取一定数量具有代表性的沙样，进行泥沙颗粒级配分析。

3. 勘测与测量方法

初期以现场人工表观监测为主，同时通过遥感技术等手段，采用高分辨率的卫星遥感数据和地形图对堰塞湖进行监测。通过普通测量等基本手段获得堰塞体规模的基本数据，有条件时也可获取堰塞湖所在区域的卫星数据。测量堰塞体规模的基本数据通常采用地形法，测图比例为 1∶500。

用 GPS 接收机采用静态控制网的方法把平面和高程从已知点引测到滑坡体附近地区，再用全站仪采用免棱镜方式对滑坡体及溃口地形进行观测。陆上地形采用全站仪极坐标法或 GPS RTK 法现场实测，特殊地形可采用免棱镜全站仪施测；水下地形采用断面法。横断面测量采用 RTK GPS、测深仪、计算机、导航软件组成的测绘系统测量；水位接测度采用水尺观读或免棱镜全站仪施测。

4. 勘测新技术

(1) 遥感监测技术。根据波谱段和传感器的不同，遥感信息源类型主要包括光学卫星遥感、航空遥感和雷达，前两者被广泛应用于堰塞湖监测中。

1) 光学卫星遥感。随着空间科技的发展，我国自然灾害的空间对地观测体系逐渐建立和发展起来，通过卫星遥感、地理信息系统、全球定位系统、卫星通信等技术成果的综合应用和集成转化，大大提升了我国对自然灾害的监测、响应能力。

我国已经成功发射的气象卫星、资源卫星、环境卫星和通信卫星，再加上国家高分辨率的对地观测重大科技专项的一系列高分辨率卫星和国际空间卫星资源，将构成未来一段时间主要的空间对地观测卫星系统，为构建"天—空—地—现场"一体化堰塞湖灾害监测体系奠定坚实的空间对地观测基础。在易贡堰塞湖、汶川地震堰塞湖等一系列监测中卫星数据都发挥了重大作用。

2) 航空遥感。航空遥感指利用携带传感器的飞行器来获取地物信息的方法。航空遥感在应急调查以及因天气等原因无法获取卫星数据的地区发挥着十分重要的作用。

在"5·12"汶川地震的抗震救灾工作中，由电子科技大学、中国科学院遥感应用研究所、中国科学院山地灾害与环境研究所、北京安翔动力科技有限公司、西南交通大学、成都军区测绘信息中心组成的"高分辨率、低空遥感地震灾情探测专家队"利用无人机航空遥感系统的灵活机动、回收方便、信息获取及时准确、适于高危地区探测、感兴趣目标重点观测等特点，在直升机遥感的配合下，结合飞控、定位、图像处理以及灾害评估方面的专业技术，及时获取了灾区堰塞湖、重灾区受灾状况、道路损坏状况等目标完整、高分辨率的航空遥感影像，并给出了详细的灾情评估信息。获得的遥感影像包括甘河子、青川、北川、安县、平武、绵竹、什邡、岷江流域（都江堰—茂县）等重灾区的高分辨率遥感数据（分辨率 0.1~0.35m）5000 多幅，共计 63 个航带，提供专题影像产品 100 多幅，包括唐家山、肖家桥、东河口等 34 个大型高危堰塞湖。上述单位为抗震救灾决策提供了及时可靠的数据和信息支持，成为首个完成所有堰塞湖探测任务的团队。

3）远程宽带无线视频监控技术。该应急通信系统能够实现对受灾区域由点到面的覆盖，使信息传递从区域网络扩展至整个 IP 骨干网。远程宽带无线视频监控系统由前端无线视频单元、基站和后方监控指挥中心三部分组成。前端无线视频单元包含前端视频采集组件（含远距离可变焦摄像机、云台、视频编码器）、宽带无线多媒体终端和应急供电设备（含太阳能或柴油发电机、蓄电池组、电源逆变器）。多个前端无线视频单元的数据/视频业务流通过无线终端接入宽带无线多媒体基站设备，基站可通过卫星、宽带无线城域网和地面固网等多种接入方式将视频信号转发至后方监控指挥中心和骨干网，指挥中心可以直接操控前端视频采集设备的云台方向、图像焦距，并可以通过 Internet 与前方现场进行语音/数据交互。后方监控指挥中心由 Internet 接入网关、视频显示设备、计算机、指挥调度软件系统组成，通过集中各个方向现场的数据、视频情况，指挥中心可以及时了解现场状况，协调现场资源，并根据实际情况做出指挥调度。

（2）三维激光扫描技术。三维激光扫描技术（3D Laser Scanning Technology）的出现和发展为空间三维信息的获取提供了全新的技术手段，为信息数字化发展提供了必要的生存条件。三维激光扫描技术是一种先进的全自动高精度立体扫描技术，又称"三维激光成像技术"或"实景复制技术"，是继 GPS 空间定位技术之后的又一项测绘技术革新。它克服了传统测量技术的局限性，采用非接触主动测量方式直接获取高精度三维数据，能够对任意物体进行扫描，且没有白天和黑夜的限制，快速将现实世界的信息转换成可以处理的数据。它具有扫描速度快、实时性强、精度高、主动性强、全数字特征等特点，可以极大地降低成本、节约时间，而且使用方便，其输出格式可直接与 CAD、三维动画等工具软件接口。

由于三维激光扫描技术较传统的测量技术有明显的优越性，被广泛应用于土木工程、文物保护、古建筑物复原、建筑业、城市规划、医学、汽车制造、逆向工程等领域，并显示了其高效、高精度的独特优势，将其应用于汶川地震诱发的堰塞体及其周围滑坡地段三维地形信息扫描的获取，取得了显著的成效。

（3）民用轻型无人机地质灾害应急遥感技术。堰塞湖大多发生于地势复杂、环境恶劣的山区，人力难以及时到达。利用卫星遥感、航空遥感获得的图像对山地灾害进行监测和信息获取，受到云雾、分辨率、安全、成本等因素的影响，不能完全满足复杂山地环境中灾害识别与监测的应用需求。无人机遥感技术具有成本低、起降灵活、安全、云下飞行、图像分辨率高等优点，特别适合高原和山地等环境恶劣地区高分辨率遥感图像的获取。无人机可以采用滑行、车载和弹射等多种方式起飞，滑行起飞需要的跑道短，弹射起飞特别适合难以找到平整起飞场地的山区。无人机是云下低空飞行，因此可以避免受到西南地区多云多雾天气的影响，利于获取目标地区的清晰无云图像。无人机航拍所获图像分辨率高，可以达到厘米级，并且随飞行高度的改变，影像的分辨率可以调节。

由于受到无人机有效载荷的限制，无人机机载传感器在重量、尺寸方面有严格的要求，无人机机载传感器研制走的是将传统载人航空遥感传感器小型化或微型化的道路。机载传感器在小型化或微型化后，在通道数、性能、精度等技术指标上大大逊色于同类的载人航空遥感传感器。机载传感器按照波段长度，分为微波雷达、热红外、近红外、可见光、Lidar 等传感器；按照波段数，分为多光谱或高光谱传感器。

1.2.2　风险识别与评估技术

堰塞湖形成之初的安全性及堰塞湖可能具有的风险状态是应急决策的重要依据，因此即使存在诸如应急决策时间要求紧、堰塞体堆积材料信息匮乏和缺失等不利因素，也应尽可能快速全面地对堰塞湖的风险程度进行准确和合理评价。

有别于水利工程，堰塞湖风险评价是一个边收集资料、边评价、边验证和再评价的过程，这是由它本身的特点决定的。堰塞湖风险评价的主要目的是评价在地震、降雨以及洪水等各种外界因素作用下，堰塞坝的安全稳定性是否能得到满足，其潜在灾害损失如何，风险等级多高等。如果不能满足全部外界影响因素，则又能在什么外部因素作用下处于安全状态，是否能够满足应急工程治理时间内的安全要求，能否安全度汛，避免次生灾害的发生等。

按照《堰塞湖风险等级划分与应急处置技术规范》（SL/T 450—2021）的规定，堰塞体危险性应根据堰塞湖库容、上游来水量、堰塞体物质组成和堰塞体形态进行综合判别。堰塞体单因素危险性级别与分级指标见表 1.2-1。

表 1.2-1　　　　　　　　　　堰塞体单因素危险性级别与分级指标

堰塞体单因素危险性级别	分　级　指　标			
	堰塞湖库容 /亿 m^3	上游来水量 /(m^3/s)	堰塞体物质组成 d_{50}/mm	堰塞体几何形态（堰高 H、顺河长 L）
极高危险	≥1.0	≥150	≤2	$H \geq 70m$，$L/H < 20$；或 $70m > H \geq 30m$，$L/H \leq 5$
高危险	0.1~1.0	50~150	2~20	$H \geq 70m$，$L/H \geq 20$；或 $70m > H \geq 30m$，$20 > L/H > 5$；或 $30m > H \geq 15m$，$L/H \leq 5$

堰塞体单因素危险性级别	分级指标			
	堰塞湖库容 /亿 m^3	上游来水量 /(m^3/s)	堰塞体物质组成 d_{50}/mm	堰塞体几何形态 （堰高 H、顺河长 L）
中危险	0.01~0.1	10~50	20~200	70m>H≥30m，L/H≥20；或30m>H≥15m，20>L/H>5；或 H<15m，L/H≤5
低危险	≤0.01	≤10	≥200	30m>H≥15m，L/H≥20；或 H<15m，L/H>5

1.2.3 应急抢险与处置技术

世界范围内，由于地震所引发的堰塞湖灾害分布广泛。1900 年以后，全世界发生的 6 级以上的地震共 560 多次。其中一些地震引发了大面积的山体崩塌和滑坡，出现了许多因为滑坡体堵塞河道引起的堰塞湖。不同地区的堰塞湖因为地理位置的原因而具有不同的特点，所带来的危害因地而异，而应急处置的方式也不尽相同。本部分就一些典型的堰塞湖处置方式做一概述。

1911 年 2 月 18 日，塔吉克斯坦发生里氏 7.4 级大地震，造成 90 人死亡。地震导致约 20 亿 m^3 的岩体垮塌，滑入穆尔加布河，形成的堰塞坝高约 600m，坝后堰塞湖（将其命名为萨雷兹湖）长约 6km，库容约 170 亿 m^3。该堰塞坝依然存在，并且没有出现过漫坝现象。但是，湖水面距离坝顶最低点还有 50m，而湖水则以每年 18.5cm 的速度持续上涨。如果发生溃坝，将给下游造成严重的损失。由于该堰塞坝位于偏远山区地带，没有直接通往现场的公路，采取人工泄洪方式的代价巨大，因此只能通过在下游安装洪水早期预警系统，并实时进行水文监测。

1959 年 8 月 17 日，美国蒙大拿州的 7.3 级地震造成 28 人死亡。这次地震使得赫布根湖下游山体以 160km/h 的速度崩塌，堵塞麦迪逊河，形成了深 58m、长 10km 的"地震湖"。由于没有可靠的水口，美国陆军工程兵团被迫抢在快速上升水体导致溃决之前抢修了一条溢洪道，以此来减少冲蚀及溃坝风险。

1960 年的智利 9.5 级大地震造成特拉孔山多次的滑坡灾害事件，并堵塞了里尼韦湖的出水口。资料显示，里尼韦湖是同一流域中 7 个湖泊中位置最低的湖泊，其上游 6 个湖泊的水源源不断注入该湖，导致其水位快速上涨。下游因此受到影响的区域内有 10 万人。为了避免下游城市遭到毁灭性破坏，军队与智利国家电力公司等机构工人采取在堰塞体上开挖泄洪沟的方式泄洪。在进行堰塞坝抢险工作的同时，为了最大限度减少流入里尼韦湖的水量，对其上游 6 个湖泊进行了修筑拦水坝的方式，减少流量。直到 5 月 23 日，堰塞坝的泄洪沟高度从 24m 降到了 15m，使里尼韦湖的容量降低了 30 亿 m^3，但剩余水量依然破坏力巨大，抢险工作一直持续了 2 个月的时间。

1968 年，新西兰以南阿瓦大地震引发大量滑坡。其中一个巨大滑坡堵塞了布勒河，形成的堰塞湖长达 7km，水位比正常水位高出 30m。如果溃坝，将会造成以南阿瓦和西港两个地区毁灭。地震发生12小时之后，军队和民用直升机采取疏散人口的方式减少了人员伤亡和财产损失。

1985年，巴布亚新几内亚的7.1级大地震引发的山体滑坡堵塞了贝拉曼河，形成的堰塞湖蓄水量达到了5000万 m³，给居住在贝拉曼河下游的军民造成巨大威胁。当地政府在堰塞坝接近漫顶之时，对人员进行了疏散，没有造成人员伤亡。

1999年，我国台湾省花莲县发生7.6级地震，引发的滑坡事件中，最大的滑坡堵塞了急水溪，形成了堰塞湖。水利部门通过空间遥感数据和GIS很快测算出堰塞湖的主要数据，主要包括堰塞坝高程、坝宽、堰塞湖集水面积、滑坡面积、堰塞坝（湖）体积等数据（见表1.2-2），为堰塞坝的抢险提供了基础。施工人员对该堰塞坝进行了平整和碾压，并在下游建设安全坝，以便在堰塞坝出现溃决时，为下游人口和土体提供庇护。

表 1.2-2　　　　　　　　　　　　　急水溪堰塞湖基础数据

坝高/m	坝宽/m	集水面积/km²	滑坡面积/km²	堰塞坝体积/亿 m³	堰塞湖体积/万 m³
50	4	162	620	1.5	4600

2001年的6.6级圣萨尔瓦多地震造成了数千条滑坡，并将埃尔德萨古河和吉博亚河两个主要河流堵塞。埃尔德萨古河上形成的堰塞湖长1.5km，虽出现了漫顶，但坝体稳定。吉博亚河上的堰塞湖最大水深达60m，长约2km。为了避免吉博亚堰塞湖出现危险，当地救援人员开挖了一条深20m的溢洪道。

2004年的日本新潟地震引发了1600条滑坡，形成了多处堰塞湖，30多处分布于芋川流域。其中最具威胁的是东竹泽堰塞湖和寺野堰塞湖，长度均约为350m，堰塞坝体积都超过100万 m³。虽然因为水压和管涌而出现溃坝的可能性较小，但存在漫顶和连续崩塌的危险。因此日本当地针对下游居民进行了撤离。为了彻底消除危险，采取了以下应急措施：首先，采取水泵（12台）抽水和虹吸方式降低水位；其次，由于水泵维修困难，采取了安装导流管的办法；最后，通过开挖导流明渠的方式来泄洪。为了保证导流明渠开挖期间坝体不发生二次滑坡，在开挖之前进行了削坡处理。

2005年巴基斯坦大地震中最大的滑塌体堵塞了位于穆扎法拉巴德东南部约32km的杰赫勒姆河，并掩埋了1座村庄，形成的堰塞体在加尔利河和坦格河上形成了两座堰塞湖。同样，当地军方采取修建溢洪道的方式来排险。

2005年6月21日，我国重庆市巫溪县大宁河上游青岩洞发生滑坡，堵塞大宁河，形成一高30m的堰塞坝，威胁下游6000余人的生命财产安全，救援队伍采取开挖溢洪道的方式，对堰塞湖进行了安全泄洪。

2007年日本石川地震使得河源田川上出现堰塞坝，轮岛市采取紧急开挖，修建泄洪道进行排险。

2008年5月12日，汶川地震形成唐家山堰塞湖。为规避堰塞坝快速溃决对下游造成灾难性损失，保证下游人民生命安全，通过多方面研究，决定采用机械开挖泄流渠，借助水力拓宽冲深泄流渠，逐渐扩大泄水能力，避免发生突然溃坝的工程除险方案，并确定了"疏通引流、顺沟开槽、深挖控高、护坡镇脚"施工方法。堰塞湖泄流过程证明，泄流渠引流效果良好，有效控制了湖水下泄过程，确保了人民群众的生命安全，避免了次生灾害的损失，达到了预期效果。

2009 年 8 月 6 日深夜，四川省雅安市汉源县境内发生山体垮塌，40 万 m³ 崩塌体阻断大渡河，形成堰塞湖。灾害造成 2 人死亡、18 人受伤、29 人失踪。8 月 7 日 17 时，当地政府采取爆破的方式，排除了大渡河堰塞湖险情，随后又进行公路抢修和堰塞体清除工作。

除以上文献报道以外，众多学者也对堰塞湖的应急处置进行了研究。周宏伟等（2009）总结了不同危险等级堰塞湖的不同排险技术，指出极高危和高危堰塞湖具有潜在的溃坝风险，必须及时排险，相对稳定的堰塞湖及其所在河道则应治理保护，提出了地震堰塞湖排险设计工程措施和紧急避险两大方面，并探讨了排险中方案选择的原则和泄水槽设计。胡以德和袁兴平（2012）针对重庆市城口县庙坝镇堰塞湖的抢险工作，综合采用了宏观巡查、裂缝观测、全站仪监测、GPS 监测等多种监测手段，对堰塞坝坝体进行全天候监测，为抢险救灾总体决策及 24 小时不间断抢险施工提供了有力保障，成功进行了 3 次预警，避免了重大险情的发生。王志强（2013）分析评价了舟曲白龙江堰塞湖的安全性，提出了"窄河、深槽、急流"应急除险方案和防洪工程。王伟等（2008）采用 3S（RS/GIS/GPS）技术，掌握了汶川大地震堰塞湖的位置、范围及淹没状况，根据收集的有关资料和 GIS 处理系统迅速计算出有关堰塞湖的库容曲线，并对涪江中下游绵阳至小河坝河段进行了断面切割，为堰塞湖的排危除险提供了决策依据。

通过以上堰塞湖应急处置案例及学者研究可以看到，堰塞湖应急处置技术中，多采用爆破、开挖泄流槽等方式排除险情，与此同时，进行多方位的监测，以确保处置方式在施工过程中的安全问题。但是目前这些处置方式较为零散且不成体系，难以及时为突发堰塞湖灾害事件的科学决策提供基础。

1.3　堰塞坝开发利用技术发展现状

堰塞湖在经历了应急处置之后，虽然暂时性解除了险情，但依然存在一些不稳定因素，如两岸山体是否仍有垮塌再次堵江的可能；堰塞坝坝体在其长期存在过程中，是否存在冲刷侵蚀、静/动力、渗流变形从而导致不稳定发生再次溃坝的可能等。因此，对堰塞坝进行综合整治也是堰塞湖灾害除险工作中的一大难题。

目前，对于堰塞坝综合整治的研究并不多，这是由于堰塞坝一般发生于偏远山区，交通极为不便，在进行应急处置之后，如果后续利用价值不高，则无须进一步进行整治；对于一些可以进行后续利用的堰塞坝，如改造为旅游景点或水电站等，才需要对其进行综合整治。

堰塞体后期处置加固中需考虑其洪水标准，且后期处置泄洪通道的泄流能力应满足相应的洪水标准要求，如有需要可对应急处置阶段的泄洪通道进行必要的整治；若其泄流能力仍不满足洪水标准要求，应布置其他泄流通道。

此外，还应对堰塞湖可能产生危害的滑坡体、崩塌体和泥石流的处理措施进行研究，条件具备时，应对不稳定滑坡体、崩塌体和泥石流进行治理。堰塞体加固或拆除后，应对残留堰塞体和滑坡体、崩塌体进行必要的安全监测，如果不满足安全要求，应对其进行安全处置。唐家山堰塞湖后期处理分为两期工程：一期工程是清除了"9·24"洪灾形成的淤塞体，清理两岸不稳定边坡，疏通明渠，并在上游修建一个 20 年一遇的防洪堤；二期工程是泄流整治和模袋混凝土浇筑、边坡和堰塞体左岸泄流洞的施工。2008 年 6 月 14 日，日本宫城地震形成多处堰塞湖，其中一处堰塞湖采取我国提供的土工袋加固了泄流渠。王全才等（2010）针对"5·12"汶川地震区都汶路老虎嘴崩塌体治理提出一套治理技术，并着重介绍了固坡桩技术和安全备用平台两个特色设计，充分利用了崩塌体自身有利属性和随河势而演变的趋势，达到简单、渐进和协调设计的目的。熊影等（2013）分析了白沙河流域 3 座地震堰塞湖的风险等级，通过采取降低堰塞湖水位、减少蓄水量、开挖泄流槽并适当衬砌等工程措施实现了白沙河下游的防洪安全。尚殿钧（2017）通过方案比选，采用钢筋石笼对哈姆山堰塞湖右岸主河槽进行防洪护砌，右岸采用浆砌石挡墙，达到堰塞坝泄流槽治理的目的，右岸松散堆积体处理采用挡土墙结合坡顶开挖加固方案，防止滑坡体完全堵塞斜槽。龙军飞等（2016）采用堰塞体部分挖出、利用水库调节供水保证率的补偿措施，对永定桥库区内坝址 2km 处的飞水沟堰塞体进行了整治，确保了下游永定桥水库的正常运行。

堰塞坝的拆除需要清理大量的河道堆积物，将堰塞体通过一定的工程措施加固、改造并利用起来，即可达到除害兴利、变废为宝的目的。国内外将堰塞体改建为水电站的案例并不多。在国外有两例：一例是 1911 年因地震引起塔吉克斯坦东部的帕米尔高原山体滑坡，形成萨雷兹堰塞坝，为了降低危险，经综合分析，治理方案大致可分为加固堰塞坝、降低湖水位（减少湖泊蓄水量）、利用湖泊水能资源发电三类，2007 年在国际会议上专家明确提出整治及综合利用（发电、灌溉等）的方案。另一例是新西兰的韦克瑞莫纳堰塞坝，位于新爱尔兰北部岛屿的东侧，形成于 2200 年以前，由一次滑入韦克瑞莫纳河谷中的滑坡形成。为了开发水电而利用韦克瑞莫纳滑坡坝，同时增加它的稳定性，湖水位已被降至湖泊最低出水口处水位下 5m、正常洪水位以下 10m。通过在特瓦拉河湾的基岩中修建水下防渗帷幕，极大地降低了滑坡坝的渗漏，而湖水位和地下水位的降低可提高坡体的稳定性，之后被改建为水电站，总装机容量为 124MW。在我国，1933 年 8 月 25 日的叠溪 7.5 级地震形成了叠溪海子、小海子、大海子 3 座堰塞湖，其中小海子堰塞坝被改建为水电站，电站装机 3 台，单机容量 60MW，总装机容量 180MW，保证输出电力48.1MW，年发电量 9.956 亿 kW·h，年利用小时数 5530 小时，已于 2004 年投产发电。

从以上研究可以看出，鉴于堰塞湖灾害的特殊性，堰塞湖综合整治及开发利用技术的研究并不成熟，且当前的整治措施主要针对的均是堰塞体本身，未考虑堰塞湖及其周围整体环境的一体化治理，因此也无法完全消除堰塞湖的灾害隐患。

堰塞湖应急抢险
与风险处置 **2**

2.1 堰塞湖数据采集与处理

堰塞湖一般位于偏远山区，交通不便，水文、地形、地质等基础资料较匮乏，在堰塞湖形成后采用传统勘测技术进行勘测往往存在安全风险高、实施周期长等不利因素，而堰塞湖形成后抢险工作普遍存在时间紧、任务重的要求，因此需要能够快速收集基础资料，为堰塞湖应急处置提供基础数据。下面主要阐述堰塞湖水文气象、地形地貌、地震地质、社会经济等数据采集及处理方法。

2.1.1 水文气象数据采集与处理

在偏远堰塞湖地区的水文计算一直是堰塞湖水文数据采集与处理的难点。计算机技术与 3S 技术的迅速发展，使水文气象等空间信息数据获取变得更加方便。同时，基础设施设计行业国际化路线对水文水资源技术应用提出了新要求，现有的一些技术手段已经不能满足当前需求，基于 3S 技术在乏资料流域的应用已成为近年来水文研究的热点，通过 3S技术可以获取全球范围的气象数据、下垫面参数，采用水文地理数据模型、分布式水文模型，结合互联网获取的全球共享数据使乏资料地区水文分析计算成为可能。

目前互联网上存在许多全球免费、收费水文水资源数据，部分数据由国外知名机构发布、精度较高，如联合国粮农组织（FAO）、世界气象组织（WMO）、美国国家海洋和大气管理局（NOAA）等数据中心提供的数据；部分数据则未验证来源，精度未知，但是也是重要的基础数据，如全球河网及流域边界数据。这些数据如何应用到无资料地区实际工程项目中，精度如何，均值得进一步探索。

分布式水文模型在乏资料地区的应用研究是国内外水文研究的前沿学科，模型输入数据获取问题虽已在 3S 技术的支持下得到解决，但由于缺乏观测验证资料，使得模型的参数值难以通过直接率定的方法确定。国际水文协会（IAHS）启动了"PUB"的十年计划，其目的在于探索新的水文模拟方法，实现水文理论的重要突破，满足各个国家特别是发展中国家的经济发展需要。国际上有大量关于乏资料流域的水文模拟的研究成果及结论，但将这些方法用于实际工程中的案例非常少，如何将分布式水文模型理论研究成果应用到实际工程中，是要解决的主要问题。

本书介绍了一套乏信息地区水文分析计算解决方案：第一，气象水文数据采集，主要包括实测、卫星气象数据获取与整理，再进行实测与卫星数据融合；第二，基于 Arc-Hydro 模型流域特征提取，得到流域边界、河网、河道等数据，继而为水位流量关系、库容面积曲线计算提供基础数据；第三，采用国际上广泛使用的 SWAT（Soil and Water Assessment Tool）模型，通过构建基于 3S 技术的分布式水文模型，研究 SWAT 模型输入数据获取、建模、率定与验证、参数化方法，并结合实际工程案例研究，总结基于分布式水文模型的乏资料地区水文泥沙计算方案。利用该方法在资料短缺的流域，采用有限的流量资料进行率定，达到插补延长的效果。在完全无资料流域通过模型模拟方案提供较为可靠的流量资料。

1. 水文气象数据采集

传统的资料收集，首先需要摸清工程区域及附近的已有资料后，设计人员须亲自到现场才能完成资料收集工作。本书提出的乏信息地区工程所需的水文气象资料收集方法，所采用的水文气象资料绝大部分来自公共组织定期发布的数据，再结合收集到的部分实测资料，通过多种方法对不同来源、不同途径的水文气象资料进行分析、整合（如实测、卫星资料融合、资料精度评估、降雨等值线生成、资料插补延长），以供水文分析计算使用。

2. 流域特征参数快速提取

传统的流域特征参数的提取采用地形图进行流域特征值（面积、河长、流域平均高程）的量算。该方法存在两个问题：一是乏信息地区的地形图难以短时间收集到，且费用高；二是在地形图上进行流域面积、河长、流域平均高程量算工作相当费时，工作效率低下。通过实测 1∶50000 地形图与网上免费下载的 DEM 地形资料量算的流域特征值进行对照，认为网上免费下载的 DEM 地形资料基本能满足研究的精度要求，区流域河流水系及流域特征值均通过免费下载的 DEM 地形资料采用 ArcHydro 软件，通过实际河网校正，采用批量处理技术一次性提取得到，耗时大大降低。在保证成果精度的同时，大大提高了工作效率，同时也节省了购买实测地形图的费用。

3. 水文模型应用

传统水文计算方法，如水文比拟法、径流系数法、参数等值线图法虽然可以获得设计断面多年平均流量成果，但很难获得径流的年内年际分配成果。将分布式水文模型应用到水文分析工作中，获得了精度满足设计要求的年内年际分配成果，为基础资料缺乏条件下的基础设施的规划设计提供新的设计理念和计算方法。

水文模型应用技术体系如图 2.1 - 1 所示，首先收集水文、气象、地形、土壤、植被等基础资料，根据资料的情况确定研究的项目区域。其次，通过模拟建模、率定、验证等，建立研究的模型。再次，应用模型多种工况的模拟，研究总结模型的适用性、可靠性。最后将成果应用推广。

2.1.2 地形地貌数据采集与处理

由于堰塞湖形成区域存在各种不利条件，限制了测绘技术的有效利用，在堰塞湖地形地貌数据采集时需要应用数字化测绘技术。与传统的测量手段相比，数字化测绘技术最为突出的一点便是具有高度的自动化，这一点主要得益于计算机技术的飞速发展。在工程测绘中应用数字化测绘技术，能够自动进行信息识别、符号选择、数据运算等一系列的操作，既降低了人为失误率，也充分保证了最终所得图形的规范化和精确化程度，大大提高

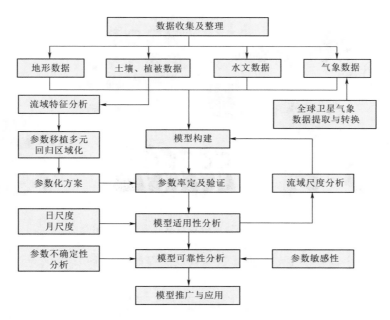

图 2.1－1　水文模型应用技术体系图

了工程测绘的效率。

1. 大范围、快速地形地貌数据采集

在明确勘察阶段及工作地理范围的基础上，获取并生产得到满足项目或合同要求的测绘成果数据。

3S 基础数据应充分考虑其精度及现势性。3S 基础数据应采用统一的、符合国家规定的数学基础（平面坐标系及高程基准）。不同数学基础的 3S 基础数据应通过转换保持一致，并提供转换关系及参数。

3S 基础数据收集主要包括数字线划图、数字高程模型、数字正射影像图、数字栅格地图、卫星影像、航拍相片等。3S 基础数据可通过互联网、国内外测绘相关机构、数据提供商、项目业主等收集，也可按需收集卫星影像、无人机、水下多波束、雷达、In-SAR、数字高程模型等基础数据。

在工程勘察设计过程中，卫星遥感、雷达遥感、航空摄影、三维激光扫描、倾斜摄影、水下多波束等作为重要的地形地貌数据采集手段，其基础数据能直观地反映现场情况，且数据的现势性与及时性对于勘察设计成果的合理有效性具有重要意义。采用无人机影像自动处理方法，在对工程区采集影像之后，快速对航片进行处理，最终快速获取高质量正射影像图。基础地理信息数据获取与处理示意图如图 2.1－2 所示。

基础地理信息数据获取主要包括控制成果、数字高程模型（DEM）、数字表面模型（DSM）、数字正射影像图（DOM）、数字线划图（DLG）、数字栅格地图（DRG）、点云数据、卫星影像、航拍相片等数据及相应的数学基础。可优先获取项目所在地国家基准的基础地理信息数据，国际工程亦可采用 WGS 84 坐标系统及大地高程系统等。基础地理信息数据可通过项目业主、互联网、国内外相关测绘机构、数据提供商收集，亦可按需购买

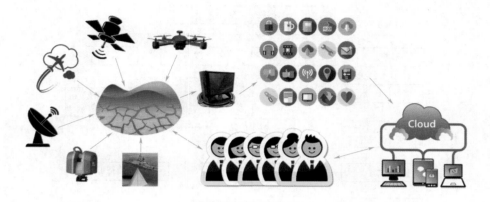

图 2.1-2　基础地理信息数据获取与处理示意图

高清卫星影像、数字高程模型等数据，数据获取流程如图 2.1-3 所示。

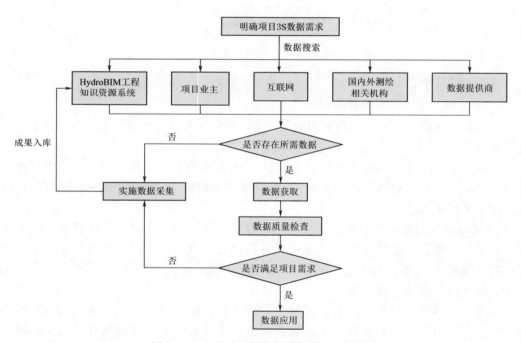

图 2.1-3　基础地理信息数据获取流程图

若无法获取满足项目要求的基础地理信息数据，应根据项目区域情况，开展相关测绘工作采集所需数据。获取的基础地理信息数据应进行质量检查，确保质量和标准要求。

2. 地形地貌数据处理与成果

测绘专业项目负责人根据堰塞湖应急抢险与处置工作任务书要求，负责完成技术设计报告编写、基础地理信息数据生产、基础地理信息数据库建立、基础地理信息系统搭建、成果提交。

基础地理信息数据应采用统一的平面坐标系统和高程系统。当采用地方坐标系时，应与国家统一坐标系统建立严密的转换关系。

基础地理信息数据处理后，要按照产品生产的作业流程、作业要求、质量检查。作业流程如图 2.1-4 所示。

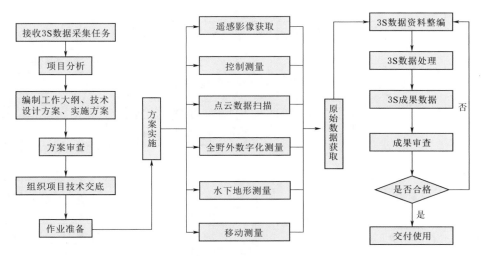

图 2.1-4 基础地理信息数据作业流程图

对于收集的基础地理信息数据应进行分析、整理、数字化、坐标转换、匀光匀色等工作，使之满足 3S 集成应用的要求。

数字高程模型（DEM）的产品模式、规格、技术指标及质量要求按 CH/T 1008 规定执行，其生产方式主要采用航空航天摄影测量法、全野外测绘法。

数字表面模型（DSM）生产方式主要有航空摄影测量法、航天摄影测量法、机载激光雷达测量法，每一种方法对应的产品模式、规格、技术指标及质量要求分别按 CH/T 3012、CH/T 3013、CH/T 3014 规定执行。

数字正射影像图（DOM）的产品模式、规格、技术指标及质量要求按 CH/T 1009 规定执行，其生产方式主要采用航空航天摄影测量法。

数字线划图（DLG）的产品模式、规格、技术指标及质量要求按 CH/T 1011 规定执行，其生产方式可分为全野外测绘法作业与航空摄影测量法。

数字栅格地图（DRG）的产品模式、规格、技术指标及质量要求按 CH/T 1010 规定执行，其生产方式主要采用地形图扫描数字化和数字线划图矢栅变换法。

遥感图像解译可采用人工目视解译与计算机自动分类解译。解译时结合不同专业的需求，选择相应的解译方法。目视解译应把握目标地物的综合特征，运用一切直接的和间接的解译标志进行综合分析，提高解译质量与解译精度。计算机自动分类解译应采用相关遥感影像处理软件，采用监督分类或非监督分类，通过建立典型地物模板进行地物自动分类提取。解译成果应通过实地核查进行完善。

地形数据宜为三维地形曲面。三维地形曲面是基础地理信息数据的重要组成内容，一般由高程点、等高线及数字高程模型生成。

三维基础地理信息场景应通过反映地形起伏特征的 DEM 和反映地表纹理的 DOM 叠

加生成，同时应根据需要叠加 DSM、DLG、三维建筑模型、专业数据等。

基础地理信息数据的生产过程应遵守相关的规范要求，数据生产技术路线如图 2.1-5 所示，不同类型的数据具体处理要求详见相应的生产管理规定。

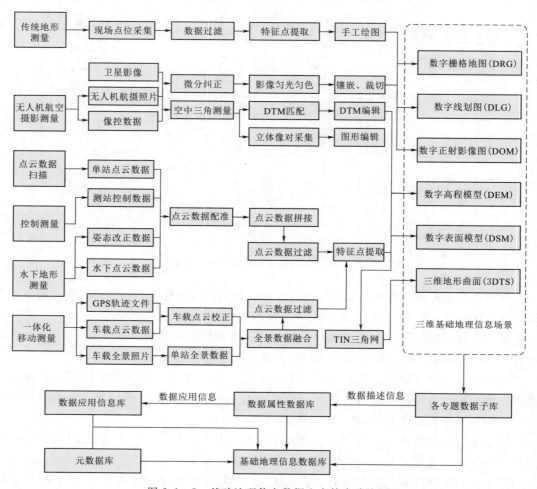

图 2.1-5　基础地理信息数据生产技术路线图

基础地理信息数据按相关规范完成生产并通过数据生产质量检验后根据项目任务要求将数据入库。入库前对数据应做如下检查：数据文件的完整性、数据的空间参考系统、数据文件格式、空间数据的几何精度、要素分层与代码、要素几何特征、栅格大小、空间数据的完整性、图形及属性接边检查等。

基础地理信息系统建设过程按建设的方法原则及地理信息系统的特点可分为需求分析、总体设计、详细设计、软件编码及测试、系统运行维护等阶段。

3. 高精度影像解译

在堰塞湖地形地貌数据采集与处理中，航天、航空影像作为重要的基础数据，能直观地反映现场情况，影像的现势性与及时性对于基础设施工程的准确勘察设计成果具有重要意义。当前，我国陆续发射了高分四号、资源三号等高分辨率对地观测卫星，在堰塞湖地形地貌数据采集与应用过程中，卫星可及时捕捉灾害现场航空影像，研究如何利用现有卫星，快速、低成本获取基础设施工程区域影像，是研究的关键内容。该工作一般是由数据处理人员通过目视识别的方法，提取各类地物、地类信息，耗时长，效率低，不能满足快速响应的需要。研究各类地物的自动解译功能，在获取影像数据后，可自动解译范围内地表地物及地类信息并提出，最终成图对勘察设计工作提供支撑。

4. 数据与三维场景集成

基础地理信息的自适应数据组织管理、面向多层级用户的信息共享与快速发布、项目实地地理信息三维动态可视化等可视化数据服务关键技术，可有效支持堰塞湖应急抢险及处置数据的集成应用。针对通过多源手段采集的各类信息，建立统一的展示查询平台，在项目勘察设计工作开始时，及时以可视化的方式提供相应的数据资料，基于现有各类基础地理信息、水文、气象、地质条件、经济发展水平、行政数据等，将这些已获取并经处理的数据与三维场景集成起来，为堰塞湖应急抢险与处置提供数据支撑。

2.1.3 地震地质数据采集与处理

堰塞湖普遍存在基础地质资料匮乏、野外安全风险多、交通不便、卫生及气候条件差等问题，传统的工程地质勘察方法技术手段落后，效率低下，质量控制难度大，安全隐患较多，已无法满足堰塞湖应急抢险需求，必须寻找新的工程地质勘察工作技术手段，在尽量规避野外安全风险和保证成果质量的同时，提高工作效率，降低工作成本。

通过国内外数十个工程的不断实践和完善，革新了工程地质勘察工作模式，与传统方法相比，乏信息地质数据采集与处理技术能够在一定程度上规避安全风险，且在保证成果质量的同时，降低工作成本，提高工作效率。该技术主要涵盖地质数据收集、工程地质测绘、工程地质分析、HydroBIM-工程地质灾害防治三维可视化系统研究及综合物探技术。

（1）地质基础数据收集。主要依据网络信息技术、涉外资料收集渠道与现代化信息技术的结合来开展，对国外的地震地质资料、区域地质资料及部分国家地质协会定期公告及年鉴资料等进行系统详细地收集、整理工作。部分国家已初步搭建了基础地质信息数据库。

（2）工程地质测绘。包括数字化填图和遥感地质解译两部分，其中数字化填图技术已应用成熟，推广到国内外数十个工程，并获得国家专利；遥感地质解译技术紧跟商用卫星影像在分辨率和光谱分布上的不断革新，逐步加入和总结新技术、新方法，已应用至国内外数十个工程。

（3）工程地质分析。基于地质信息数据库技术，结合 GIS 空间分析法和工程地质分析原理，将工程地质分析技术手段由定性分析逐步向定量或半定量转化，工作成果全面丰富、表达直观，层次清晰，无重复和遗漏。

（4）地震地质采集与处理流程。堰塞湖地震地质采集与处理流程如图 2.1-6 所示。

（5）HydroBIM-工程地质灾害防治三维可视化系统研究。基于地质信息数据库，研究范围由零散到集成，从单点识别到系统识别的量化分级，成果已逐步推广。

（6）综合物探技术。综合物探技术是为了克服单一物探方法受自身特点的限制，进一

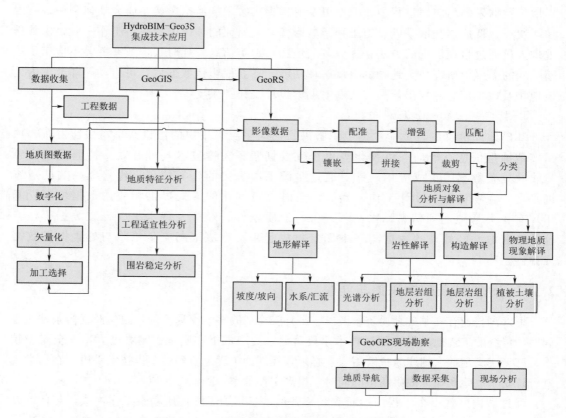

图 2.1-6　堰塞湖地震地质采集与处理流程图

步提高资料解释精度,以各种单一物探方法为基础,把两种或两种以上的物探方法有效地组合起来进行探测和解释,从而大大提高物探成果解释精度,达到共同完成或解决某一地质或工程问题的目的。就其分类来说,综合地球物理技术又可以分为两种:一种是地球物理联合反演方法,另一种是地球物理成果综合解释方法。地球物理联合反演方法是在反演时,就将几种方法进行统一的约束反演。地球物理多成果综合解释方法分两步:第一步,分别利用各种方法的观测资料反演进行单一方法的反演,得到各方法的反演解释成果;第二步,对各种方法的反演解释成果做比对分析研究,相互修正,互为补充,进行综合解释。目前,综合物探技术已经在地质找矿、超前探测、工程勘察、灾害探测、地质构造探查等方面,都有了较好的应用。经过分析,综合物探技术可以在堰塞体厚度、底界面、密实度、不良地质等探测中发挥重要作用。

1. 地质基础数据采集

(1) 地震地质资料采集。

1) 从国内外权威网站下载历史地震记录数据,可根据工程规模及不同行业需求任意选择搜索空间范围、时间范围及震级范围内的历史地震记录点,记录数据涵盖震中地理坐标、震级、震源深度、发震日期及时间等(见图 2.1-7)。

2) 主要控震构造活动性遥感地质解译。下载适合构造解译光谱范围的高精度、多光谱遥感影像和地形数据，搭建三维场景和地质信息数据库，从火山、地震及热泉活跃程度，断裂与晚更新世地层交切关系，水系折转特征，第四系地貌排列特征及影像色调特征等诸多方面开展遥感地质解译工作，为主要控震构造的活动性判断提供间接或直接依据（见图2.1-8）。

（2）区域地质资料。

1）网络收集。与国外大型地形地质资料网站合作收集地质资料，同时也可登录国外相关国家地质调查部门网站购买所需要的区域地质图及相关报告等。

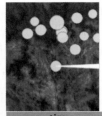

M 5.8 - Sulawesi, Indonesia

Time
1963-06-05 22:54:26 UTC
1963-06-05 22:54:26 UTC at epicenter

Location
3.078°S 119.691°E

Depth
35.00 km (21.75 mi)

time	latitude	longitude	depth	mag	magType
1963-06-05T22:54:26.000Z	-3.078	119.691	35	5.8	mw
1969-02-23T00:36:58.000Z	-3.201	118.904	15	7	mw
1971-05-07T00:21:15.000Z	-2.751	119.69	26.8	6	mw
1973-02-09T05:02:43.600Z	-2.713	119.837	33	5.2	mb
1973-04-27T18:17:49.400Z	-2.84	119.476	33	5.2	ms
1977-02-07T02:24:59.400Z	-2.24	120.779	33	5.2	mb
1978-12-02T07:28:59.700Z	-2.859	119.992	33	4.8	mb
1979-09-29T12:41:48.500Z	-2.81	119.573	21	5.9	mb
1980-01-15T07:25:27.400Z	-2.479	118.566	53	4.8	mb
1980-01-28T11:12:34.100Z	-2.747	119.526	33	4.7	mb
1982-04-27T08:06:24.830Z	-4.133	119.035	30.8	5.5	mb
1982-08-27T23:30:09.010Z	-2.308	120.973	54.7	5.4	mb

图 2.1-7　历史地震记录数据

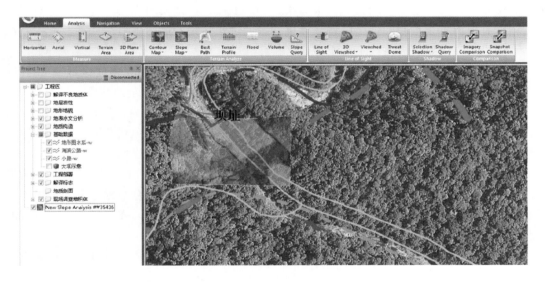

图 2.1-8　HydroBIM-GeoRS 界面

2）涉外渠道收集。通过中国政府驻外机构、企业驻外机构等，协调当地关系，结合网络信息技术明确需求资料，通过属地化员工购买等。

（3）区域或国家地质行业协会（学会）定期公告或年鉴资料。积极参与国外不同区域或国家定期召开的地质行业协会（学会）会议，了解最新行业动态和要求，收集相关定期公告或年鉴资料。

2. 工程地质测绘

（1）数字化填图。革新地质填图方法，提出一种基于 Andriod 操作系统 GIS＋GNSS集成技术的便携式智能设备工程地质测绘方法，包括地形地质资料信息技术检索；影像数据、地形数据、区域地质图、地震区划图、设计对象及三维地形 DEM 数据的坐标校正、配准并转换为 WGS 84 直角坐标系或地理坐标系；创建二维及三维地质信息 GIS 数据库；

野外在便携式智能平板电脑或手机中直接打开二维或三维地质信息库，启动 GNSS 系统，跟踪行走路线，实时报警导航；野外自动记录地质点及地质界线的文本、照片、音频及视频信息，并存入 GIS 数据库；野外收集到的地质点、线、面及体的坐标信息转换为工程坐标，经格式转换后存入 CAD 格式平面地质图上；GIS 数据库更新后与后方专家同步互动，动态更新，完善野外工程地质测绘的质量控制程序。本工作方法基于 Andriod 操作系统，较 Windows 操作系统软件耗用内存少且设备携带方便；利用 GIS＋GNSS 集成技术，经坐标处理后野外定位精确；建立动态更新的二维及三维地质信息 GIS 数据库，地质记录信息包括了音频、视频信息，野外操作直观简单，内容层次清晰，无重复和遗漏，改变了以往单纯的文字＋照片信息的记录方式，提高了野外工作的效率，且通过与后方专家的同步沟通，填补了野外工程地质测绘系统性质量控制程序的空白，亦可及时调整工作计划，野外地质测绘目标更明确。

（2）遥感地质解译。西部山区及国外工程大多受气候、交通及卫生等条件制约，区域地质及邻区的现场勘察工作面临诸多困难，很难完全达到规范要求，需要寻求勘察手段的革新和突破。作为工程地质勘察的基本方法之一，虽然遥感地质解译技术曾在一定时间内因其精度有限而不受重视，但是随着计算机技术的进步，现有遥感地质解译手段的控制精度已大为提高，主要表现在以下几个方面：

1）民用 GNSS 技术已能够实现 15m 精度保证率 95％以上，10m 精度保证率 80％以上，相应的比例尺为 1∶7500～1∶5000，对于工程地质条件不甚复杂的地段，满足要求。

2）影像空间分辨率越来越高，卫星影像最高可达 0.37m，无人机影像可达厘米级；光谱覆盖范围越来越大，对地质解译至关重要的远红外波段已能够免费获取；影像拍摄手段也越来越丰富，涵盖卫星影像、航空影像、无人机影像甚至雷达影像。

3）遥感地质解译手段已不仅仅局限于二维影像，还包括地形分析、地表水文分析等定量化手段，其精度已远远高于人工识别；此外，基于地质地理信息数据库下的三维仿真场景，对区域地质及工程区基本地质条件的解译效果也已大大提高，在现场条件不具备的情况下，很多成果完全可以直接应用。

4）本书所论述的遥感地质解译技术（3S 技术）并非传统意义上的单纯的遥感地质解译，随着大数据时代的来临，RS 技术、GNSS 技术和 GIS 技术的结合，将逐步发展为工程地质勘察工作的一个常规手段，地质工作的基本方法就是判译，当现场条件较好时，可以现场勘探及测绘成果为解译标志，在地质地理信息数据库上完成遥感地质解译，并结合地质理论开展定量空间分析工作，本身就是对工程地质勘察技术的一个有效补充和升华；当现场条件不具备时，3S 技术作为一个重要手段，可以在乏信息条件下宏观把握区域地质及工程区基本地质条件，初步评价工程地质条件，能够较大程度上规避重大工程地质风险（见图 2.1－9）。

3. 工程地质分析

在完成资料收集后，搭建地质信息数据库，以三维仿真场景为基础搭建，三维仿真场景宜包括行政区划、地名、水系信息、交通信息、历史文物古迹信息、遥感影像、数字地形、工作范围及设计对象。地质信息数据库内容则涵盖了地形地貌、地层岩性、地质构造、物理地质现象、岩溶、水文地质条件、岩土体物理力学性参数、勘探试验成果、遥感地质解译成果、地质空间分析成果、地质附图及地质报告等信息。

改进后的工程地质分析方法是指以地质信息数据库为基础，可快速完成地形分析、地表水文分析、剖面分析，从而为工程地质评价提供定量或半定量依据。

（1）地形分析。自动提取坡度、坡向，自动地貌分区，自动提取山谷线、山脊线，自动提取洼地，自动计算洼地深度、规模和体积等。

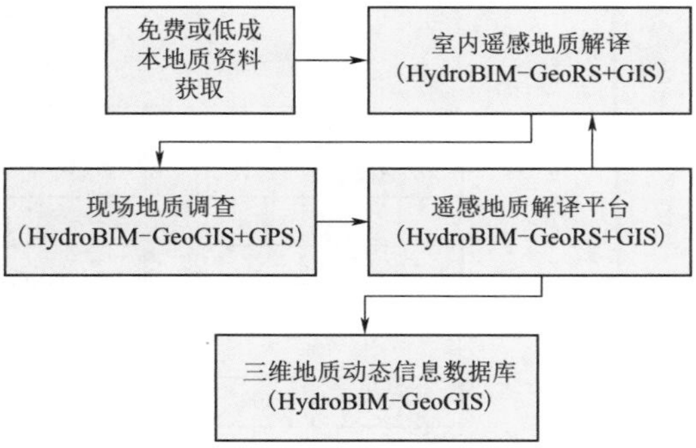

（2）地表水文分析。自动计算流域汇流量，自动提取地表水系分布，如工程区的冲沟分布，泥石流物源区的水系分布，自动量测活动断裂错断水系距离，自动提取水系网格等。

图 2.1-9　HydroBIM-Geo3S 技术应用流程

（3）剖面分析。自动、快速剖切地形剖面，结合三维地质建模技术自动提取地质信息，为工程地质条件研判快速提供基础信息。

（4）方量估算。堰塞体、滑坡体不良地质体方量精确估算，天然建筑材料储量精确估算，开挖料储量精确估算。

4. 地质灾害调查与评估

（1）地质灾害危险源辨识。地质灾害危险源判识和分析评价是一个非常复杂的过程，主要有传统的地面调查和遥感解译两种。传统的方式多采用地面调查方法，调查地质灾害体空间位置及分布、地质特征、变形特征，工作量大，周期长，适合小范围内大比例尺的地质灾害危险源辨识及评价，对于中大区域范围的中小比例尺的地质灾害调查与辨识工作量太大且适宜性较差。而遥感能够宏观而较真实地表现地质环境条件和地表地物现象，通过一定的技术方法，可用于辨识不同尺度的地质灾害危险体，结合少量野外调查工作，能够较准确地确定危险源位置、空间范围、地质特征等，进行快速简易的分析和稳定性评判。

（2）典型地质灾害的遥感判识。在对地质灾害遥感解译过程中，为了能够快速准确地辨识不同类型的地质灾害，制定了地质灾害遥感解译辨识的工作方法和流程，如图 2.1-10 所示。为了能准确判识地质灾害，首先必须进行地质环境解译，包括地形地貌、地质构造、地层岩性、变形及其历史遗迹等。地质灾害解译，对象主要为崩塌、滑坡和泥石流。崩滑流地质灾害的判译是工程地质判译的重点，也是工程地质判译内容中效果最好的一种，可收到事半功倍之效。在航片上或大比例尺卫星图像上地质灾害判译效果更好。利用遥感图像判译调查，可以直接按影像勾绘出范围，并确定其类别和性质，同时还可查明其产生原因、规模大小、危害程度、分布规律和发展趋势。由于某些地质灾害的发展过程一般比较快，因此利用不同时期的遥感图像进行对比研究，往往能对其发展趋势和病害程度做出较准确的判断。

总的来说，利用遥感影像辨识地质灾害有以下依据和指标：①局部地貌与整体不协调；②崩塌、滑坡灾害特征地貌或纹理；③利用地质灾害体的色调不一致；④地质体的位

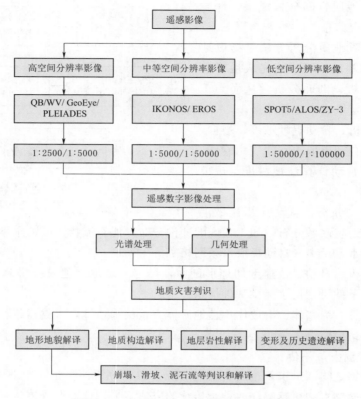

图 2.1-10　地质灾害遥感辨识工程流程

移，如裂缝、错台、新的破裂面等；⑤地物变形变位，如不正常的河流弯道、堰塞湖、公路渠道错位等。

乏信息条件下地质灾害调查与评估宜按照收集资料、遥感解译、现场调查、数据处理及成果提交的流程来开展。工作步骤如下：

1）收集的资料应包括区域地质、地震资料、遥感影像、地形资料、评估区范围、主要评估对象等。

2）遥感解译应结合影像及地形信息开展，必要时应搭建三维仿真场景，重点关注可疑崩塌、滑坡、泥石流及潜在不稳定斜坡等的分布、规模等。

3）现场调查应以遥感地质解译成果为基础，并收集尽量多的解译标志，为后期数据处理提供依据。

4）应结合现场地质调查成果及遥感解译成果开展数据处理工作，完成地质报告及相关图件的编制。

5）地质灾害调查与评估成果提交应以报告和图件的形式为主，有条件的情况下可提供二维或三维地质信息数据库。

（3）HydroBIM-工程地质灾害防治三维可视化系统研究。该研究的重点及发展方向主要为：基于高精度卫星遥感影像资料采用 RS 技术解译区域及工程区基本地质条件，结合 GPS 空间定位技术，指导或结合传统的工程地质勘察手段和方法，建立工程区三维场景及工程区基本地质信息库、工程区地质灾害危险源数据库并进行危险性评价和防治，形成水电工程全生命周期地质灾害勘察设计、施工防治及运行监测的三维、信息化、可视化管理系统。

5. 综合物探技术

由于各种物探方法的应用都依据一定的物理前提，且地质、地球物理条件和边界特征对测试成果具有较大的影响，使得这些技术方法存在着一定的条件性和局限性，加之大中型重点工程大多具有比较复杂的地质和工程问题，所以采用单一的物探方法一般难以查明或解决有关地质和工程问题，此时应考虑综合物探进行施测，以提高物探成果的地质解释精度和成果分析质量，满足工程勘察之需。

按测试参数的不同，物探技术大致可分为以下几种探测方法：电法勘探、地震勘探、弹性波测试、物探测井、层析成像、地质雷达技术、放射性勘探、水声勘探、综合测井等。综合物探就是以这些物探方法为基础，把两种或两种以上的物探方法有效地组合起来，达到共同完成或解决某一地质或工程问题的目的，取得最佳的地质效果和社会、经济效益，满足工程建设的需要。下面对两种综合物探方法进行简要介绍：

（1）综合物探方法。由于工程物探方法种类较多，其应用是以目标地质体与周围介质的地球物理性质（如电性、磁性、密度、波速、温度、放射性等）差异为前提，选择正确的方法与技术进行勘察，一般都可以获得较好的效果。针对工程中不同类型的探测目标体，采用综合物探方法时，为了取得更好的勘探效果，应从以下两方面入手：

1）在勘查方法上采取综合物探方法。一般来说，探测目标体与围岩介质之间不同程度地存在着多种物性差异，因此，采取多种物探方法来获取多种异常，多角度、大信息量的综合分析和研究探测目标体的特征，在一定程度上可以减少物探的多解性，有助于提高物探资料解释成果的可靠性和准确率。

2）在方法的选择上进行优化组合。一般在地质资料已知的地段（点），根据不同的物性差异，选用不同的物探方法开展试验，然后将各自的试验成果进行对比分析，以查明问题、节约资金为原则，合理地选定有效的物探方法进行优化组合。这是保证勘查效果，提高经济效益的重要途径。

（2）物探多成果综合解释方法。多种物探成果综合解释方法主要分为两个阶段：第一阶段，分别利用各种方法的观测资料反演进行各物探方法的反演，得到各方法的反演解释成果。第二阶段，充分利用已经获得的遥感、钻孔、地质、勘探等已知资料，对各种方法的反演解释成果做比对分析研究，然后进行综合解释，得出一种比单一物探方法的反演解释成果更加合理的综合解释成果。在综合解释时，一般采用加权法。

2.1.4 社会经济与对外交通数据采集与处理

社会经济与对外交通数据对应堰塞湖应急抢险及应急处置十分关键，下面对社会经济与对外交通数据采集与处理进行简要阐述。

1. 社会经济数据采集与处理

根据堰塞湖灾害涉及的行政区域，通过政府信息公开网站收集和整理所需的社会经济资料，同时开展多方案相关基础资料的收集、分析、统计。根据需要进一步与政府、统计部门进行联络，收集和整理相关区域涉及的经济统计资料。在社会经济数据收集与处理时，应考虑数据采集范围界定其准确性和合理性，解译的地形图成果应满足工程设计阶段要求的精度并包含必要的信息，同时，收集的统计资料还要进行一致性分析、检验。

（1）数据获取。社会经济统计资料包括各级政府定期发布的社会经济统计年报和农业调查部门公布的统计年报。应收集不仅限于以下资料：

1）充分利用现有的政府信息公开系统，收集基础社会经济信息。

2）根据测绘专业收集整理的基础地理信息资料，提取堰塞湖灾区范围内的主要实物指标，分析受灾情况，提出抢险救灾、灾后重建规划方案。

3）现场开展必要的抽样调查，对区域的种植模式、产量、基础单价、换算系数等进行复核、落实。

（2）基础资料的处理。根据收集分析的基础资料，开展抢险救灾、灾后重建的规划工作，包括：进行移民、城市集镇、专业项目等对象的处理措施初步规划和方案分析论证，进行技术、经济分析比较，完成抢险救灾、灾后重建费用概（估）算，编制完成相关专题报告，满足报批需要。

根据基础资料，完成敏感对象分布研究，建立相关展示系统，为成果展示和汇报提供基础数据。

2. 对外交通数据收集与处理

（1）对交通资料收集。

1）主要利用互联网、卫星电子地图等工具，对项目所在地对外交通分布，道路运输等级等情况进行考察和分析，对重点项目可结合现场收资方式进行。

2）对外道路交通情况是制约项目目标规划的重要影响因素，在前期规划应用中较为突出，可重点收集现有主要的道路、铁路、海运等运输通道及其相关参数。同时还需要收集包括居民地及设施、独立地物、道路及附属设施、管线、水系及附属设施、境界、地貌和土质、植物、地理名称等数据。

（2）对外交通数据的处理。

1）对收集到的交通数据和相关的地貌地物数据进行必要的处理。

2）提出抢险救灾、应急处置的运输和交通方案。

2.1.5 红石岩堰塞湖数据采集与处理

2.1.5.1 水文资料

应用 2.1 介绍的地形地貌、地震地质以及水文气象等数据采集方法，完成了工程流域、气象、水位、流量、降水、蒸发、径流、洪水、泥沙等基础资料，达到了应急抢险和设计要求。

2.1.5.2 地形资料

根据地理、环境状况，测绘专业通过新技术、新方法，充分利用现场收集的资料和实测的数据，采用无人机航测遥感新技术（见图 2.1-11）辅以少量像控点，结合地面三维激光扫描仪获取的点云数据进行加工处理，制作可以满足应急抢险要求的基础地理信息数据。

图 2.1-11　无人机航拍的红石岩堰塞湖

　　该阶段主要完成的测绘成果包括：①红石岩堰塞湖工程区 1∶2000 地形图及数字高程模型；②堰塞湖区 1∶5000 地形图及数字高程模型。主要采用无人机和遥感卫星获取地形资料，用于堰塞湖规模、次生灾害范围确定与灾情评估，为抢险救灾、工程勘察与设计等提供基础资料。

　　投入堰塞湖抗震救灾测绘工作的设备包括低空无人机航摄系统（见图 2.1-12）、地面三维激光扫描仪、精密单点 GPS 测量系统、RTK 系统（实时动态差分）、GPS 测量系统。在红石岩堰塞湖的应急处置过程中，无人机航摄系统所拍摄的影像是最为重要的基础数据。根据影像信息，决策者可以得到对现场最为直观的认识。根据对堰塞湖区域第一时间拍摄的航空影像，抗震救灾指挥部对堰塞体现状及各滑坡地区进行

图 2.1-12　堰塞湖低空无人机航摄

了初步评估，确定了前期应急处置方案并进行了实施。

　　地面三维激光扫描仪的使用为堰塞体体型量算、滑坡体体积计算提供了必要的数据支撑。三维激光扫描仪通过非接触式的方式，无须人员到达测点，发射大量扫描光束进行测量，最终得到目标区域的点云数据。在堰塞湖测绘时，和传统地形测绘手段相比，三维激光扫描仪的优势在于需人员到达测点，某些区域过于陡峭人员无法到达，大大降低了工作的危险性，极大地提升了外业数据采集效率。三维激光扫描仪每秒可获取几千个点云数据，而传统测绘手段需要若干秒才能采集 1 个点位；在成果展示上具有多样性，三维激光扫描仪成果可以直接查看三维点云，生成立体模型或者 DEM，传统测绘手段则需要生成地形图，在二维平面上展示，效果很不直观；数据利用程度高，由于三维激光扫描技术可获取大量点云，可以直接在点云数据上对堰塞体体型进行量测，而传统测绘地形图则只能从平面图上进行量算。

　　对于控制测量而言，地震区域尤其具有特殊性。在震后，由于地壳发生了位移，震前

的各控制点均产生了移动，因此无法使用单点 GPS。定位接收机的优势则在于：其可以在短时间内，通过固定在测量点位上，不断收集数据，获得相对而言较高的定位精度，特别适合于缺乏控制而时间又较为紧急的任务。

地震发生后，抗震救灾指挥部及时组织人员进行了无人机航摄作业，获取了包括堰塞体上下游范围内顺河条带状影像。在抗震救灾工作中，无人机影像的作用主要有以下几个方面：从影像确认现场情况，查看堰塞湖整体概貌，随着水位上涨，推测受灾区域；根据影像对道路塌方情况进行分析，进而确定救援措施及路线；结合其他手段开展工作，初步校准后进行距离量测，结合像控点进行地形图成图等。

三维激光扫描仪在抗震救灾工作中的作用在于：快速获取堰塞体周边高精度的地形，为堰塞湖处置方案提供基础地理空间数据，同时可以对点云数据进行量测，可精确得到堰塞体各部位相对高差、体型大小等信息。

单点 GPS 定位技术的应用主要在于：获取关键区域高程、位置信息及配合无人机影像采集像控点，而后进行航空摄影测量，生成地形图。因为现场控制测量条件匮乏，利用单点 GPS技术，可快速获得各个点位的位置，平面精度优于 $\pm 0.2\text{m}$，高程精度优于 $\pm 0.1\text{m}$。

2.1.5.3 地质资料

要实现堰塞湖三维地形可视化，首先要获取所需要的数字正射影像图和数字高程模型数据，DOM 是指利用扫描处理的数字化航空相片或高分辨率卫星遥感图像数据。

DOM 对逐像元进行几何纠正和镶嵌，具有精度高、信息丰富、直观真实的特点，同时具有地图几何精度和影像特征的图像，DEM 是一种用有序数值阵列 x、y、z 坐标表示地面高程的一种实体地面模型。

红石岩堰塞湖形成的灾害信息提取主要通过目视判读、历史影像对比和遥感自动提取等方式完成。滑坡体无人机影像精度高，可识别度强，信息量丰富，目视解译条件优良，对于地震形成的堰塞湖周边重灾区灾害信息的提取，可以通过目视判读的方式进行排查。堰塞湖相关灾害区域在遥感图像上呈现的形态、色调、影纹结构等均与周围背景存在一定的区别，不同灾害信息均有各自的特征。滑坡体植被覆盖遭到破坏，在遥感影像中一目了然，道路阻断区域道路被泥土、岩石覆盖，呈不规则状态，被困车辆在图中也能清晰地判读出来（见图 2.1-13）。

调用堰塞湖区域历史影像，与无人机获取的影像进行对比，通过同一地区前后不同时期影像上的差别，尤其是堰塞湖水面淹没区域的不同，可以清晰地判读出堰塞湖的淹没范围、重要地物的淹没情况、堰塞湖回水情况等信息。

遥感技术能快速、高效获取堰塞湖地区多波段、多时相信息，通过堰塞湖发生前后的遥感数据对比和分析，从宏观上对区域性堰塞湖进行直观的、全面的动态综合解译和现状调查。堰塞湖相关信息在遥感图像上呈现的形态、色调、影纹结构等均与周围背景存在一定的区别。一般情况下，在堰塞湖的下游存在明显滑坡体或崩塌堆积物，且完全堵塞河道，造成坝体上游河道显著加宽，下游出现断流，利用光学数据均可判断；当堰塞湖水位高过坝体时，在坝体顶部有溢流现象，与正常河流相比，堰塞湖水体由于坝体的阻隔，水流缓慢，造成泥沙沉积，水体相对清澈，水面有大量漂浮物存在，利用光学图像可显著判别这些信息。在获得遥感数据后，通过几何校正、数据融合、图像增强等处理，可获得以

图 2.1-13　红石岩堰塞湖低三维地形影像图

下信息：堰塞湖位置可进行堰塞湖的目视解译工作和精确定位；堰塞湖规模，根据遥感影像判读的堰塞湖坝体的坝高、坝宽以及上游壅水面积可以判读滑坡体大小、堰塞湖分布。主要完成以下工作：

（1）堰塞湖相关信息管理。对堰塞湖位置、规模、滑坡体大小分布、堰塞湖淹没范围等信息进行管理，并快速地定位与查询。

（2）溃坝模拟。根据溃坝分析计算结果，模拟红石岩堰塞湖溃堰相关情况。

（3）堰塞湖淹没评估。在溃坝洪水演进和淹没计算的基础上，配合社会经济、重要设施及生命线工程等相关资料和数据，可在堰塞湖溃决前模拟或溃决后计算统计堰塞湖溃决后下游的受灾面积、受灾人员、受灾损失等情况。

本次地质数据采集主要收集了工程区各类地质数据和资料，并进行了加工处理，辅以地形地貌资料，完成了工程构造稳定性、水库区工程地质条件、堰塞体基础工程地质条件、堰塞体工程地质条件、泄洪冲沙洞及溢洪洞工程地质条件、非常溢洪道工程地质条件、引水发电系统工程地质条件，以及天然建筑材料等评价和方案设计工作。

2.2　堰塞湖风险分析与评价

2.2.1　基于规范查表法的堰塞湖风险分析与评价

堰塞湖形成后，在快速收集并获取所在区域水文、气象、地形、地质资料以及上下游人口、重要基础设施、生态环境和社会经济数据的基础上，进行风险分析与评价。堰塞湖风险分析与评价主要是对堰塞体危险性判别、堰塞湖淹没和溃决损失判别和堰塞湖风险等级评定。

2.2.1.1　堰塞体危险性判别

堰塞体危险性判别应根据堰塞湖库容、上游来水量、堰塞体物质组成和堰塞体形态进行综合判别，堰塞体单因素危险性级别与评价可按表 1.2-1 确定。

需要说明的是，当上游来水量小于 $10m^3$ 或堰塞湖库容小于 0.01 亿 m^3 时，堰塞体危险性级别可判别为低危险级别，影响特别重大的视情况判别。当堰塞体出现渗透破坏且有进一步恶化趋势、近堰塞体湖区存在较大规模不稳定地质体且在堰塞湖影响下有加快变形失稳趋势并可能引发较大涌浪、可能存在较大强度余震且对堰塞体整体稳定构成严重影响时，堰塞体危险性可调高 1~2 级，直至极高危险级别。

2.2.1.2 堰塞湖淹没和溃决损失判别

堰塞湖损失严重性级别根据淹没区及溃决洪水影响区风险人口、城镇、公共或基础设施、生态环境等，按表 2.2-1 确定。

表 2.2-1   堰塞湖淹没和溃决损失严重性级别

堰塞湖损失严重性级别	分级指标			
	风险人口/人	受影响的城镇	受影响的公共或基础设施	受影响的生态环境
极严重	$\geq 10^5$	地级市政府所在地	国家重要交通、输电、油气干线及厂矿企业和基础设施，大型水利水电工程或梯级水利水电工程，大规模化工厂、农药厂或剧毒化工厂、重金属厂矿	世界级文物、珍稀动植物或城市水源地，引发可能产生堵江危害的重大地质灾害或引发的地质灾害影响人口超过 1000 人
严重	$10^4 \sim 10^5$	县级市政府所在地	省级重要交通、输电、油气干线及厂矿企业，中型水利水电工程，较大规模化工厂、农药厂、重金属厂矿	国家级文物、珍稀动植物或县城水源地，引发可能束窄河道的地质灾害或引发的地质灾害影响人口达到 300~1000 人
较严重	$10^3 \sim 10^4$	乡镇政府所在地	市级重要交通、输电、油气干线及厂矿企业或一般化工厂和农药厂	省市级文物、珍稀动植物或乡镇水源地，引发的地质灾害影响人口达到 100~300 人
一般	$\leq 10^3$	乡村以下居民点	一般重要设施及以下	县级文物、珍稀动植物或乡村水源地，引发的地质灾害影响人口小于 100 人

需要说明的是，应以单项分级指标中损失严重性最高的一级作为该堰塞湖损失严重性的级别，当堰塞湖溃决洪水超过下游水库的调蓄能力时该水库应作为受损对象考虑。堰塞湖损失严重性级别可根据堰塞体溃决的泄流条件、影响区的地形条件、应急处置交通条件、人员疏散等因素进行适当调整。

2.2.1.3 堰塞湖风险等级评定

堰塞湖风险等级根据堰塞体危险性级别和堰塞湖损失严重性级别分别为极高风险、高风险、中风险和低风险，分别用Ⅰ级、Ⅱ级、Ⅲ级、Ⅳ级表示，可按表 2.2-2 确定风险等级。

表 2.2 - 2　　　　　　　　　　**堰塞湖风险等级划分**

堰塞湖风险等级	堰塞体风险性	堰塞湖损失严重性
Ⅰ级	极高风险	极严重
	高风险	极严重
Ⅱ级	极高风险	严重、较严重
	高风险	严重
	中风险	极严重、严重
	低风险	极严重
Ⅲ级	极高风险	一般
	高风险	较严重、一般
	中风险	较严重
	低风险	严重、较严重
Ⅳ级	中风险	一般
	低风险	一般

2.2.2　基于数值分析法的堰塞湖风险分析与评价

基于数值分析法的堰塞湖风险分析与评价，是采用风险理念和大坝安全综合风险的理论框架对堰塞湖进行风险等级划分。该方法的特点是从影响堰塞湖风险的主要方面选取典型指标，以指标重要性系数反映单项指标个体对等级评判总体的影响，采用模糊综合评判实现对堰塞湖的风险等级评判。

确定堰塞湖风险各分级指标的值域。一个定量指标的不同等级指标值域即为该指标分为 4 级时相应级的上下限值，定性指标的不同等级指标值域从数量上都统一为（0，25）、[25，50）、[50，75）、[75，100]（见表 2.2 - 3）。

表 2.2 - 3　　　　　　　　　　**堰塞湖风险等级与分级指标值域表**

风险等级	Ⅳ级	Ⅲ级	Ⅱ级	Ⅰ级
指标值域	(a, b)	$[b, c)$	$[c, d)$	$[d, e]$

确定堰塞湖风险等级各分级指标的重要性系数 α_i [$i=1, 2, \cdots, n$（n 为指标数）]，且满足 $\sum_{i=1}^{n} \alpha_i = 1$。

确定堰塞湖风险等级各分级指标的数值、所属范围及其等级。

根据选定的隶属函数，按式（2.2 - 1）、式（2.2 - 2）、式（2.2 - 3）和式（2.2 - 4）计算并确定式（2.2 - 5）中单个分级指标评判矩阵 R 的各个元素数值：

$$r_{i1}(x_i) = \begin{cases} 0 & x_i \geqslant e \\ \dfrac{e - x_i}{e - d} & d < x_i < e \\ 1 & x_i = d \\ \dfrac{x_i - c}{d - c} & c < x_i < d \\ 0 & x_i \leqslant c \end{cases} \quad (2.2 - 1)$$

$$r_{i2}(x_i) = \begin{cases} 0 & x_i \geqslant d \\ \dfrac{d-x_i}{d-c} & c < x_i < d \\ 1 & x_i = c \\ \dfrac{x_i-b}{c-b} & b < x_i < c \\ 0 & x_i \leqslant b \end{cases} \tag{2.2-2}$$

$$r_{i3}(x_i) = \begin{cases} 0 & x_i \geqslant c \\ \dfrac{c-x_i}{c-b} & b < x_i < c \\ 1 & x_i = b \\ \dfrac{x_i-a}{b-a} & a < x_i < b \\ 0 & x_i \leqslant a \end{cases} \tag{2.2-3}$$

$$r_{i4}(x_i) = \begin{cases} 0 & x_i \geqslant b \\ \dfrac{b-x_i}{b-a} & a < x_i < b \\ 1 & x_i = a \\ \dfrac{x_i}{a} & 0 < x_i < a \end{cases} \tag{2.2-4}$$

式中：x_i 为第 i 项分级指标值；a、b、c、d、e 为第 i 项分级指标相应各风险等级的界值。

$$R = \begin{bmatrix} r_{11} & r_{12} & r_{13} & r_{14} \\ r_{21} & r_{22} & r_{23} & r_{24} \\ r_{31} & r_{32} & r_{33} & r_{34} \\ \vdots & \vdots & \vdots & \vdots \\ r_{n1} & r_{n2} & r_{n3} & r_{n4} \end{bmatrix} \tag{2.2-5}$$

式中：n 为堰塞湖风险等级评判指标数。

根据确定的各项分级指标重要性系数和计算得到的单个分级指标评判矩阵，可按式（2.2-6）采用线性变换方法运算得到堰塞湖风险分级综合决策向量 $B = A \cdot R$。

$$[B_1,B_2,B_3,B_4] = [\alpha_1,\alpha_2,\cdots,\alpha_n] \circ \begin{bmatrix} r_{11} & r_{12} & r_{13} & r_{14} \\ r_{21} & r_{22} & r_{23} & r_{24} \\ r_{31} & r_{32} & r_{33} & r_{34} \\ \vdots & \vdots & \vdots & \vdots \\ r_{n1} & r_{n2} & r_{n3} & r_{n4} \end{bmatrix} \qquad (2.2-6)$$

式中：A 为向量，$A = (\alpha_1, \alpha_2, \cdots, \alpha_n)$，其中 $\alpha_1, \alpha_2, \cdots, \alpha_n$ 为指标重要性系数；$\circ$ 为模糊关系合成算子。

采用最大隶属度原则，参照式（2.2-7）、式（2.2-8），找出 B 向量中分量最大者，其相对应的评价集中的评语作为模糊综合评判的结果。

$$G = i \qquad (B_i = \max(B_1,B_2,B_3,B_4)) \qquad (2.2-7)$$

当向量 B 中出现两个相等最大分量 B_i、B_j 时，有

$$B_i = B_j = \max(B_1,B_2,B_3,B_4) \qquad (j > i) \qquad (2.2-8)$$

则取 $G = i$。

式中：G 为堰塞湖风险级别。

堰塞湖风险等级划分的数值分析方法中的指标重要性系数反映单项指标个体对等级评判总体的影响，各项指标重要性系数应反映多数经验丰富专家根据已有经验和面对个体特点对指标相对重要性做出的综合判断，具体值的确定可根据情况灵活选用各种方法，如专家打分法、调查统计法、层次分析法等。

堰塞体的风险等级采用模糊数学方法进行评判，其最终等级的确定采用最大隶属度原则，当计算得到的对相邻等级的隶属度接近相等（即计算得到的对相邻等级隶属度之差非常小）时，应取其中的最高风险等级。

2.2.3 红石岩堰塞湖风险分析与评价

2.2.3.1 规范查表法

红石岩堰塞体顶部高程 1222m，坝高 83～96m，河床高程 1120m，坝轴线垂直河道方向迎水面长 286m，背水面 78m，顺河方向宽度 753m，上下游边坡均约为 1:1，堰塞体总方量约 1200 万 m^3。堰塞体为两岸全强风化白云岩高速崩落而成，右岸崩塌量较大，约占 70%。堆积物中巨石体约占 10%，块径 30cm 以上的约占 30%，块径 10～30cm 的约占 40%，块径 10cm 以下的约占 20%，堆积介质自上而下均一性较好（见图 2.2-1～图 2.2-3）。在水位 1222m 时总库容为 2.6 亿 m^3，上游回水长度 25km，堰塞湖处集水面积 11832km^2，堰塞体位于红石岩取水坝下游 600m。堰塞湖直接影响上游会泽县两个乡镇 1015 人，一旦溃决将对威胁下游 10 个乡镇、3 万余人，淹没下游 3.3 万亩耕地和下游牛栏山干流上天花板、黄角树等水电站，截至 2014 年 8 月 9 日，已安全转移 8172 人。

红石岩堰塞湖库容大于 1.0 亿 m^3，堰塞体坝高超过 70m，堰塞体危险性级别为极高危险。堰塞湖上下游直接影响超过 3 万人且有梯级水利水电工程，堰塞湖损失严重性级别为极严重。因此，按表 2.2-2 的规定，红石岩堰塞湖风险等级应为 I 级极高风险。

2.2.3.2 数值分析法

对红石岩堰塞湖溃坝风险等级进行计算：

图 2.2-1 堰塞湖全貌

图 2.2-2 堰塞体主体

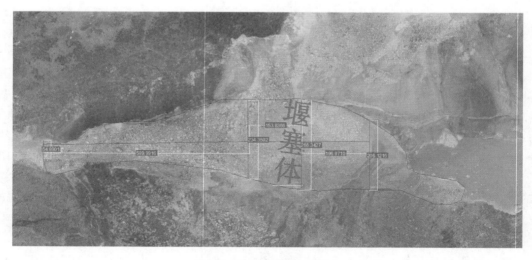

图 2.2-3 堰塞体体型尺寸

　　堰塞湖风险等级评判指标体系、风险等级判别指标体系中各分级指标不同等级值域和重要性系数确定与唐家山相同。

　　确定风险等级评判指标体系中各分级指标的数值及其所属值域，见表 2.2-4。

表 2.2-4   红石岩堰塞湖分级指标的数值及所属值域

指标	堰塞体物质组成	堰塞体高度	堰塞体库容/万 m^3	风险人口	重要城镇	公共或重要设施
数值	40	83	26000	100000	55	40
数值确定方法	根据堰塞体组成成分中土、石含量及其石块的大小综合确定	调查得到	调查得到	调查得到	根据影响区城镇重要性、数量及其与堰塞湖距离进行综合评估	根据影响范围内水利工程、工矿企业、生命线系统、军事设施的分布情况、与堰塞湖距离及影响区的通信状况综合评定
所属值域	$[b, c]$	$[d, e]$	$[d, e]$	$[b, c]$	$[c, d]$	$[b, c]$

利用选定隶属函数，确定单因素评判矩阵。

$$R = \begin{bmatrix} & r_{12} & r_{13} \\ r_{21} & & \\ r_{31} & & \\ & r_{42} & r_{43} \\ r_{51} & r_{52} & \\ & r_{62} & r_{63} \end{bmatrix} = \begin{bmatrix} & 0.6 & 0.4 \\ 0.75 & & \\ 0.9737 & & \\ & 0.2222 & 0.7778 \\ 0.2 & 0.8 & \\ & 0.6 & 0.4 \end{bmatrix} \qquad (2.2-9)$$

计算待评价对象风险分级综合决策向量 B，根据最大隶属度原则，确定其所属等级。

$$B = [B_1, B_2, B_3, B_4] = [\alpha_1, \alpha_2, \alpha_3, \alpha_4, \alpha_5, \alpha_6] \begin{bmatrix} & r_{12} & r_{13} \\ r_{21} & & \\ r_{31} & & \\ & r_{42} & r_{43} \\ r_{51} & r_{52} & \\ & r_{62} & r_{63} \end{bmatrix}$$

$$= [0.23, 0.21, 0.09, 0.05, 0.04, 0.07] \begin{bmatrix} & 0.6 & 0.4 \\ 0.75 & & \\ 0.9737 & & \\ & 0.2222 & 0.7778 \\ 0.2 & 0.8 & \\ & 0.6 & 0.4 \end{bmatrix}$$

$$= [0.2532, 0.2231, 0.1589, 0]$$

$$(2.2-10)$$

可以看出，B_1 明显大于 B_2、B_3、B_4，因此红石岩堰塞湖风险等级 $G=1$，即属于极高风险等级，对应为Ⅰ级极高风险。

需要说明的是，规范查表法和数值分析法确定的风险等级不同时，可对风险评价指标做进一步分析，综合考虑各方面因素合理选取堰塞湖的风险等级。

2.3 堰塞坝溃决机理与洪水分析

2.3.1 堰塞坝溃决原理和方法

堰塞坝溃决是在土、水及泥沙等相互作用下的结果。坝体材料被水流冲刷下切，溃口面积增大，流量增大，随着水位降低及坝体材料抗冲刷能力增大，流量逐渐减小。数值计算模型涵盖了溃口流量、溃口冲刷侵蚀及溃口几何扩展过程及其相互影响，在此基础进行溃坝流量过程的计算。

1. 水量平衡模型

堰塞湖溃决过程中，其总水量应满足守恒原理，即

$$\frac{\mathrm{d}V}{\mathrm{d}t} = I - O \tag{2.3-1}$$

式中：V 为堰塞湖蓄水量；t 为时间；I 为入库流量；O 为出库流量，包括通过溃口和其他设施下泄的流量。

2. 溃口流量模型

溃口流量可近似通过宽顶堰公式计算，通常对于矩形截面的渠道，可采用下式：

$$Q = m_q m_b B \sqrt{2g} (H-z)^{3/2} \tag{2.3-2}$$

式中：B 为溃口断面的宽度；H 为库水位高程；z 为溃口进口处床面高程；m_q 为流量系数；m_b 为侧向收缩系数。

式 (2.3-2) 给出的流量应等于蓄水量损失率，即

$$Q = m_q m_b B \sqrt{2g} (H-z)^{3/2} = \frac{\Delta V}{\Delta H} \frac{\Delta H}{\Delta t} + q \tag{2.3-3}$$

式中：q 为水库天然入流量；ΔH 通过时间 t 和 $t+\Delta t$ 的差值来计算。

3. 溃口扩展模型

初始溃口为倒梯形，采用圆弧稳定分析的总应力方法计算溃口扩展过程，其下切和横向扩展如图 2.3-1（a）所示，为计算方便，计算过程采用图 2.3-1（b）模式。

4. 溃口侵蚀模型

采用双曲线形式的溃口侵蚀模型：

$$\frac{\mathrm{d}z}{\mathrm{d}t} = \frac{\tau - \tau_c}{a + b(\tau - \tau_c)} \tag{2.3-4}$$

$$\tau = \gamma R J = \gamma n^2 V^2 / R^{\frac{1}{3}} \approx \gamma n^2 V^2 / h^{\frac{1}{3}} \tag{2.3-5}$$

以上式中：$\mathrm{d}z/\mathrm{d}t$ 为侵蚀率；τ_c 为临界剪应力；τ 为剪应力，可按式 (2.3-5) 计算；γ

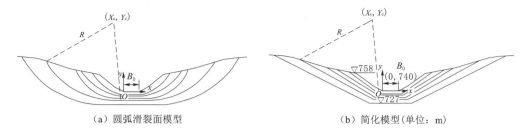

（a）圆弧滑裂面模型　　　　　（b）简化模型（单位：m）

图 2.3 - 1　溃口侧向崩塌过程

为水的容重；J 为引流槽坡降；R 为水力半径，如果渠道宽度 B 足够大于流深 h 时，R 可近似取 h；n 为糙率，取 0.025。

$1/a$ 为 $\tau_c = \tau$ 时双曲线的斜率；$1/b$ 为 $\mathrm{d}z/\mathrm{d}t$ 的极值，如图 2.3 - 2 所示。

2.3.2　溃决洪水计算与风险分析软件

溃坝溃口计算软件、溃坝洪水演进分析软件及梯级水库群连溃洪水计算软件具备溃坝洪水分析、溃口模拟计算、溃坝—洪水演进—调洪计算全过程模拟分析、风险分析等功能。

根据计算原理和计算方法，基于 Microsoft Excel 平台，采用 VBA 语言编制溃坝

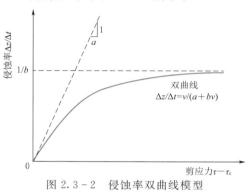

图 2.3 - 2　侵蚀率双曲线模型

洪水分析程序，主界面如图 2.3 - 3 所示，计算主要包括以下参数：

（1）坝体参数（包括坝高、入库流量等基本参数）。

（2）宽顶堰参数（包括流量修正系数和淹没系数等）。

（3）库容参数。

（4）侵蚀参数（根据前述侵蚀公式和实际坝体材料送入）。

（5）溃口扩展参数。

（6）推移质公式中参数（基于经验公式的冲刷侵蚀模型）。

（7）计算和导出按钮。

2.3.2.1　溃坝溃口计算软件 DBS - IWHR

与以前的溃坝分析模型采用楔形体法不同，本程序在计算过程中溃口侧向崩塌采用的是岩土工程中已经被广泛接受的滑动面分析方法——简化的毕肖普（Bishop）法。

以唐家山堰塞湖实例来详细说明溃口的横向扩展过程。开挖的泄流槽底高程为 740m，边坡坡率为 1.2∶1（竖向∶横向），土体参数 $c_u = 25\mathrm{kPa}$，$\varphi_u = 22°$。

步骤 0：图 2.3 - 4（a）显示，初始滑裂面的安全系数 $F_m = 1.682$，通过 STAB 程序找到临界滑裂面，其安全系数 $F_m = 1.437$，这意味着初始滑弧是安全的。值得注意的是，在用本程序分析时，其圆形滑弧必须通过斜坡的坡址，这是该类分析方法的特点。

步骤 1：随着渠道侧壁的侵蚀，斜坡坡趾逐渐降低并向河岸靠近。为了模拟侵蚀过

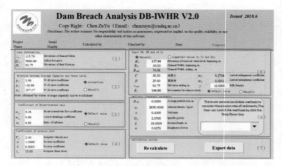

（a）参数输入区

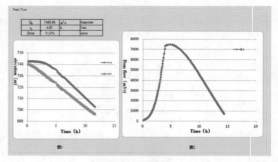

（b）结果输出区

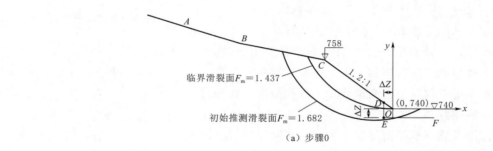

（c）计算过程区

图 2.3-3 DB-IWHR 程序界面

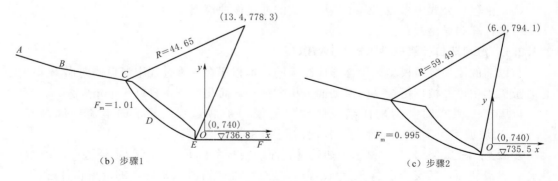

图 2.3-4 溃口发展过程（单位：m）

程，步骤 0 中的边坡坡趾同时向下和向外下切 z，直至产生一个临界滑裂面 $ABCDEF$，如图 2.3－4（a）所示。通过试算，当下切深度 $z=3.2m$ 时，找到 $F_m=1.01$ 的临界滑裂面，如图 2.3－4（b）所示。临界滑弧的几何特征可用圆心坐标（X_c，Y_c）、半径 R、坝址处高程 z_t 来表征。本例中其具体数值为：$X_c=13.4$，$Y_c=778.3$，$R=44.65$ 和 $z_t=736.8$。

步骤 2：第二步计算中斜坡面是图 2.3－4（b）中第一步的临界滑弧面 $ABCDEF$。图 2.3－4（c）表明，第二步计算过程中，坡趾高程到达 735.5m 时，即下切 $z=1.3m$ 时到达临界滑面。

重复上述计算过程，直到计算到第五步，溃口底部高程达到 727m，河渠右岸遇到岩基，因此计算过程在第五步结束。图 2.3－5 是溃口最终计算结果示意图，表 2.3－1 给出了各滑裂面详细信息。

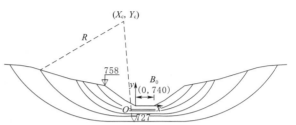

图 2.3－5　溃口最终计算结果示意图

表 2.3－1　　　　　　　　　　各滑裂面详细信息

步 骤	X_c	Y_c	R	z_t
1	13.4	778.3	44.7	736.8
2	6.0	794.1	59.6	735.5
3	-4.3	788.6	55.6	733.0
4	-8.6	814.6	83.6	731.0
5	-19.3	826.6	99.8	727.0

2.3.2.2　溃坝洪水演进分析算法 DBFL－IWHR

溃坝洪水演进计算程序 DBFL－IWHR 的基本功能：在已知溃坝流量过程线的基础上，模拟计算下游各断面的流量（水位）过程线。

溃坝洪水演进计算程序 DBFL－IWHR 是基于 Microsoft Excel 平台，采用 VBA 语言编制，形成快速计算的 Excel 表格，界面友好便于操作。可以与 DB－IWHR 溃坝模型耦合，溃坝计算得到溃口流量可以作为洪水演进的输入条件，能够实现溃坝—洪水演进—调洪计算全过程的模拟分析。实例分析结果表明，该程序模拟结果与实测资料拟合较好，且模型参数简单、稳定性好、精度较高，对工程利用有较好的参考价值。

1. 基本原理

模拟下游洪水演进的控制方程为圣维南方程组，此方程组在 1871 年首先由法国学者圣·维南建立，是用来描述明槽非恒定流运动规律的偏微分方程组，共包括连续性方程和运动方程两个方程：

连续性方程为

$$B\frac{\partial Z}{\partial t}+\frac{\partial Q}{\partial x}=q \qquad\qquad (2.3-6)$$

式中：x 为沿程距离；t 为时间；B 为水面宽度；Z 为水位；Q 为断面流量；q 为旁侧入流。

运动方程为

$$\frac{\partial Q}{\partial t}+\frac{\partial}{\partial x}\left(\frac{\alpha Q^2}{A}\right)+gA\frac{\partial Z}{\partial x}+g\frac{|Q|Q}{C^2AR}=0 \qquad (2.3-7)$$

式中：x 为沿程距离；t 为时间；Q 为断面流量；A 为过水断面面积；g 为重力加速度；α 为动量修正系数；C 为谢才系数；R 为断面水力半径。

2. 用户界面

溃坝洪水演进计算程序的主界面如图 2.3-6 所示，主要包括参数输入区和计算绘图区。

（1）参数输入区。模型的主要输入参数包括：①溃口底部高程；②溃口底部宽度；③天然径流量；④下游河道断面底部高程；⑤下游断面底部宽度；⑥下游河道糙率；⑦演进距离；⑧河道边坡；⑨计算时间；⑩时间步长和空间步长；⑪加权系数。

对于溃口至下游河道断面间的洪水演进分析，溃口底部高程与宽度填写溃坝后所形成溃口的底部高程与宽度，有两种填写方法：①根据溃坝洪水分析程序所得溃口几何数据填写；②根据现场实测溃口几何数据填写。

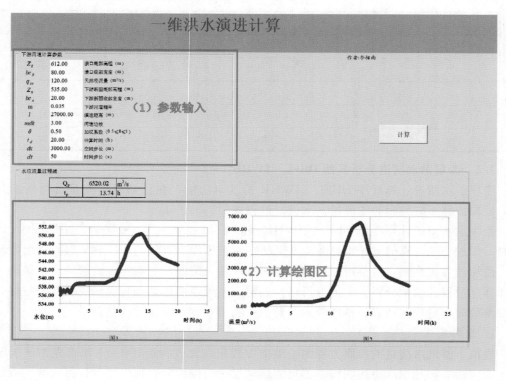

图 2.3-6　DBFL-IWHR 程序主界面

（2）边界条件输入。对于溃口至下游河道断面间的洪水演进分析，边界条件输入即在输入条件区填写溃坝流量过程，有两种填写方法：①根据溃坝洪水分析程序所得溃坝流量过程填写；②根据现场实测溃坝流量过程填写。对于下游两河道断面间的洪水演进分析，边界条件输入即在输入条件区填写上游边界断面流量过程，根据现场实测流量数据填写。需要特别注意的是所输入的流量过程起始值应与参数输入区中的天然径流量相等。

（3）计算与结果。参数与边界条件输入完成后，点击"计算"按钮，程序就在界面上的计算结果区显示各时间点的流量和水位值，在绘图区绘制出流量和水位过程线，同时在绘图区和参数输入区之间的表格中显示出峰值流量以及所对应的时间。

2.3.2.3 梯级水库群连溃计算模型

1. 基本原理

梯级水库连续溃决涉及三大模块，即上游梯级溃决过程，溃决洪水向下游演进过程，下游梯级库水位壅高导致漫顶、发生连溃。如图 2.3-7 所示，分别位于 x_1、x_2 处的上、下游梯级 A 和 B 发生连溃事件，则可分为以下模块计算。

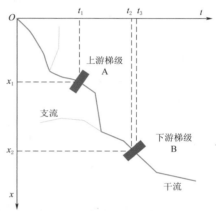

图 2.3-7 梯级连溃示意图

（1）上游梯级溃决过程：即 A 坝在 t_1 时刻发生溃决，可按前述模型计算 A 坝溃决的洪水流量过程。

（2）溃决洪水向下游演进：自 t_1 时刻 A 坝溃决洪水开始向下游演进，至 t_2 时刻溃坝洪水演进至 B 坝水库，可按前述原理计算其洪水演进过程。

（3）梯级连溃：当 A 坝溃决洪水演进至 B 水库后（t_2 时刻），B 水库将出现库水位壅高、漫坝和连溃 3 个阶段（$t_2 \sim t_3$），每个阶段计算方法如下。

阶段 1：溃坝洪水进入水库，水位上涨，此时库水位可用式（2.3-8）求得

$$\frac{dW}{dH}\frac{dH}{dt} = q_{in} - q_{out} \qquad (2.3-8)$$

式中：q_{in}、q_{out} 分别为入库和出库流量。

当水位超过坝顶后，出库流量将包含从坝顶溢流部分。为简化计算，此过程不考虑坝顶冲刷。

控制方程仍为

$$CB_o(H - z_o)^{3/2} = \frac{dW}{dH}\frac{dH}{dt} + q_{in} - q_{out} \qquad (2.3-9)$$

式中：B_o、z_o 分别为坝顶漫流宽度和坝顶高程。

ΔH 通过以下的差分格式求解：

$$CB_o\left(H - z_o + \frac{\Delta H}{2}\right)^{3/2} = \frac{dW}{dH}\frac{\Delta H}{\Delta t} + q_{in} - q_{out} \qquad (2.3-10)$$

当 ΔH 很小时，可使用下式的近似表达式：

$$\left(H - z_o + \frac{\Delta H}{2}\right)^{3/2} = (H - z_o)^{3/2} + 1.5(H - z_o)^{1/2}\frac{\Delta H}{2}$$

$$= (H - z_o)^{3/2} + 0.75(H - z_o)^{1/2}\Delta H \quad (2.3-11)$$

可得到一个直接求解 ΔH 的公式，即

$$\Delta H = \frac{[CB_o(H - z_o)^{3/2} - (q_{in} - q_{out})]\Delta t}{\dfrac{\mathrm{d}W}{\mathrm{d}H} - 0.75CB_o(H - z_o)^{1/2}\Delta t} \quad (2.3-12)$$

当入库和出库流量平衡，水位开始下降后，进行下一阶段计算。以上库水位壅高过程中，如有预警或下泄流量，也可依据水库洪水调节模型进行计算。

阶段 2：坝顶受到冲刷，形成缺口，溃坝开始，发生梯级连溃。

阶段 3：梯级连溃洪水向下游演进。

2. 用户界面

根据溃坝洪水演进模型的原理，基于 Matlab 语言，编制简化的天然河道洪水演进程序，并将演进结果转换为 Microsoft Excel 的列表数据，以便于溃坝洪水分析 DB - IWHR 模块和水库调洪模块的对接。

基于 Microsoft Excel 平台，编制梯级水库群连续溃决洪水计算简化模型程序，其主界面如图 2.3 - 8（a）所示。对于某一梯级水库，其上游来水的流量过程输入如图 2.3 - 8（b）所示，主要包括以下内容：

（a）主界面

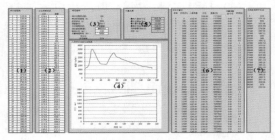

（b）洪水过程输入

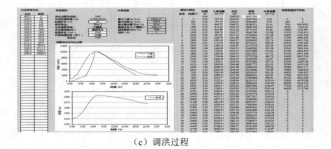

（c）调洪过程

（d）梯级连溃计算

图 2.3 - 8　梯级水库群连续溃决洪水计算简化模型

（1）上游来水洪水过程，包括时间和与之对应的洪水流量。

（2）本梯级库容水位关系，包括水位和与之对应的库容。

（3）特征指标，包括时间步长、洪水过程节点数、起调水位、计算精度等。

（4）入库流量过程和库水位变化过程图形显示。

（5）计算成果指标，包括最大入库流量、最大需水量等。

（6）库水位壅高计算区。

（7）拟合数值选择区，该区域数值获取于库水位壅高计算区，通过数值拟合，作为下一阶段的输入。

对于具有调洪能力的水库，其水位在壅高的过程中伴随着洪水的调节，其计算方法与壅高过程类似，仅是增加了泄洪的过程，其界面如图2.3-8（c）所示。通过以上洪水调节过程，当库水位上涨至坝顶时，水库漫顶溃决，即可按单一梯级溃坝洪水分析处理，但需增加上游的下泄洪水过程，作为本梯级的入库洪水。

2.3.3 洪水演进及梯级水库调洪模型

1. 溃坝洪水演进模型

天然峡谷型河道洪水演进过程的计算方法主要有简化计算法和数值差分法两大类。数值方法在山谷形河道洪水演进计算中，考虑与溃坝洪水过程和调洪过程的衔接及计算结果的稳定性和工程实际应用的便易性，选用一维洪水演进模型具有明显的优势。

天然河道一维浅水运动的控制方程向量如下：

$$D\frac{\partial U}{\partial t}+\frac{\partial F}{\partial x}=S \tag{2.3-13}$$

$$D=\begin{bmatrix} B & 0 \\ 0 & 1 \end{bmatrix},\ U=\begin{bmatrix} Z \\ Q \end{bmatrix},\ F(U)=\begin{bmatrix} Q \\ \dfrac{Q^2}{A} \end{bmatrix},\ S(U)=\begin{bmatrix} 0 \\ -gA\dfrac{\partial Z}{\partial x}-g\dfrac{n^2 Q|Q|}{AR^{4/3}} \end{bmatrix}$$

式中：t 为时间；B 为水面宽度；Z 为水位；Q 为流量；A 为过水断面面积；g 为重力加速度；n 为曼宁糙率系数；R 为水力半径。

横断面几何示意如图2.3-9所示。

2. 水库洪水调节模型

水库调洪计算的实用方程是通过逐时段地联立求解水量平衡方程和水库的蓄泄方程。

水量平衡方程：

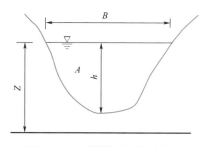

图2.3-9 横断面几何示意图

$$\frac{Q_1+Q_2}{2}\Delta t-\frac{q_1-q_2}{2}\Delta t=W_2-W_1=\Delta W \tag{2.3-14}$$

蓄泄方程：

$$q=f(V) \tag{2.3-15}$$

式中：Q_1、Q_2 为计算时段初、末的入库流量；q_1、q_2 为计算时段初、末的下泄流量；

W_1、W_2 为计算时段初、末水库的需水量；ΔW 为库容变化量；Δt 为计算时段。

2.3.4 红石岩堰塞湖溃决与洪水演进分析

2.3.4.1 红石岩堰塞湖与上下游梯级水电站的关系

牛栏江干流建有大（2）型德泽水库、中型小岩头水库及牛栏江 10 级中的 8 级梯级电站。堰塞湖附近有红石岩、大岩洞等水电站，下游分别有天花板（已建）、凉风台（拟建）、陡滩口（拟建）、黄角树（已建）等 4 级电站。

牛栏江干流采用"二库十级"开发方案，自上而下依次为黄梨树、大岩洞、象鼻岭、小岩头、罗家坪、红石岩、天花板、凉风台、陡滩口、黄角树等水电站。

可能受红石岩堰塞湖影响的已建成水电站有小岩头、红石岩、天花板、黄角树 4 座水电站（从上游至下游）。各水电站基本特性见表 2.3－2、图 2.3－10 和图 2.3－11。

表 2.3－2　　　　　可能受红石岩堰塞湖影响的已建成水电站基本特性表

项目	装机容量 /MW	坝高/m	坝顶高程 /m	正常蓄水位 /m	库容 /万 m³	放空后最大 库容/万 m³	调节库容 /万 m³
小岩头	130	35	1285	1282	286		
红石岩	80	32.77	1146.8	1137.5	69.3		62.1
天花板	180	107	1076.8	1071	6570	6137	3500
黄角树	240	65	775.0	770	3625	3400	2408

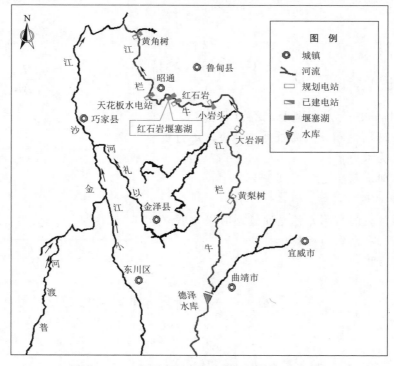

图 2.3－10　红石岩堰塞湖及附近城镇位置示意图

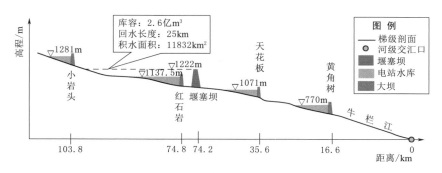

图 2.3-11 各梯级和堰塞湖的地理位置关系

2.3.4.2 红石岩堰塞湖溃决及下游梯级连溃洪水分析

红石岩堰塞湖位于天花板水库上游 18.8km、黄角树水库上游 57.6km，考虑天花板水库大坝为混凝土拱坝，具有一定的抵御溃坝洪水翻坝的能力，而黄角树水库大坝为面板堆石坝，因此，溃坝风险处置的目标是保证黄角树水库大坝不漫顶，即最高水位不超过坝顶高程 775.00m。红石岩堰塞湖应为风险Ⅰ级的极高危险亚类，堰塞湖应急处置期洪水的重现期不小于 5 年，考虑其发生于汛期，且对下游两座电站影响较大，按历史最大洪水进行风险分析。红石岩堰塞坝（湖）主要特征参数见表 2.3-3。另外，为进一步研究高风险等级堰塞湖应急处置洪水标准，选取 5 年、100 年一起做对比方案，进行溃坝洪水风险分析。

表 2.3-3　　　　　　　　　　　红石岩堰塞坝（湖）主要特征参数

项目	参　数	数　量	项目	参　数	数　量
堰塞坝	堰塞体体积/m³	1.2×10^7	堰塞湖	可能最高水位/m	1222
	坝顶/坝趾高程（以右岸坝顶最低点测得）/m	1222/1119		可能最大库容/m³	2.6×10^8
	顺河向坝顶长度/m	17		原河床高程/m	1119
	顺河向坝底长度/m	911		回水长度/km	25
	坝顶宽度（1222m）/m	301		湖水面积/km²	11832
	上/下游平均坡度	1:2.5/1:5.5			

对于堰塞湖的应急处置措施可采取开挖引流槽，人为控制使湖水放空，从而达到除险的目的，因此对不开挖引流槽和开挖引流槽（底宽 5m，深 8m）两种方案按洪水重现期分别为 5 年、20 年、100 年进行溃坝洪水分析，不开挖引流槽方案按坝顶高程 1222m 起溃计算，开挖引流槽方案按引流渠渠底高程 1214m 起溃计算。其中，天花板大坝为混凝拱坝，具有较高的抵抗荷载的能力，如意大利瓦琼特拱坝（坝高 261.6m）曾经遭遇漫顶洪水超过 200 m 的巨大滑坡涌浪洪水，坝体也仅受到局部损害，未整体失稳，因此假定天花板混凝土拱坝洪水漫顶，但坝体结构不失稳定。

2.3.4.3 堰塞湖溃决洪水分析

基于反演唐家山堰塞湖溃决洪水过程的基础，采用 DB-IWHR 模型，输入参数见表 2.3-4。不开挖引流槽和开挖引流槽两种应急处置方案的溃决洪水过程如图 2.3-12、图

2.3-13 所示，具体特征数据见表 2.3-5。

表 2.3-4 　　　　红石岩堰塞湖溃坝洪水分析计算输入参数

	参数名称	参数符号	输入值
库容水位关系 $W = a_1(H-H_r)^2 + b_2(H-H_r) + c_1$ (10^6m^3)	库容水位曲线拟合系数	a_1	0.04
		b_1	−1.91
		c_1	23.28
	基准水位/m	H_r	1120
侧向扩展	起始宽度/m	B_0	5.0
	最终宽度/m	B_{end}	58.48
	起始侧向倾角/(°)	α_1	144
	最终侧向倾角/(°)	α_2	170
冲刷参数	启动流速/(m/s)	V_c	2.70
	双曲线模型冲刷系数	a_2	1.1000
		b_2	0.0007

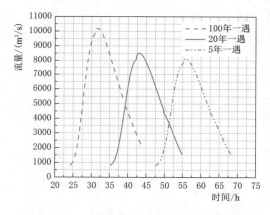

图 2.3-12　堰塞湖无引流槽溃坝流量过程　　　图 2.3-13　堰塞湖开挖引流槽溃坝流量过程

表 2.3-5 　　　　红石岩堰塞湖溃坝洪水特征数据

洪水重现期/a	应急处置方案	坝顶高程/m	漫顶时间/h	溃坝洪峰/(m³/s)	溃坝洪峰时间/h
100	不开挖引流槽	1222	24.22	10262	31.59
	开挖引流槽	1214	19.87	10043	26.68
20	不开挖引流槽	1222	35.14	8534	43.02
	开挖引流槽	1214	26.30	8368	33.47
5	不开挖引流槽	1222	47.60	8163	55.71
	开挖引流槽	1214	32.80	7342	40.53

2.3.4.4 天花板水库漫坝洪水分析

红石岩堰塞湖距天花板水库混凝土拱坝仅 18.8km，天花板水库拱坝距黄角树水库堆石坝 38.8km，且为峡谷型河道。溃坝洪水在峡谷型河道行进，洪峰衰减很小，故出于保守考虑，此处分析不考虑洪水演进的时间和河道对溃坝洪水波的阻力效应。因此，红石岩堰塞湖溃决洪水直接进入天花板水库，并假定混凝土拱坝漫顶但不溃决。天花板水库全闸泄流，溃坝洪水导致其漫顶后，下泄流量为漫顶水流与各泄洪设施泄流流量之和；起调水位为天花板水库死水位 1040.00m。

红石岩堰塞湖不同重现期洪水引流槽方案的调洪过程如图 2.3-14 所示，开挖引流槽方案的调洪过程如图 2.3-15 所示，具体的特征参数见表 2.3-6。

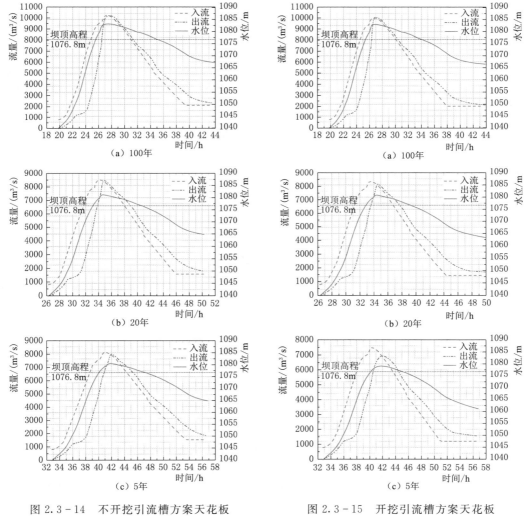

图 2.3-14 不开挖引流槽方案天花板水库的调洪过程
（注：起调水位 1040.00m）

图 2.3-15 开挖引流槽方案天花板水库的调洪过程
（注：起调水位 1040.00m）

表 2.3-6 天花板水库调洪过程特征参数

洪水重现期/a	应急处置方案	最高库水位/m	漫顶时间/h	入库洪峰/(m³/s)	入库洪峰时间/h
100	不开挖引流槽	1083.29	29.96	10261.51	31.72
	开挖引流槽	1083.11	25.40	10043.47	26.77
20	不开挖引流槽	1081.35	41.96	8532.60	43.15
	开挖引流槽	1080.96	32.86	8367.93	33.60
5	不开挖引流槽	1080.77	54.82	8163.89	55.80
	开挖引流槽	1079.27	40.14	7502.14	40.30

注　坝顶高程 1076.80m，起调水位 1040.00m。

2.3.4.5 黄角树水库漫顶风险分析

溃坝洪水演进至下游黄角树水库，考虑该水电站调压井和检修闸门的泄流过程，以库水位 720.00m 再次调洪，并以坝顶高程 775.00m 为风险控制目标。红石岩堰塞湖不同重现期洪水引流槽方案的调洪过程如图 2.3-16 所示，开挖引流槽方案的调洪过程如图 2.3-17 所示，具体的特征参数见表 2.3-7。

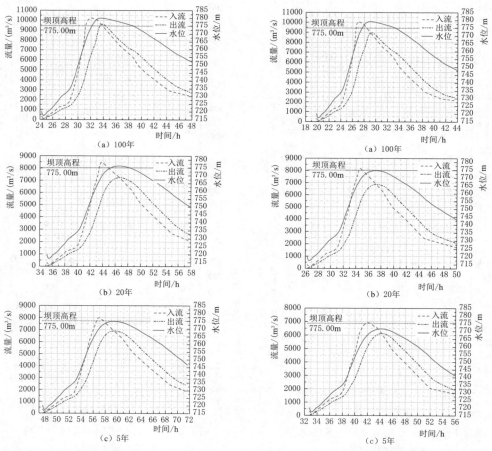

图 2.3-16　不开挖引流槽方案黄角树水库的
调洪过程

（注：起调水位 720.00m）

图 2.3-17　开挖引流槽方案黄角树水库的
调洪过程

（注：起调水位 720.00m）

表 2.3-7   黄角树水库调洪过程特征参数

洪水重现期/a	应急处置方案	最高库水位/m	漫顶时间/h	入库洪峰/(m³/s)	入库洪峰时间/h
100	不开挖引流槽	780.05	32.11	10242	32.08
	开挖引流槽	779.30	27.62	9992	26.97
20	不开挖引流槽	776.24	45.22	8502	43.74
	开挖引流槽	774.78	—	8187	34.70
5	不开挖引流槽	775.72	59.06	8037	56.80
	开挖引流槽	771.58	—	6849	42.30

注 坝顶高程 775.00m，起调水位 720.00m。

由表 2.3-7 计算结果可知，如不开挖引流槽，不同频率的洪水导致红石岩堰塞湖溃决洪水演进至黄角树水库均会致其漫顶；如果开挖引流槽，100 年一遇的洪水仍将导致黄角树水库大坝漫顶，但重现期为 20 年和 5 年的洪水将致使黄角树水库最高水位距坝顶分别为 0.22m 和 3.42m。

2.3.5 红石岩堰塞湖对上下游影响评价

2.3.5.1 对上游的影响

1. 对上游居民点的影响

按方案二开挖后，起调水位 1180.00m、遭遇 $P = 20\%$ 洪水时，调洪高水位为 1212.89m；起调水位 1190.00m、遭遇 $P = 20\%$ 洪水时，调洪高水位为 1214.70m，应切实做好影响范围内居民的避险疏散工作。

表 2.3-8   可能受红石岩堰塞湖影响的已建成电站特性表

项目	装机容量/MW	坝高/m	坝顶高程/m	正常蓄水位/m	库容/万 m³	放空后最大库容/万 m³	调节库容/万 m³
小岩头	130	35	1285	1282	286		
红石岩	80	32.77	1146.8	1137.5	69.3		62.1
天花板	180	107	1076.8	1071	6570	6137	3500
黄角树	240	65	775.0	770	3625	3400	2408

2. 对上游小岩头水电站的影响

小岩头水电站厂房设计、校核水位分别为 1208.56m 和 1209.50m，小岩头水电站厂房室外地坪高程为 1211.00m。

按方案二开挖后，起调水位 1180.00m、遭遇 $P = 20\%$ 洪水时，调洪高水位为 1212.89m，高于厂房地坪高程 1.89m；起调水位 1190.00m、遭遇 $P = 20\%$ 洪水时，调洪高水位为 1214.70m，高于厂房地坪高程 3.70m。因此应充分重视厂房的防洪度汛安全问题。

小岩头水电站大坝位于堰塞体坝址上游约 30km，坝址下游枯水位在 1255m 左右，远高于堰塞体坝前壅水，堰塞体壅水对小岩头大坝没有影响。

2.3.5.2 对下游居民点的影响

根据分析，红石岩堰塞湖发生溃堰对下游河段两座已建电站（天花板水电站和黄角树水电站）大坝安全基本没有影响（见表 2.3-8），天花板水电站最高洪水位低于大坝校核洪水位，但入库洪峰较大（$Q_m=6345m^3/s$，超过电站校核洪水洪峰流量）、坝前水位较高会对库区淹没产生一定的影响；黄角树水电站泄洪建筑最大泄流量为 $6781m^3/s$，堰塞湖溃坝洪水经天花板水库的调蓄以后入库洪峰仅 $4868m^3/s$，相应水库调洪高水位 763.15m，低于黄角树水电站正常蓄水位 770.00m，但洪峰流量较大，同样可能会对库区产生淹没影响。

为研究红石岩堰塞湖溃坝对下游河道沿岸居民的影响，分别计算了不考虑堰塞湖溃坝的情况下下游河道发生 20 年一遇洪水时沿程水面线，以及堰塞湖发生溃坝时下游河道沿程水面线，堰塞湖下游主要敏感对象位置及水位见表 2.3-9。堰塞体下游居民点位置及发生堰塞体溃坝时水位情况见图 2.3-18～图 2.3-20。

表 2.3-9　　　　　　　　　堰塞湖下游主要敏感对象位置及水位

敏感点名称	距堰塞湖距离/m	堰塞湖溃坝水位/m		$P=5\%$洪水	水位差/m	水位差/m
		1208m（1）	1200m（2）	（3）	（1）-（2）	（1）-（3）
唐家平子	2942	1092.32	1090.95	1086.42	1.37	5.90
沙坝河吊桥	4233	1087.72	1086.18	1081.59	1.54	6.13
回龙湾	10465	1077.01	1074.02	1067.84	2.99	9.17
包谷垴	11997	1076.48	1073.38	1067.07	3.10	9.41
老店子	13839	1076.27	1073.15	1066.88	3.12	9.39
罗家梁子	17387	1076.18	1073.06	1066.83	3.12	9.35
天花板大坝	19083	1076.13	1073.02	1066.81	3.11	9.32
清水河汇口	19772	981.52	980.25	979.64	1.27	1.88
天花板厂址	21281	968.51	967.30	966.43	1.21	2.08
桃花园	24475	949.43	948.08	947.39	1.35	2.04
新店（野牛塘）	29199	928.48	925.96	923.46	2.52	5.02
梨树坪	30998	915.17	912.80	911.70	2.37	3.47
锅厂	34881	891.72	890.70	890.19	1.02	1.53
乐红（董家田坝）	37719	872.42	871.54	870.71	0.88	1.71
六合（六家村）	40990	836.47	833.10	828.90	3.37	7.57
严家河沟	43786	796.95	795.72	795.14	1.23	1.81
小河	48650	777.26	775.69	774.99	1.57	2.27
下河坝	53517	763.58	758.08	752.94	5.5	10.64
竹林湾	54043	763.53	757.96	752.25	5.57	11.28
梭山镇黑石村（大坝）	55709	763.17	757.45	751.24	5.72	11.93
黄角树水电站大坝	57982	763.15	757.43	751.21	5.72	11.94
田坝	59683	701.44	700.33	699.58	1.11	1.86
韦家渡	62070	689.25	685.08	684.27	4.17	4.98
箐岗平	64863	663.41	662.61	662.08	0.80	1.33
皮家湾子	67176	633.41	632.30	631.65	1.11	1.76
黄角树水电站厂房	69950	601.71	600.46	599.63	1.25	2.08
小河沟	72004	573.71	573.19	572.86	0.52	0.85
麻壕	74856	560.40	560.25	560.20	0.15	0.20

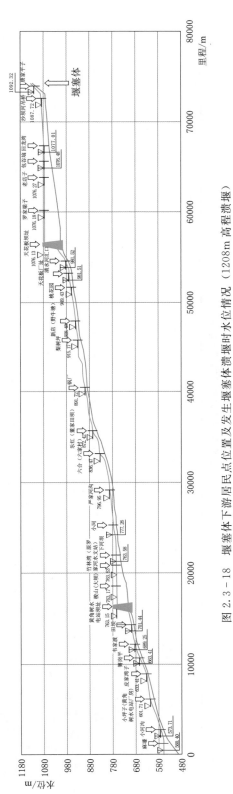

图 2.3-18 堰塞体下游居民点位置及发生堰塞体溃坝时水位情况（1208m 高程溃坝）

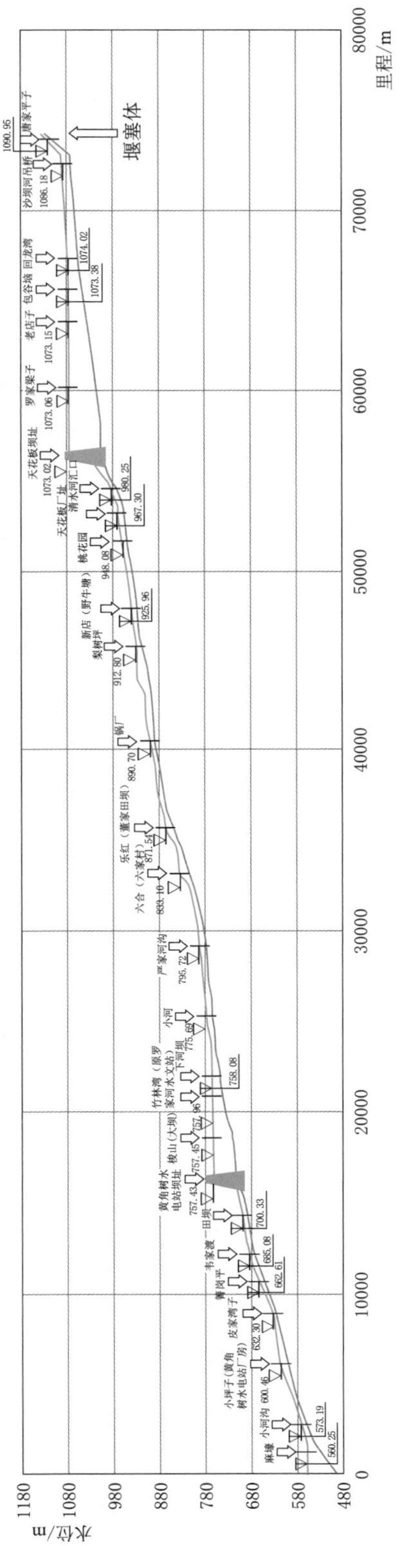

图 2.3-19 堰塞体下游居民点位置及发生堰塞体溃坝时水位情况（1200m 高程溃坝）

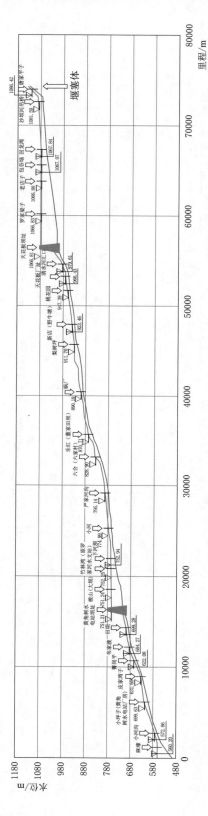

图 2.3-20 堰塞坝下游居民点位置及发生 $P=5\%$ 洪水时水位情况（堰塞体不溃坝）

表 2.3-10   天花板水电站泄洪建筑物泄流能力

库水位/m	1050	1055	1060	1065	1070	1075	1078
表孔泄流量/（m³/s）	0	0	0	229.5	1229.1	2677.9	3728.5
中孔泄流量/（m³/s）	1239.8	1368.3	1480.5	1581.8	1676.4	1775.3	1828.6
总泄量/（m³/s）	1239.8	1368.3	1480.5	1811.3	2905.5	4453.3	5557.1

2 堰塞湖应急抢险与风险处置

72

溃堰洪水对居民点的影响，需结合现场调查，对照水面线成果进行核实。

2.3.5.3 溃堰洪水对天花板水电站的影响

1. 天花板水电站设计标准

天花板水电站校核标准 $P=0.2\%$（500 年一遇），校核洪水洪峰流量 $5650\text{m}^3/\text{s}$，校核洪水位 1076.61m。

2. 天花板水电站泄洪建筑物及泄流能力

如表 2.3−10 所示，天花板水电站泄洪建筑物包括 2 个中孔和 3 个表孔，水库水位在 1078.00m 时所有泄洪建筑物最大泄流量为 $5557.1\text{m}^3/\text{s}$。

3. 天花板水电站洪水调度

由于上游溃堰洪水洪峰大于天花板水电站校核洪峰流量，在上游溃堰洪水来临以前，天花板水电站泄洪建筑物必须提前开启，腾空库容以迎接上游溃堰洪水。在进行上游溃堰洪水的洪水调度时，天花板水电站所有泄洪建筑物应全部开启，以最大泄洪能力行洪。

因为泄流槽规模小、溃堰洪水大，所以以 5m（底宽）×8m（高度）的泄流槽规模为不利的代表性方案进行分析。根据调洪计算结果，水库从泄洪中孔底板高程 1020.00m 起调，调洪高水位 1076.13m，最大泄流量 $4868\text{m}^3/\text{s}$，削峰流量 $1477\text{m}^3/\text{s}$。

尽管本次复核的溃堰洪水洪峰流量有所增加，但是洪水历时缩短，洪量较小，洪峰流量过后洪水退减相对较快（见图 2.3−21），因此天花板水库调洪高水位还略有降低。

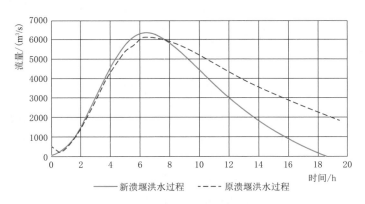

图 2.3−21 5m（底宽）×8m（高度）泄流槽方案溃堰
洪水对比图

综上所述，天花板水库在遭遇上游溃堰洪水以前，必须腾空库容，天花板水库大坝是安全的，水电站管理单位应做好可能过水的应急预案。

2.3.5.4 溃堰洪水对黄角树水电站的影响

1. 黄角树水电站设计标准

天花板水电站校核标准 $P=0.05\%$（2000 年一遇），校核洪水洪峰流量为 $7170\text{m}^3/\text{s}$，校核洪水位为 774.37m。

2. 黄角树水电站泄洪建筑物及泄流能力

黄角树水电站泄洪建筑物由左岸溢洪洞和泄洪排沙（导流）洞组成。其中，左岸泄洪排沙（导流）洞在运行期兼具泄洪和冲沙功能，必要时可作为水库放空洞，溢洪洞主要参与泄洪，并有排漂功能。其泄流能力见表 2.3 - 11。

表 2.3 - 11 　　　　　　　黄角树水电站泄洪建筑物泄流能力

水位/m	泄流量/(m³/s)			水位/m	泄流量/(m³/s)		
	泄洪洞	溢洪洞	合计		泄洪洞	溢洪洞	合计
777.00	3620	3801	7421	763.00	3117	1178	4296
776.00	3586	3592	7178	762.00	3078	1043	4122
775.00	3552	3380	6932	761.00	3039	914	3953
774.00	3518	3173	6691	760.00	2999	791	3789
773.00	3484	2965	6448	759.00	2958	671	3629
772.00	3449	2763	6211	758.00	2917	559	3476
771.00	3413	2561	5974	757.00	2875	460	3335
770.00	3378	2366	5744	756.00	2833	369	3201
769.00	3342	2180	5521	755.00	2790	283	3073
768.00	3305	2000	5305	754.00	2746	205	2951
767.00	3269	1819	5087	753.00	2702	134	2836
766.00	3231	1645	4877	752.00	2657	74	2731
765.00	3194	1478	4672	751.00	2611	26	2637
764.00	3156	1319	4474	750.00	2564		2564

3. 黄角树水电站洪水调度

在上游溃堰洪水来临以前，黄角树水电站库容已腾空迎接上游溃堰洪水。在进行上游溃堰洪水的洪水调度时，电站所有泄洪建筑物应全部开启，以最大泄洪能力行洪。

根据洪水调节计算，在遭遇上游溃堰洪水时，水库从泄洪洞底板高程 716m 起调，调洪高水位 763.15m。

综上所述，黄角树水电站泄洪建筑最大泄流量为 6781m³/s，堰塞湖溃堰洪水经天花板水库调蓄以后的入库洪峰流量为 4868m³/s。因此，在天花板水库调蓄、黄角树水库放空的情况下，黄角树水电站能应对溃堰洪水。

2.4　滑坡碎屑流高速远程滑动的动力机制

2.4.1　基于连续离散耦合分析方法的堰塞体地震诱发形成机理

堰塞坝形成的全过程一直伴随着滑坡体从连续到非连续的转化过程（见图 2.4 - 1）。滑坡体在内外因作用下，由细观损伤到宏观裂纹贯通并进一步分解成由大小不同、形状各异的颗粒流。颗粒流在滑动、堆积过程中也不断破碎。尽管滑坡体颗粒流表现出某些类流体的特征，却无法用经典的纳维·斯托克西（Navier – Stokes）方程描述，其动力学机制和力学机制十分复杂。颗粒流的介观结构导致动力各向异性、颗粒体系的变形与流变的局部化以及颗粒分离、破碎作用相互耦合等。如何从细观的角度揭示颗粒流的动力学特性一直是颗粒力学的研究重点之一，也是力学学科的前沿领域之一。

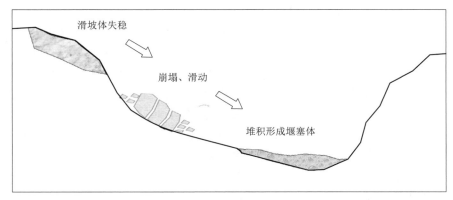

图 2.4 – 1　堰塞坝形成全过程

堰塞体失稳、滑动和堆积的主要研究手段为物理试验和数值模拟，主要关注整体的运动和堆积特性，忽略了碎屑颗粒的细观行为及宏细观多尺度之间的内联机制，导致对碎屑颗粒尺寸分离、分形堆积和高速远程运动等现象的控制机制认识不足。离散单元法在研究碎屑颗粒流动力学行为方面具有天然优势。相比于物理试验，离散元数值模拟可重复性强，能方便地控制各种影响因素，并能实时得到碎屑颗粒流运动全过程中的动力学信息，为从宏观和细观层面研究滑坡碎屑流运动和堆积特性提供有效的手段。

以颗粒动力学和能量耗散为判别标准，揭示了碎屑流的两种主要运动机制，即剪切摩擦和颗粒碰撞；揭示了瞬变流中不同尺寸颗粒的主导动态行为不同，导致不同尺寸颗粒受力和运动特性差异显著，并出现颗粒尺寸分离现象；提出了量化瞬变流颗粒尺寸分离程度的表征量，明确了该表征量与颗粒系统剪切速率之间的关系，探讨了颗粒尺寸分离效应对碎屑流堆积特性的影响。揭示了由颗粒摩擦、不规则形状产生的颗粒咬合作用对碎屑流堆积特性的影响机制；建立了堆积密实程度与粒径分形特性，滑动坡角与颗粒接触组构之间的定性联系。提出了描述碎屑流滑动速度在滑动面正交方向上的分布形式；从颗粒运动形式、颗粒受力特性、颗粒滑动速度分布形式、颗粒动态行为和颗粒体剪切速率等方面，揭示了碎屑颗粒流高速远程滑动的动力学机制。

采用自行设计的模型试验装置（见图 2.4 – 2）进行物理试验。该试验装置分为 4 部分，分别为颗粒滑动槽、刚性挡板、挡板固定钢架、挡板提升装置。颗粒滑动槽的尺寸为 150cm(长)×30cm(宽)×65cm(高)，由有机玻璃板组成。刚性挡板用于实现颗粒柱的初始堆积与瞬间释放，挡板与颗粒柱接触

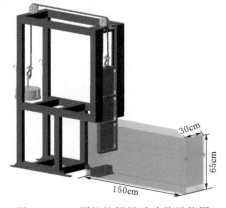

图 2.4 – 2　颗粒柱坍塌试验装置简图

的一侧为有机玻璃板，保证颗粒与滑动槽、挡板接触面糙率一致。挡板固定于钢架上，以保证颗粒柱稳定释放；挡板提升装置包括滑轮、钢丝绳、动力装置。滑轮布置在挡板固定装置的顶部。钢丝绳从滑轮上绕过，一端连接动力装置，另一端与挡板相连接。

试验中颗粒柱初始堆积尺寸为 20cm（长）×30cm（宽）×15cm（高），初始高长比为 0.75。当颗粒粒径与颗粒滑动槽宽度比值小于 1/20 时，滑动槽宽度对颗粒体运动产生的影响即边界效应可以忽略。试验采用粒径 d 为（8.0±0.1）mm 的钢球和铝球（颗粒粒径与颗粒滑动槽宽度比值为 1/75）。组成颗粒柱的颗粒数 N_{total} 约为 20000 颗，其中钢球和铝球数目各半。钢球密度 ρ_s 和铝球密度 ρ_a 分别为 7850.0kg/m^3 和 2700.0kg/m^3。

如图 2.4-3 所示，将初始颗粒柱试样沿铅直方向平均分为上下两部分。控制试样中钢球、铝球整体数目各半，通过改变试样上、下两部分的钢球颗粒数比例，从而制备不同初始颗粒密度空间分布特征的试样。例如，钢球和铝球混合非常均匀，控制试样上部钢球占上部总颗粒数的比例为 P_s^{up}，则上下部钢球颗粒数分别为 $N_s^{up} = N_{total} P_s^{up}/2$、$N_s^{down} = N_{total}/2 - N_s^{up}$。由钢球、铝球质量获取初始颗粒密度空间分布，从而实现不同初始颗粒密度空间分布特征的试样制备。

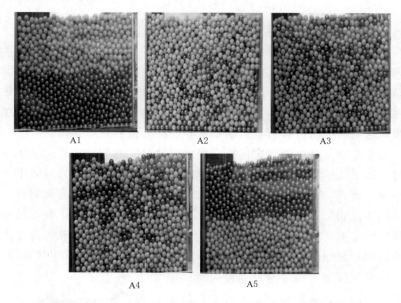

图 2.4-3　颗粒柱初始堆积状态（铝球为白色，钢球为银色）

定义初始颗粒密度空间分布指数 $\beta = P_s^{up} - P_s^{down} = 2P_s^{up} - 1$，其中 P_s^{down} 为试样下部钢球数占下部总颗粒数的比例。β 越大，表明颗粒柱上部颗粒密度越大。通过上述方法分别制备了 β 为 -1.0、-0.4、0.0、0.4 和 1.0 的颗粒柱试样，相应试验编号为 A1、A2、A3、A4 和 A5，如图 2.4-3 所示。利用挡板提升装置快速提升刚性挡板释放颗粒柱，使其在重力作用下坍塌运动直至堆积稳定，如图 2.4-4 所示。每种工况重复 4 组试验，尽量降低人为误差。

为从细观层面上深入了解初始颗粒密度空间分布对颗粒柱坍塌运动特性的影响机制，借助开源离散元软件 LGGGHTS，模拟与物理试验模型同尺寸颗粒柱在不同 β 条件下崩

图 2.4-4　颗粒柱坍塌后堆积形态

塌运动的过程。为了保证数值模拟参数选取的准确性与可靠性，数值计算中颗粒和墙体的剪切模量、泊松比、时间步长等参数参照文献选取。颗粒流运动的数值模拟结果受阻尼系数影响较大。为选取合理的阻尼系数，首先进行单个钢球、铝球颗粒自由落体撞击颗粒滑动槽有机玻璃板、钢球、铝球等物理试验（见图 2.4-5 和图 2.4-6），利用高速摄像机获取颗粒撞击前后的运动高度 H_i 和 H_r。计算得到钢球与有机玻璃板、铝球与有机玻璃板、钢球与钢球、钢球与铝球、铝球与铝球的恢复系数 $R_n = \sqrt{H_r/H_i}$。不同类别颗粒与墙体（颗粒）之间的接触赋予不同的阻尼系数以模拟真实恢复系数，确保颗粒之间接触行为具有真实物理意义。

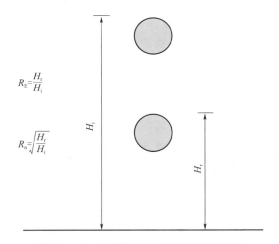

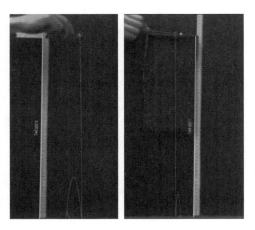

图 2.4-5　单颗粒恢复系数测量示意图　　　图 2.4-6　铝球和钢球的恢复系数试验

制样时在颗粒柱内设置水平板，颗粒堆积区域分为上下两部分区域，并在各区域分别通过颗粒膨胀法随机生成 10000 个直径 d 为 8.0mm±0.1mm 的钢球和铝球颗粒；随后移除水平板，上、下两部分颗粒连通为整体，在重力作用下颗粒堆积体内部达到平衡状态（动能极小）。不同初始颗粒密度空间分布指数 β 条件下 DEM 数值试样分别如图 2.4-7 所示，其中红色为钢球颗粒，蓝色为铝球颗粒；最后删除左侧挡板，颗粒柱在重力作用下坍塌运动直至堆积稳定，如图 2.4-8 所示。

在颗粒体坍塌运动模型试验中，采用参数 $\tan\theta = H_f/L_f$ 表征颗粒体水平运动能力，H_f 和 L_f 分别表示颗粒柱坍塌后的堆积高度和滑动距离（见图 2.4-9）。θ 越小，表明颗

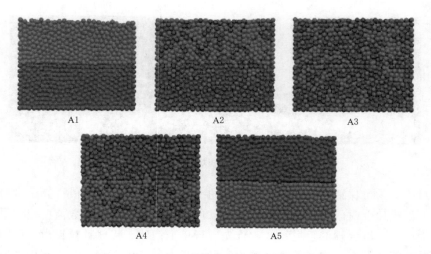

图 2.4-7 DEM 数值模拟中颗粒柱初始试样

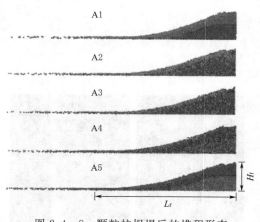

图 2.4-8 颗粒柱坍塌后的堆积形态

粒体水平运动能力越强。部分颗粒因其运动速度较快，最终堆积位置远离颗粒体前端主体。故选取与颗粒堆积主体仍有接触的最远端颗粒的水平运动距离作为滑动距离 L_f。图 2.4-9 显示了不同初始颗粒密度空间分布指数 β 条件下物理试验和数值模拟计算得到的 θ 分布。可以看出，物理试验结果和数值模拟的规律一致；初始颗粒密度空间分布显著影响颗粒体的运动特性；随着 β 的增大，即颗粒柱上部颗粒密度越大，参数 θ 越小，表明颗粒体水平运动能力越强；θ 与 β 之间符合线性拟合关系。

根据颗粒滑动距离由远及近，统计出前 300 个（$1.5\% N_{total}$）颗粒，定义为颗粒体的前端。物理试验统计结果表明：在物理试验中，低密度铝球颗粒数占前端颗粒的百分比总是大于 70%，如图 2.4-10 所示。随着运动的进行，颗粒体前端低密度铝球颗粒的百分比逐渐增大，最后占据了主导地位（大于 50%）；当 $\beta=-1$ 时，颗粒体前端几乎全为低密度铝球颗粒（比例为 90%）；随着 β 增大至 0.0，颗粒体前端低密度铝球颗粒百分比迅速降低（比例为 70%）。颗粒流滑动距离与其前端低密度铝球百分比含量具有一定的联系。由于粒径相同，低密度铝球颗粒质量小于高密度钢球颗粒，在同等受力情况下更加容易产生较大的加速度，获取较大的运动速度。

定义 $\sqrt{gH_0}$ 作为颗粒系统的特征速度，其中，H_0 为颗粒柱的初始高度，特征速度表示一个颗粒从 $H/2$ 处下落至地面的速度。速度小于特征速度 2% 的颗粒显示为蓝色，反之显示为红色，定义红色颗粒和蓝色颗粒的分界面为滑动面。图 2.4-11 为 $\beta=1.0$ 的颗粒柱滑动面，与水平方向的夹角定义为颗粒柱的失效角。试验表明颗粒柱坍塌的失效角均

介于 $50°\sim55°$ 之间，与试验装置、颗粒柱的高长比无关。不同 β 条件下，颗粒柱的失效角如图 2.4-12 所示，颗粒柱的坍塌角均在 $52°$ 左右，这与朗肯土压力理论的预测是一致的，即预测的失效角为 $\theta=45°+\varphi/2$，φ 为颗粒的内摩擦角，该值可由休止角估算得到。采用圆筒法测量了钢球和铝球的休止角，将颗粒放置在圆筒中，缓慢提升圆筒，颗粒从圆筒的底部流出，当颗粒完全静止后，拍摄照片进行记录，利用 ImageJ 软件对照片进行处理，测量颗粒堆的倾斜角。测得的钢球的休止角为 $\varphi_1=11°\pm2°$，铝球的休止角为 $\varphi_1=12°\pm2°$。由朗肯土压力公式预测的失效角与实测失效角基本一致。

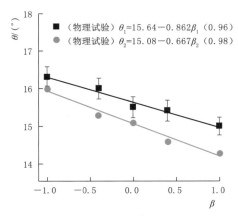

图 2.4-9　颗粒柱坍塌后的 θ 分布图

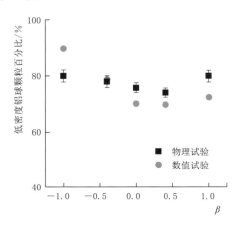

图 2.4-10　颗粒流前端的低密度铝球颗粒百分比

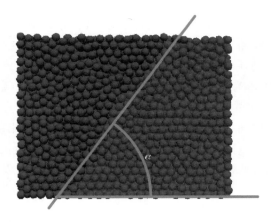

图 2.4-11　$\beta=1.0$ 时颗粒柱的失效角

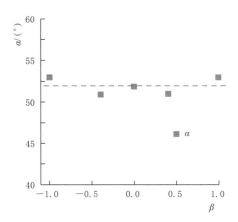

图 2.4-12　不同 β 下颗粒柱的失效角

颗粒柱坍塌过程中，系统的总动量为 $p=\sum_{i=1}^{N}m_iv$，v 为颗粒的速度。颗粒柱厚度（y）方向的动量很小，可以忽略，主要是以水平（x）、垂直（z）方向的动量转换为主。图 2.4-13 和图 2.4-14 分别为垂直和水平方向的动量分量被当前时刻系统的总动量均一化后的演化曲线。当 β 为 1.0 时，高密度钢球颗粒在低密度铝球颗粒的上方，坍塌时高密度钢球颗粒在竖直方向上对低密度铝球颗粒进行挤压，低密度铝球颗粒受到挤压先发生水平方向运动，高密度钢球颗粒受到低密度铝球颗粒的"缓冲"作用，因此，竖直方向动量和水平方向动量相互转换的速度变慢。当 β 为 -1.0 时，上部低密度铝球颗粒对下部高密度钢球颗粒的挤压效应较弱，直接坍塌，最先开始进行竖直方向和水平方向的动量转换。因此，竖直方向和水平方向的动量相互转换速度最快。

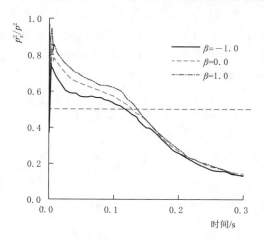 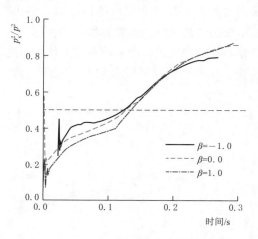

图 2.4-13 垂直方向动量转换随时间变化　　图 2.4-14 水平方向动量转换随时间变化

由于重力和相邻颗粒之间的接触，使得密度较大的颗粒在重力方向上获得作用力，较轻的颗粒受到与重力方向相反的作用力。对单个高密度颗粒在低密度颗粒介质中的运动进行了分析，假定目标颗粒浸没在密度为 $\rho_m = \varphi \rho_L$ 的连续介质中，其中 ϕ 为局部体积分数，ρ_L 为低密度颗粒的密度。由阿基米德原理，作用在高密度颗粒上的合力为 $F_H = m_H g - \varphi \rho_L V_E g$，$g$ 为重力加速度，$\rho_L V_E g$ 为低密度颗粒对高密度颗粒的浮力，V_E 为颗粒有效体积，考虑到颗粒周围存在空隙，因此假设颗粒拥有比自身更大的体积。

当高密度颗粒的质量与周围低密度颗粒的质量相同时，$m_H = m_L = \rho_L V$，高密度颗粒受到的合力为 0，即可得到 $V_E = V / \varphi$，其中 V 为颗粒体积。则高密度颗粒在低密度颗粒介质中所受的浮力为 $F_b = m_L g$。因此，高密度颗粒所受合力为 $F_H = (m_H - m_L) g$。在此合力作用下，高密度颗粒在低密度颗粒介质中向颗粒流底部下沉。经过一段时间的流动，高密度颗粒会向底部聚集，而低密度颗粒浮向上部并向前端运动。这个现象类似于颗粒流中不同粒径颗粒的挤压和筛分，高密度颗粒与低密度颗粒接触产生的不平衡力是颗粒发生分离的原因。

颗粒柱坍塌是颗粒状态迅速转变的过程。不同密度颗粒在颗粒柱中初始位置不同，使颗粒相互作用不同，从而产生不同的坍塌机制。当颗粒柱上部的高密度颗粒越多，高密度颗粒在坍塌过程中对下部的低密度颗粒产生挤压作用越明显，导致低密度颗粒率先被挤压出去。颗粒柱下部的高密度颗粒越多，低密度颗粒受到浮力作用，无法向下对高密度颗粒进行挤压，与下部高密度颗粒同时坍塌，坍塌过程中不断加速，超过高密度颗粒流动的表面，运动到颗粒流的前端。

颗粒流中颗粒的动态行为可分为颗粒间的剪切摩擦和颗粒碰撞，savage 常数 $N_{sav} = \dot{\gamma} d^2 / g H \mu_{ball}$ 反映颗粒流中颗粒的动态行为效应，$\dot{\gamma}$ 为颗粒流截面处的剪切速率，d 为颗粒流截面上球的平均粒径，H 为截面的厚度，μ_{ball} 为截面处颗粒的摩擦系数。N_{sav} 越大，表示颗粒的碰撞越剧烈，反之则表明颗粒流动以剪切摩擦为主。图 2.4－15 为 0.3s 时刻颗粒流中 savage 常数沿滑动距离（L^*）的变化。$L^* = L/L_t$ 表示截面的位置被 t 时刻颗粒流前沿的滑动距离均一化后的值，其中，L 为截面的位置，L_t 为 t 时刻颗粒流前沿的滑动距离。随着滑动距离的增加，颗粒流前端的 N_{sav} 越大，说明前端的碰撞越剧烈。

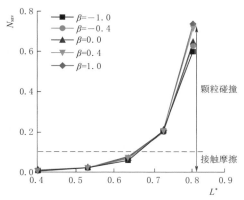

图 2.4－15　0.3s 时刻颗粒流中 savage 常数沿滑动距离的变化

在颗粒柱坍塌的初始阶段，由于高密度钢球颗粒的挤压，颗粒柱下部受到挤压后的低密度铝球颗粒获得较大的速度，形成颗粒流的前端，而高密度钢球颗粒与低密度铝球颗粒发生碰撞，随后掺混进颗粒流的前端，使运动前端中的低密度铝球颗粒百分比逐渐减小，高密度钢球颗粒的百分比逐渐增大，但低密度铝球颗粒的百分比仍然大于高密度钢球颗粒的百分比。低密度铝球颗粒在上部坍塌后不断加速超过下部的高密度钢球颗粒，在颗粒流的前端处与高密度钢球颗粒碰撞后，在颗粒流的前端处聚集。

颗粒体系是通过颗粒间接触力的网络来维持稳定的。取颗粒体系中颗粒间的法向接触力，并将其均一化，作法向接触力概率分布半对数曲线，分析不同密度颗粒的空间分布对颗粒柱坍塌后形成的堆积体的颗粒间接触力的影响。如图 2.4－16 和图 2.4－17 所示，当 β 为 -1.0 时，高密度钢球颗粒集中在堆积体下部，因此强接触力的分布主要集中在堆积体的底部且分布区域比较小，堆积体的表面的弱接触力分布较多；颗粒堆体表面的高密度钢球颗粒数量随着 β 变大而增多，β 为 1.0 时，高密度钢球颗粒集中在颗粒堆积体的表面，高密度钢球颗粒下方的颗粒受压后，使颗粒堆积体更加紧密，因此接触力的分布比较均匀。说明不同密度颗粒的初始空间分布对颗粒柱坍塌后形成的堆积体的接触力分布有一定影响。

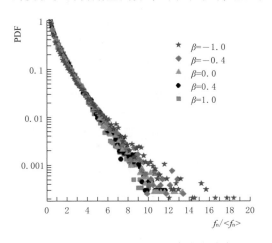

图 2.4－16　法向接触力概率密度分布

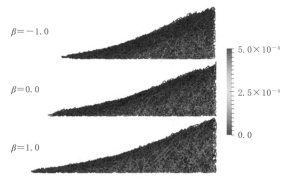

图 2.4－17　堆积体法向接触力分布

通过颗粒柱坍塌试验和离散元数值模拟，研究了不同密度空间分布的颗粒柱坍塌和流动特性。对比室内试验和离散元数值模拟，两者得到的颗粒柱静止后的堆积角度与密度空间分布的关系一致，即颗粒柱上部颗粒密度越大，堆积角越小，表明颗粒柱坍塌后的流动性变大。堆积角与描述颗粒密度空间分布的参数 β 呈线性关系。颗粒密度空间分布不同的颗粒柱坍塌后，颗粒流前端的运动模式略有不同。上部颗粒密度低、下部高的情况，上部低密度铝球颗粒的坍塌与下部高密度颗粒的坍塌同时进行，高密度颗粒和低密度颗粒在颗粒柱的前端处进行交汇，并产生碰撞。反之，由于高密度颗粒的挤压作用，下部的低密度颗粒受挤压向前运动，形成颗粒运动的前沿。颗粒流的运动机制随初始空间分布系数的增大由前者逐渐转变为后者。同时，低密度颗粒在运动过程受到挤压作用在颗粒流前端处聚集。离散元数值模拟合理解释了物理试验的现象，阐明了密度不同的二元颗粒体系中，不同密度颗粒初始空间分布的差异对颗粒柱坍塌的影响机制。

2.4.2 基于MIC模型的滑坡运动过程模拟软件

2.4.2.1 基本说明

1. 软件描述

基于 MIC 模型的滑坡运动过程模拟软件（以下简称"MIC 滑坡模拟软件"）是根据颗粒流相关本构来模拟滑坡所开发的软件。该软件的物理原理是将 $\mu(I)$ 三维颗粒流本构关系引入到连续体模型控制方程 Navier-Stokes 方程中，并沿着深度方向积分，能够反映高速远程滑坡运动特点。该软件可以用来模拟不考虑水作用的情况下高速远程滑坡的运动时间、距离和堆积形态。

2. 功能说明

（1）可用于天然地形下滑坡体深度较小、运动速度大的数值计算。

（2）采用差分法进行数值模拟。

（3）可以模拟滑坡体的运动时间、运动距离和堆积形态。

3. 性能、运行说明

程序采用 Fortran 90 编写，可在一般计算机上运行，运行要求 1GB 以上内存。

2.4.2.2 程序设计说明

1. 程序框图

该软件的程序框图如图 2.4-18 所示。

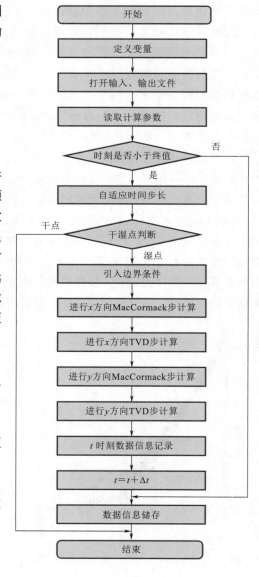

图 2.4-18 程序框图

2. 模块说明

模块说明见表 2.4-1。

表 2.4-1 模块说明表

主要子程序	说明	主要子程序	说明
HYDBND	引入边界条件	CHEZY	采用水动力模型时的床面摩擦计算
FUFV, GUGV	数值计算模块	HYDMODX, HYDMODY	MacCormack 步计算
TVDX, TVDY	x 方向和 y 方向的 TVD 步计算		

2.5 基于连续-离散耦合分析的堰塞体形成全过程数值模拟方法

2.5.1 FDEM-GIM 边坡稳定分析和滑动模拟方法

连续离散耦合分析方法（FDEM）打破了有限单元法和离散单元法应用的限制，能够模拟岩石等材料的渐进破坏全过程。FDEM 采用有限元方法计算单元内部的应力和变形，根据非线性断裂力学理论判断模型是否开裂，运用离散元方法进行裂面间的接触检索，定义裂面间的接触本构关系。FDEM 能够有效地捕捉岩体加载过程中裂缝的扩展路径，是一种理想的模拟岩体连续-非连续变形的数值方法。

在连续离散耦合分析方法的框架下，基于非线性断裂力学显式地模拟岩体裂纹萌生、扩展的全过程。非线性断裂力学理论认为在材料裂纹尖端存在一个有限尺度的断裂过程区（见图 2.5-1），断裂过程区的尺寸与材料的断裂能、弹性模量和强度有关，与加载方式和应力分布无关。

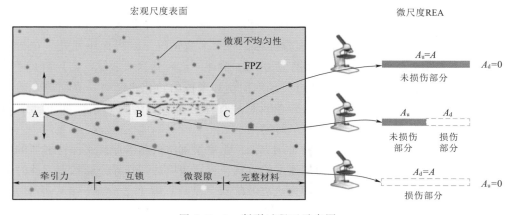

图 2.5-1 断裂过程区示意图

采用黏聚力模型（Cohesive Zone Model，CZM）描述断裂过程区内应力与相对位移的非线性关系。在黏聚力区开始承载时，应力随着界面上相对位移的增大而增加，在达到材料的峰值强度后，开始出现损伤伴随着界面刚度退化，应力随着损伤的发展逐渐减低直至残余值，此时材料点完全失效破坏，形成一个新的裂纹面并继续向前扩展。与其他模拟开裂的方法相比，CZM 的优势在于能描述裂纹萌生、扩展直至失效的全过程，具有模拟多裂纹路径的能力，与采用网格重划分技术和裂纹追踪技术的方法相比计算成本较低。除此之外，CZM 不需要预先知道裂纹的扩展路径，裂纹能从任何布置界面单元的地方扩展。

在基于唯象的黏聚力本构模型中，界面处应力与相对位移的关系可采用多种函数描述，如指数形式、多项式形式和双线性形式等。已有的研究表明，界面应力-相对位移响应的函数形式对材料宏观响应的影响较小，因此考虑减少模型参数，采用双线性的黏聚力本构模型。达到启裂准则前，界面处的应力矢量 t 与相对位移矢量 δ 之间的关系可表示为

$$t = \begin{Bmatrix} t_n \\ t_{s1} \\ t_{s2} \end{Bmatrix} = \begin{bmatrix} k_n & & \\ & k_s & \\ & & k_s \end{bmatrix} \begin{Bmatrix} \delta_n \\ \delta_{s2} \\ \delta_{s1} \end{Bmatrix} = K\delta \qquad (2.5-1)$$

对于无厚度的界面单元，法向和切向初始刚度 k_n 和 k_s 没有明确的物理意义，在计算中作为罚参数避免界面单元出现过大的弹性变形。界面单元刚度无穷大似乎是个理想的选择，遍插的界面单元对整个材料系统弹性特性的影响可以忽略不计。但在连续-离散耦合分析框架下，界面单元刚度必须是一个有限大小的值以进行显式时域积分，同时过大的界面刚度会导致界面处应力出现数值振荡。

根据界面处的应力状态，界面单元会发生 I 型损伤、II 型损伤和复合损伤。当界面单元的法向应力 t_n 超过其抗拉强度 f_t 时，界面单元发生 I 型损伤；当界面单元的剪应力 $t_{shear} = \sqrt{t_{s1}^2 + t_{s2}^2}$ 超过其抗剪强度 f_s 时，界面单元发生 II 型损伤。考虑岩石、混凝土等准脆性材料的摩擦特性，界面单元的抗剪强度可以用莫尔-库仑准则表示 $f_s = c - t_n \tan\varphi_i$，其中 c 是材料黏聚力，φ_i 是材料内摩擦角，t_n 是作用在界面上的法向应力（法向应力以拉为正）。

当达到峰值剪应力 f_s 后，界面处的剪应力逐渐减小至残余值 $t_r = -t_n \tan\varphi_f$，φ_f 是界面单元完全失效后所形成裂纹的断裂摩擦角。在大多数情况下，界面单元处于拉剪复合应力状态。当界面处的法向应力 t_n 和剪应力 t_{shear} 满足 $\{\langle t_n \rangle / f_t\}^2 + \{t_{shear}/f_s\}^2 \geq 1$ 时，界面单元发生复合损伤。当不考虑断裂过程区内损伤和摩擦的转化机制时，界面单元的本构模型如图 2.5-2 所示。假定摩擦耗散能在断裂过程保持不变的假设，由界面单元上的法向应力和断裂摩擦角按照 $t_r = -t_n \tan\varphi_f$ 确定。

重度增加法是研究边坡失稳的一种常用方法。重度增加法的基本原理是保持岩体的抗剪强度指标为常数，通过逐步增加重力加速度的方式，直至边坡达到临界失稳状态，此时采用的重力加速度与初始重力加速度之比即为该边坡的安全系数，即 $F_s = g_{failure}/g_0$，其中 g_0 为初始重力加速度（取为 9.8m/s^2），$g_{failure}$ 为临界重力加速度。在 FDEM 分析方法的基础上，引入 GIM 的基本原理以定义边坡的临界失稳状态以及安全系数，建立 FDEM-GIM 边坡稳定分析方法，具体流程如图 2.5-3 所示。

为验证 FDEM-GIM 用于研究边坡稳定分析的可行性和合理性，采用普遍认可的刚体极限平衡法进行对比，刚体极限平衡法借助岩土分析软件 GEOSTUDIO 中的 SLOPE/W 模块来实现。图 2.5-4 为本研究的边坡基本模型，该边坡数值模型分为表层岩体、节

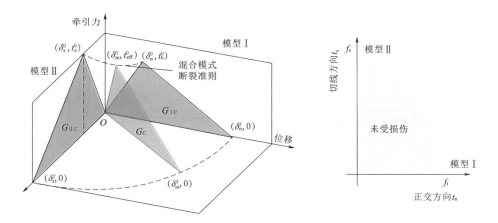

图 2.5-2 不考虑损伤和摩擦转化机制时的界面本构模型示意图

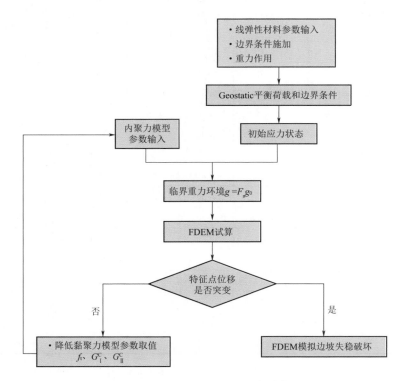

图 2.5-3 FDEM-GIM 边坡稳定计算流程图

理结构面和基岩 3 个部分，中间用贯通的节理结构面作为两个部分的分界线。模型左右两侧受法向约束，模型底部全约束，上部不受约束。图 2.5-4 中，H 表示坡高，β 表示节理结构面的倾角，θ 表示边坡坡角。

改变基础边坡模型的坡高、坡角及结构面倾角，同时采用 FDEM-GIM 和刚体极限平衡法计算边坡的安全系数，验证 FDEM-GIM 用于边坡稳定分析的适用性。表 2.5-1 详细列出了 15 个模型的坡高、坡角、结构面倾角以及黏聚力和内摩擦角，并统计了

FDEM-GIM 和刚体极限平衡法的计算误差。

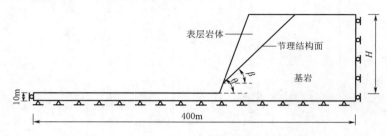

图 2.5-4 边坡模型尺寸及材料分区示意图

表 2.5-1　　　　　　　　　边坡模型计算结果统计

模　型		参　数　值					边坡稳定安全系数 F_s		
		坡高 H /m	坡角 /(°)	结构面 倾角/(°)	岩体黏聚 力 c/MPa	内摩擦角 /(°)	刚体极限 平衡法（以 Morgenstern - Price 为准）	FDEM-GIM	差别 /%
改变坡高	1	60	70	45	0.30	45	2.461	2.518	2.264
	2	70	70	45	0.30	45	2.208	2.329	5.195
	3	80	70	45	0.30	45	2.032	2.107	3.560
	4	90	70	45	0.30	45	1.901	2.109	9.862
	5	100	70	45	0.30	45	1.803	1.885	4.350
改变坡角	6	100	55	45	0.30	45	2.627	2.763	4.922
	7	100	60	45	0.30	45	2.190	2.302	4.865
	8	100	70	45	0.30	45	1.803	1.885	4.350
	9	100	80	45	0.30	45	1.626	1.676	2.983
	10	100	90	45	0.30	45	1.520	1.555	2.251
改变结构 面倾角	11	100	70	35	0.30	45	2.133	2.299	7.221
	12	100	70	40	0.30	45	1.917	2.102	8.801
	13	100	70	45	0.30	45	1.803	1.885	4.350
	14	100	70	50	0.30	45	1.741	1.818	4.235
	15	100	70	60	0.30	45	1.655	1.775	6.761

　　与刚体极限平衡法的计算结果相比，FDEM-GIM 的计算结果误差约为 5%，表明 FDEM-GIM 分析边坡稳定是合理可行的。以 Tokai-Hokuriku 高速公路边坡滑坡为例，采用 FDEM-GIM 进行稳定分析和滑动过程模拟。计算模型采用 4 种不同网格尺寸，模拟边坡滑动后的最终堆积形态和滑动距离等。图 2.5-5 对比了 FDEM 模拟的边坡失稳、滑动后的最终堆积形态、物质点法（MPM）方法模拟结果和现场实拍的堆积形态。可以看出 FDEM 模拟结果与现场实测结果（图中棕色空心线）比较吻合，且尺寸为 0.2m（图中黑色实线）和 0.5m（图中绿色实线）与 MPM（图中棕色实线）模拟结果相一致，与堆积形貌更加匹配。FDEM 边坡滑动过程模拟中网格越精细，模拟结果越

接近实际。

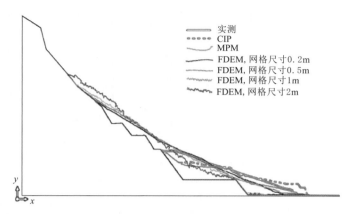

图 2.5 - 5　Tokai - Hokuriku 高速公路边坡堆积状态对比图

　　意大利瓦琼特山体滑坡导致涌浪溢过拱坝，对下游 2000 人的生命安全造成威胁。运用 FDEM 方法研究滑坡的滑动机制和滑动后的堆积形态。图 2.5 - 6 对比了 FDEM 模拟的边坡失稳后的最终堆积形态与物质点法（MPM）模拟结果。同日本 Tokai - Hokuriku 高速公路边坡模拟结果规律一致，网格较小的模型中滑动体运动距离更远一些，表明 FDEM 边坡滑动模拟中网格越精细模拟结果越接近实际。

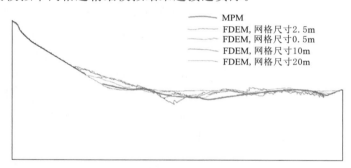

图 2.5 - 6　意大利瓦琼特滑坡堆积状态对比图

2.5.2　红石岩三维堰塞体形成过程研究

　　基于前述 FDEM 在模拟边坡渐进破坏过程的适用性，采用 FDEM - GIM 方法模拟了红石岩堰塞体失稳、滑动和堆积的整个过程。根据实际地质断面资料建立计算模型，对震前边坡地形图进行了还原。因为地震影响的范围较广泛，为削弱边界的反射效应，建模时将模型的边界范围取得足够远。红石岩堰塞体左右岸边坡整体模型及网格剖分如图 2.5 - 7 所示，横河向长 1427.1m，纵河向

图 2.5 - 7　三维计算模型图

1620.5m，竖直向 970m。模拟了高边坡从失稳、滑动到最终堆积形成堰塞体的全过程。地震工况计算采用动力时程法，将地震荷载作为边界条件施加，在模型底部输入 3 个方向的地震加速度。

表 2.5 - 2 　　　　　　　　　　　　典型横剖面堆积形态实测值与模拟值对比

项　目	参数	横　剖　面　名　称			
		$f - f'$	$g - g'$	$h - h'$	$i - i'$
实测值	L_{max}/m	321	299	199	172.35
	H_{max}/m	123	61	40	24.31
	L_{max}/H_{max}	2.61	4.90	4.98	7.09
计算值	L_{max}/m	272	301	201	187.35
	H_{max}/m	113	72.3	37	24.18
	L_{max}/H_{max}	2.42	4.16	5.43	7.75

定义堰塞体堆积最大宽度为 L_{max}，堆积最大高度为 H_{max}，宽高比 L_{max}/H_{max}，用这 3 个参数表征堆积形态。表 2.5 - 2 统计了 4 个典型剖面堆积形态的实测值和 FDEM - GIM 方法的模拟结果。图 2.5 - 8 对比了 4 个典型横剖面实测与 FDEM 模拟的堆积形态。由表 2.5 - 2 和图 2.5 - 8 能够看出基于 FDEM - GIM 方法模拟的红石岩堰塞体堆积形态与实际的堆积形态大致相同，能够验证 FDEM 模拟边坡失稳、滑动形成堰塞体的合理性。

红石岩滑坡体不同时刻的滑动状态如图 2.5 - 9 所示。在地震初期，滑动体首先出现裂缝，然后贯通形成整体滑裂面；由于地震荷载的逐渐作用，滑动体内部损伤逐渐累积，当达到 $t = 19s$ 左右时，滑动体与下部基岩层明显地出现了分离；随后在地震和重力共同作用下滑坡体高速下滑，且在下滑过程中滑坡体不断破碎、解体，与对岸岩体和破碎块体之间发生强烈撞击，滑块产生更进一步的破碎，在 60s 后滑坡体逐渐稳定，并慢慢堆积密实，堆积在河道中，100s 基本静止形成堰塞体。

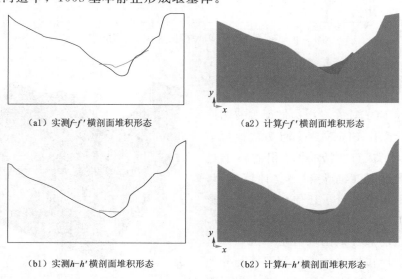

（a1）实测 f-f' 横剖面堆积形态　　　　（a2）计算 f-f' 横剖面堆积形态

（b1）实测 h-h' 横剖面堆积形态　　　　（b2）计算 h-h' 横剖面堆积形态

图 2.5 - 8（一）　典型横剖面实测与计算堆积形态对比图

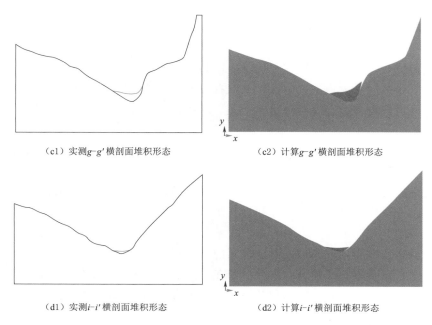

（c1）实测g-g'横剖面堆积形态   （c2）计算g-g'横剖面堆积形态

（d1）实测i-i'横剖面堆积形态   （d2）计算i-i'横剖面堆积形态

图 2.5-8（二）　典型横剖面实测与计算堆积形态对比图

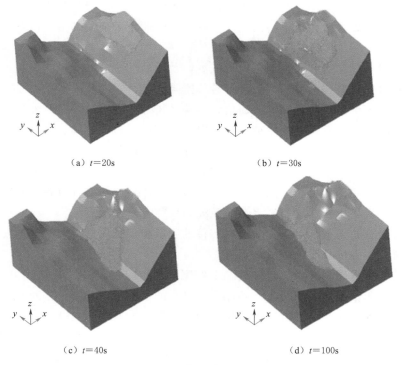

（a）$t=20$s   （b）$t=30$s

（c）$t=40$s   （d）$t=100$s

图 2.5-9　滑坡体不同时刻的滑动形态

2.6　堰塞湖应急处置技术

堰塞湖形成后，会对周边环境、居民生活和生态环境产生严重影响。一旦湖水突破阈值，将会对下游造成重大灾害。因此，采取有效的应急处置措施，对于保障人民生命财产安全和生态环境的可持续发展具有重要意义。堰塞湖应急处置技术主要分为非工程措施和工程措施两类。

2.6.1　非工程措施

非工程措施应包括宣传教育、上下游人员转移避险、上下游水库调度、通信保障系统以及设备、物资供应、运输保障措施和会商决策机制等。

1. 宣传教育

加强公众宣传教育，提高居民对堰塞湖的风险意识和应对能力。通过媒体、宣传栏等方式，向公众普及防灾减灾知识，引导居民在紧急情况下采取正确的行动。同时，加强学校和社区的宣传教育，提高青少年和基层群众的灾害防范意识和应对能力。

2. 上下游人员转移避险

在极端情况下，为保障人民生命安全，须及时组织人员撤离避险。相关部门应制订详细的撤离计划，明确撤离路线和安置地点，确保居民在紧急情况下能够迅速撤离到安全地带。在人员撤离的过程中，需要注意提供必要的生活物资和医疗保障服务。

在堰塞湖应急处置时，上下游的人员转移避险是非常重要的环节。以下是人员转移避险的具体措施：

（1）及时启动应急响应。当堰塞湖形成后，及时启动应急响应机制。相关部门应迅速组织人员，对可能受威胁区域的人员进行转移避险。

（2）发布预警信息。通过媒体、通信、预警系统等多种手段，及时发布预警信息，告知受威胁区域的人员做好转移避险准备。预警信息应包括转移时间、地点、路线等信息。

（3）制定人员转移方案。根据堰塞湖的实际情况和威胁程度，制定具体的人员转移方案。包括确定转移人员范围、转移路线、安置地点等。

（4）组织人员转移。由相关部门组织人员转移工作，确保转移过程的有序、安全。在转移过程中，应提供必要的食品、水源、医疗等保障。

（5）安置受威胁人员。对于无法及时转移的受威胁人员，应采取必要的安置措施。如搭建临时安置点、提供必要的生活物资等。

（6）加强灾后管理。在人员转移避险工作完成后，应加强灾后管理。包括灾后重建、卫生防疫、安全防范等方面的工作，确保受灾群众的基本生活和安全。

堰塞湖应急处置时的上下游人员转移避险需要迅速、有序、安全地进行。相关部门应加强协调和管理，提供必要的支持和保障，确保受威胁人员的生命财产安全。

3. 上下游水库调度

堰塞湖应急处置中的上下游水库调度是指针对堰塞湖形成后，为防止洪水泛滥、保障人民生命财产安全而采取的应急措施。其调度策略主要包括以下几个方面：

（1）水库联合调度。针对堰塞湖形成后的实际情况，联合上下游水库进行联合调度。根据洪水情况、发电需求等因素进行综合考虑，制定合理的调度方案，实现整体最优。

（2）错峰调度。根据上下游水库的地理位置和特点，合理分配洪水，避免洪峰叠加，减轻下游地区的防洪压力。在堰塞湖应急处置中，可以通过调节水库的出库流量等手段，实现错峰调度。

（3）发电优化。在满足防洪需求的前提下，尽量提高发电效益。可以通过调整水库的出库流量、优化机组运行等方式来实现。

（4）灌溉兼顾。在调度过程中，需要考虑灌溉需求，合理分配水资源，确保农业生产的正常进行。在堰塞湖应急处置中，可以根据实际情况适当调整灌溉用水量。

（5）预警机制。建立完善的预警机制，及时掌握上下游水库的运行状态和洪水情况，提前采取应对措施，减轻灾害损失。在堰塞湖应急处置中，可以通过监测预警系统及时掌握堰塞湖的变化情况，采取相应的应急措施。

堰塞湖应急处置中的上下游水库调度需要充分考虑各方面因素，制定合理的调度方案，实现整体最优。同时，需要加强预警和管理机制的建设，提高应对突发事件的能力和水平。

4. 通信保障系统以及设备

在堰塞湖应急处置时，通信保障系统及设备是至关重要的。以下是一些可能的通信保障系统和设备：

（1）卫星通信。卫星通信不受地形和地域限制，可以提供大范围的通信保障。在堰塞湖应急处置时，可以通过卫星通信系统建立远距离通信链路，实现指挥部与现场的实时通信，以及与各相关部门的互联互通。

（2）无线通信。无线通信可以在复杂地形和恶劣环境下提供稳定的通信服务。在堰塞湖应急处置时，可以在现场建立无线通信网络，实现现场指挥部、救援队伍和受影响区域的通信联络。

（3）有线通信。有线通信虽然受到地形和地域的限制，但在提供稳定、高速的通信服务方面具有优势。在堰塞湖应急处置时，可以通过有线通信线路连接指挥部和现场，以及与周边地区的通信网络。

（4）5G技术。5G技术具有高速、低延迟、大容量等特点，可以提供更加高效的通信服务。在堰塞湖应急处置时，可以通过5G网络将现场的实时画面和数据传输到指挥部，同时也可以实现多部门之间的协同工作和信息共享。

（5）应急通信车。应急通信车是一种具有多种通信功能的移动设备，可以在现场提供灵活的通信保障。在堰塞湖应急处置时，可以通过应急通信车建立临时基站或中继站，扩大通信覆盖范围，提高通信质量。

在堰塞湖应急处置时，需要建立完善的通信保障系统和设备，以确保各部门之间的协同工作和信息共享，提高应急处置的效率和效果，同时需要根据实际情况选择合适的通信方式和设备，以适应不同的地形和环境要求。

5. 物资供应

在堰塞湖应急处置时，物资供应是非常重要的环节。以下是一些可能的物资供应措施：

（1）储备足够的应急物资。在应急处置时，需要储备足够的应急物资，包括食品、水、药品、帐篷、发电机等。这些物资需要在平时提前储备，并定期检查和更新，以确保在紧急情况下可以及时投入使用。

（2）建立物资供应点。在受灾区域附近，需要建立物资供应点，负责应急物资的发放和管理。物资供应点应根据实际情况进行选址和建设，确保物资的及时供应和有效管理。

（3）组织物资运输。应急物资的运输是非常关键的，需要组织足够的运输力量，确保物资能够及时到达受灾区域。在堰塞湖应急处置时，可以通过公路、铁路、水路等不同方式进行运输，根据实际情况选择最合适的运输方式。

（4）建立紧急物资采购机制。在应急处置时，需要建立紧急物资采购机制，通过各种渠道采购必要的应急物资。采购机制应包括供应商管理、采购流程、付款方式等环节，以确保采购过程的及时和有效。

（5）接受社会捐赠。社会捐赠是一种重要的应急物资来源，可以通过各种渠道接受社会各界的捐赠。同时，需要对捐赠的物资进行严格的验收和分配，确保捐赠物资的质量和有效性。

堰塞湖应急处置时的物资供应需要建立完善的机制和体系，以确保应急物资的及时供应和有效管理。同时，需要加强宣传和监督，提高公众的意识和参与度，共同应对自然灾害带来的挑战。

6. 运输保障措施

（1）应急运输保障的迫切性。运输保障直接关系到堰塞湖应急处置的及时性和效率，因此运输保障措施显得尤为重要。

堰塞湖应急运输保障措施是整个应急处置工作的重要组成部分。在堰塞湖形成初期，需要迅速组织人员和物资前往现场，为后续的处置工作提供支持。同时，在堰塞湖溃坝风险较高的情况下，需要尽快撤离受威胁区域的人员和物资，确保人民生命财产安全。因此，堰塞湖应急处置时的运输保障措施需要做到高效、安全、有序。

（2）支撑数据。根据历史数据和专家意见，堰塞湖应急运输保障措施需要满足以下要求：

1）运输能力要充足。在堰塞湖形成初期，需要迅速调动各种运输力量，包括公路、铁路、水路等，确保人员和物资能够及时到达现场。同时，在溃坝风险较高的情况下，需要尽快撤离受威胁区域的人员和物资，运输能力必须足够强大。

2）运输路线要优化。在堰塞湖应急处置时，需要根据实际情况选择最优的运输路线，确保人员和物资能够及时到达目的地。同时，需要对运输路线进行实时监测和评估，确保运输过程的安全和顺畅。

3）运输协调要高效。在堰塞湖应急处置时，需要各部门之间的协同工作，包括交通、消防、医疗等。各部门之间需要建立高效的沟通机制和协作流程，确保人员和物资能够及时到达现场并得到妥善安置。

（3）运输保障应急有效性。堰塞湖应急运输保障措施对于整个应急处置工作具有重要意义，运输保障措施应做到以下几点：

1）快速响应。在堰塞湖形成初期，快速响应是至关重要的。运输保障措施需要在第一时间调动各种运输力量，确保人员和物资能够及时到达现场。

2）安全可靠。在堰塞湖应急处置时，安全可靠是必须考虑的因素。运输保障措施需要在确保安全的前提下进行规划和执行，确保人员和物资能够安全送达目的地。

3）高效协作。在堰塞湖应急处置时，各部门之间的协作是关键。运输保障措施需要与其他部门密切配合，确保人员和物资的运输过程顺利进行。

4）科学决策。在堰塞湖应急处置时，科学决策是必不可少的。运输保障措施需要根据实际情况进行科学规划和决策，确保人员和物资的运输过程高效、安全、有序。

通过建立完善的机制和体系，采取有效的措施和方法，可以确保人员和物资的运输过程及时、安全、有序地进行，为整个应急处置工作提供有力的支持和保障。

7.会商决策机制

堰塞湖应急处置的会商决策机制主要包括以下几个方面：

（1）建立会商组织。在堰塞湖应急处置时，需要建立专门的会商组织，负责领导和协调整个应急处置工作。会商组织应由相关部门和专家组成，定期召开会议，对堰塞湖的形势进行评估和决策。

（2）信息共享与沟通。会商组织应建立完善的信息共享与沟通机制，确保各部门之间的信息互通和共享。通过实时监测数据、卫星图像、现场报告等方式，获取堰塞湖的最新信息和动态，为决策提供依据。

（3）风险评估与决策。会商组织应根据获取的信息，对堰塞湖的风险进行评估和分析，制定相应的应对策略。在决策过程中，应充分考虑各种因素，如洪涝灾害、人员伤亡、社会影响等，制定科学、合理的决策方案。

（4）制定应急预案。根据风险评估和决策结果，会商组织应制定相应的应急预案。应急预案应包括应急处置的流程、各部门职责、资源调配方案等，以确保应急处置工作的有序进行。

（5）资源调配与协调。在应急预案的指导下，会商组织应协调各部门之间的资源调配，确保人员、物资、设备等资源的及时到达和合理分配。同时，应加强与其他地区的协调合作，共同应对堰塞湖带来的挑战。

（6）实时监测与报告。会商组织应建立完善的实时监测与报告机制，对堰塞湖的形势进行不间断地监测和评估。通过定期报告和实时数据，及时了解堰塞湖的变化情况和应急处置工作的进展，为决策提供依据。

（7）公众教育与宣传。在应急处置过程中，会商组织应加强对公众的教育和宣传工作，提高公众对堰塞湖灾害的认识和防范意识。通过媒体、宣传资料等方式，向公众传递安全知识和应对技巧，引导公众科学应对堰塞湖灾害。

（8）总结评估与改进。在应急处置结束后，会商组织应对整个过程进行总结评估，分析应急处置工作的成效和不足之处。根据评估结果，对现有的机制和方案进行改进和完善，提高应对堰塞湖灾害的能力。同时，应将总结评估的结果向社会公开，增强公众对政府应急处置工作的信任和支持。

2.6.2 工程措施

工程处置对象应包括堰塞体、堰塞湖区滑坡与崩塌体、下游影响区内重要设施等。堰塞湖应急处置的工程措施主要有以下几种。

1. 疏浚河道

在堰塞湖形成后，及时疏浚河道是应急处置的重要环节。通过机械或人工方式，将河道中的泥沙、石块等障碍物清除，以恢复河道的通畅，降低水位，减轻对下游的威胁。在疏浚河道的过程中，需要注意保护河道的生态环境，避免造成二次破坏。

堰塞湖应急处置时的疏浚河道是一项重要的工作，主要包括：

（1）确定疏浚方案。根据堰塞湖的形成原因、地理位置、河道情况等因素，制定合理的疏浚方案。包括疏浚的目的、时间、地点、方式、人员和设备等。

（2）组织施工队伍。选择有经验和专业知识的施工队伍，确保疏浚工作的顺利进行。同时，对施工人员进行安全教育和培训，提高他们的安全意识。

（3）准备设备。根据疏浚方案，准备相应的设备，如挖掘机、水泵、运输车辆等。同时，要对设备进行检查和维护，确保其正常运行。

（4）现场施工。在确保安全的前提下，按照疏浚方案进行现场施工。施工过程中要密切关注河道的水位变化和流速，确保施工人员的安全。

（5）清理现场。施工结束后，对现场进行清理，确保河道的畅通和环境卫生。同时，要对施工人员进行安全教育和培训，提高他们的安全意识。

堰塞湖应急处置时的疏浚河道工作需要制定合理的方案、选择合适的施工队伍、准备必要的设备、进行安全的现场施工以及清理现场等工作。同时，要加强安全管理，确保施工人员的安全和河道的畅通。

2. 构筑堤防

在河道疏浚后，为防止河水泛滥，需及时构筑堤防。选取适当地段，利用土方或混凝土等材料，建设足够高度的堤防，以保障周边居民的生命财产安全。在构筑堤防的过程中，需要注意施工质量和安全，确保堤防的稳固性和耐久性。

构筑堤防是堰塞湖应急处置的重要措施之一，具体包括以下步骤：

（1）确定构筑堤防的地点。根据堰塞湖的位置、地形、水文等因素，选择合适的地点进行构筑堤防。一般而言，构筑堤防的地点应选择在堰塞湖的下游方向，且地势相对较高、土质较为坚实的地方。

（2）准备材料和设备。根据构筑堤防的需要，准备足够的材料和设备，如土方、石头、水泥、钢筋、木材等。同时，要确保这些材料和设备的质量和数量能够满足施工要求。

（3）施工队伍的选择与培训。选择有经验的施工队伍进行构筑堤防的工作，并对施工人员进行必要的技术培训，确保他们了解和掌握构筑堤防的技术要求和安全操作规程。

（4）现场施工。在确保安全的前提下，按照施工方案进行现场施工。构筑堤防时要注意以下几点：

1）堤防的高度和强度要能够抵御堰塞湖的水流冲击。

2）堤防的基底要稳固，不能出现渗漏和滑动等问题。

3）堤防的表面要平整，避免水流在堤防表面形成涡流和冲击。

4）在堤防的迎水面要做好防护措施，如铺设石块、土袋等，以防止水流冲刷堤防。

（5）后期维护与监测。构筑堤防完成后，要对堤防进行定期的维护和监测，确保其能够长期保持良好的状态。同时，要对周边环境进行巡查，及时发现和处理可能存在的隐患。

构筑堤防工作需要充分考虑实际情况和要求，做好施工前的准备工作，选择合适的施工队伍，按照要求进行现场施工，并加强后期维护与监测等工作。同时，要加强安全管理，确保施工人员的安全和构筑堤防的质量和效果。

3. 排水泄洪

为抑制堰塞湖水位上升或降低漫顶水位，最简单常用的方法是直接在坝体上方开挖溢流道或泄流槽，若坝体体积不大，也可考虑将坝体局部或完全挖除。针对堰塞湖水位较高的情况，可采取排水泄洪措施。在河道合适的位置挖掘泄洪道，将湖水引向低洼地带，以降低水位，减轻对周边地区的威胁。在具备条件的情况下，也可选择在河道两岸山体开挖应急泄洪洞，将湖水引向堰塞体下游，快速降低水位。在排水泄洪的过程中，需要注意避免对周边环境和生态造成破坏。开挖泄流槽与开挖应急泄洪洞的主要步骤类似，下面以开挖泄流槽为例进行阐述。

开挖泄流槽是堰塞湖应急处置常用的关键措施（图 2.6-1），其目的是降低堰塞湖的水位，以减少对周边地区的影响。以下是开挖泄流槽的一些步骤和注意事项：

图 2.6-1 唐家山堰塞体开挖泄流槽

（1）制定方案。根据堰塞湖的实际情况，制定合适的开挖泄流槽方案。这包括确定泄流槽的位置、形状、大小、深度等参数，以及所需的设备、人员和时间等。

（2）准备设备。根据方案，准备必要的设备，如挖掘机、推土机、运输车辆等。同时，要对设备进行检查和维护，确保其正常运行。

（3）现场勘查。在制定方案后，需要进行现场勘查，了解堰塞湖的实际情况，包括水位、地形、地质、水文等参数。这有助于确定泄流槽的具体位置和施工方案。

（4）确定位置。根据现场勘查结果，选择合适的泄流槽位置。一般而言，泄流槽应位于堰塞湖的下游方向，且地势相对较低、土质较为松软的地方。

（5）开始开挖。在确定位置后，可以使用挖掘机或推土机等设备开始开挖。开挖时要根据方案中的参数进行，确保泄流槽的形状、大小、深度等符合要求。

（6）实时监测。在开挖过程中，需要对堰塞湖的水位进行实时监测，以了解泄流槽的泄流效果。如果水位下降缓慢或效果不佳，需要采取进一步的措施进行优化。

（7）后续处理。在开挖完成后，需要对泄流槽进行后续处理。这包括清理现场、修整边坡、铺设防护设施等，以确保泄流槽的安全和稳定。

堰塞湖应急处置时的开挖泄流槽工作需要充分考虑实际情况和要求，制定合理的方案，准备必要的设备，进行现场勘查和施工，实时监测水位变化，并采取后续处理措施。同时，要加强安全管理，确保施工人员的安全和泄流槽的质量和效果。

4. 堰塞体拆除

堰塞体拆除是堰塞湖应急处置的一种重要措施（图 2.6-2）。对于不具备开发利用价值、危险性严重、整治难度大的堰塞体，可考虑整体拆除或部分拆除。

图 2.6-2 白格堰塞体部分拆除

堰塞体拆除需要充分考虑实际情况和要求，制定合理的方案，准备必要的设备，进行现场勘查和施工，实时监测变化情况，并采取后续处理措施。同时，要加强安全管理，确保施工人员的安全和拆除工作的顺利进行。以下是拆除堰塞体的步骤：

（1）制定拆除方案。根据堰塞体的具体情况，制定合适的拆除方案。包括拆除的时间、人员、设备、安全措施等。

（2）准备设备。根据拆除方案，准备必要的设备，如挖掘机、爆破设备、安全设施等。同时，要对设备进行检查和维护，确保其正常运行。

（3）现场勘查。在制定方案后，需要进行现场勘查，了解堰塞体的实际情况，包括位置、形状、大小、结构等参数。这有助于确定拆除方案的具体实施细节。

（4）组织施工队伍。选择有经验的施工队伍进行拆除工作，并对施工人员进行必要的技术培训和安全教育。

（5）开始拆除。在准备工作完成后，可以使用挖掘机或爆破设备等开始拆除。拆除时要根据方案中的参数进行，确保拆除工作的安全和顺利。

（6）实时监测。在拆除过程中，需要对堰塞体的变化情况进行实时监测，以了解拆除效果。如果遇到问题，要及时采取措施进行优化。

（7）后续处理。在拆除完成后，需要对现场进行清理和修整，确保不会对周边环境造成不良影响。同时，要对拆除的堰塞体进行合理处理，如运离现场或进行资源回收等。

5. 应急监测预警

建立堰塞湖应急监测预警系统，对堰塞湖的水位、水量、水质等进行实时监测，及时发布预警信息，为相关部门和公众提供决策依据。同时，监测预警系统还可以为后续的灾害防范和应对提供数据支持。

应急监测预警是堰塞湖应急处置的重要工作，可以通过以下措施进行：

（1）建立监测体系。在堰塞湖周边设置监测站点，包括水位、水文、气象、地质等监测设备，形成完善的监测体系。通过实时监测堰塞湖的水位、流速、水量等参数，以及周边地区的天气、地质等情况，及时获取堰塞湖的变化信息。

（2）加强预警预报。根据监测数据和实际情况，及时进行预警预报。当堰塞湖的水位或流速发生变化时，要及时向相关部门和公众发布预警信息，提醒他们做好应对措施。

（3）做好信息共享。建立信息共享平台，将监测数据和预警信息实时传递给相关部门和决策者，以便他们做出正确的决策和采取有效的措施。

（4）加强宣传教育。通过媒体、宣传资料等方式，向公众宣传堰塞湖的形成原因、危害性及应急处置方法等知识，提高公众的防范意识和应对能力。

（5）建立应急机制。建立健全的应急机制，明确各部门的职责和协作流程。在堰塞湖出现紧急情况时，能够迅速启动应急预案，协调各部门的力量，采取有效的应急措施。

（6）加强现场巡查。在堰塞湖周边地区进行定期的现场巡查，了解堰塞湖的变化情况和其他异常情况，及时采取相应的应对措施。

堰塞湖应急处置时的应急监测预警工作需要多方面的措施综合作用，形成全面、高效、可靠的监测预警体系，为应对堰塞湖灾害提供有力的支持和保障。

6. 应急处置施工的组织

堰塞湖应急处置施工的组织主要包括以下几个方面：

（1）组织领导。为确保堰塞湖应急处置施工的顺利进行，应成立由相关部门组成的应急指挥部，负责组织、协调和指挥整个施工过程。指挥部应设立明确的职责分工，确保各项任务得到有效执行。

（2）现场勘查。在施工前，应组织专业人员对堰塞湖现场进行勘查，了解现场的地形、地质、水文等条件，并评估堰塞湖的风险等级。根据勘查结果，制定相应的施工方案和安全措施。

（3）施工方案。根据现场勘查结果，制定详细的施工方案，包括以下内容：

1）施工目标。明确施工的具体目标，如拆除堰塞体、疏浚河道等。

2）施工流程。详细说明施工的步骤和顺序，包括准备工作、主体施工和后期处理等。

3）施工方法。根据施工目标，选择合适的施工方法，如爆破、挖掘、运输等。施工方法应根据工期、交通条件、现场施工条件等因素选择。

4）安全措施。制定施工期间的安全规章制度，确保施工人员的人身安全。

5）质量保证。明确施工质量的控制标准和验收程序，确保施工质量符合要求。

应急处置方案应进行多目标设计，方案应简洁、高效。湖水快速上涨或堰塞体出现重大险情不能按计划完成施工时，应及时调整施工计划。

（4）人员调配。为确保施工的顺利进行，应合理调配施工人员。根据施工方案的要求，安排适当的劳动力、技术人员和安全管理人员参与施工。同时，要加强对人员的培训和教育，提高他们的安全意识和操作技能。

（5）材料准备。根据施工方案，准备所需的材料和设备。确保材料的质量和数量均符合施工要求，并加强对设备的维护和保养，确保其正常运行。施工设备性能应满足作业需要和运输条件，数量应满足连续作业的需要。

（6）现场管理。在施工期间，应加强对现场的管理，确保施工的顺利进行。具体措施包括以下方面：

1）设立现场指挥部。在现场设立专门的指挥部，负责协调和管理整个施工现场。

2）实施封闭管理。对施工现场进行封闭管理，禁止无关人员进入现场，确保施工安全。

3）实施定期检查。定期对施工现场进行检查，及时发现并解决存在的问题。

4）加强沟通协调。加强与各参与单位和部门的沟通协调，确保施工的顺利进行。

5）做好记录和报告。对施工过程进行详细记录，并及时向上级部门报告施工进展情况。

（7）运输方案。堰塞湖应急处置人员、设备进场及给养运输宜首选陆路，利用已有道路、疏通部分中断的道路或开辟临时进场道路。陆路运输确有困难，在评估认为安全条件下，可选用水路。对于高风险和极高风险堰塞湖，在陆路和水路运输均不具备条件时，可采用空运。

（8）安全管理措施。爆破器材、油料等危险品运输、存储、使用应建立严格的管理制度。现场条件限制，爆破器材、油料等危险品存储不符合相关规定时，应制定专门安全措施。

（9）应急预案。为应对可能出现的突发情况，应制定应急预案。预案应包括以下内容：

1）预警机制。建立预警机制，对可能出现的风险进行预测和评估。

2）应急响应。根据风险等级，制定相应的应急响应措施。

3）救援措施。制定专门的救援措施，确保在紧急情况下能够迅速采取有效措施。

4）人员培训。定期对救援人员进行培训和演练，提高他们的应急救援能力。

（10）完工验收在施工结束后，应进行完工验收。验收应由专业人员进行评估施工质量是否达到预期目标和质量要求。同时要对现场进行清理和恢复工作，确保不会对周边环境造成不良影响验收合格后方可结束整个应急处置施工工作并做好相关记录以便日后维护和管理。

2.6.3 红石岩堰塞湖应急抢险与处置

红石岩堰塞湖应急处置措施包括非工程措施和工程措施两类，如图2.6-3所示。

2.6.3.1 非工程措施

堰塞湖排险处置所采取的主要非工程措施如下：

（1）切实做好群众转移安置工作。始终把群众转移安置工作放在首位，采取县、乡、

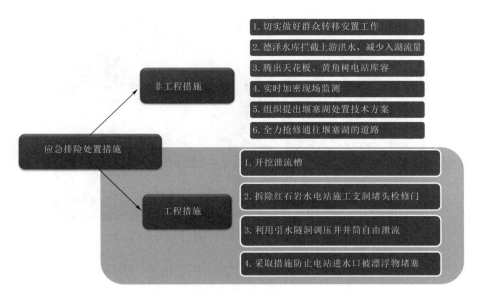

图 2.6-3 红石岩堰塞湖应急处置措施总图

村干部包保到户，将受影响群众转移到安全地带。已安全转移堰塞湖上下游受灾群众约 1.3 万人。

（2）云南省防汛抗旱指挥部已下令位于曲靖市沾益县的德泽水库下闸拦截上游洪水，最大限度减少入湖流量的影响。德泽水库于 8 月 4 日 4 时全部关闸，可拦截上游来水约 5000 万 m³。

（3）已通知堰塞湖下游的天花板、黄角树电站加大下泄流量、最大限度腾出库容，为堰塞湖处置下泄流量提供滞洪库容支持。

（4）组织气象、水文部门实时加密现场监测频率，为处置堰塞湖提供科学依据。

（5）组织国家、省、市联合技术专家组，提出堰塞湖处置技术方案。

（6）组织武警部队和地方力量全力抢修通往堰塞湖的道路，为处置堰塞湖提供交通支持。

2.6.3.2 工程措施

1. 开挖泄流槽

在红石岩堰塞体顶部开挖了引流槽，如图 2.6-4 所示。

（1）引流措施机理。引流冲刷是利用人工形成小断面的泄流渠诱导泄流，借助下泄水流的动能对泄流槽沿程进行冲刷，随着渠道逐渐刷深，水流流速和流量逐渐增大，水流的搬运能力也越来越大，又进一步切深加宽泄流槽，不断加大泄流槽过流断面，又进一步切深加宽泄流槽，不断加大泄流槽过流断面，泄流槽的过流断面增大后，泄流量随之增大，水流的搬运能力增强，又更进一步地切深加宽泄流槽过流断面，如此反复冲刷，最终将形成稳定的新开河道，一旦泄流量超过了入库的流量，堰塞湖的水位将随之降落，在形成稳定的新开河道前，水流对泄流槽切深加宽的冲刷过程仍将持续，最终达到入库流量与下泄流量的平衡。

为了更好地控制水位的下切速度，泄流槽采用坝顶段为缓坡引渠、下游坝坡段为陡坡

图 2.6-4 引流槽开挖

泄槽的形式。

（2）泄流槽结构型式与方案。泄流槽采用梯形断面，两侧边坡为 1∶1.5，由于施工过程中不确定因素多，拟定了 4 个开挖断面，开挖深度分别采用 6m、8m、10m 及 12m 方案。不同开挖深度泄槽结构型式及特性见表 2.6-1。

表 2.6-1 不同开挖深度泄槽结构型式及特性表

方案编号	开挖深度/m	进口高程/m	渠底宽度/m	上游平缓段		下游陡坡段 1		下游陡坡段 1		工程量/万 m³	泄流量/(m³/s)
				长/m	纵坡/%	长/m	纵坡/%	长/m	纵坡/%		
方案一	6	1210	5	358	0.6	398	24	351	16	6.3	215
方案二	8	1208	5	360	0.6	400	24	353	16	10.3	511
方案三	10	1206	5	362	0.6	402	24	355	16	15.1	840
方案四	12	1204	5	364	0.6	404	24	357	16	20.8	1270

不同开挖深度情况下泄流槽工程量差别较大，为完成泄流槽开挖，开挖深度为 6m、8m、10m 及 12m 时施工时间分别约需 4 天、5 天、7 天及 8 天。

根据综合考虑，推荐方案二即泄流槽开挖深度 8m 方案。完成后，视情况决定进一步的处理方案。

2. 拆除红石岩水电站施工支洞堵头检修门

靠近调压井附近设有一施工支洞，施工支洞堵头长 20m，堵头设有一道检修通道，检修通道末端设有检修闸门，如图 2.6-5 所示。拆除后，可下泄流量 60~90m³/s。

3. 利用引水隧洞调压井井筒自由泄流

堰塞湖水位高于调压井出口高程 1171.80m，调压井顶部形成自由溢流，可减缓堰前水位上升，为后续处置工作赢得时间。

4. 采取措施防止电站进水口被漂浮物堵塞

为防止电站进水口被漂浮物堵塞，多家专业清漂队伍清理堰塞湖湖面漂浮物，见图 2.6-6，清漂效果明显。

施工支洞   施工支洞堵头

图 2.6-5　施工支洞图

图 2.6-6　清理漂浮物

2.7　堰塞湖灾害应急指挥平台研发与应用

2.7.1　概述

　　近年来，我国由于暴雨、地震等自然灾害所诱发的山体滑坡数量呈上升趋势，由此形成的堰塞湖更是成为上下游居民生命财产安全的巨大威胁。堰塞体截断河流，上游水位急剧上升，上游村庄有被淹没之危；水位超过堰塞体高程后，堰塞湖水向下游倾泻，冲刷堰塞体，极可能造成堰塞体溃决，对下游村庄形成洪水之灾。因此在堰塞湖灾害发生之后，准确、快速、高效地进行灾害应急抢险乃当务之急，而堰塞湖灾害应急指挥平台可以为应急抢险提供可靠的数据，为应急决策提供智能的辅助。开发堰塞湖灾害应急指挥平台意义重大。

2.7.2　平台基本要求

堰塞湖灾害应急指挥平台作为堰塞湖应急抢险与处置工程灾害相关信息集成展示的终端，可实时反映现场灾害情况、救灾设备、人员分布、受灾设施、人群分布、救灾资源分布等情况。基于灾害应急数据库，可进行各类相关的分析功能，为抢险救灾工作提供统一的数据共享机制及展示平台，并提供辅助决策功能，实现救灾应急联动、救灾资源统一调配的目的，最终完成应急救灾任务。

堰塞湖灾害应急指挥平台的建设需要在同一个框架下集中整合遥感影像、地理位置信息、水文信息、灾区地形信息、救灾人员与受灾群众信息等基础数据，建立相应的数据库，为灾害应急管理、应急决策提供准确、统一、全面的数据支撑。

2.7.3　应急专题数据库及应急预案

1. 应急专题数据库

在红石岩堰塞湖应急抢险与处置的灾害应急处置工作中，为实现救灾意图，往往需要利用多种类型的数据进行分析、查询，进而进行决策，如灾害数据、天气数据、地名地址数据、交通网络数据、河流数据等，而该类型的数据源往往由不同的机构或部门进行更新和维护，救灾工作中的任何一方都无法完全掌握。红石岩堰塞湖应急抢险与处置项目从各类外部数据源获取救灾相关数据的方法和利用方式，并在水电工程专题数据库的基础上，建立应急专题数据库，可从数据库中获取水电工程抢险救灾所需要的各类数据。

2. 灾害分析及应急预案

针对红石岩堰塞湖应急抢险与处置工程特点及所处区域，分析其所受不同种类风险及相应的风险处置方案，包括溃坝、泥石流、地震、山洪、滑坡灾害，在此基础上，将应急预案研究成果集成到灾害应急指挥平台中，作为平台中一个专项内容，为应急救灾决策提供指导。

2.7.4　应急指挥平台简介

基于红石岩堰塞湖开发了灾害应急指挥平台，平台采用"CS＋BS＋移动端"架构进行开发，可支持无网、网络和移动三种应用场景。平台界面见图 2.7 - 1。

1. 应急指挥平台的用户

堰塞湖灾害应急抢险系统对不同的用户开放不同的功能，多用户协同合作，完成各自的职责和任务。主要用户及其需求如下：

（1）应急抢险部门领导。应急抢险部门领导作为抢险工作的决策层，可以看到平台上的所有信息，利用这些信息辅助决策，联络抢险人员以及各方协调等。

（2）相关部门情报人员。灾区周围水文站情报人员、水库情报人员、气象部门情报人员、交通运输部门情报人员等可以对平台内周围水库情况、水文情况、气象情况，以及交通情况的数据进行增删改查，可以看到抢险部门的联系方式，方便联络。

（3）救灾人员。救灾人员可以在平台上上传当前的救灾进展，最新的救灾动态，以及相应的图片、视频、地理位置等资料。

（4）社会公众。能够对所见的地质灾害及受灾情况进行拍照并上传到平台，还可通过

图 2.7-1　堰塞湖应急指挥平台界面

平台为抢险及救援等提供线索；能够获取到天气信息、灾情信息、医疗救护点、道路中断及交通管制等信息。

2. 应急指挥平台功能

其主要功能如下：

（1）灾区电子沙盘。根据无人机摄影所建立的三维模型，得到对应的灾区电子沙盘，沙盘内容应包括灾害堰塞体形态、空间分析功能、淹没分析功能、灾区周边的水库位置、周围人口分布状况、道路条件等信息。

（2）水位-库容计算。根据堰塞体上游三维模型，计算得出水位-库容曲线，方便之后的险情判断与洪水演进分析。

（3）周围水情。可以收集灾区周围水库的基本情况，包括库容、防洪能力等，方便抢险时的洪水调度；可以根据气象部门资料进行气象预警，以辅助救灾；可以根据水文部门了解来水情况等。

（4）监测预警与应急。使用相应的设备在灾区采集数据，实时更新水位情况和来水流量、出水流量、边坡稳定情况，以及有无后续地震所引发新的滑坡等。

（5）受灾群众分布。基于 GIS 技术与无人机技术，可以直观地看到灾区受灾群众的分布，方便在第一时间对受灾群众进行救助。

（6）救灾人员管理。为每支救灾队伍配备卫星定位设备，使得救灾队伍的位置信息能直观地反映在应急平台上，在应急平台上显示救灾人员的相应信息，方便联络。

（7）救灾动态。应急指挥平台的公告板块可以在此板块上发布公告，分享最新的灾情状况与救灾进展。

（8）辅助决策。集合尽可能多的信息在灾区电子沙盘上进行展示与决策模拟，适用于指挥部决策会议上的讨论。

（9）指挥调度。指挥部门下达救灾指令，抢险人员提出抢险需求，上下级互动的主要模块还可提供各方的联系信息。

（10）资源管理。记录救灾各类资源的统计情况、使用情况、位置情况，为指挥部决策提供物资信息。

2.7.5　应急指挥平台应用

灾害应急指挥平台在红石岩堰塞湖应急抢险与处置的快速响应和科学决策中发挥了关键作用，其主要应用如下：

（1）影响范围查询。根据灾害影响范围查询统计该范围内影响到的村庄、人口、工程信息（如水电站、水库）等，快速制作相关信息分布图及三维电子沙盘，为指挥部门做决策提供依据，见图 2.7-2。

图 2.7-2　灾害影响范围查询结果

（2）双屏对比。将灾害前后数据分为双屏进行对比显示，可直观判断出灾害发生后引起的滑坡、泥石流、堰塞湖等位置及道路中断情况，如图 2.7-3 所示为堰塞湖形成灾害前后对比图。

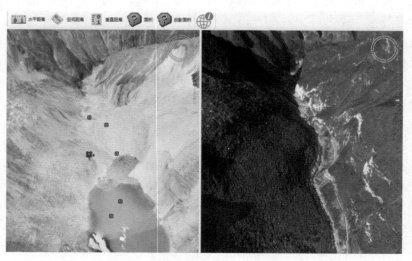

图 2.7-3　堰塞湖形成灾害前后对比图

（3）库容计算。系统可根据范围实时计算得到库容成果并自动生成水位-库容曲线，如图2.7-4所示。

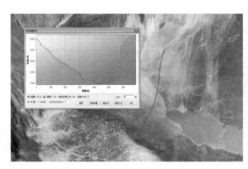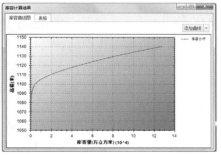

图2.7-4 水位-库容曲线图

（4）洪水演进分析。根据洪水演进模型计算的结果，将水位、流量等结果以弹出窗口的形式显示在三维场景中，同时在三维场景中模拟随着时间的变化，洪水的演进效果及水深情况，如图2.7-5所示。

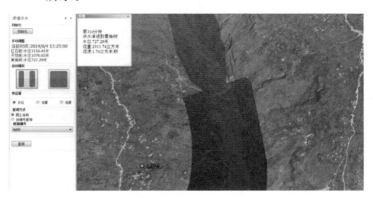

图2.7-5 洪水演进效果图

（5）信息集成。系统还可集成现场视频、照片和洪水过程线等数据，方便不同的用户在系统中查询到自己所关注的信息，如图2.7-6所示为系统集成的洪水过程线。

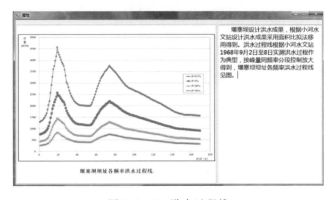

图2.7-6 洪水过程线

2.8 本章小结

在现场资料匮乏（乏信息）的情况下进行应急抢险、保障人民生命财产和基础设施的安全是堰塞湖灾害抢险工作中的难题。本章详细阐述了乏信息条件下堰塞湖应急抢险基础数据采集与处理的方法和堰塞湖灾害及其影响的风险因子识别方法体系，通过堰塞体溃决机理与洪水演进和堰塞体形成全过程的数值模拟，计算分析了堰塞体形成的全过程及溃决机理，在此基础上建立了堰塞湖灾害应急指挥平台，并将其应用于红石岩堰塞湖灾害应急抢险与处置中，分析了红石岩堰塞湖溃决后下游梯级电站将面临的风险，最终确定了红石岩堰塞湖应急处置及后续处置方案，避免了险情的发生。

堰塞体工作性态 3 分析和安全评价

3.1 堰塞坝尺寸效应分析方法和长期性态计算分析

3.1.1 堰塞坝变形参数尺寸效应

散粒材料在受力变形的过程中会发生颗粒破碎，进而引起颗粒之间的相互充填、滑移与结构调整，导致散粒材料的变形。因此，颗粒破碎是不同尺度散粒材料本构建模中需要刻画的。传统上，一般通过室内大三轴试验来研究散粒材料的颗粒破碎，但由于工程散粒料的颗粒尺寸较大（最大粒径800～1000mm），大三轴试验只能进行缩尺料试验（最大粒径60mm），缩尺试验得到的模型及参数用于实际工程存在缩尺效应。如何跨越缩尺效应是当前岩土工程的关键技术难题。

以堰塞体为例进行颗粒强度试验，结果表明，颗粒强度服从Logistic分布，破碎后颗粒级配曲线服从分形分布因此提出了一种堆石料级配演化的模拟方法，用以模拟堆石料大三轴试验，效果较好。通过考虑岩石颗粒强度的尺寸效应，可对现场级配条件下堆石料的级配演化进行模拟，确定不同尺度的堆石料本构模型及参数。在单粒强度公式中引入时间因子模拟流变变形，建立不同尺度堆石料流变模型及参数。施加循环往复荷载模拟动力试验过程，建立不同尺度堆石料动力模型及参数的确定方法。

3.1.1.1 颗粒强度的尺寸效应

直径为 d 的颗粒在力 F 的径向荷载作用下，其所受劈裂应力表征为

$$\sigma_c = \frac{F}{d^2} \tag{3.1-1}$$

式中：σ_c 为颗粒所受的劈裂应力；F 为颗粒受力；d 为颗粒直径。

劈裂强度为颗粒破碎时的力除以颗粒直径的平方。

大多数学者对颗粒的破碎强度采用威布尔（Weibull）分布表述：

$$P_f(\sigma_c, d) = 1 - \exp\left[-\left(\frac{d}{d_0}\right)^{n_d}\left(\frac{\sigma_c}{\sigma_0}\right)^m\right] \tag{3.1-2}$$

式中：σ_0 为粒径 d_0 的颗粒在破坏概率为63%时对应的劈裂应力；m 为强度的离散性；n_d 根据几何相似性，取1、2或3，为强度的尺寸效应参数，n_d 越大，尺寸效应越明显。

但通过试验发现Weibull表达的颗粒破碎强度有一定的误差，如图3.1-1所示。

采用Logistic累积分布函数表达颗粒强度：

$$P_f = 1 - \left[1 + \left(\frac{\sigma_c}{\sigma_{50}}\right)^s\right]^{-1} \tag{3.1-3}$$

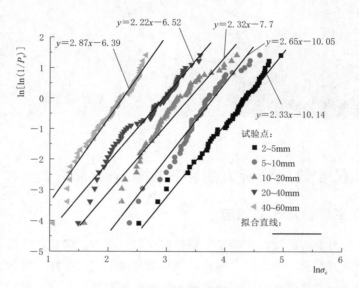

图 3.1-1　对 5 个不同粒组颗粒强度绘制的 Weibull 分布图

式中：P_f 为堆石颗粒的破碎概率；S 为曲线分布的分散性，与试验材料性质有关；σ_c 为颗粒破碎应力；σ_{50} 为破碎应力均值。

对 20～240mm 石灰石颗粒，进行了 13 个粒组颗粒瞬时破碎强度分布的 P_f-σ_c 关系图及其 Logistic 分布函数的拟合，拟合情况较好（见图 3.1-2）。表 3.1-1 列出了各粒组颗粒强度的 Logistic 累积分布函数参数值。

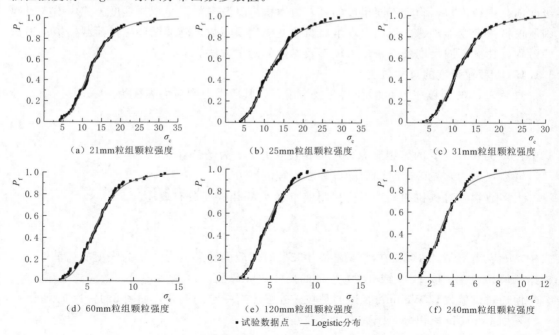

图 3.1-2　颗粒强度与其 Logistic 分布函数拟合

表 3.1 – 1   单粒加载试验的 Logistic 试验参数

粒组/mm	d/mm	σ_{50}/MPa	S
20~22	15.084	12.06	4.109
22~24	17.053	11.69	3.916
24~26	18.16	11.6	3.431
26~28	19.53	11.49	3.842
28~30	20.987	11.33	3.916
30~32	21.773	11.16	4.099
32~34	24.083	10.95	3.58
34~36	24.906	9.896	4.188
36~38	25.278	9.659	3.909
38~40	26.656	8.645	3.871
60	49.694	5.831	4.043
120	94.125	4.655	3.894
240	177.28	3.13	3.744

Mcdowell 发现 Quartz sand 砂颗粒的破碎强度与粒径的关系为

$$\sigma_0 = \lambda d^{-3/m} \tag{3.1-4}$$

式中：λ 为试验材料的参数；m 为各个粒组 Weibull 模量的平均值。

Ovalle 等修正了颗粒强度尺寸效应公式：

$$\sigma_0 = \lambda d^{-n/m} \tag{3.1-5}$$

式中：n 为描述颗粒外形形状的参数；其他符号意义同前。

试验表明，颗粒强度尺寸效应公式表示如下：

$$\sigma_{50} = \lambda d^{-n_d/S} \tag{3.1-6}$$

式中：σ_{50} 为每一粒组颗粒均值破碎应力；d 为每一粒组的平均粒径。式（3.1–6）描述了每一个粒组特征应力 σ_{50} 和颗粒粒径 d 的关系（见图 3.1–3）。

Logistic 函数的颗粒强度尺寸效应公式：

$$\sigma_{50} = 70.311 d^{-2.386/3.887} \tag{3.1-7}$$

式（3.1–6）中，$\lambda = 70.311$ 是试验的经验参数，$n_d = 2.386$。

3.1.1.2　不同尺寸试样应力和应变张量关系

Frossard 等在一定的假设条件下，通过推导不同尺寸试样在破碎率相同时的内部应力之间的关系得到了不同尺寸集合体抗剪强度的演化公式。主要假设条件为：①不同尺寸试样的材料具有相同的矿物成分；②颗粒接触处的摩擦角与颗粒粒径无关；③Ⅰ型张拉破坏为颗粒破碎的主要模式；④不同尺寸

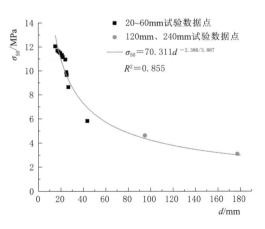

图 3.1 – 3　颗粒破碎均值强度与粒径关系

的试样之间具有几何相似性。

三维状态下，颗粒集合体的等效应力和应变张量可按式（3.1-8）计算：

$$\sigma = \frac{1}{V_\sigma} \sum_{c \in V_\sigma} f_{(c/p)} \otimes l_{(c/p)} , \varepsilon = \frac{1}{V_\varepsilon} \sum_{e \in V_\varepsilon} \Delta u^e \otimes d^e \tag{3.1-8}$$

式中：V_σ 为应力计算区域的总体积；$f_{(c/p)}$ 为计算区域内任意接触点 c 处颗粒 p 受到的外力；$l_{(c/p)}$ 为接触点指向颗粒 p 中心的支向量；V_ε 为计算应变的区域对应的体积；Δu^e 为构成边 e 的两个颗粒 p 和 q 中心的相对位移；$\Delta u^{e(p,q)} = u^p - u^q$；$d^e$ 为边 e 对应的面积补偿向量，$d^{e(p,q)} = \frac{1}{12} \sum_{t=1}^{T_e} (b^{qt} - b^{pt})$，$T_e$ 为与颗粒 p 和 q 共边的所有四面体。

假设原型和缩尺试样具有相似的几何特征和级配，如图 3.1-4 所示，原型材料和缩尺材料具有相似的颗粒形状和相同的矿物成分，通过相同的制样方法达到近似相同的孔隙率。特征尺寸分别为 d_{sc} 和 d_{pr}，下标 sc 为缩尺试样，pr 为原型试样。要使这两个集合体内颗粒具有相同的破碎状态，集合体内部的接触力 f_{pr} 和 f_{sc} 需满足：

$$f_{pr} = f_{sc} \left(\frac{d_{pr}}{d_{sc}} \right)^{2 - n_d / m} \tag{3.1-9}$$

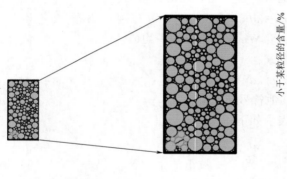

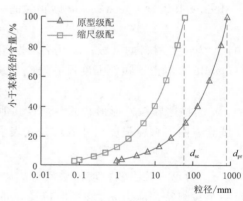

（a）相似的几何特征　　　　　　　　　（b）相似的级配

图 3.1-4　缩尺试样与原型试样的相似关系

根据相似关系，缩尺和原型试样内相应的颗粒 p 对应的支向量、体积、补偿向量等均满足：

$$l_{pr(c/p)} = l_{sc(c/p)} \left(\frac{d_{pr}}{d_{sc}} \right), \quad V_{pr} = V_{sc} \left(\frac{d_{pr}}{d_{sc}} \right)^3, \quad d_{pr}^e = d_{sc}^e \left(\frac{d_{pr}}{d_{sc}} \right)^2 \tag{3.1-10}$$

若原型试样和缩尺试样的破碎状态相同，则内部颗粒的相对位移也满足相似比例：

$$\Delta u_{pr}^e = \Delta u_{sc}^e \left(\frac{d_{pr}}{d_{sc}} \right) \tag{3.1-11}$$

将式（3.1-9）~式（3.1-11）代入式（3.1-8）中，缩尺试样和原型试样的宏观应力张量和应变张量满足以下关系式：

$$\sigma_{\mathrm{pr}} = \frac{1}{V_{\sigma \mathrm{pr}}} \sum f_{\mathrm{pr}(c/p)} \otimes l_{\mathrm{pr}(c/p)} = \frac{1}{V_{\sigma \mathrm{sc}}} \left(\frac{d_{\mathrm{pr}}}{d_{\mathrm{sc}}}\right)^3 \sum \left(\frac{d_{\mathrm{pr}}}{d_{\mathrm{sc}}}\right)^{2-n_{\mathrm{d}}/m} f_{\mathrm{sc}(c/p)} \otimes \left(\frac{d_{\mathrm{pr}}}{d_{\mathrm{sc}}}\right) l_{\mathrm{sc}(c/p)}$$

$$= \left(\frac{d_{\mathrm{pr}}}{d_{\mathrm{sc}}}\right)^{-n_{\mathrm{d}}/m} \frac{1}{V_{\sigma \mathrm{sc}}} \sum f_{\mathrm{sc}(c/p)} \otimes l_{\mathrm{sc}(c/p)} = \sigma_{\mathrm{sc}} \left(\frac{d_{\mathrm{pr}}}{d_{\mathrm{sc}}}\right)^{-n_{\mathrm{d}}/m}$$

$$\varepsilon_{\mathrm{pr}} = \varepsilon_{\mathrm{sc}} \tag{3.1-12}$$

若缩尺试样和原型试样严格满足前面的假设条件，则可以认为不同尺寸试样在同样的破碎状态下，其广义应力和广义应变均满足式（3.1-12）。

3.1.1.3 不同尺寸试样之间的应力-应变曲线转换

已知颗粒强度分布相关的参数 n_{d}/m 和缩尺试样的应力-应变关系，对于具有相似级配的大尺寸试样，其应力-应变关系可以通过式（3.1-12）计算得到。以三轴试验为例，假设已知最大颗粒直径为 60mm、围压为 1000kPa 下缩尺试样的应力-应变关系曲线，且颗粒强度的相关系数 $n_{\mathrm{d}}/m = 0.3$，推导原型试样最大粒径为 600mm 下的应力-应变关系。这里 $d_{\mathrm{sc}} = 60\mathrm{mm}$，$d_{\mathrm{pr}} = 600\mathrm{mm}$，$(d_{\mathrm{pr}}/d_{\mathrm{sc}})^{-n_{\mathrm{d}}/m} = 0.501$。当缩尺试样围压 $\sigma_{\mathrm{sc}} = 1000\mathrm{kPa}$ 时，对应的原型试样围压为 $\sigma_{\mathrm{pr}} = 1000\mathrm{kPa} \times 0.501 = 501\mathrm{kPa}$。在任一轴向应变值下，相应的偏应力乘以系数 0.501，体积应变则保持不变，如图 3.1-5 所示，换算后得到原型试样在围压为 501kPa 下的应力-应变曲线。

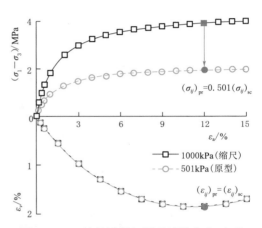

图 3.1-5　缩尺试样与原型试样应力-应变曲线的转换关系

3.1.1.4 不同尺寸试样应力-应变关系验证

采用大连理工大学工程抗震研究所研制的超大型三轴仪对某堆石坝的爆破堆石料进行了不同尺寸试样的三轴排水试验。两种尺寸试样级配满足相似性，英安岩堆石料颗粒的最大粒径分别为 60mm 和 200mm。研究结果表明，试样的强度和变形均表现出明显的尺寸相关性。根据 Frossard 提出的抗剪强度演化关系式（3.1-13），拟合不同尺寸试样不同围压下的强度演化规律。拟合结果如图 3.1-6（a）所示，可以确定尺寸效应参数 $n_{\mathrm{d}}/m = 0.23$。

$$\tau_{\mathrm{f}} = a_1 \left(\frac{d_{\mathrm{pr}}}{d_{\mathrm{sc}}}\right)^{-(1-a_2)n_{\mathrm{d}}/m} (\sigma_3)^{a_2} \tag{3.1-13}$$

式中：τ_{f} 为抗剪强度；a_1 和 a_2 为常数，可以根据围压和抗剪强度之间的关系拟合确定。

将最大粒径为 60mm，围压为 400kPa、1000kPa、1500kPa 和 2000kPa 的应力-应变曲线按图 3.1-5 中的转换方法可以得到最大粒径 200mm，围压为 379kPa、758kPa、1137kPa 和 1516kPa 下的应力-应变曲线，如图 3.1-6（b）所示。然后按 Nieto-Gamboa 提出的方法，通过插值法计算特定围压的应力-应变曲线。如图 3.1-6（c）所示，当所求 σ_{c} 在已知 σ_{a} 和 σ_{b} 之间，则采用式（3.1-13）以围压为权重，通过线性插值计算该围压

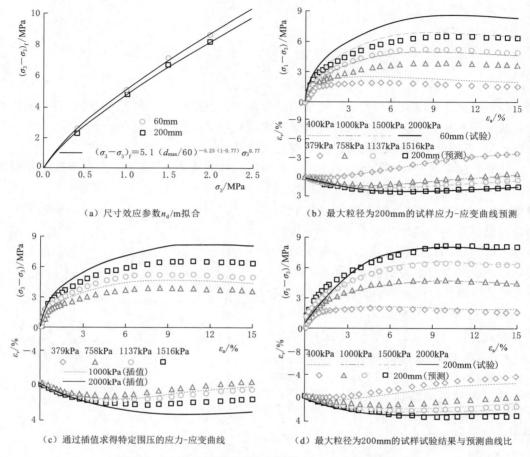

（a）尺寸效应参数n_d/m拟合　　　　　（b）最大粒径为200mm的试样应力-应变曲线预测

（c）通过插值求得特定围压的应力-应变曲线　　　（d）最大粒径为200mm的试样试验结果与预测曲线比

图 3.1-6　大尺寸英安岩堆石料应力-应变曲线计算过程

的应力-应变曲线 1000kPa 围压对应的应力和体积应变值，由相同轴应变下 758kPa 和 1137kPa 下的值按式（3.1-14）计算得到。若 σ_c 在已知 σ_a 和 σ_b 之外，则采用插值外推计算得到，2000kPa 围压下的应力-应变曲线可根据 1137kPa 和 1516kPa 的曲线计算得到：

$$S(\sigma_c)=\frac{\sigma_c-\sigma_b}{\sigma_a-\sigma_b}[S(\sigma_a)-S(\sigma_b)]+S(\sigma_b) \qquad (3.1-14)$$

式中：$S(\sigma_c)$ 为围压为 σ_c 任一轴向应变下对应的偏应力或体积应变值；$S(\sigma_a)$ 和 $S(\sigma_b)$ 分别为已知围压 σ_a 和 σ_b 在任一轴向应变下对应的偏应力或体积应变。

　　类似地通过插值计算围压为 400kPa 和 1500kPa 下对应的应力-应变曲线，将其与室内超大三轴试验结果对比，如图 3.1-6（d）所示。预测的应力-应变曲线与室内试验曲线相差不大，说明该方法可以较好地预测大尺寸英安岩堆石料的变形特征。

　　采用类似方法预测来自 Salma Dam 堆石料的应力-应变关系曲线。该堆石料为变质片麻岩，比重为 2.73，爆破开采得到，颗粒形状不规则。首先拟合最大粒径为 25mm 和 50mm 下剪切强度变化规律，确定尺寸效应参数 n_d/m=0.15。然后根据 n_d/m 和最大粒径为 25mm 试样的应力-应变曲线，预测最大粒径为 50mm 和 80mm 的试样应力-应变曲线，如图 3.1-7 所示。对比可知，该方法可以较好地预测最大粒径为 50mm 和 80mm 试样的应力-应变关系曲线。由此可知该方法亦可方便地对原型试样应力-应变曲线进行预测。尺寸效应参数 n_d/m 的准确与否直接影响预测结果的准确性。

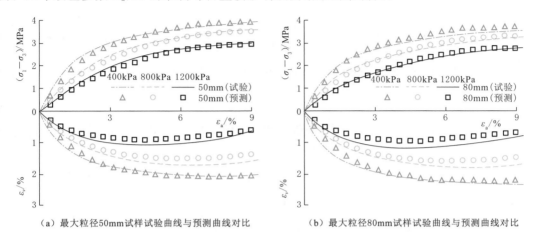

（a）最大粒径50mm试样试验曲线与预测曲线对比　　　（b）最大粒径80mm试样试验曲线与预测曲线对比

图 3.1-7　大尺寸变质片麻岩试样的预测曲线与试验结果对比

3.1.1.5　邓肯-张参数的尺寸效应规律

不同尺寸试样在相同围压下的应力-应变关系发生改变，相应导致其本构模型参数发生变化。反演法是目前常用的一种方法，通过对已建工程现场监测结果拟合，通过试算确定本构模型参数，并通过对比室内试验参数，达到为同类型工程提供参数选取依据的方法。但是反演法由于参数多，具有一定的不确定性。邓肯-张 E-B 模型广泛应用于土石坝分析中，其本构参数可以通过传统三轴试验快速获取。所以研究 E-B 模型参数受尺寸效应的影响显得尤为重要。

1. 初始模量与破坏比

对缩尺试样，偏应力与轴变的关系可以采用双曲线关系拟合：

$$(\sigma_1 - \sigma_3)_{sc} = \varepsilon_{1\_sc}/(a_{sc} + b_{sc}\varepsilon_{1\_sc}) \tag{3.1-15}$$

根据式（3.1-15）的缩放关系，缩尺试样与原型试样破碎率一样时，试样内部应变一样，应力满足 $\sigma_{pr} = \sigma_{sc}(d_{pr}/d_{sc})^{-n_d/m}$。原型试样在围压为 $\sigma_3(d_{pr}/d_{sc})^{-n_d/m}$ 对应的应力-应变关系式可以写为

$$(\sigma_1 - \sigma_3)_{pr} = \frac{\varepsilon_{pr\_1}}{a_{pr} + b_{pr}\varepsilon_{pr\_1}} = (\sigma_1 - \sigma_3)_{sc}\left(\frac{d_{pr}}{d_{sc}}\right)^{-n_d/m} \tag{3.1-16}$$

$$\frac{\varepsilon_{pr\_1}}{a_{pr} + b_{pr}\varepsilon_{pr\_1}} = \frac{\varepsilon_{sc\_1}}{a_{sc}\left(\dfrac{d_{pr}}{d_{sc}}\right)^{n_d/m} + b_{sc}\left(\dfrac{d_{pr}}{d_{sc}}\right)^{n_d/m}\varepsilon_{sc\_1}} \tag{3.1-17}$$

对比式（3.1-17）的左右两端，要想该式在任意应变下均成立，缩尺和原型试样相应的系数 a 和 b 满足：$b_{pr} = b_{sc}\left(\dfrac{d_{pr}}{d_{sc}}\right)^{n_d/m}$ 和 $a_{pr} = a_{sc}\left(\dfrac{d_{pr}}{d_{sc}}\right)^{n_d/m}$。

对缩尺试样，初始模量 E_{i_sc} 和双曲线极限偏差应力 $(\sigma_1 - \sigma_3)_{ult\_sc}$

$$E_{\text{i\_sc}}=\frac{1}{a_{\text{sc}}}, \quad (\sigma_1-\sigma_3)_{\text{ult\_sc}}=\frac{1}{b_{\text{sc}}} \tag{3.1-18}$$

根据原型试样和缩尺试样系数之间的关系，原型试样的初始模量和极限偏应力与缩尺试样之间的关系为

$$E_{\text{i\_pr}}=E_{\text{i\_sc}}\left(\frac{d_{\text{pr}}}{d_{\text{sc}}}\right)^{-n_{\text{d}}/m}, \quad (\sigma_1-\sigma_3)_{\text{ult\_pr}}=\left(\frac{d_{\text{pr}}}{d_{\text{sc}}}\right)^{-n_{\text{d}}/m}(\sigma_1-\sigma_3)_{\text{ult\_sc}} \tag{3.1-19}$$

类似地，原型试样和缩尺试样的破坏比 R_{f} 具有相同的值。

$$R_{\text{f\_pr}}=\frac{(\sigma_1-\sigma_3)_{\text{f\_pr}}}{(\sigma_1-\sigma_3)_{\text{ult\_pr}}}=R_{\text{f\_sc}} \tag{3.1-20}$$

初始模量与围压相关，缩尺试样和原型试样对应的初始模量可以写成围压相关的量：

$$E_{\text{i\_sc}}=K_{\text{sc}}p_{\text{a}}\left(\frac{\sigma_{3\_\text{sc}}}{p_{\text{a}}}\right)^{n_{\text{sc}}} \tag{3.1-21}$$

$$E_{\text{i\_pr}}=K_{\text{pr}}p_{\text{a}}\left(\frac{\sigma_{3\_\text{pr}}}{p_{\text{a}}}\right)^{n_{\text{pr}}}=K_{\text{pr}}p_{\text{a}}\left(\frac{\sigma_{3\_\text{sc}}\left(\dfrac{d_{\text{pr}}}{d_{\text{sc}}}\right)^{-n_{\text{d}}/m}}{p_{\text{a}}}\right)^{n_{\text{pr}}}=K_{\text{sc}}p_{\text{a}}\left(\frac{\sigma_{3\_\text{sc}}}{p_{\text{a}}}\right)^{n_{\text{sc}}}\left(\frac{d_{\text{pr}}}{d_{\text{sc}}}\right)^{-n_{\text{d}}/m}$$

式中：p_{a} 为大气压力。对比式（3.1-21）可知 $n_{\text{sc}}=n_{\text{pr}}$，参数 K 满足以下关系式：

$$K_{\text{pr}}=K_{\text{sc}}\left(\frac{d_{\text{pr}}}{d_{\text{sc}}}\right)^{(n_{\text{sc}}-1)n_{\text{d}}/m} \tag{3.1-22}$$

2. 体积模量

缩尺试样和原型试样的体积模量之间的关系可表述为

$$B_{\text{pr}}=\frac{(\sigma_1-\sigma_3)_{70\%\_\text{pr}}}{(\varepsilon_v)_{70\%\_\text{pr}}}=K_{\text{b\_pr}}P_{\text{a}}\left(\frac{\sigma_{3\_\text{pr}}}{P_{\text{a}}}\right)^{m_{\text{b\_pr}}}=K_{\text{b\_pr}}P_{\text{a}}\left(\frac{\sigma_{3\_\text{sc}}}{P_{\text{a}}}\right)^{m_{\text{b\_pr}}}\left(\frac{d_{\text{pr}}}{d_{\text{sc}}}\right)^{-m_{\text{b\_pr}}n_{\text{d}}/m}$$

$$=K_{\text{b\_sc}}P_{\text{a}}\left(\frac{\sigma_{3\_\text{sc}}}{P_{\text{a}}}\right)^{m_{\text{b\_sc}}}\left(\frac{d_{\text{pr}}}{d_{\text{sc}}}\right)^{-n_{\text{d}}/m}=B_{\text{sc}}\left(\frac{d_{\text{pr}}}{d_{\text{sc}}}\right)^{-n_{\text{d}}/m} \tag{3.1-23}$$

类似的对比可得缩尺试样与原型试样之间的参数，满足以下关系：

$$K_{\text{b\_pr}}=K_{\text{b\_sc}}(d_{\text{pr}}/d_{\text{sc}})^{(m_{\text{b\_pr}}-1)n_{\text{d}}/m}, \quad m_{\text{b\_sc}}=m_{\text{b\_pr}} \tag{3.1-24}$$

3. 抗剪强度参数

任一围压下，摩擦角可以写为

$$\sin\varphi=\frac{(\sigma_1-\sigma_3)_{\text{f}}}{(\sigma_1+\sigma_3)_{\text{f}}}=\frac{\tau_{\text{f}}}{\tau_{\text{f}}+2\sigma_3} \tag{3.1-25}$$

式（3.1-25）整理可得 $\dfrac{1}{\sin\varphi}=1+\dfrac{2\sigma_3}{\tau_{\text{f}}}$。在同一围压下，缩尺试样和原型试样的抗剪强度之间满足 $\tau_{\text{f\_pr}}=\tau_{\text{f\_sc}}(d_{\text{pr}}/d_{\text{sc}})^{-(1-a_2)n_{\text{d}}/m}$。整理原型和缩尺样之间的摩擦角关系为

$$\frac{\sin\varphi_{\text{sc}}}{\sin\varphi_{\text{pr}}}=\frac{1+\dfrac{2\sigma_3}{\tau_{\text{f\_pr}}}}{1+\dfrac{2\sigma_3}{\tau_{\text{f\_sc}}}}=\frac{1+\dfrac{2\sigma_3}{\tau_{\text{f\_sc}}(d_{\text{pr}}/d_{\text{sc}})^{-(1-a_2)n_{\text{d}}/m}}}{1+\dfrac{2\sigma_3}{\tau_{\text{f\_sc}}}} \tag{3.1-26}$$

式中：系数 a_2 一般小于 1.0；n_{d} 和 m 为大于 0 的数，则有 $(d_{\text{pr}}/d_{\text{sc}})^{-(1-a_2)n_{\text{d}}/m}\leqslant 1.0$，因

此 $\sin\varphi_{sc}/\sin\varphi_{pr} \geqslant 1.0$，是特征粒径的函数。正弦函数在 $[0，\pi/2]$ 范围内为单调递增函数，所以 $\varphi_{sc} \geqslant \varphi_{pr}$。

缩尺和原型试样的摩擦角均可写成围压的函数：

$$\varphi_{sc} = \varphi_{0\_sc} - \Delta\varphi_{sc}\lg\left(\frac{\sigma_3}{p_a}\right)，\varphi_{pr} = \varphi_{0\_pr} - \Delta\varphi_{pr}\lg\left(\frac{\sigma_3}{p_a}\right) \tag{3.1-27}$$

要保证 $\varphi_{sc}/\varphi_{pr}$ 的比值大于 1.0 且在任意围压下均成立，根据式（3.1-27）可知，当 $\sigma_3 = p_a$ 时，$\varphi = \varphi_0$，则有 $\varphi_{0\_sc} \geqslant \varphi_{0\_pr}$。因此，$\varphi_0$ 具有尺寸效应，而 $\Delta\varphi$ 的尺寸效应变化规律不明确。

可见 R_f、n 和 m_b 是尺寸效应无关或尺寸效应不明显的量，φ_0、K 和 K_b 是尺寸效应相关的量。由于 n 和 m_b 一般小于 1.0，所以 φ_0、K 和 K_b 三个参数随着集合体特征粒径的增加而减小。尺寸效应越显著，原型材料对应的 φ_0、K 和 K_b 值变化越大。

表 3.1-2 汇总了两种堆石料不同最大粒径的 E-B 模型参数值。对比可知，φ_0、K 和 K_b 具有较好的一致性，均随着最大颗粒粒径的增加而减小。指数 n 值和破坏应力比 R_f 随粒径的变化并不显著，可以认为是与粒径无关或受粒径影响较小的量。孔宪京等认为体积模量指数 m_b 也是与粒径无关的量。这些规律与前面推导的参数的尺寸效应规律具有较好的一致性。该规律可以为考虑尺寸效应参数的变化规律提供参考，降低了反演参数的个数。

表 3.1-2　　　　　　　　不同尺寸试样的邓肯-张 E-B 模型参数汇总

来源	d_{max}/mm	φ_0/(°)	$\Delta\varphi$/(°)	K	n	R_f	K_b	m_b
英安岩堆石料	60	54.3	8.5	1200	0.45	0.80	900	0.06
	200	52.2	7.6	980	0.41	0.74	650	0.01
砂岩过渡料	60	46.2	5.6	850	0.35	0.82	400	0.13
	100	43.6	2.9	780	0.25	0.80	140	0.48

3.1.1.6　小结

基于前人成果的基础上，推导并验证了考虑尺寸效应的应力-应变张量关系的合理性，进一步总结了尺寸效应对邓肯-张 E-B 模型各个参数的影响规律。主要有以下结论：

（1）大尺寸试样的应力-应变曲线可根据尺寸效应系数 n_d/m 和缩尺试样应力-应变曲线插值得到，通过与试验曲线对比验证了该方法的合理性。

（2）根据推导可知，邓肯-张 E-B 模型参数中参数 φ_0、K 和 K_b 具有显著的尺寸效应，R_f、n 和 m_b 是尺寸效应无关或尺寸效应不显著的量。n 和 m_b 与尺寸效应无关说明压硬性没有尺寸效应。

3.1.2　堰塞坝长期变形演变规律及性能评估

3.1.2.1　环境因素影响下的颗粒强度劣化模型

在断裂力学理论中，颗粒是含有微缺陷和不连续节理面的非均匀材料，在外部荷载与环境的共同作用下，微缺陷会逐渐发展形成微裂纹，微裂纹的发展受外部环境（主要是相对湿度和应力条件）、应力强度因子及其断裂韧度控制。根据断裂力学原理，当应力强度因子超过材料的断裂韧度时裂纹便扩展。但在长时间或循环加载条件下，即使应力强度因子小于断裂韧度时，裂纹也会发生稳定而缓慢的扩展，这种现象就是亚临界裂纹扩展，亚临界裂纹扩展是岩体稳定时间效应的主要原因之一。

在亚临界裂纹扩展中，裂纹是否扩展，取决于应力强度因子 K_1、起裂韧度 K_o 和断裂韧度 K_c。当 $K_1 < K_o$ 时，微裂纹不发展；当 $K_o < K_1 < K_c$ 时，裂纹以极慢的速度稳定扩展；当 $K_1 \geqslant K_c$ 时，裂缝的扩展速度发生突变，岩石迅速断裂。在一系列的岩石强度试验或蠕变试验中，观察到裂纹长度随时间增加，在加速蠕变阶段，裂纹的扩展和贯通更加明显，岩石的宏观强度随时间降低，这些现象进一步证实了岩石的破裂是由于应力腐蚀机制作用下引起裂缝的扩展所致。环境因素（水、腐蚀介质等）对亚临界扩展特性有较大的影响，水对岩体的应力强度因子和裂纹扩展的方向均有较大影响，水还能加剧裂纹扩展，使裂纹由稳定扩展发展为不稳定扩展，导致岩石出现软化，宏观强度降低。

采用基于热力学量的化学反应速率理论来描述裂纹扩展的动力学特性。从微观的角度来看，裂纹的扩展是由于材料中固相介质与环境媒介之间发生化学反应，导致原子间连接键的破裂。由应力侵蚀导致的裂纹亚临界扩展是岩石时间相关特性的内在机理，基于这个认识，通过在黏结颗粒模型（Bonded - Partical Model，BPM）中的平行黏结中引入损伤速率这一概念，提出了 PSC（Parallel - Bond Stress Corrosion）模型来模拟岩体由于应力腐蚀而产生的复杂力学特性。在 BPM 模型中，用大小不同的圆盘或者圆球颗粒的密实集合体来表示岩石，用颗粒与颗粒之间连接（Bond）的损伤和破坏来模拟微裂纹的萌生、扩展、连通以及整个岩石的破坏。BPM 模型可以再现岩石内部微力和微力矩的局部非均匀性，可以反映在拉伸和压剪情况下断裂和破坏特性的不同。在 PSC 模型中，基于Wiederhorn - Bolz 公式建立颗粒黏结的损伤速率模型。

在 PSC 模型中，将岩石离散为密实颗粒集合体及其之间的平行黏结，并描述了微裂纹从萌生、扩展直至贯通的全过程，由于微裂纹的长度与颗粒自身的尺度相差不多，所以线性断裂力学理论中的应力强度因子不能表示微裂纹尖端的应力状态，应力强度因子也就不能作为 PSC 模型中微裂纹扩展的驱动力。在 PSC 模型中，将应力腐蚀速率表示为平行黏结的直径 $\overline{D}$ 的减小速率：

$$\frac{\mathrm{d}\overline{D}}{\mathrm{d}t} = -(\alpha V_0 e^{-E^*/RT}) e^{-v^+ \overline{\sigma}/RT} \tag{3.1-28}$$

式中：α 为反映化学速率和应力腐蚀速率比值的常数。

将平行黏结的应力腐蚀速率表示为

$$\frac{\mathrm{d}\overline{D}}{\mathrm{d}t} = \begin{cases} 0 & \overline{\sigma} < \overline{\sigma}_a \\ -\beta_1 e^{\beta_2 \overline{\sigma}/\sigma} & \overline{\sigma}_a \leqslant \overline{\sigma} \leqslant \sigma_c \\ -\infty & \overline{\sigma} > \sigma_c \end{cases} \tag{3.1-29}$$

式中：$\overline{\sigma}$ 为平行黏结处的拉应力；σ_c 为平行黏结的抗拉强度；β_1 和 β_2 为反映应力腐蚀速率的参数。线弹性断裂力学 LEFM 和 PSC 中应力腐蚀模型的对比如图 3.1-8 所示。

结合 PSC 中的应力腐蚀模型提出堆积体颗粒强度劣化模型，堆积体颗粒强度劣化模型描述了颗粒强度参数随时间的演化过程。在基于黏聚力模型的颗粒破碎模拟中，颗粒沿预设在颗粒内部的界面单元开裂，颗粒中界面单元的破坏准则为带拉断的 Mohr – Cou-lomb 准则，因此颗粒强度可用三个参数表示：抗拉强度、黏聚力和内摩擦角。假定内摩擦角不随时间变化，界面单元的抗拉强度和黏聚力随时间的演化表示为

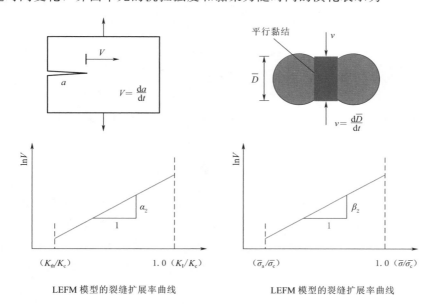

图 3.1 – 8　LEFM 模型和 PSC 模型中应力腐蚀模型对比

$$f_n^t = f_n^0 \left(1 - \beta_3 \int_0^t \kappa \mathrm{d}t \right)$$

$$c^t = c^0 \left(1 - \beta_3 \int_0^t \kappa \mathrm{d}t \right)$$

$$\kappa = \begin{cases} \mathrm{e}^{\beta_2 (\tau_n - \tau_n^a)/f_n^0} & \tau_n^a \leqslant \tau_n < f_n^t \\ 0 & \text{其他} \end{cases} \tag{3.1-30}$$

式中：f_n^0、c^0 为初始时刻的抗拉强度和黏聚力，表示颗粒的瞬时强度；f_n^t、c^t 为 t 时刻的抗拉强度和黏聚力；τ_n^a 为控制应力腐蚀的阈值拉应力；τ_n 为作用在界面单元上的拉应力，当作用在界面单元上的拉应力 τ_n 等于此时的抗拉强度 f_n^t 时，界面单元开始出现损伤并逐渐演化直至完全失效，当界面上的拉应力 τ_n 小于应力腐蚀的阈值拉应力 τ_n^a 时，t 时刻的强度 f_n^t、c^t 不发生演化；β_2 和 β_3 为模型参数，描述了颗粒强度演化曲线的形状，参数 β_1 控制应力腐蚀的阈值 $\tau_n^a = \beta_1 f_n^0$，参数 β_2 和 β_3 定义颗粒强度的演化速率。

界面单元的失效速率与界面单元上的应力有关，一系列的界面单元失效使颗粒内部裂纹萌生和扩展，最终导致颗粒破碎。在颗粒强度劣化模型中，界面单元的应力状态可以划分为以下 3 个区域，如图 3.1 – 9 所示。在区域Ⅰ内，界面单元的强度不会随时间演化，也不会出现损伤；在区域Ⅱ内，界面单元的强度在有限的时间内，从瞬时强度演化到长期强度，演化速率取决于作用在界面单元上的拉应力；只有当界面单元上的应力状态位于区域Ⅱ的子域（图 3.1 – 9 中的阴影部分），才会出现应力腐蚀，进而导致颗粒强度劣化；区域Ⅲ是界面单元不可承受的应力状态。

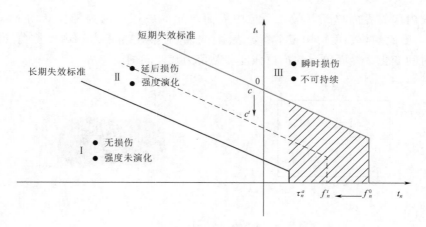

图 3.1-9　界面单元的强度劣化模型

假设作用在界面单元上的拉应力 τ_n 不变。当 τ_n 大于或等于初始抗拉强度 f_n^0 时，界面单元出现损伤的时间 $T=0$；当界面上的拉应力 τ_n 小于应力腐蚀的阈值拉应力 τ_n^a 时，$T=\infty$，表明界面单元永远不会出现损伤；当界面上的拉应力 τ_n 等于应力腐蚀的阈值拉应力 τ_n^a 时，$T_{\max}=(1-\beta_1)/\beta_3$。当 $\tau_n^a<\tau_n<f_n^0$ 时，由式（3.1-30）可得界面单元出现损伤时的时间 T：

$$T=\frac{1-(f_n^t/f_n^0)}{\beta_3\,e^{\beta_2(\tau_n/f_n^0-\beta_1)}} \tag{3.1-31}$$

通过上述分析，参数 β_1 和 β_3 定义了界面单元从无损状态到出现损伤的时间长度，而参数 β_2 则反映了界面单元强度参数演化曲线的形状，如图 3.1-10~图 3.1-12 所示。

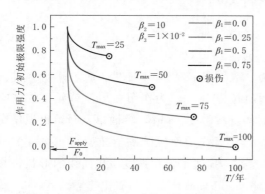

图 3.1-10　参数 β_1 对界面单元出现初始损伤的时间的影响

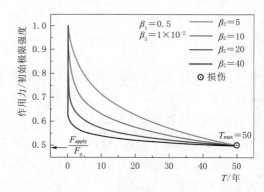

图 3.1-11　参数 β_2 对界面单元出现初始损伤的时间的影响

堆积体易受到自然环境的风化侵蚀作用，如干湿循环、冻融循环、降雨侵蚀等。自然环境的风化作用和水的侵蚀是堆积体颗粒劣化的主要原因，因此在堆积体流变的细观数值模拟中，必须考虑它们的作用。一个直观的认识是在雨季和冻融期等不利情况下，堆积体颗粒的劣化速率将加快，因此风化和侵蚀作用可通过改变强度劣化模型参数来体现。堆积体颗粒强度劣化模型表达为积分形式，通过对堆积体颗粒所经历的时域积分，将当前经历

的应力状态和与环境状态对应的劣化模型参数
代入该式，就可以考虑堆积体颗粒在变应力和
变环境状态下的劣化特性。

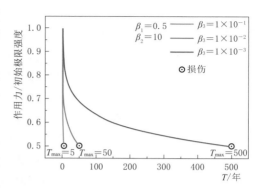

图 3.1-12 参数 β_3 对界面单元出现
初始损伤的时间的影响

细观数值方法通过显式时步步进的方法求
解运动方程，计算中累计的时间为颗粒真实的
运动时间。为了保证计算结果的稳定性，时间
步长的选取必须遵循一定的原则，即时间步长
要小于临界步长 $t_{crit} = \sqrt{m/k}$（m 是最小颗粒
的质量，k 是最大的接触刚度）。在此条件限
制下，稳定时间步长 Δt 很小，一般为 $10^{-4} \sim$
10^{-6} s。而堆积体的流变是一个长期的过程，
通常历时几个月、几年甚至几十年。如果直接
模拟颗粒集合体在真实流变时间尺度内的运动，所需要的增量步数将达数兆亿级别，因此
不能直接模拟真实的流变时间。该项目在数值模拟中存在两套时间系统：颗粒集合体的计
算时间、真实的流变时间。颗粒集合体的计算时间是为了让颗粒系统达到新的静力平衡状
态，而颗粒的强度在真实的流变时间尺度内演化。将整个流变计算过程划分为 N 个时步，
如图 3.1-13 所示。在每个时步之前，根据堆积体颗粒强度劣化模型计算当前流变时间对
应的强度参数，将其代入细观数值模拟中，求解颗粒集合体的运动方程，在达到静力平衡
状态后，随后进入下一个流变时步，直至模拟结束。该方法将细观数值模拟视为一个个的
时间节点，仅仅是为流变计算提供静力平衡状态，这些强度不断演化的时间节点串联形成
整个流变计算过程。

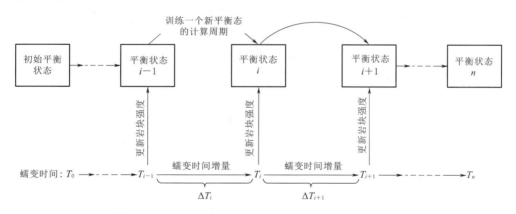

图 3.1-13 细观数值模拟的时间策略

受水库水位波动和自然环境的周期性变化，堰塞坝始终处于循环加卸载的状态，堆积
体颗粒自身也伴随着从干到湿、从湿到干的往复变化。这里研究了风化侵蚀和循环加载对
堆积体流变特性的影响。专门研究风化侵蚀对岩石力学特性的试验资料较少，仅有的一
些试验研究，其试验时间相对于堆积体所经历的数月、数年来说极短。因此从定性研究
的角度出发，这里采用两套参数分别表示堆积体颗粒在干燥和饱水状态下的强度劣化特性

$\beta_1^{\text{dry}}=\beta_1^{\text{wet}}=0.2$、$\beta_2^{\text{dry}}=20$、$\beta_3^{\text{dry}}=5\times10^{-3}$、$\beta_2^{\text{wet}}=40$、$\beta_3^{\text{wet}}=1\times10^{-2}$，上标"dry"表示干燥状态，"wet"表示饱水状态。从地理位置上来说，大多数堰塞体所经历的风化侵蚀和循环加载的周期可近似为 0.5 年，即将一年分为雨季和旱季。在雨季时水库水位升高，堰塞坝处于加载状态，此外由于降雨入渗和坝体内浸润线升高，部分堆积体颗粒吸水饱和。在旱季时水库水位降低，堰塞坝处于卸载状态，并且部分堆积体颗粒的状态由饱和转为干燥。考虑一个典型的加卸载情况，即试样的应力水平在 0.5～0.6 之间往复变化，伴随着颗粒强度劣化模型的参数由"dry"到"wet"。此外，为了突出主要矛盾，在细观数值模拟中做了以下简化：堆积体颗粒从一种状态到另一种状态的转化是瞬时、均匀的，即不考虑颗粒的吸水和脱水过程；风化侵蚀仅改变颗粒强度劣化模型参数，其他参数在模拟中均保持不变；不考虑浮力的影响，研究表明浮力不是堰塞坝沉降变形的主要因素。做了五组双轴流变数值试验，见表 3.1-3，通过对比研究风化侵蚀和循环加卸载对堆积体流变特性的影响。

表 3.1-3   五组双轴流变数值试验

数值试验编号	应力水平	颗粒状态	周期/年
T1	$SL=0.5$	dry	
T2	$SL=0.5\rightleftarrows SL=0.6$	dry	0.5
T3	$SL=0.5$	dry $\rightleftarrows$ wet	0.5
T4	$SL=0.5\rightleftarrows SL=0.6$	dry $\rightleftarrows$ wet	0.5
T5	$SL=0.6$	wet	

在分析流变数值试验结果前，可以预料颗粒集合体在饱水状态和较高应力水平下，也即 T5 的流变变形会是五组试验的上限值，而在干燥状态和较低应力水平下，也即 T1 的流变变形会是五组试验的下限值。图 3.1-14 是考虑风化侵蚀和循环加载情况下的双轴流变数值试验结果。为了便于描述，接下将用表 3.1-3 中的数值试验编号来描述流变数值试验结果。采用累积界面单元失效率来量化颗粒破碎程度，这个指标从 T1 时的 2.6% 增大到 T5 时的 16%，表明风化侵蚀会显著地加剧颗粒破碎，颗粒破碎的增加导致颗粒集合体表现出更大的随时间发展的流变变形。循环加载也会导致颗粒集合体出现更大的流变变

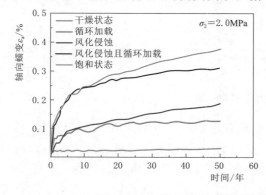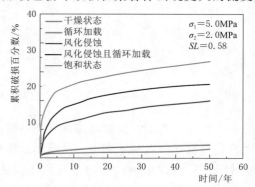

图 3.1-14　风化侵蚀和循环加载情况下的双轴流变数值试验结果

形，但是颗粒破碎程度的增大幅度并不明显，这说明由于循环加载导致的流变变形增大的原因不是颗粒破碎，而是颗粒位置调整的结果。流变数值试验 T4 同时考虑了风化侵蚀和循环加载，一次循环对应一次周期性的水库蓄水和放空，所以 T4 最接近堰塞坝的实际情况。在风化侵蚀和循环加载的共同作用下，颗粒破碎程度和流变变形都会明显增大，流变变形接近 T5 的上限值。从以上的分析可以看出，水库水位的涨落和风化侵蚀会导致堆积体产生额外的流变变形，这个现象可归因于两个细观机制的耦合作用：由风化侵蚀导致的颗粒破碎和由循环加卸载导致的颗粒重排列。

由应力侵蚀导致的裂纹亚临界扩展是材料时间相关特性的内在机理，采用基于热力学量的化学反应速率理论来描述裂纹扩展的动力学特性，推导了堆积体颗粒强度劣化模型，提出了堆积体长期变形模拟方法，在计算程序中存在两种时间系统：一种是颗粒集合体计算本身的时间，另一种是长期变形模拟时间。将整个流变计算过程划分为 N 个时步。在每个时步之前，根据界面单元的强度演化模型计算当前流变时间的强度参数，然后求解颗粒集合体的运动方程，达到静力平衡状态后，随后进入下一个时步，直至计算结束。该方法将细观数值模拟运算视为一个个的时间节点，仅仅是为流变计算提供静力平衡状态，这些强度不断演化的时间节点串联形成整个流变计算过程。

风化侵蚀会显著地加剧颗粒破碎，颗粒破碎的增加导致颗粒集合体表现出更大的随时间发展的流变变形。循环加载也会导致颗粒集合体出现更大的流变变形，但是颗粒破碎程度的增大幅度并不明显，这说明由于循环加载导致的流变变形增大的原因不是颗粒破碎，而是颗粒位置调整的结果。水库水位的涨落和风化侵蚀会导致堆积体产生额外的流变变形，这个现象可归因于两个细观机制的耦合作用：由风化侵蚀导致的颗粒破碎和由循环加载导致的颗粒重排列。

3.1.2.2　堰塞坝长期变形演变规律及性能评估

在堰塞坝的应力与变形分析中，选用合理的堆积体本构模型以及准确的模型参数是整个分析的关键，堆积体的力学参数一般由室内或现场试验获得，然而受试验条件、缩尺效应的限制和材料自身性质的离散性，使测定的力学特性参数与实际值存在一定的差异，由此计算的堰塞坝应力、变形与实测值差别较大，有必要利用监测资料对堆积体的力学参数进行反演分析，并进行堰塞坝后期变形预测和评估。采用多种优化算法和径向基函数神经网络构建参数反演平台，对堰塞坝变形较敏感的静力本构模型和流变模型参数为待反演参数，进行堰塞坝瞬变-流变参数三维全过程联合反演及变形预测。

采用邓肯-张 E-B 模型、南水模型和堆积体九参数流变模型进行堆积体流变的计算，有限元计算的神经网络模拟由构造、优化和训练神经网络等工作组成。构造训练样本，根据堆积体流变模型确定所需反演参数的个数、输入参数的个数及反演参数的取值范围，采用均匀设计的方法构造训练样本的输入参数组；然后对各输入参数组进行有限元的正分析计算，其结果作为相应的输出参数组；最后将各组参数标准化生成神经网络的训练样本。将邓肯-张 E-B 模型与幂函数流变本构模型结合，分成若干个时间子步，将流变增量作为初应变进行有限元增量分析。采用前馈神经网络模型来代替流变变形的有限元正分析。由于不同的神经网络结构对模型的学习有直接的影响，采用遗传算法来优化神经网络结构、结构权值、网络隐含层节点数。

针对 PSO 算法易早熟收敛、陷入局部最优值的问题，很多学者从算法参数、粒群拓扑结构、演化策略等方面提出了很多改进方法，并取得了较好效果。受自然界物种迁徙能提高种群多样性的启示，提出了一种新的改进的粒群算法（MPSO）。算法初始化为一群随机粒子，然后粒子被随机划分为若干子粒群。每个子粒群独立演化，演化策略采用考虑了线性递减的惯性权重、线性变化的加速因子和自适应的变异算子。在演化的过程中，每隔若干迭代次数，进行一次粒子迁徙。粒子迁徙时，不仅将粒子当前的位置代入新的粒群中，还将粒子的个体极值 p_{Best} 引入新的粒群，以此加强子粒群间的信息交流并提高粒群的多样性。算法的具体流程如下（见图 3.1-15）：

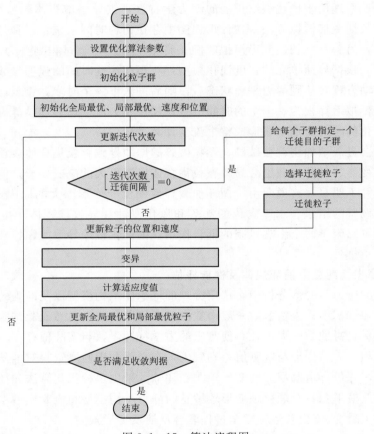

图 3.1-15 算法流程图

Step 1：初始化。在搜索空间中随机投放 s 个粒子。粒群规模 $s=pm$，p 是子粒群的个数，m 是子粒群的规模。计算每个粒子的适应度。

Step 2：分组。将 s 个粒子随机划分到 p 个子粒群中，$S^k=\{x_1^k,x_2^k,\cdots,x_m^k\}$ 表示第 k 个子粒群。

Step 3：演化。对每个子粒群进行独立演化，演化策略为考虑了线性递减的惯性权重、线性变化的加速因子和自适应变异算子的 PSO 算法。

Step 4：迁徙。如果当前的迭代次数能被设定的迁徙间隔整除，则执行迁徙操作。

Step 4.1：为每个子粒群随机分派一个互斥的索引表示该子粒群粒子迁徙的目标子粒群。

Step 4.2：采用轮盘赌的方式，按照粒子的适应度值选择 n 个粒子，$n = mr$，r 是粒群的迁徙率。

Step 4.3：将待迁徙的粒子迁徙到目标子粒群中。

Step 5：变异。如果子粒群最优值保持不变或者变化很小的次数 $iterN$ 超过了阈值 $iterMax$，则执行变异操作。

Step 6：更新。更新粒子的速度和位置，计算粒子在当前位置的适应度值。如果粒子的当前位置优于个体极值 p_{Best}，则将 p_{Best} 更新为当前的位置。同样，全局极值 g_{Best} 也被更新为粒群中的最优 p_{Best}。

Step 7：判断算法收敛准则，如果满足则结束演化，输出结果；否则，转到第 3 步。

为了验证提出的 MPSO 算法的性能，将标准 PSO 算法、线性递减权重的 LPSO 算法、考虑随时间变化的加速因子的 LPSO - TVAC 算法和提出的 MPSO 算法进行对比分析。基准测试函数 Rastrigin、Griewank 是两个典型的非线性、多峰值函数，具有多个局部极值点，通常被用作优化算法的测试函数。基准测试函数的形式、取值范围、最优值见表 3.1 - 4，测试函数图形见图 3.1 - 16。

表 3.1 - 4 测 试 函 数

测试函数	表 达 式	取值区间	最优值
Rastrigin	$f(x) = \sum_{i=1}^{n} \left[x_i^2 - 10\cos(2\pi x_i) + 10 \right]$	$x_i \in [-5.15, 5.12]$	0
Griewank	$f(x) = \frac{1}{4000}\sum_{i=1}^{n} x_i^2 - \prod_{i=1}^{n}\cos\left(\frac{x_i}{\sqrt{i}}\right)$	$x_i \in [-600, 600]$	0

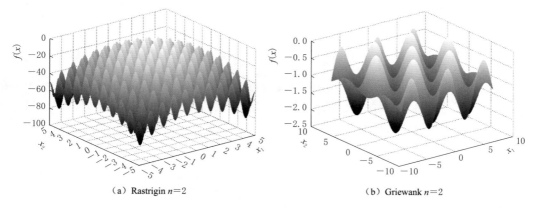

（a）Rastrigin $n=2$　　　　　　　　（b）Griewank $n=2$

图 3.1 - 16　基准测试函数

在标准 PSO 算法中，惯性权重 $\omega = 0.9$，加速因子 $c_1 = c_2 = 2$。在 LPSO 算法中，惯性权重 ω 线性地从 0.9 减小到 0.4，加速因子 $c_1 = c_2 = 2$。在 LPSO - TVAC 算法中，$c_{1i} = c_{2f} = 2.5$，$c_{1f} = c_{2i} = 0.5$。在 MPSO 算法中，子粒群的个数 $p = 4$，粒群的迁徙率 $r = 0.4$，迁徙间隔等于 5，变异概率取 $p_m = 0.2$，$iterMax = 10$。对每个测试函数，粒群规模

为 40，基准测试函数的维数分别取 10、20、30，相应的最大迭代次数为 1000、1500、2000。表 3.1-5 为对每个测试函数运行 50 次后得到最优适应度值的平均值。各个测试函数采用 MPSO 算法得到的最优适应度值均最接近该测试函数的最优值，表明 MPSO 算法的性能优于其他几种 PSO 算法。图 3.1-17 为粒群的最优适应度值随迭代次数的变化。可以看出，当其他 PSO 算法都停滞不前的时候，MPSO 算法仍能持续演化，这是由于在 MSPO 算法中引入了自适应的变异算子和迁徙算子，保持了粒群的多样性，有效地避免了算法的早熟收敛。

表 3.1-5　　　　　　　　　　不同算法的基准测试函数的平均最优适应度值

测试函数	维数	允许最大迭代次数	PSO	LPSO	LPSO-TVAC	MPSO
Rastrigin	10	1000	38.16	3.56	3.18	2.45
	20	1500	138.93	16.91	14.09	12.04
	30	2000	252.32	44.30	42.18	25.96
Griewank	10	1000	4.85	0.0772	0.0711	0.0305
	20	1500	38.88	0.0296	0.0240	0.0065
	30	2000	94.87	0.0144	0.0142	0.0036

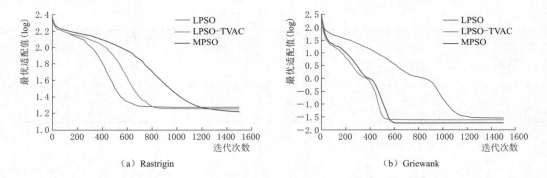

（a）Rastrigin　　　　　　　　　　　　　（b）Griewank

图 3.1-17　PSO、LPSO-TVAC、MPSO 算法的最优适应度值的进化过程

堰塞坝的参数反演就是寻找一组参数使计算位移值与实测位移值最佳逼近，由于堰塞坝的测点众多，因此，上面所说的最佳逼近是指总体上和平均意义上的最好近似。目标函数可取为监测点的计算位移值与实测位移值差的二范数式，由于每个监测点的监测数据都是一个时间序列，故目标函数取为

$$f(x_1, x_2, \cdots, x_{13}) = \sum_{i=1}^{m} w_i \left\{ \frac{1}{n^i} \sum_{j=1}^{n^i} \chi_j^2 \right\}^{0.5}$$

$$\chi_j = \max_{1 \leqslant k \leqslant p} \left| (u_{jk}^i - u_{jk}^{i*}) / u_{jk}^{i*} \right| \qquad \sum_{i=1}^{m} w_i = 1 \qquad (3.1-32)$$

式中：x_1，x_2，$\cdots$，x_{13} 对应一组待反演的堆积体参数；m 为监测断面的个数；w_i 为第 i 个断面的权重系数；n^i 为第 i 个断面上监测点的个数；u_{jk}^i 为第 i 个断面上第 j 个监测点在第 k 个时间点的沉降计算值；u_{jk}^{i*} 为相应的实测值。

在粒群算法中，每个粒子代表待优化问题在多维空间中的一个潜在解。每个粒子具有位置和速度两个特征，粒子位置对应的目标函数值即可作为该粒子的适应度值。每个粒子根据它自身的"经验"和同伴的"经验"在搜索空间中向更好的位置"飞行"，直到在整个搜索空间中找到最优解或达到最大迭代次数为止。

受自然界物种迁徙能保持种群多样性的启示，采用一种新的改进的粒群算法（MPSO）。算法初始化为一群随机粒子，然后粒子被随机划分为若干个子粒群。每个子粒群独立演化，演化策略的采用考虑了线性递减的惯性权重、线性变化的加速因子和自适应的变异算子。在演化的过程中，每隔若干迭代次数，进行一次粒子迁徙。粒子迁徙时，不仅将粒子目前的位置代入新的粒群中，还将粒子的个体极值 p_{Best} 引入新的粒群，以此加强子粒群间的信息交流并提高粒群的多样性。径向基函数（RBF）网络是一种两层前向神经网络，包括一个具有径向基函数的隐层和一个具有线性神经元的输出层，它能以任意精度逼近任意函数，具有较强的逼近能力，特别适合解决函数逼近问题，网络结构如图 3.1-18 所示。

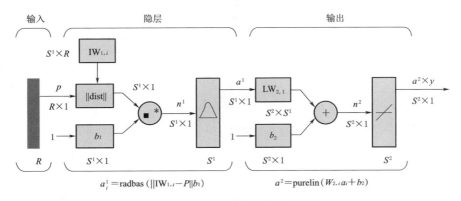

图 3.1-18　RBF 神经网络结构图

本书把神经网络模型引入反演分析代替非线性有限元方法的结构数值计算，对堆积体力学参数进行了智能反演。采用 MPSO 和径向基函数神经网络构建参数反演平台，克服了粒子群算法易陷入局部最优和早熟收敛的缺点，采用经过训练的神经网络来描述模型参数和位移之间的映射关系，节省了参数反演的计算时间，提高了反演效率。由于堰塞坝变形机制复杂，很难将瞬时变形与流变变形分开，因此对静力本构参数和流变参数进行综合反演。采用构建的参数反演平台（见图 3.1-19）对红石岩堰塞坝进行了参数反演分析，基于反演参数的堰塞坝应力变形分析结果表明，测点沉降计算值与实测值在数值和发展规律上均吻合得较好，说明该算法用于堆石流变参数反演是可行的，证明了提出的算法在多参数、强非线性的模型参数识别中的优越性。

3.1.2.3　考虑空间变异性的堰塞堆积稳定及有限元计算参数研究

堰塞体是由天然滑坡形成，组成物质的随机分布导致坝体形状的不规则、物质结构松散、级配宽而不良等特点，反映到物理力学特性上是材料的参数不均匀、离散性比较大等。如何确定堰塞体的计算参数，是堰塞坝稳定与应力变形分析的前提。

昆明院和水科院对堰塞体堆积体进行了三轴试验，采用堰塞体的上包线级配、平均级配和下包线级配，整理得到了全套的邓肯-张 E-B 模型参数。本书选择黏聚力、内摩擦

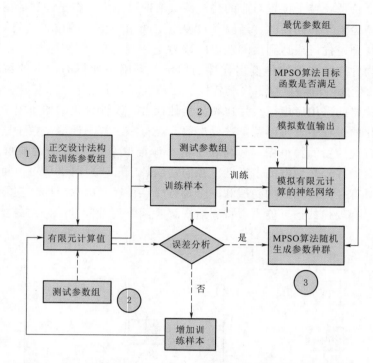

图 3.1 - 19　MPSO 算法和神经网络相结合的位移反演分析示意图

角、模量系数 K 和体积模量系数 K_b 进行了统计整理工作。首先确定每个参数的均值与方差，由于参数的样本点很少（仅为 6 个），会引起方差统计的误差。为此，根据前人的研究成果整理了样本数和样本方差的关系，对统计的点方差进行适当调整。然后根据空间变异性理论，确定堰塞体的相关距离及方差折减系数，对点方差进行折减即可得到参数的空间方差。最后根据前人的研究成果，确定上述参数服从正态分布，并根据均值和空间方差绘制上述四个参数的概率分布图形，给出 95% 保证率下的参数值。

1. 堰塞体参数统计

根据昆明院和水科院试验成果，整理 800kPa 以下和 800kPa 以上两个围压范围的抗剪强度指标和模量系数指标见表 3.1 - 6。

表 3.1 - 6　　　　　　　　　　　　堰 塞 体 参 数 统 计

力学指标	围压	测　　量　　值	均值	方差
黏聚力	800kPa 以下	60，65.165，60，140.277，178.2，64.3	94.657	51.486
	800kPa 以上	260，92，200，190.95，198.74，298.8	206.748	70.478
内摩擦角	800kPa 以下	43.5，43.728，43.5，39.67，37.39，40.47	41.376	2.614
	800kPa 以上	39.4，41.94，39.5，37.4，36.72，34.06	38.17	2.723
模量系数		1131，578，652，720，500，500	680.167	237.061
体积模量系数		704，203，240，390，350，200	347.83	191.36

2. 各参数方差调整

由于试验得到的参数样本有限，仅为 6 个样本点，这样统计得到的方差可能不稳定。试验中得到的参数的取值范围一般是（$\mu \pm k\sigma$），也就是平均值加减 k 倍的标准差。在整理了大量资料的基础上，绘制了样本点个数 n 和 K 的关系，利用这一关系可适当调整标准差。

从图 3.1-20 和图 3.1-21 可以看出 K 和样本数满足一定的函数关系。当样本数为 6 时，$K_c = 1.219$，$K_\varphi = 1.238$。根据 c 和 φ 的最小值和最大值，计算修正的标准差为

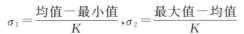

$$\sigma_1 = \frac{\text{均值} - \text{最小值}}{K}, \sigma_2 = \frac{\text{最大值} - \text{均值}}{K}$$

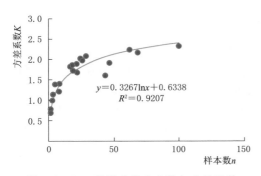

图 3.1-20　黏聚力样本点数与方差系数
K 的关系

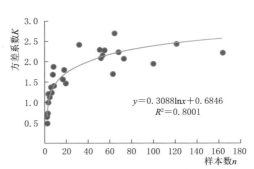

图 3.1-21　内摩擦角样本点数与方差系数
K 的关系

修正的标准差见表 3.1-7 和表 3.1-8。

表 3.1-7　　　　　　　　　黏聚力与内摩擦角的标准差修正表

参　数	围　压	σ_1	σ_2	$(\sigma_1 + \sigma_2)/2$
黏聚力	800kPa 以下	28.43	68.534	48.48
	800kPa 以上	94.133	92.0517	93.092
内摩擦角	800kPa 以下	3.22	1.9	2.56
	800kPa 以上	3.32	3.045	3.183

表 3.1-8　　　　　　　　　　堰塞体均值与标准差

参　数	围　压	均　值	标准差	调整后的标准差
黏聚力	800kPa 以下	94.657	51.486	48.48
	800kPa 以上	206.748	70.478	93.092
内摩擦角	800kPa 以下	41.376	2.614	2.56
	800kPa 以上	38.17	2.723	3.183
模量系数		680.167	237.06	不调整
体积模量系数		347.83	191.361	不调整

3. 黏聚力和内摩擦角的概率密度函数类型

据统计，国内外文献的黏聚力和内摩擦角服从的概率密度函数类型见图 3.1-22 和图

3.1-23。可以看出，黏聚力和内摩擦角服从正态和对数正态分布的例子较多，以正态分布为最多，对数正态分布次之。

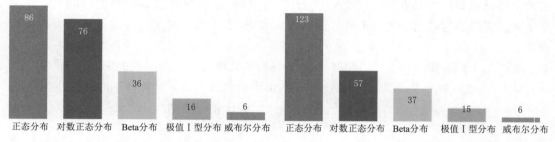

图 3.1-22　黏聚力分布的类型统计　　　　图 3.1-23　内摩擦角分布的类型统计

一般情况下，抗剪强度指标均可以接受正态分布和对数正态分布，而选择对数正态分布能够避免物理量为负的现象，在许多情况下这样处理更合理、简便。建议在统计资料不充分时，采用对数正态分布可能更符合实际情况。许多学者认为岩土体物理力学参数不能为负值，因此正态分布在大多数情况下不适用描述随机场。综上，黏聚力和内摩擦角服从正态分布或对数正态分布，当采用正态分布时，应注意不能出现负值参数。

4. 堰塞体的相关距离、方差折减系数

若土性参数为随机场，考虑空间变异性的方差折减系数 $\Gamma^2(h)$ 为

$$\Gamma^2(h) = \frac{\mathrm{Var}\left[Y_\mathrm{h}(z)\right]}{\sigma^2} = \frac{2}{h}\int_0^h \left(1 - \frac{\Delta z}{h}\right)\rho(\Delta z)\,\mathrm{d}(\Delta z) \tag{3.1-33}$$

对应的相关距离 δ_u 为

$$\delta_\mathrm{u} = \lim_{h \to \infty} h\,\Gamma^2(h) = 2\lim_{h \to \infty}\int_0^h \left(1 - \frac{\Delta z}{h}\right)\rho(\Delta z)\,\mathrm{d}(\Delta z) = 2\int_0^h \rho(\Delta z)\,\mathrm{d}(\Delta z) \tag{3.1-34}$$

相关距离是土性参数空间相关（变异）性的一种度量。在相关距离范围内，土性指标基本上是相关的，反之土性指标基本不相关。

相关距离的计算采用空间递推法、试算法和最大值法进行计算，以红石岩堰塞体瞬变电磁法测得的视电阻率为指标。某钻孔数据的相关距离计算图见图 3.1-24。不同位置的堰塞体与古滑坡体的相关距离分别为 1.45~6.60m 和 2.40~7.85m，其分布见图 3.1-25、图 3.1-26。堰塞体优势相关距离为 3.98m。

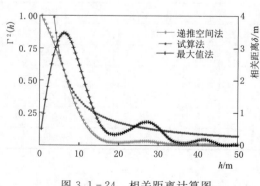

图 3.1-24　相关距离计算图

Vanmarcke 曾经提出，相关距离与方差折减函数的关系如下：

$$\Gamma^2(h) = \begin{cases} 1 & h \leqslant \delta_\mathrm{u} \\ \delta_\mathrm{u}/h & h > \delta_\mathrm{u} \end{cases} \tag{3.1-35}$$

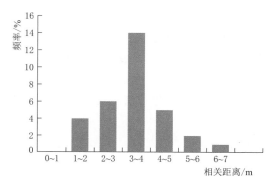

图 3.1-25 堰塞体的相关距离分布

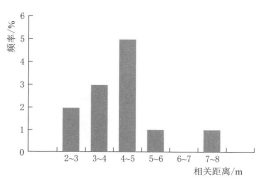

图 3.1-26 古滑坡体的相关距离分布

可以看出，方差折减系数 $\Gamma^2(h)$ 是两点距离 h 的函数。在相关距离范围内，方差不折减；两点的距离超过相关距离，方差按距离反比折减。

相关距离计算堰塞体的方差折减系数。这里首先考虑的是完全不相关距离处的方差折减问题。因为完全不相关距离约为相关距离的 5 倍，所以对堰塞体而言，优势的相关距离为 3.98m，完全不相关距离约为 20m。取此距离计算方差折减系数约为 0.2，标准差折减系数为 0.447。这样就得到堰塞体的空间方差，见表 3.1-9。

表 3.1-9　　　　　　　　　　　堰塞体参数均值与空间标准差（20m）

参　数	围　压	均　值	空间标准差
黏聚力	800kPa 以下	94.657	21.68
	800kPa 以上	206.748	41.63
内摩擦角	800kPa 以下	41.376	1.145
	800kPa 以上	38.17	1.423
模量系数		680.1667	106.0165
体积模量系数		347.83	85.5796

5. 堰塞体参数的概率密度（稳定计算）

若堰塞体参数的概率密度服从正态分布，均值采用统计值，方差采用空间方差，这样就可以画出每个参数的概率密度曲线，见图 3.1-27～图 3.1-32。由此，可确定任意分

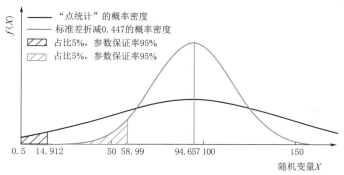

图 3.1-27 堰塞体围压 800kPa 以下黏聚力概率密度函数曲线

位数的参数值，为坝坡稳定计算及有限元计算的组合提供依据。下分位值 0.05 意味着实际参数小于此值的概率仅为 5%，也就是实际参数大于该值的概率为 95%。采用下分位值 0.05 的参数值计算抗力效应的量较为合适。采用上分位值 0.05 的参数值是指参数大于该数值的概率小于 5%，可用来计算作用效应的量。由于两点距离采用的是 20m，故这里给出的强度参数适合于稳定分析。具体上、下分位值为 0.05 的各参数值见表 3.1-10。

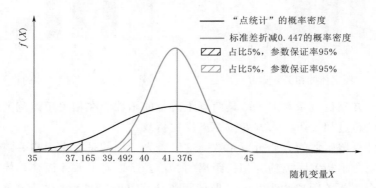

图 3.1-28　堰塞体围压 800kPa 以下内摩擦角概率密度函数曲线

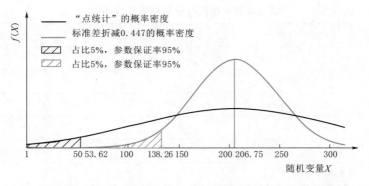

图 3.1-29　堰塞体围压 800kPa 以上黏聚力概率密度函数曲线

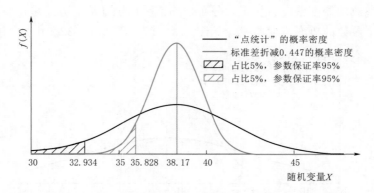

图 3.1-30　堰塞体围压 800kPa 以上内摩擦角概率密度函数曲线

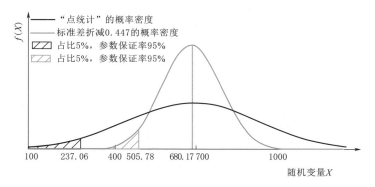

图 3.1-31 堰塞体模量系数概率密度函数曲线

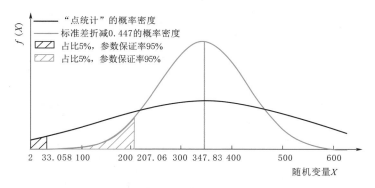

图 3.1-32 堰塞体体积模量系数概率密度函数曲线

表 3.1-10   堰塞体参数的上、下 0.05 分位值

参数	围 压	上 0.05 分位值	均 值	下 0.05 分位值	参数适合范围
黏聚力	800kPa 以下	130.324	94.657	58.99	坝坡稳定计算，上 0.05 分位值适合计算作用效应，下 0.05 分位值适合计算抗力效应
	800kPa 以上	275.236	206.748	138.26	
内摩擦角	800kPa 以下	43.26	41.376	39.492	
	800kPa 以上	39.512	38.17	35.828	
模量系数		854.553	680.167	505.78	有限元计算中尺寸 20m 左右的单元
体积模量系数		488.6	347.83	207.06	

6. 堰塞体参数的概率密度（有限元计算使用）

红石岩堰塞体高度在百米左右，有限元计算中单元网格可以控制在 5m 左右，此时作为有限元计算的基本单位的每个有限单元的材料参数应当保持空间距离 5m 左右，其空间方差折减系数理应大些，也就是折减有限。5m 时堰塞体空间标准差见表 3.1-11。

若堰塞体参数的概率密度服从正态分布，均值采用统计值，方差采用空间方差，画出上述每个参数的概率密度曲线见图 3.1-33～图 3.1-38。分位值上 0.05、下 0.05 处的强度及变形参数值见表 3.1-12。这就是堰塞体有限元计算应采用的计算参数。据此，可根据实际需要对参数进行组合，以计算堰塞体控制的应力变形情况。

表 3.1－11   堰塞体参数均值与空间标准差

参 数	围 压	均 值	空间标准差
黏聚力	800kPa 以下	94.657	43.236
	800kPa 以上	206.748	83.023
内摩擦角	800kPa 以下	41.376	2.283
	800kPa 以上	38.17	2.8387
模量系数		680.1667	211.42
体积模量系数		347.83	170.664

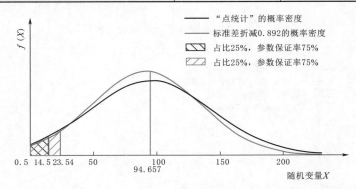

图 3.1－33 堰塞体围压 800kPa 以下黏聚力概率密度函数曲线（有限元计算使用）

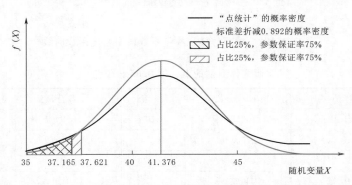

图 3.1－34 堰塞体围压 800kPa 以下内摩擦角概率密度函数曲线（有限元计算使用）

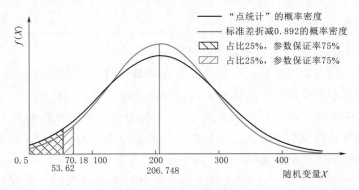

图 3.1－35 堰塞体围压 800kPa 以上黏聚力概率密度函数曲线（有限元计算使用）

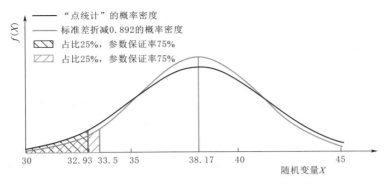

图 3.1-36 堰塞体围压 800kPa 以上内摩擦角概率密度函数曲线（有限元计算使用）

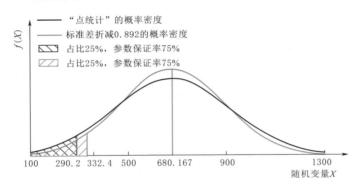

图 3.1-37 堰塞体模量系数概率密度函数曲线（有限元计算使用）

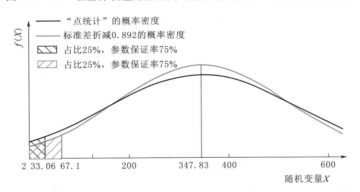

图 3.1-38 堰塞体体积模量系数概率密度函数曲线（有限元计算使用）

表 3.1-12　　　　堰塞体参数的上、下 0.05 分位值（有限元计算使用）

参　数	围　压	上 0.05 分位值	均　值	下 0.05 分位值
黏聚力	800kPa 以下	165.777	94.657	23.537
	800kPa 以上	343.313	206.748	70.183
内摩擦角	800kPa 以下	45.132	41.376	37.62
	800kPa 以上	42.84	38.17	33.5
模量系数		1027.9	680.167	332.4
体积模量系数		628.556	347.83	67.104

3.2 基于计算接触力学的多体接触分析方法

不同物体间的接触是一种强非线性问题。在土石坝应力变形计算中，为了模拟土石料和混凝土防渗墙间的接触特性，通常的做法是在两者之间设置接触面单元，并采用特定的接触面本构关系描述相应的接触特性。目前常用的方法包括无厚度 Goodman 接触面单元和有厚度 Desai 薄层接触面单元。接触面单元法概念简单、实用性强，但是接触面单元法本质上是用连续介质模拟不连续界面力学特性的一种近似方法。其对接触界面上位移不连续特性的描述较为粗糙。计算经验也表明，接触面单元法计算时常遭遇刚度矩阵病态、计算结果不收敛、积分点处应力值不稳定等问题。

近年来，计算接触力学得到快速发展，并逐步被应用于岩土工程领域。该种方法通过物体几何关系的准确描述来判别物体之间的接触关系，使得这类方法对处理位移不连续现象具有本质上的优越性。计算接触力学方法具有很强的模拟多体接触特性、处理非协调网格和描述不连续变形现象的能力，尤其对发生较大滑移、张开等接触现象的数值模拟更具优势。

在红石岩堰塞坝的应力变形计算分析中，首次将所发展的非线性接触算法应用于堰塞体和混凝土防渗墙间接触特性的计算模拟，考虑堰塞体材料的流变等特性，进行了堰塞体和混凝土防渗墙应力变形三维有限元计算，分析了在改造、蓄水、运行等不同工况下的应力和变形的性状，评估了堰塞体和混凝土防渗墙的变形特性。

3.2.1 接触问题的基本定义和虚功原理

两个物体 A 和 B 接触的一般情形如图 3.2 − 1 所示。${}^tV^A$ 和 ${}^tV^B$ 表示两个物体 t 时刻的位形，${}^tS^A$ 和 ${}^tS^B$ 表示两个物体可能发生接触的表面。假设 ${}^tS^A$ 上一点 P 与 ${}^tS^B$ 发生接触，则 ${}^tS^B$ 上必然存在与其发生直接接触的点 Q，$P − Q$ 组成了接触分析的最基本单元，即接触点对。将点 P、Q 分别称为被动接触点和主动接触点，将面 ${}^tS^A$ 和 ${}^tS^B$ 分别称为被动接触面和主动接触面。

接触分析可在多套坐系下进行，如图 3.2 − 1 所示，在接触面 ${}^tS^B$ 上一点 G 附近，${}^tS^B$ 可解析化为参数曲面 ${}^tS^B(\xi, \eta)$。基于曲面 ${}^tS^B$ 的外法向还可建立局部正交坐标系，

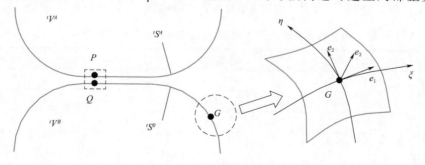

图 3.2 − 1 物体间的相互接触

可由 $('e_1{}^G, 'e_2{}^G, 'e_3{}^G)$ 扩展得到，其中，$'e_3{}^G$ 是 G 点的外法线方向，记为 $'n^G$，$'e_1{}^G$ 和 $'e_2{}^G$ 分别记为 $'\tau_1{}^G$ 和 $'\tau_2{}^G$。曲面参数坐标系适用于度量被动接触点在主动接触面上的累积滑移量，局部正交坐标系则适用于分解接触力、相对速度等物理量。

接触边界条件可概括如下：

（1）不可贯入条件，即运动过程中独立的固体间不会发生相互贯穿，可表示为

$$'g_N^P = ('x^P - 'x^Q) \cdot 'n^Q \geqslant 0 \tag{3.2-1}$$

式中：$'g_N^P$ 为点 P 到面 $'S^B$ 的距离；$'x^P$、$'x^Q$ 分别为点 P、Q 在全局笛卡尔坐标系下的坐标；$'n^Q$ 为 Q 点的单位外法向。

（2）法向压力条件，是指在不考虑界面黏结作用的情况下，接触面之间的法向应力不能为拉应力。

（3）摩擦力条件，是指接触点对间的切向相互作用力应由法向压力和相对运动模式决定。基于工程上普遍采用的库仑摩擦定律来描述，式（3.2-2）对应于静摩擦即黏结状态，式（3.2-3）对应于滑动摩擦即滑移状态：

$$|'F_T^P| < \mu_s |'F_N^P| \tag{3.2-2}$$

$$|'F_T^P| = \mu_d |'F_N^P|, '\bar{v}_T^P \cdot 'F_T^P < 0, '\bar{v}_T^P \times 'F_T^P = 0 \tag{3.2-3}$$

式中：μ_s 和 μ_d 分别为静摩擦系数和动摩擦系数，工程应用中也常近似认为 $\mu_s = \mu_d$ 以简化问题的描述和计算；$'v_T^P$ 和 $'v_T^Q$ 为接触点沿接触面切平面的速度。

在有限元范畴内，现代接触分析算法的核心在于构建相应的虚功原理。考虑 $A-B$ 两物体间的接触问题，忽略一般的阻尼因素，将接触面边界视为面力边界，则该问题在 $t+\Delta t$ 时刻位形下的虚功原理可以表示为

$$\sum_r^{A,B} \left[{}^{t+\Delta t}\delta W_{int}^r - {}^{t+\Delta t}\delta W_L^r - {}^{t+\Delta t}\delta W_I^r - {}^{t+\Delta t}\delta W_C^r \right] = 0 \tag{3.2-4}$$

式中：δW_{int}、δW_L、δW_I 和 δW_C 分别为内能、外荷载虚功、惯性力虚功和接触力虚功的变分。特别地，将接触力虚功的变分 δW_C 展开如下：

$$^{t+\Delta t}\delta W_C = \sum_r^{A,B} \int_{{}^{t+\Delta t}S_c^r} {}^{t+\Delta t}F_i^r \delta u_i^{r\,t+\Delta t} \mathrm{d}S \tag{3.2-5}$$

式中：$^{t+\Delta t}F$ 为接触力分布；δu 为质点位移的变分。

3.2.2 求解方法

3.2.2.1 有限元方程快速求解方法

在科学和工程计算中，经常需要求解线性方程组。在有限元分析中，线性方程组的求解是最占用内存资源和最耗时间的部分。线性方程组能否快速准确地得到求解，往往决定了有限元分析的效率和可行性。目前，在有限元计算中，线性方程组的求解方法主要有传统直接分解法、稀疏直接求解和迭代法。传统直接分解法应用较多，这里就不再赘述。本节将主要介绍稀疏直接求解和迭代求解在有限元程序里的实现。

1. 稀疏直接分解法

在研究人员自主开发的有限元程序中，常采用传统的直接求解方法，如 LU 分解、LDLT 分解等，这些方法在应用于规模较小的问题时，计算效率高、稳定性好，但是随着

计算规模的增加，直接分解算法的计算成本会急剧增加，同时计算效率变得很低。线性方程组的求解效率低下限制了自主开发程序求解大规模问题的能力。岩土工程特别是动力时程分析问题，通常需要数天甚至一个月的时间。因此，研究计算效率高且稳定的线性方程组求解方法并编入到自主开发的程序中，具有重要意义。一些商业软件如 ABAQUS、ANSYS 等求解能力很强，可以短时间计算规模很大的问题，给自主开发程序的改进带来启发。商业软件中应用较多的快速求解方法是稀疏直接求解。

稀疏直接求解可以解决传统直接求解的缺陷，如矩阵存储占用资源多，计算时间长，同时保留其优点，可直接得到准确结果且计算稳定性好。稀疏直接求解的过程包括以下方面：

（1）填充元优化。稀疏直接求解同样需要进行三角分解，于是会在一些零元位置产生非零元，成为填充元，这意味着要增加存储需求。一些填充优化算法，如图论中的最小度法、嵌套剖分法等，常用来尽可能减少填充元数目。

（2）符号矩阵分解。符号分解可以确定分解式的非零结构，为接下来的数值矩阵分解提供依据。

（3）数值矩阵分解。系数矩阵需要根据符号分解的结果进行稀疏分解。

（4）回代计算。通过回代求解得到方程组的解。

稀疏直接求解虽然是建立在传统直接求解基础上的一种算法，但一个稳定实用的稀疏直接求解器涉及很多领域的知识。国际上有些研究小组专门开发这些算法，取得了很多成果。这些求解器有些被商业软件采用，有些是免费开源的。借鉴这些算法，并编入到自主开发的有限元程序中，可以用较短的时间提高程序的计算效率。表 3.2-1 统计了常用的一些稀疏直接求解器的基本情况。在开发的程序中采用了 PARDISO 和 MUMPS 求解器，其中 PARDISO 求解器可以在 Intel Visual Fortran 编译器里经相关设置后调用。

表 3.2-1　　　　　　　　　　　常用的稀疏直接求解器

求解器	适用矩阵		数值类型		可用接口		开源情况	
	对称	一般	实数	复数	C	Fortran	免费	开源
PARDISO	☑	☑	☑	☑	☑	☑	☑	
SuperLU	☑	☑	☑	☑	☑			☑
MUMPS	☑	☑	☑	☑	☑	☑	☑	☑
DSS	☑		☑	☑	☑			
HSL	☑	☑	☑	☑	☑	☑	☑	☑

2. 预处理迭代解法

无论是传统的直接求解方法，还是利用了稀疏求解技术的直接求解方法，都需要进行矩阵分解，而矩阵分解不可避免会引入大量的填充元，导致存储需求和计算量大大增加。通常矩阵分解后的三角矩阵中非零元素是原系数矩阵非零元的 10 倍以上。迭代法可以避免矩阵分解产生大量填充元的问题，因为一般迭代法不需要矩阵分解，很适合大型线性方程组求解，甚至对于规模特别大的问题，迭代法可能是唯一的选项。

迭代法有很多种，在具体问题中需要结合问题的特点选择合适的迭代法和预处理方法。在土石坝的有限元分析中，离散得到的线性方程组具有以下特点：

（1）对称性。采用邓肯-张 E－B 模型等非线性弹性模型以及剑桥模型等相关联弹塑性模型，离散得到的系数矩阵是对称的，而使用了非相关联弹塑性模型最后会得到非对称的系数矩阵。充分利用系数矩阵的对称性，可以减少将近一半的存储空间需求。

（2）稀疏性。在土石坝模型的有限元离散中，只有关联节点（自由度）在系数矩阵的元素才为非零值。而每个节点的关联节点数相对于整体模型的节点数是极少的，这就导致系数矩阵的高度稀疏性。充分利用系数矩阵的稀疏性可以降低零元素的存储和计算。节点排序优化方法结合二维常带宽存储和一维变带宽存储，可以大幅降低零元素的存储需求。此外，还有坐标存储法、CSR 存储法、CSC 存储法等。这三种存储方法仅存储非零元素，对于稀疏矩阵可以最大程度地降低存储需求。

本书基于堰塞坝有限元计算的特点，在自主开发的程序中研究了数种 Krylov 预处理迭代解法。当系数矩阵为对称形式时，可以选用 CG、SQMR、MINRES 等对称迭代解法，辅以合适的预处理方法。当系数矩阵为非对称形式时，可以选用 QMR、Bi－CGSTAB 等非对称迭代解法。表 3.2－2 为开发的迭代法求解器，可分别用于对称、非对称方程组的求解。

表 3.2－2 开发的迭代法求解器

适用情况	SQMR	MINRES	CG	Bi－CGSTAB	QMR	CGS	GMRES	IDRs
对称矩阵	☑	☑	☑	☑	☑	☑	☑	☑
一般矩阵				☑	☑	☑	☑	☑

3.2.2.2 预处理方法

预处理是指在线性方程组的迭代过程前或过程中对系数矩阵进行处理和变换，提高迭代计算的收敛性。复杂工程问题在经过有限元离散后得到的线性方程组是高度病态的。直接进行迭代计算可能会遇到不收敛的情况，即使能够达到收敛，其收敛速度也往往很慢，计算时间很长，而伴随迭代法出现的各种预处理方法可以降低系数矩阵的病态性，减少迭代次数。预处理的本质是改善矩阵特征值的分布属性，特征值分布越集中，收敛性越好。

对于很多迭代算法，合理有效的预处理方法是不可或缺的。寻找高效、适应性强的预处理方法是迭代法研究的重点，一些学者提出和发展了多种预处理方法，不过至今也没有一种令人满意的和通用的预处理方法能够用于各领域的问题，究其原因在于不同领域的问题得到的线性方程组各有特点，难以用一种预处理方法解决所有的问题。对于岩土工程中的土石坝有限元分析，其离散得到的线性方程组也有自己的特点，选取哪种预处理迭代算法较好，现在研究得还不多。

总的来讲，预处理有三种格式，对于预处理矩阵：

$$P = P_L P_R \tag{3.2-6}$$

式中：P_L 和 P_R 分别为左处理矩阵和右处理矩阵，可以将 $Ax = b$ 预处理为

$$P_L^{-1} A P_R^{-1} P_R x = P_L^{-1} b, \quad \tilde{A} \tilde{x} = \tilde{b} \tag{3.2-7}$$

根据预处理矩阵的作用方式，可以分为以下几种情况：

（1）左预处理：$P_R = I$。

（2）右预处理：$\boldsymbol{P}_{\mathrm{L}} = \boldsymbol{I}$。

（3）左-右预处理：$\boldsymbol{P}_{\mathrm{L}} \neq \boldsymbol{I}$，$\boldsymbol{P}_{\mathrm{R}} \neq \boldsymbol{I}$。

在实际应用中，预处理格式的选用取决于系数矩阵 $\boldsymbol{A}$ 的特点以及所采用的迭代方法。以上几种预处理格式各有特点，比如右预处理后的线性方程组的残差和原方程组的一样，所以在迭代过程中可以方便地观察到收敛情况；而左右预处理需要预处理矩阵 $\boldsymbol{P}$ 能够方便地按式（3.2-7）分解。一般来讲，预处理方法是需要针对具体问题来选择的，所采用的预处理方法要能充分地考虑以下两个方面：

（1）预处理后的方程组收敛性好，即预处理方法能够有效地降低原系数矩阵的条件数，理论上当 $\boldsymbol{P} = \boldsymbol{A}$ 时是最理想的，但这会很难满足第（2）点。

（2）预处理矩阵容易实现，在编程过程中比较简单，计算过程中不会占用大量内存资源，且占用时间较少。

以上两方面的要求其实是难以同时满足的。最理想的预处理矩阵是原系数矩阵 $\boldsymbol{A}$ 的逆矩阵，这意味着采用左处理格式时直接得到精确解，但对于阶数通常高达数万乃至几十万的 $\boldsymbol{A}$ 矩阵是很难得到逆矩阵的。在针对具体问题时，选取合适的预处理矩阵要求在以上两个要求中做到合理的平衡。目前，有很多种预处理方法可供选择，下面将对几种流行的预处理方法进行讨论。

1. 对角预处理

对角预处理是最简单也是最常用的一种预处理方法。对角预处理也有好几种，这里讨论标准 Jacobi 法（SJ）、修正 Jacobi 法（MJ）和广义 Jacobi 法（GJ）。

SJ 预处理方法是选取矩阵 $\boldsymbol{A}$ 的对角阵作为预处理矩阵，即 $\boldsymbol{P} = \mathrm{diag}(\boldsymbol{A})$。当采用右预处理格式时，预处理后的矩阵为

$$\tilde{\boldsymbol{A}} = \left[\frac{a_{ij}}{a_{jj}} \right] \tag{3.2-8}$$

即同一列的元素被同比例地缩放。左预处理正好相反，是同一行的元素被同比例地缩放。虽然看起来很简单，不过对于许多问题 SJ 是很有效的预处理方法。这种方法适合于对角元占优且对角元素数量级相差不大的线性方程组。而对于非对角元素远大于对角元的问题，这种预处理方法一般是不适用的，如动力 Biot 固结方程在经过空间和时域的离散后会得到式（3.2-8）形式的线性方程组：

$$\begin{bmatrix} \boldsymbol{K} & \boldsymbol{C} \\ \boldsymbol{C}^{\mathrm{T}} & \boldsymbol{H} \end{bmatrix} \boldsymbol{x} = \boldsymbol{b} \tag{3.2-9}$$

式中：$\boldsymbol{K}$ 为刚度矩阵、质量矩阵和阻尼矩阵的组合矩阵；$\boldsymbol{H}$ 为渗透矩阵；$\boldsymbol{C}$ 为耦合矩阵；$\boldsymbol{x}$ 为待求向量；$\boldsymbol{b}$ 为右端项。渗透矩阵 $\boldsymbol{H}$ 和耦合矩阵 $\boldsymbol{C}$ 的表达式为

$$\boldsymbol{P} = c_1 \Delta t \iiint_v \boldsymbol{B}_{\mathrm{s}}^{\mathrm{T}} \boldsymbol{K}_{\mathrm{c}} \boldsymbol{B}_{\mathrm{s}} \mathrm{d}v \tag{3.2-10}$$

$$\boldsymbol{C} = \iiint_v \boldsymbol{B}^{\mathrm{T}} \boldsymbol{m} \boldsymbol{N} \mathrm{d}v \tag{3.2-11}$$

式中：c_1 为积分相关的参数；Δt 为时间步长；$\boldsymbol{B}_{\mathrm{s}}$ 为形函数偏导的组合矩阵；$\boldsymbol{K}_{\mathrm{c}}$ 为渗透矩阵；$\boldsymbol{B}$ 为形函数偏导的组合矩阵；$\boldsymbol{m}$ 为 $[1\,1\,1\,0\,0\,0]^{\mathrm{T}}$；$\boldsymbol{N}$ 为形函数矩阵。

B_s 和 B 的数量级是 $1/L$，L 是单元的特征长度，渗透矩阵 H 的数量级是 $\Delta tk/L^2$，而耦合矩阵 C 的数量级是 $1/L$。那么当时间步长很小且渗透系数 k 很小时，则渗透矩阵 H 中非零元素的数量级会远小于耦合矩阵 C 中非零元素的数量级。系数矩阵 A 的对角线上的孔压自由度元素 a_{jj} 会远小于同一列的非零元素 a_{ij} 和同一行的非零元素 a_{ji}。这样如果仍然采用 SJ 的预处理，会出现预处理后的矩阵对角元为 1，但是相应孔压自由度的非对角元会出现远大于 1 的结果。此时预处理后的矩阵条件数依然很大，导致迭代计算不易收敛。Chan 等（2001）结合 SJ 预处理方法的缺陷进一步提出了修正的 Jacobi 方法（MJ）。这种方法是通过用孔压自由度的非对角元中的最大值对该行（左预处理）或该列（右预处理）进行同比例缩放来降低整体矩阵中远大于对角元的非对角元素的数目从而降低整体系数矩阵的条件数：

$$\widetilde{A} = \left[\frac{a_{ij}}{a_{jj}S_j} \right] \qquad (3.2-12)$$

式中：S_j 为每一列的比例因子，对角元为位移自由度的 S_j 等于 1，对于孔压自由度的 S_j 定义如下：

$$S_j = \frac{\max_i |a_{ij}|}{|a_{jj}|} \geqslant 1 \qquad (3.2-13)$$

MJ 相对于 SJ 是一种较为有效且方便的方法，但是这种方法仍然是一种较为简单的方法，且是建立在经验分析的基础上的，缺乏理论性。Phoon 等（2002）受 Murphy 等（2000）关于矩阵特征值的理论研究启发，通过理论验证和数值计算验证，提出了一种新的对角预处理方法广义 Jacobi（GJ）预处理方法。GJ 预处理矩阵也是一个对角矩阵：

$$P_{GJ} = \begin{bmatrix} \mathrm{diag}(K) & 0 \\ 0 & \alpha\,\mathrm{diag}\left[H + C^{\mathrm{T}}\mathrm{diag}(K)^{-1}C \right] \end{bmatrix} \qquad (3.2-14)$$

式中：α 推荐值为 -4；其他符号和式（3.2-9）相同。

GJ 方法对于一般的问题有很好的预处理效果，特别是对于性质比较接近的均质土体，但是实际的岩土问题中经常遇到性质相差较大的土体，如土石坝或堰塞坝中有堆石料、心墙黏土、混凝土防渗墙、覆盖层等，其材料性质差别很大。简单的对角预处理就很难有效地进行预处理，或者说对角预处理后的线性方程组不易收敛。

2. 基于经典迭代法的预处理

此类方法是利用矩阵分裂的思想，$A = U + L + D$，通过矩阵 U、L、D 来构造预处理矩阵。定常迭代法中的 Jacobi 迭代、Gauss-Seidel 迭代和 SSOR 迭代等都可以作为预处理方法使用。这里仅介绍应用较多的 SSOR 预处理方法。

SSOR 预处理可以看作是 SSOR 迭代法的一个迭代步。SSOR 预处理矩阵可以表示为

$$P = \left(L + \frac{D}{\omega} \right) \left(\frac{D}{\omega} \right)^{-1} \left(U + \frac{D}{\omega} \right) \qquad (3.2-15)$$

式中：D 为矩阵 A 的对角阵；L 和 U 分别为 A 的严格下、上三角矩阵。式（3.2-15）用到的是矩阵 A 的原始对角阵 D，仍然会遇到 SJ 预处理中的问题，即渗透系数很小时孔压自由度对角元远小于非对角元。Chen 等（2006）结合 GJ 预处理和 SSOR 预处理的思想，将 GJ 预处理矩阵引入 SSOR，即将式（3.2-15）中的 D 矩阵替换为 P_{GJ}，即

$$P = \left(L + \frac{P_{GJ}}{\omega} \right) \left(\frac{P_{GJ}}{\omega} \right)^{-1} \left(U + \frac{P_{GJ}}{\omega} \right) \tag{3.2-16}$$

式中：ω 的选取需要根据经验确定，一般 $1 \leqslant \omega \leqslant 1.5$。

3.2.2.3 接触非线性方程的求解方法

接触分析区别于一般有限元分析的本征问题是需求解接触力虚功，其主要的困难来自接触非线性，即平衡时刻的接触边界条件在计算前是未知的。在具体计算时，需要引入对接触边界条件的预设，预设的方法因所用数值方法的不同而各异。

罚函数方法在常规势能泛函中加入一个考虑接触约束的附加泛函：

$$\Pi_{CP} = \frac{1}{2} \overline{\boldsymbol{u}}^{\mathrm{T}} \alpha \overline{\boldsymbol{u}} \tag{3.2-17}$$

式中：$\overline{\boldsymbol{u}}$ 为广义位移自由度；α 为与接触状态相关的罚因子。罚函数法的本质是将接触非线性问题转化为材料非线性问题，常用的接触面单元法是罚函数法的一种简化。

Lagrange 乘子法通过引入一个与接触状态相关的待求乘子 λ 定义接触势能：

$$\Pi_{CL} = \overline{\boldsymbol{u}}^{\mathrm{T}} \lambda \tag{3.2-18}$$

与罚函数法相比，Lagrange 乘子法的优点是理论上可以严格满足接触边界条件，缺点是乘子 λ 作为未知量增加了方程的自由度规模，且总刚度矩阵存在零对角元素，从而给求解带来一定困难。为综合上述两种方法的优点，学者们又发展了摄动 Lagrange 乘子法及增广 Lagrange 乘子法。此外，数学规划法用线性互补变量表示接触边界条件，并构造相应的势能泛函，将接触问题等效为标准二次规划问题求解，其优点在于无须对接触模式做出假设，缺点是应用于空间接触问题的难度大。

直接迭代法是常用的求解非线性方程的方法，在接触问题的研究中起步较早。其缺点是算法的收敛性不能得到完全保证，增量步的设置对收敛与否影响较大；其优点是在有限元范畴内的具体实现较为简单，理论上可精确满足接触边界条件，且不增加方程的自由度规模。直接迭代法与罚函数法和 Lagrange 乘子法等方法在对接触状态的预设上是完全相同的，不同之处在于用估计-校正的方法处理接触力未知量。迭代过程中可能经历的状态转换归纳为表 3.2-3。

选用直接迭代法求解接触非线性方程，相应迭代层的主要流程如下：①对所有接触点对的接触状态做出预设，根据预设的接触状态和不平衡力的具体分布给出接触边界条件；②求解方程并记录得到的位移增量和内力增量，同时得到新的不平衡力分布和相对位移分布；③根据新的不平衡力分布和相对位移分布对①中假设的接触状态进行校

表 3.2-3　　　　接触状态的预设方法

预设状态	约束条件	预设量
黏结	$^{t+\Delta t}g_N^P = 0, \overline{\boldsymbol{u}}_T^P = 0$	无
滑移	$^{t+\Delta t}g_N^P = 0$ $\lvert ^{t+\Delta t}\boldsymbol{F}_T^P \rvert = \mu \lvert ^{t+\Delta t}\boldsymbol{F}_N^P \rvert$ $\overline{\boldsymbol{u}}_T^{P\,t+\Delta t}\boldsymbol{F}_T^P < 0$ $\overline{\boldsymbol{u}}_T^{P\,t+\Delta t}\boldsymbol{F}_T^P = 0$	$^{t+\Delta t}\boldsymbol{F}_N^P = {}^t\boldsymbol{F}_N^P$ $\overline{\boldsymbol{u}}_T^P = {}^t\boldsymbol{u}_T^P - {}^{t-\Delta t}\overline{\boldsymbol{u}}_T^P - {}^t\boldsymbol{u}_T^Q$ $+ {}^{t-\Delta t}\boldsymbol{u}_T^Q$
分离	$^{t+\Delta t}\boldsymbol{F}^P = {}^{t+\Delta t}\boldsymbol{F}^Q = 0$	$^{t+\Delta t}\boldsymbol{F}^P = {}^{t+\Delta t}\boldsymbol{F}^Q = 0$

核，若不满足表 3.2-4 所示的校核条件，则转换为相应的修正状态。

表 3.2-4　　　　　　　　　**接触问题的定解条件和校核条件**

接触状态	约束条件	校核条件	修正状态
黏结	${}^{t+\Delta t}g_N^P = 0$ $\overline{\boldsymbol{u}}_T^P = 0$	${}^{t+\Delta t}\boldsymbol{F}_N^P > 0$	分离
		$\| {}^{t+\Delta t}\boldsymbol{F}_T^P \| < \mu \| {}^{t+\Delta t}\boldsymbol{F}_N^P \|$	滑移
滑移	${}^{t+\Delta t}g_N^P = 0$ $\| {}^{t+\Delta t}\boldsymbol{F}_T^P \| = \mu \| {}^{t+\Delta t}\boldsymbol{F}_N^P \|$ $\overline{\boldsymbol{u}}_T^P \, {}^{t+\Delta t}\boldsymbol{F}_T^P < 0$ $\overline{\boldsymbol{u}}_T^P \, {}^{t+\Delta t}\boldsymbol{F}_T^P = 0$	${}^{t+\Delta t}\boldsymbol{F}_N^P > 0$	分离
		$\overline{\boldsymbol{u}}_T^P \, {}^{t+\Delta t}\boldsymbol{F}_T^P < 0$ $\overline{\boldsymbol{u}}_T^P \, {}^{t+\Delta t}\boldsymbol{F}_T^P = 0$ $\| \overline{\boldsymbol{u}}_T^P \| > \varepsilon_s$	黏结
分离	${}^{t+\Delta t}\boldsymbol{F}^P = {}^{t+\Delta t}\boldsymbol{F}^Q = 0$	${}^{t+\Delta t}g_N^P > \varepsilon_d$	黏结

注　表中 ε_s 和 ε_d 是人为给定的切向和法向接触容差。

若接触点对的接触状态符合预设则认为假设正确，并转入后续的增量求解。否则，回到①，对初始假设进行修正后重新计算。

3.2.3　与接触相关的广义自由度

若采用整体坐标系下的绝对位移作为与接触边界条件相关的自由度，即常规自由度，则在使用罚函数法施加接触边界条件时，刚度矩阵的主元位置和非主元位置均出现大数，增加了线性方程组的求解难度。本书采用局部坐标系下的相对位移作为与接触相关的自由度，即广义自由度，集成的总体刚度矩阵只在主元位置出现大数，因而可使用求解线性方程组的常规算法。

在以主从关系刻画的接触问题中，典型的接触点对如图 3.2-2 所示。M 是曲面 1-2-3-4 上的一点，S 点与 M 点构成一个接触点对。接触点对所在的整体坐标系可由（$\boldsymbol{e}_1$，$\boldsymbol{e}_2$，$\boldsymbol{e}_3$）扩展得到，局部坐标系则可由（$\boldsymbol{e}_1'$，$\boldsymbol{e}_2'$，$\boldsymbol{e}_3'$）扩展得到，其中 $\boldsymbol{e}_3'$ 与曲面在 M 点处的外法线方向 $\boldsymbol{n}$ 一致，原点即为 M 点。将 S 点的位移记为 $\boldsymbol{u}_s$，M 点的位移记为 $\boldsymbol{u}_m$，S 点相对于 M 点的位移记为 $\overline{\boldsymbol{u}}$，则满足如下关系：

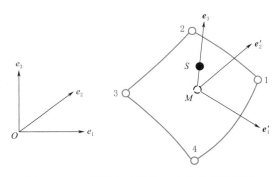

图 3.2-2　接触点对及其对应的局部坐标系

$$[\boldsymbol{u}_s] = [\boldsymbol{u}_m] + [\boldsymbol{R}][\overline{\boldsymbol{u}}] = [\boldsymbol{N}][\boldsymbol{u}_f] + [\boldsymbol{R}][\overline{\boldsymbol{u}}] \tag{3.2-19}$$

式中：$[\boldsymbol{N}]$（$3 \times n$）为由形函数构成的比例阵，对应曲面 1-2-3-4 上顶点位移矢量的整体坐标分量阵 $[\boldsymbol{u}_f]$。$[\boldsymbol{R}]$（3×3）为坐标系旋转阵，对应相对位移矢量的局部坐标分量阵 $[\overline{\boldsymbol{u}}]$，元素 R_{ij} 为两组坐标基的内积：

$$R_{ij} = \boldsymbol{e}_i \cdot \boldsymbol{e}_j' \tag{3.2-20}$$

因此，$[\overline{\boldsymbol{u}}]$ 的计算式为

$$[\overline{\boldsymbol{u}}] = [\boldsymbol{R}]^{-1}[\boldsymbol{u}_s] - [\boldsymbol{R}]^{-1}[\boldsymbol{N}][\boldsymbol{u}_f] \tag{3.2-21}$$

根据旋转阵的性质，可有

$$R_{ij}^{-1} = e'_i \cdot e_j \tag{3.2-22}$$

在常规自由度描述下，将单刚 $\boldsymbol{K}^e$ 按节点自由度组合进行分块，分块子矩阵记为 $\boldsymbol{K}_{ij}^e$，相应的单元右端项子阵记为 $\boldsymbol{P}_j^e$。

则广义自由度对应的分块子矩阵满足：

$$\boldsymbol{K}_{ij}^{e'} = [\boldsymbol{N} \quad \boldsymbol{R}]^{\mathrm{T}} \boldsymbol{K}_{ij}^e [\boldsymbol{N} \quad \boldsymbol{R}] \tag{3.2-23}$$

广义自由度对应的单元右端项子阵满足：

$$\boldsymbol{P}_j^{e'} = [\boldsymbol{N} \quad \boldsymbol{R}]^{\mathrm{T}} \boldsymbol{P}_j^e \tag{3.2-24}$$

3.2.4　接触面数据结构

虽然目前接触搜索算法的种类繁多，但对于作为算法基础的数据结构的研究却极少。清华大学岩土工程研究所土石坝课题组首次提出采用双向链接边表（DCEL）作为三维接触面的基础数据结构，以提高接触邻接搜索的效率及可靠性。双向链接边表 DCEL（Doubly connected edge list）也常被表述成半边结构 Half Edge，半边结构的核心逻辑是边的对偶关系和前后承接关系。如图 3.2-3 所示，网络内部的每条边都被视为由两条反向的"半边"所构成，这两条半边互称为"兄弟边"，即所谓的对偶关系；每条半边又都具有"前驱边"和"后继边"，即所谓的承接关系。

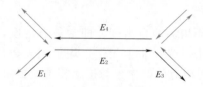

图 3.2-3　半边结构示意图
E_2—当前半边；E_1—前驱边；
E_3—后继边；E_4—兄弟边

完整的 DCEL 数据结构除了边-边关系外还包括面-边和点-边的关联法则。面-边关联法则为，逆时针包围某一面片的各边称为该面片的外接边，面片则称为这些外接边的内接面。点-边关联法则为，每条有向半边包含一个起点和一个终点，以某节点为起点的半边称为该节点的衍生边，两条同起点的半边互称为同源边。

图 3.2-4 给出了一个简单网格的 DCEL 数据结构。图中互为兄弟边的两条半边互为反向，如 E_{21} 和 E_{12}，而 E_{34} 和 E_{45} 由于处于整个网格的边缘，因此无兄弟边。面 F_1 有四条外接边：E_{12}、E_{23}、E_{34} 和 E_{41}。面 F_2 则仅有三条外接边。点 N_4 的衍生边包括 E_{45} 和 E_{41}，两者互为同源关系。

在组织数据结构时，不必保存所有的相关信息。半边对象中只要保存指向兄弟边、后继边、同源边、内接面和终点的指针。面对象中只需保存指向某一外接边的指针；点对象中只需保存指向某一衍生边的指针。对于图 3.2-4 中的 DCEL 结构，其内部信息如图 3.2-5 所示。

DCEL 的生成算法包括以下几个步骤：①根据已知的表面节点和表面单元面信息生成数据结构中的节点对象集和面对象集。该步骤的时间复杂度和空间复杂度皆为 $O(N)$；②遍历表面单元面，按照单元面拓扑依次添加边对象，并同时添加或刷新面的外接边信息，点的衍生边信息、边的后继边信息、内接面信息、终点信息以及同源边信息。该步骤的时间复杂度和空间复杂度皆为 $O(N)$；③遍历边对象，查找当前边对象的终点，在该点

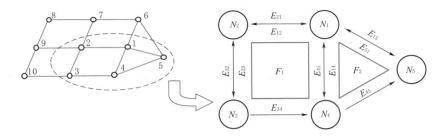

图 3.2 - 4　局部网格及对应的 DCEL 数据结构

F—面对象；E—边对象；N—点对象

（a）边数据

边号	兄弟边	后继边	内接面	终点	同源边
E_{12}	E_{21}	E_{23}	F_1	N_2	E_{14}
E_{23}	E_{32}	E_{34}	F_1	N_3	E_{21}
E_{34}	None	E_{41}	F_1	N_4	E_{32}
E_{41}	E_{14}	E_{12}	F_1	N_1	E_{45}
E_{14}	E_{41}	E_{45}	F_2	N_4	E_{15}
E_{45}	None	E_{51}	F_2	N_5	E_{41}
E_{51}	E_{15}	E_{14}	F_2	N_1	E_{56}

（b）点数据

点号	衍生边	
N_1	E_{12}	E_{14}
N_2	E_{23}	
N_3	E_{34}	
N_4	E_{41}	E_{45}
N_5	E_{51}	

（c）面数据

面号	外接边
F_1	E_{12}
F_2	E_{14}

图 3.2 - 5　DCEL 结构数据表

的衍生边中搜寻当前边的兄弟边并建立联系，从而完整地生成一个 DCEL 数据结构。该步骤的时间复杂度和空间复杂度也皆为 $O(N)$。综上，可在 $O(N)$ 时间复杂度下以 $O(N)$ 空间复杂度生成一个适用于描述接触面拓扑关系的 DCEL 数据结构。

　　DCEL 的基本搜索算法如下：①面的外接边和顶点搜索。对给定的面，首先查找其外接边 E_1，然后依次查找当前边 E_n 的后继边 E_{n+1} 直到 $E_{n+1} = E_1$ 为止，按需提取该过程中的点、边信息即可完成搜索；②面的邻接面搜索。搜索顺序类似①，对 E_n 再搜索其兄弟边和兄弟边的内接面，提取过程中的内接面信息即可完成搜索；③边的邻接面搜索。对给定边，其内接面和其兄弟边的内接面即为该边的邻接面；④点的邻接面搜索。对给定的点，遍历其衍生边，依次记录衍生边的内接面即可完成搜索；⑤网络边缘面、边、点的判断。边的兄弟边为空，则该边处于网络边缘；面的外接边包含这样的边，该面处于网络边缘；点的衍生边包含这样的边，该点处于网络边缘。综上，DCEL 的基本搜索算法都可在常数时间内完成，而更复杂的搜索过程可通过上述基本算法的简单组合得到。例如搜索某点的外围点即可通过④和①的组合实现。

　　与邻接矩阵数据结构相比，DCEL 数据结构具有存储效率高、算法灵活度高和算法时间复杂度小的显著优点，将 DECL 作为描述接触面的基础数据结构有助于提高接触搜索算法的效率及可靠性。

3.2.5　接触面重建算法

　　应用于面板堆石坝工程中的接触数值算法需具备描述面板和堆石料间位移不连续现象

的能力，需充分考虑发生大面积分离和滑移时算法的精确性、稳定性和运行效率。为此，清华大学岩土工程研究所土石坝课题组对接触面的重建算法及相应的搜索定位算法进行了专门的研究，创建了一套适用于描述面板和堆石料间接触关系的几何算法系统。该系统采用径向基点插值法（RPIM）作为 3D 曲面重建方法以减少滑移情况下接触状态的振荡，并提高接触面的描述精度。

设 $u(x)$ 是定义在二维域 Ω 中的一个连续函数，可用一系列基函数的组合近似表示为

$$u(x)=\sum_{i=1}^{w} B_i(x)a_i = B^{\mathrm{T}}(x)a \qquad (3.2-25)$$

式中：$B_i(x)$ 为基函数；a_i 为相应的系数。为确定系数向量 $\boldsymbol{a}$，计算点 x 的支持域内至少需包含 w 个插值点。基函数为 Wang 和 Liu 提出的多项式基函数（PIM）和径向基函数（RBF）的组合，如下所示：

$$u(x)=\sum_{i=1}^{n} R_i(x)a_i + \sum_{j=1}^{m} P_j(x)b_j = R^{\mathrm{T}}(x)\boldsymbol{a} + P^{\mathrm{T}}(x)\boldsymbol{b} \qquad (3.2-26)$$

式中

$$\boldsymbol{R}(x)=\begin{bmatrix} R_1(x) & R_2(x) & \cdots & R_n(x) \end{bmatrix}^{\mathrm{T}} \qquad (3.2-27)$$

$$\boldsymbol{P}(x)=\begin{bmatrix} P_1(x) & P_2(x) & \cdots & P_n(x) \end{bmatrix}^{\mathrm{T}} \qquad (3.2-28)$$

$$\boldsymbol{a}=\begin{bmatrix} a_1 & a_2 & \cdots & a_n \end{bmatrix}^{\mathrm{T}} \qquad (3.2-29)$$

$$\boldsymbol{b}=\begin{bmatrix} b_1 & b_2 & \cdots & b_m \end{bmatrix}^{\mathrm{T}} \qquad (3.2-30)$$

式中：$R_i(x)$ 为径向基函数，是以域内节点 x_i 为中心的钟形函数，可表示为

$$R_i(x)=R_i(x-x_i)=R_i(r_i) \qquad (3.2-31)$$

式中：r_i 为计算点 x 与点 x_i 的距离：

$$r_i=\sqrt{(x-x_i) \cdot (x-x_i)} \qquad (3.2-32)$$

$\boldsymbol{P}(x)$ 为多项式基函数矢量，常见形式为线性完备基或二次完备基：

$$\boldsymbol{P}(x)=\begin{bmatrix} 1 & x & y \end{bmatrix}^{\mathrm{T}} \qquad m=3 \qquad (3.2-33)$$

$$\boldsymbol{P}(x)=\begin{bmatrix} 1 & x & y & x^2 & xy & y^2 \end{bmatrix}^{\mathrm{T}} \qquad m=6 \qquad (3.2-34)$$

可通过点 x 支持域内的 n 个插值点 x_i 确定系数向量 $\boldsymbol{a}$ 和 $\boldsymbol{b}$，具体算式如下：

$$\begin{bmatrix} \boldsymbol{U}_s \\ 0 \end{bmatrix}=\begin{bmatrix} \boldsymbol{C} & \boldsymbol{D} \\ \boldsymbol{D}^{\mathrm{T}} & 0 \end{bmatrix}\begin{bmatrix} \boldsymbol{a} \\ \boldsymbol{b} \end{bmatrix}=\boldsymbol{G}\begin{bmatrix} \boldsymbol{a} \\ \boldsymbol{b} \end{bmatrix} \qquad (3.2-35)$$

式中：$\boldsymbol{U}_s$ 为插值点的函数值向量：

$$\boldsymbol{U}_s=\begin{bmatrix} u_1 & u_2 & \cdots & u_n \end{bmatrix}^{\mathrm{T}} \qquad (3.2-36)$$

$\boldsymbol{C}$ 为径向基相关的基函数矩阵：

$$\boldsymbol{C}=\begin{bmatrix} R_1(x_1) & R_2(x_1) & \cdots & R_n(x_1) \\ R_1(x_2) & R_2(x_2) & \cdots & R_n(x_2) \\ \vdots & \vdots & \ddots & \vdots \\ R_1(x_n) & R_2(x_n) & \cdots & R_n(x_n) \end{bmatrix} \qquad (3.2-37)$$

D 为多项式基相关的基函数矩阵：

$$D = \begin{bmatrix} 1 & x_1 & y_1 & \cdots & P_m(x_1) \\ 1 & x_2 & y_2 & \cdots & P_m(x_2) \\ \vdots & \vdots & \vdots & \ddots & \vdots \\ 1 & x_n & y_n & \cdots & P_m(x_n) \end{bmatrix} \tag{3.2-38}$$

通过式（3.2-35）求解 a 和 b 后，可得到函数 $u(x)$ 的插值形式：

$$u(x) = \begin{bmatrix} R^{\mathrm{T}}(x) & P^{\mathrm{T}}(x) \end{bmatrix} \begin{bmatrix} a \\ b \end{bmatrix} = \begin{bmatrix} R^{\mathrm{T}}(x) & P^{\mathrm{T}}(x) \end{bmatrix} G^{-1} \begin{bmatrix} U_s \\ 0 \end{bmatrix} = \Phi^{\mathrm{T}}(x) U_s$$

$$\tag{3.2-39}$$

式中：$\Phi(x)$ 是函数节点值向量 U_s 对应的形函数向量，可展开为

$$\Phi(x) = \begin{bmatrix} \phi_1(x) & \phi_2(x) & \cdots & \phi_n(x) \end{bmatrix}^{\mathrm{T}} \tag{3.2-40}$$

式中：各单项 $\phi_k(x)$ 可表示如下：

$$\phi_k(x) = \sum_{i=1}^{n} R_i(x) G_{i,k}^{-1} + \sum_{j=1}^{m} P_j(x) G_{n+j,k}^{-1} \tag{3.2-41}$$

式中：$G_{i,k}^{-1}$ 为矩阵 G^{-1} 第 i 行、第 j 列的元素。同样，可用上述基函数空间梯度场的线性组合表示目标函数 $u(x)$ 的空间梯度场：

$$u_1(x) = \Phi_l^{\mathrm{T}}(x) U_s = \begin{bmatrix} \phi_{1,l}(x) & \phi_{2,l}(x) & \cdots & \phi_{n,l}(x) \end{bmatrix} \quad l = 1,2 \tag{3.2-42}$$

$$\phi_{k,l}(x) = \sum_{i=1}^{n} R_{i,l}(x) G_{i,k}^{-1} + \sum_{j=1}^{m} P_{j,l}(x) G_{n+j,k}^{-1} \quad l = 1,2 \tag{3.2-43}$$

基于二维径向基插值的曲面重建算法具有局部支持特性，对局部接触面的重建只需调用影响域内节点的坐标信息。该算法包括以下三个主要步骤：

（1）确定影响域中心点。在曲面重建之前，对给定的被动接触点，采用内外算法等面向有限元片段的局部搜索算法可确定其所属的主动接触片段 MF 及对应的主动接触点 P，可取 P 点作为曲面重建的影响域中心点，如图 3.2-6 所示。P 的整体坐标为 x^P，在 MF 内的参数坐标为 ξ^P。两组坐标的转换关系如下：

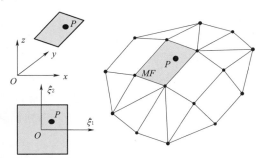

图 3.2-6 局部表面示意图

$$x^P = \sum_{i=1}^{m} N_i(\xi^P) x^i \tag{3.2-44}$$

式中：m 为单元面节点数；x^i 为节点的整体坐标；N_i 为单元面形函数。

（2）确定影响域的范围。确定影响域范围的实际意义在于确定插值点集合。在一般的无单元方法中，影响域范围的计算完全基于节点间距离的比较。本书利用 DCEL 结构，综合考虑拓扑和几何关系，采用逐层扩展搜索法确定影响域范围。对于均匀网格，以片段 MF 作为起始面，交替采用前文所述的邻接搜索操作（1）～（4）逐层向外搜索即可获得包含足够插值点的影响域，典型网格的影响域生成次序如图 3.2-7（a）所示。对于非均

145

匀网格，在拓扑连接关系外还需要考虑节点间距离的影响，本书设置了可扩展的搜索半径 R_n 作为参数，用以优选由拓扑关系得到的包围节点，典型网格的影响域生成次序如图 3.2-7（b）所示。

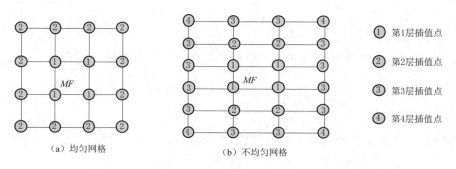

（a）均匀网格　　　　　　　　　　　（b）不均匀网格

① 第1层插值点
② 第2层插值点
③ 第3层插值点
④ 第4层插值点

图 3.2-7　影响域生成次序图

（3）插值重建。确定影响域内的插值节点序列后，以节点的 z 坐标值作为待插值函数，按照二维径向基点插值方法即可完成局部接触曲面的插值重建。

3.2.6　接触搜索定位算法

本书的搜索定位算法从阶段上可分为初始搜索阶段和追踪搜索阶段，在层次上可分为全局搜索和局部搜索。本书在接触面描述中采用了 DCEL 数据结构和曲面重建方法，相应的搜索定位算法也进行了更新，为叙述方便，本节将分初始搜索和追踪搜索两个阶段介绍具体的搜索定位算法。

3.2.6.1　初始搜索阶段

本书的初始搜索阶段依次调用全局搜索算法、局部曲面重建算法和曲面定位算法。由于 DCEL 数据结构和曲面重建方法与全局搜索无关，因此本书直接采用了 Oldenburg 和 Nilsson 提出的空间码算法作为全局搜索算法。基于全局搜索得到的测试对，可根据本章 4.5 节所述方法进行局部曲面重建，得到局部曲面的径向基形函数插值形式后，进行最终的曲面定位。

曲面定位的目标是确定被动接触点在重建曲面上的最近点（即主动接触点）。由于接触区域内的接触面经过曲面重建已经具有了 C^n 特性，所以不再存在所谓的死区问题。最近点的求解可通过求解下列方程组的根实现：

$$F(x') = \begin{bmatrix} F_1 \\ F_2 \end{bmatrix} = \begin{bmatrix} (x_s - x) \cdot x_1 \\ (x_s - x) \cdot x_2 \end{bmatrix} = 0 \tag{3.2-45}$$

式中：x_s 为被动接触点的整体坐标；x 为待定主动接触点的整体坐标，它是参数坐标 x' 的函数；x_1 和 x_2 分别为其关于 x' 两个分量的偏导数。

由式（3.2-45）表示的方程组是以 x' 为变量的二元非线性方程组，可通过 Newton-Raphson 方法迭代求解。鉴于局部曲面重建时影响域中心点的确定方法，可直接给出迭代初值如下：

$$x'_0 = \begin{bmatrix} 0 \\ 0 \end{bmatrix} \tag{3.2-46}$$

迭代求得的近似主动接触点 M 可表示为

$$x_M = x(x'_M) \qquad (3.2-47)$$

曲面在 M 处的单位外法向 n_M 可表示为

$$n_M = \frac{x_{M,1} \times x_{M,2}}{\| x_{M,1} \times x_{M,2} \|} \qquad (3.2-48)$$

考虑到数值容差，在曲面定位算法中需人为设置如图 3.2-8 所示的上下包围面 S_u 及 S_d。将真实接触面 S 沿外法向扩展距离 d_s^0 即得到上包围 S_u，沿反向扩展 d_p^0 即可得到 S_d。

初始搜索阶段最后需根据接触点对的距离设置相应的初始接触状态，见表 3.2-5。其中，穿透状态属于初始接触的异常状态，可能出于过盈配合的需求，也可能仅由建模时的错误产生。对于发生穿透的情况，在实际计算中可与黏结状态给出相同的初始约束条件，而将穿透量作为残差处理，若计算者没有预先打开过盈配合的开关，则向其发送异常警告。

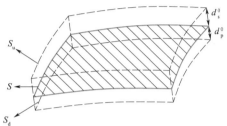

图 3.2-8 接触面的上下包围面

表 3.2-5 接触点对距离及相应初始接触状态

点对距离	初始接触状态	点对距离	初始接触状态
${}^t g_N > d_s^0$	分离	${}^t g_N < -d_p^0$	穿透
$d_s^0 \geqslant {}^t g_N \geqslant -d_p^0$	黏结		

3.2.6.2 追踪搜索阶段

本书的追踪搜索阶段分为三个子过程，依次为局部曲面更新过程、试定位过程及终定位过程。

一般情况下，在增量步 $t \to t+\Delta t$ 内，两接触体的相对位形会发生或多或少的变化：一方面，主动接触面自身发生了变形，导致影响域内插值节点的坐标发生了改变；另一方面，被动接触点可能会发生滑移，导致影响域的范围发生改变。鉴于此，增量步的开始阶段首先需要对局部曲面信息进行更新。局部曲面更新的过程可通过重新调用一次曲面重建算法实现，与初始搜索阶段不同的是，此时无须再通过全局搜索确定测试对，而可根据接触历史信息直接确定少数几个待测片段。本书的算法是首先在原主片段范围内搜索当前从点的最近顶点，再通过 DCEL 数据结构搜索该顶点的邻接面以得到待测片断集合，此后便可通过局部曲面重建算法完成局部曲面的更新，最终得到的光滑曲面记为 ${}^{t+\Delta t}S$，可表示为

$${}^{t+\Delta t}x(x') = {}^{t+\Delta t}\Phi^T(x')\,{}^{t+\Delta t}x_Q \qquad (3.2-49)$$

试定位过程通过两次局部定位提供从点与主动片段在一个增量步内的相对位形变化信息，这些信息为终定位过程对接触关系的更新提供依据。两次局部定位的目标曲面是一致的，即 $t+\Delta t$ 时刻的重建曲面，其中一次以 t 时刻的被动接触点 ${}^t x_s$ 为定位对象，对应的接触点对距离记为 ${}^t g_N$；另外一次以 $t+\Delta t$ 时刻的被动接触点 ${}^{t+\Delta t} x_s$ 为定位对象，对应的

接触点对距离记为$^{t+\Delta t}g_N$，如图 3.2－9 所示。

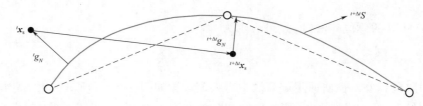

图 3.2－9　试定位过程示意图

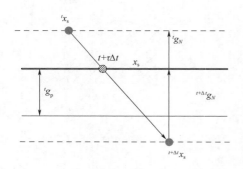

图 3.2－10　折减比例关系示意图

终定位过程对从点的接触位置进行最终定位，为下一增量步提供具体的接触约束边界。其主要任务是对穿透量进行控制。如图 3.2－10 所示，增量计算中从点可能会一定程度上"穿透"主面，这种穿透在物理上并不真实，是由增量形式的接触面描述和数值计算误差引起的。理论上，在无初始穿透情况下，可以通过缩减增量步来避免这种穿透的发生，但这必然导致试算次数的增加和增量步长的减小，进而导致计算时间复杂度的上升。在接触节点多，接触条件复杂的情形下，为达成理想的无穿透条件可能需要十分小的增量步长，这无疑会使求解接触问题的时间代价雪上加霜。但如果无视穿透量的存在完全采用静态方法来定位接触点对，则有可能使得计算因为丧失精度而失去意义。

本书通过引入一个穿透控制距离 g_p 来折中地处理这一矛盾。如果所有接触点对的穿透量满足式（3.2－49），则按照静态方法定位主动接触点，即直接以试定位结果作为最终定位结果，并进入下一增量步。

$$^{t+\Delta t}x(x') = {}^{t+\Delta t}\Phi^{\mathrm{T}}(x')\,{}^{t+\Delta t}x_Q \qquad (3.2-50)$$

若存在接触点对的穿透量过大，不能满足式（3.2－50），则折减步长，重新计算当前增量步。假设增量步内的荷载-变形响应是线性的，则采用式（3.2－51）所示的折减系数可以调整当前接触对达到无穿透条件，详细的比例关系如图 3.2－10 所示。

$$\tau = \frac{{}^{t}g_N}{{}^{t}g_N - {}^{t+\Delta t}g_N} \qquad (3.2-51)$$

实际应用中，荷载-变形响应一般是非线性的，此外，也需要考虑上一增量步残留的穿透量，即 $^{t}g_N < 0$ 的情况。因此本书以式（3.2－52）代替式（3.2－51）得

$$\tau = \frac{{}^{t}g_N + \dfrac{1}{2}g_p}{{}^{t}g_N - {}^{t+\Delta t}g_N} \qquad (3.2-52)$$

若存在多个接触点对穿透量过大的情况，则遍历这些接触点对，依次记录对应的折减系数，取这些系数的最小值作为最终折减系数：

$$\tau = \mathop{MIN}\limits_{i=1}^{m}\tau_i \qquad (3.2-53)$$

式中：m 为穿透量过大的接触点对的个数。若依上述方法进行折减后仍旧出现过量穿透情况，则需在折减增量步的基础上进行再折减，直到过量穿透情况消失为止。

3.2.7 大型非线性接触三维有限元数值模拟软件

3.2.7.1 研发背景

接触问题是非线性数值分析中最具挑战性的课题之一，广泛地存在于各类实际工程领域中。面板堆石坝是一个包括了多块面板和坝体的多体复杂系统，存在复杂的多体接触相互作用。对于面板堆石坝工程中存在的接触问题，目前常采用的数值模拟方法是基于常规有限元理论的接触面单元方法。该方法最为薄弱的两个方面是非协调网格的处理和不连续变形的模拟。这些问题不仅给数值计算带来了不便，且在一些情况下无法得到合理的计算结果。

在计算接触力学的分析方法中，允许非协调计算网格的存在，也即无须对计算模型剖分整体协调的有限元计算网格，而是可对发生多体接触关系的不同变形体分别剖分各自独立的计算网格，这可为数值计算带来极大的方便。计算接触力学通过约束变分原理引入包含了几何非线性的接触约束，对于模拟不连续变形，具有传统接触面单元方法所无法比拟的优势。计算接触力学对于接触界面的离散方法主要可分为点对面方法和面对面方法这两类。与点对面方法相比，面对面方法处理非协调网格的能力更强，具有更高的界面离散精度，其中最具代表性的是近年来快速兴起的对偶 mortar 元。

针对实际大型面板堆石坝工程所面临的求解大规模接触问题的需求，该软件发展了一套相应的高效稳定数值算法，并进行了数值实现。该软件基于 Fortran 语言开发，是一个包含约 1.5 万行程序代码的大型三维有限元计算软件。基于研究对象的特点，考虑到岩土工程中接触问题数值计算的复杂性，采用面向对象的模式进行开发和研制，具有极强的可扩展性，可在其基础上方便地进行二次开发。

3.2.7.2 基本模块

该软件的基本模块可概述如下。

1. 单元库

单元库不仅包含常见的二维和三维实体单元，还包括了二维边界单元和三维表面单元，以用于模拟接触问题中的接触界面。为了模拟单边接触问题，还额外开发了刚性面模块。由于需要模拟钢筋-混凝土的相互作用，因此该软件开发了考虑钢筋层的复合实体单元。单元库按照类的承继关系加以组织，高斯点、B 矩阵、J 矩阵、单元几何以及单元拓扑等有限元基本要素和相关计算都实现了高度集成和函数共享。二次开发者若需对单元库加以扩充，仅需在单元类中添加新的类，而不必在整体程序中逐段添加有关代码。

2. 材料库

其架构类似于单元库，除线弹性模型外，嵌入了邓肯-张 E-B 模型（非线性弹性模型）、沈珠江流变模型（考虑时间效应的堆石料本构模型）、Drucker-Prager 同向硬化塑性模型和弥散固定脆性裂缝模型等四种模型，可有效地开展非线性有限元计算。

3. 常规边界条件

该软件包含常规有限元理论中的绝大部分边界条件。可处理分向固支约束及分向给定位移约束等两种本质边界条件，可处理集中力、体力、给定方向的面力、实时捕捉表面法向的法向面力、可升降的水压力等五种第二类边界条件。为了方便用户输入边界条件的分布（包括方向和大小），分为常量分布和结点离散分布这两种类型。为了配合非线性增量求解方法，边界条件又分为全量和增量这两种形式。

4. 特殊边界条件

对于"斜约束"问题，也就是位移约束与整体坐标系的坐标基均不平行的情形，该软件将其等价地处理为单边接触问题。对于多体接触问题所引入的接触边界条件（或称为接触约束），相较于一些通用的商业有限元软件或接触数值算法，该软件开发了新的接触约束引入方法——局部正交变换，可以像处理无接触问题一样处理接触约束，这也是该软件最大的技术特色。

5. 程序的前处理

考虑到面板堆石坝工程施工的复杂性以及接触问题附加的复杂性，特别配置了拓扑检查、材料分块检查、施工过程检查、边界条件检查以及接触关系检查等功能模块，且均实现了可视化，用户可运行自动检查模块以避免不必要的错误。为了减少用户的输入工作量，该软件在调研商业有限元软件输入模式的基础上，特别地考虑了科学计算和工程数值模拟的特点，采用了列表式输入模式，可在 Excel 中进行批量操作。

6. 程序的后处理

该软件可按照施工过程显示计算结果，也能按照用户定义的子网格显示计算结果。子网格包括按材料、按单元集合、按节点集合和按表面等四种方式，用户可根据实际需求灵活选择。例如模拟接触问题时，可选择按照接触界面显示计算结果，这样可以十分直观和方便地观察和整理接触力和接触位移等特殊计算结果。

3.2.7.3 基本架构

为适应复杂有限元计算的需要，该软件在架构上采用多层次递进式架构，由上而下分为主体过程、工况步过程、增量步过程以及迭代步过程。

1. 主体过程

读入绝大部分的计算信息，明确计算规模和复杂程度，进行必要的检查和初始化处理，调用工况步过程，并回收内存。主体过程如图 3.2-11 所示。

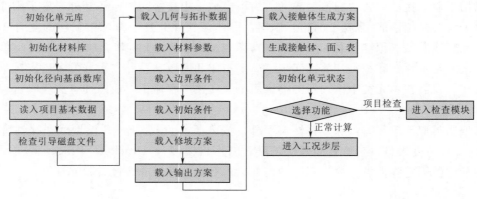

图 3.2-11　主体过程

2. 工况步过程

调用当前工况的信息，计算外力荷载和位移约束，激活或消隐相关的单元，以用于模拟岩土工程中逐层施工或者开挖的情形。根据当前激活的单元情况，自动更新需要发生接触相互作用的实体单元，并自动更新接触几何投影以及接触状态等信息。程序流程如图3.2-12所示。

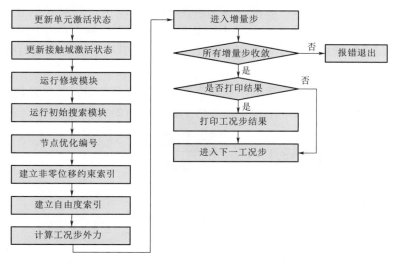

图 3.2-12 程序流程图

3. 增量步过程

为了配合非线性增量求解方法，并考虑摩擦力等非保守力所导致的不可逆过程，该软件可将工况步过程的位移约束或外力荷载进一步均匀地细分为若干个增量步过程，从而实现小增量加载。

3.2.7.4 非线性接触算法的基本框架及流程

鉴于计算接触力学区别于常规有限元理论，以下专门介绍非线性接触算法。图3.2-13给出了该软件所发展的非线性接触算法的基本框架，主要包括界面离散形式、接触本构模型和约束引入方法等三个方面。

（1）在常用的一些商业有限元软件中，界面离散形式通常包括点对面方法和面对面方法，其中，面对面方法的离散精度更高。该软件不仅数值实现了传统的点对面方法，且引入了对偶 mortar 元这种面对面方法中的最新研究成果。对偶 mortar 元是一种数值精度和计算稳定性均较高的离散方法，也是当前计算接触力学领域内的研究热点和研究焦点。

（2）接触本构模型分为法向和切向。法向接触本构模型包括常规的硬接触格式以及软接触格式，其中硬接触格式不允许接触界面两侧发生相互贯入，是一种宏观尺度上的理想模型，而软接触格式允许接触界面出现法向贯入，可用于描述接触界面的微观力学特性。在切向接触本构模型方面，该软件采用的是经典的库仑摩擦定律。

（3）一般而言，接触约束的引入方法主要可包括罚函数法、Lagrange 乘子法、增广 Lagrange 法和摄动 Lagrange 法。罚函数法对于硬接触问题无法精确满足法向无贯入条件，且容易引起总体刚度矩阵的病态。Lagrange 乘子法虽然能避免罚因子的上述缺陷，但乘子作为额外自由度增加了计算规模，且得到的线性方程组不再保持正定性，存在零对角元素，属于鞍点问题，在求解方法和计算效率上存在一定制约。增广 Lagrange 法能综合罚函数法和 Lagrange 乘子法的优点，但需要开辟额外的增广迭代层，计算效率仍有提升空间。

为此，该软件在调研当前科学研究领域内最新成果的基础上，发展了一种新的接触约束引入方法——局部正交变换，能够静态凝聚 Lagrange 乘子，只需要求解正定问题，可极大方便数值计算并提高计算效率。对于硬接触问题，该软件采用基于局部正交变换的Lagrange 乘子法进行求解，对于软接触问题，则采用基于局部正交变换的摄动 Lagrange法求解。

在图 3.2-13 所示的算法框架中，各模块可组合形成多种不同的接触数值算法，不仅降低了数值开发代价，且为实际工程应用提供了多种灵活的选择。

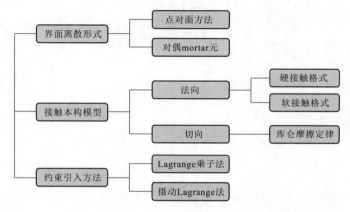

图 3.2-13　非线性接触算法的基本框架

图 3.2-14 给出了迭代步过程的程序流程图。在图 3.2-14 中，更新几何信息、计算接触力、校核与更新接触状态等部分构成了非线性信息的处理模块（包括几何非线性和接触非线性），材料非线性属于常规处理流程。更新几何信息包括节点坐标、从点法向和接触投影关系等方面。计算接触力则根据所采用的不同接触计算格式以及不同的接触约束而有所不同。对 Lagrange 乘子格式按 Lagrange 乘子的凝聚过程反算接触力；而对摄动 Lagrange 格式则根据罚因子和更新后的法向间隙量直接进行计算。校核与更新接触状态可采用接触分析中常用到的接触状态转换表，也可采用原始-对偶激活集方法中的互补性函数进行处理。

3.2.7.5　线性方程组的迭代求解算法和大型矩阵存储方法

1. 求解线性方程组的迭代算法

对大规模问题，采用直接分解法求解线性方程组的计算效率较低。为此，该软件引入了高效迭代算法，包括预处理共轭梯度算法（PCG）、最小残量方法（MINRES）和对称准最小残量方法（SQMR）等。结合这些算法使用的预处理子包括 Jacobi 预处理子和SSOR 预处理子等。相较于直接分解法，迭代算法的计算效率至少提高了 10 倍。

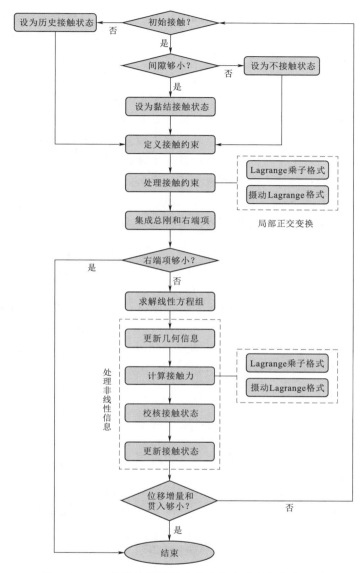

图 3.2 - 14 非线性接触算法的迭代步过程程序流程图

2. 总体刚度矩阵的存储方法

存储总体刚度矩阵的常用数据结构主要可包括基于带宽的方法、压缩稀疏存储法（也称为三元组法）和 EBE 存储法等。

基于带宽的方法一般用于直接分解法求解线性方程组的情形，在所存储的数据中会包含较多的零元素，因此一般需要使用带宽优化算法，以更好地利用总体刚度矩阵的稀疏特性，减少零元素的数目。该方法结合直接分解法使用，仅适用于中小规模问题。

压缩稀疏存储法只保留非零元素，完全剔除了零元素，无须带宽优化算法，是大规模数值计算中较常采用的一种方法。与基于带宽的方法一样，压缩稀疏存储法也需要集成总体刚度矩阵。在串行计算中，可先按 EBE 存储法存储单元刚度矩阵，再使用快速排序算法将总体刚度矩阵集成到压缩稀疏存储结构中，这一做法主要是考虑到今后的并行计算要求，以下称其为混合方法。然而，计算经验表明，当计算规模较大且涉及非协调网格时，一维变带宽方法和混合方法均需占用大量内存。基于指针的链表结构是避免内存浪费的常用数据结构，因此一种直接的做法是将链表扩展为链表矩阵，以作为总体刚度矩阵的存储结构，该方法也可称为链表存储法。在集成总体刚度矩阵的过程中，由于涉及频繁的搜索和顺序插入操作，简单的链表矩阵会导致极低的计算效率。

为此，该软件开发了自动布置哨兵指针的双重搜索链表矩阵。哨兵指针将一条链 UI、表分为大致长度相等的若干个区间，在集成总体刚度矩阵的过程中，先对哨兵指针进行第一个层次的搜索，以确定待插入的数值位于哪一个区间，然后在区间内进行第二个层次的搜索。当链表的长度 L 增加到一定程度后，则重新布置哨兵指针，以使得各区间的长度大致相同。哨兵指针按照以下规则进行布置：当 $L \leqslant 20$ 时，不布置哨兵指针；当 $L > 20$ 时，哨兵指针的当前数目 m 取为 $\sqrt{L}$ 的整数部分；在链表的长度 L 后续进一步增加的过程中，若 $L = (m+1)^2$，则重新布置哨兵指针，并更新哨兵指针的当前数目 m，否则保持原有的布置结构。

对图 3.2 - 15 所示的两个空心球进行了内存测试，并统计了集成总体刚度矩阵所需要的计算时间。外球的内、外径分别为 1.0m 和 1.1m，内球的内、外径分别为 0.9m 和 1.0m，划分的三维网格共有 31220 个节点和 24960 个单元。在该非协调网格中，外球的 1 个表面单元对应于内球的 64 个表面单元，外球作为从接触体，内、外球之间的接触关系为绑定约束。

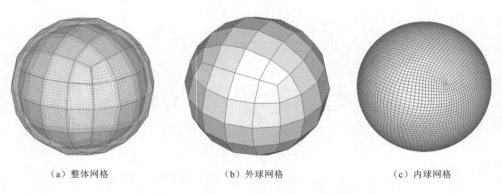

(a) 整体网格   (b) 外球网格   (c) 内球网格

图 3.2 - 15　内外空心球模型的非协调网格

对于该算例，一维变带宽方法和混合方法均占用超过 50GB 的内存，而简单的链表矩阵和双重搜索链表矩阵所需内存则分别约为 2.6GB 和 2.7GB，可见链表结构确实能够有效避免内存浪费。在集成总体刚度矩阵的过程中，简单的链表矩阵所需时间为 4 小时 11 分 6 秒，而该软件所开发的双重搜索链表矩阵仅需 4 分 15 秒，明显提高了计算效率。

3.2.7.6　典型数值算例

在以下所涉及的算例中，所有材料均按线弹性模型考虑，材料参数为杨氏模量 E 和泊松比 ν。法向接触本构模型均取为硬接触格式，因此均使用拉格朗日（Lagrange）乘子法施加接触约束。

1. Hertz 接触问题

Hertz 接触问题存在解析解，是检验接触数值算法的常用算例。图 3.2-16 为一个典型 Hertz 接触问题的 1/4 网格计算实例。两个半径为 8m 的半球（$E=200$MPa，$\nu=0.3$）发生无摩擦接触。图 3.2-16 右侧为局部网格放大图，在可能发生接触相互作用的区域内，适当加大了网格密度。上部球体的上表面受到均布法向面力 p 的作用，面力大小取为 0.2MPa，下部球体的下表面约束法向位移为 0。选取上部球体作为从接触体，而下部球体作为主接触体。

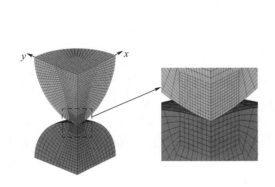

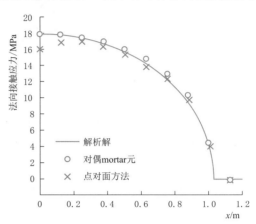

图 3.2-16　Hertz 接触问题的三维计算
网格及其局部放大图

图 3.2-17　法向接触应力沿 $y=0$ 切线的分布

分别采用点对面方法和对偶 mortar 元方法进行了计算。图 3.2-17 给出了两种接触方法计算所得接触界面上法向接触应力沿 $y=0$ 切线的分布及其与解析解的对比情况。可以看出，与点对面方法相比，对偶 mortar 元与解析解之间的偏差明显更小，这表明对偶 mortar 是一种精度更高的接触界面离散形式。

2. 滑出边界算例

如图 3.2-18（a）所示，两个边长为 1m 的立方块（$E=100$MPa，$\nu=0.3$）发生无摩擦接触。先在上部方块的上表面施加 0.05m 的法向压缩位移，后对上部方块施加侧向位移（0.3m，共分为 32 个滑动步施加），使其沿接触界面发生滑动。选取上部方块为从接触体，下部方块为主接触体，使用对偶 mortar 元进行计算。图 3.2-18（b）给出了最终状态下的网格，此时上部方块最右侧的一排单元已经完全滑出了接触界面。因此，最右侧一排节点的接触积分面积在整个滑动过程中逐渐减小，直至为 0。已有的研究结果证实，这样的情况将导致较严重的矩阵病态。

在滑移过程中，计算了每个滑动步最后一个非线性迭代步中的总体刚度矩阵的条件数。矩阵条件数随滑动步的变化过程如图 3.2-19 所示，其中"无处理"和"节点规则化"的计算结果均引自计算接触力学的相关文献。由图 3.2-19 可见，在从面单元滑出边界时，不作任何处理将导致矩阵条件数急剧增大，表明矩阵出现了严重的病态。使用节点规则化因子和该软件所提出的局部正交变换时，矩阵条件数都很稳定，且其大小均处于十分理想的水平。该算例的结果表明，该软件所提出的局部正交变换无须使用额外的节点规则化因子，即可避免较小的接触积分面积所引起的矩阵病态问题。

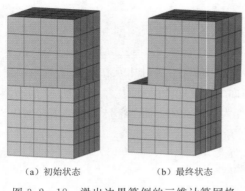

（a）初始状态　　　　（b）最终状态

图 3.2-18　滑出边界算例的三维计算网格

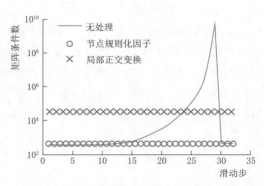

图 3.2-19　矩阵条件数随滑动步的变化过程

3. 大规模摩擦滑动算例

图 3.2-20 为一个滑块在滑槽中发生滑动的示意图，右侧为计算网格的局部放大图。材料参数均取为 $E=100\text{MPa}$，$\nu=0.2$。滑槽的横截面为半环形，尺寸如图 3.2-20 所示。滑块的上表面是一个边长为 2m 的正方形，下表面与滑槽的上表面紧密贴合，故滑块的高度是变化的，最小值为 1m。计算中，在第一个时间步，滑块的上表面受到均布法向面力 p 的作用，面力大小取为 0.2MPa，之后在滑块的上表面施加如图 3.2-20 中箭头所示的水平位移（3.2m，共分为 32 个滑动步施加），使得滑块在滑槽中发生滑动。选取滑块为从接触体，滑槽为主接触体，接触界面的摩擦系数 μ 取为 0.1。

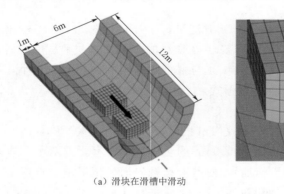

（a）滑块在滑槽中滑动　　　　（b）局部放大

图 3.2-20　摩擦滑动算例的示意图

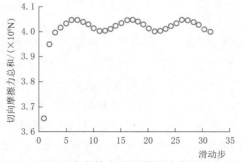

图 3.2-21　切向摩擦力总和随滑动步的变化过程

首先使用对偶 mortar 元进行计算。图 3.2-21 给出了接触界面上各节点切向摩擦力总和随滑动步的变化过程。可以看出，在最初的滑动步中，有一个较为明显的"初始启动"现象，这与已有的计算经验和认识是一致的。在后续滑动步中，计算结果趋于稳定，存在一定的波动，但这种波动很小。

然后，采用点对面方法进行模拟。计算过程表明，在施加法向面力的第一个时间步中，计算就无法正常收敛。这说明对偶 mortar 元具有更好的计算稳定性。分析点对面方法无法正常收敛的原因，发现在图 3.2 - 20 所示的网格中，滑块的底面将在滑槽的对称线（图 3.2 - 20 中的点划线）位置附近出现左右摆动，也即点对面方法使该计算网格遇到了接触投影中的奇异性问题。对于这样的一种投影奇异性，可通过改变滑槽的三维计算网格予以解决，图 3.2 - 22 即为可使得点对面方法正常计算的一种网格，可称其为网格 2。相应地，将图 3.2 - 20 所示的网格称为网格 1。由图 3.2 - 20 和图 3.2 - 22 中的网格局部放大图可以看到，两个网格在滑动接触面处的区别。

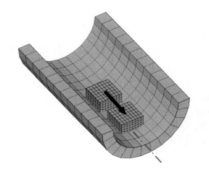 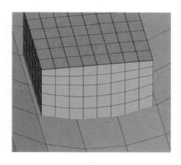

（a）滑块在滑槽中滑动　　　　　　（b）局部放大

图 3.2 - 22　另一种网格形式（网格 2）

图 3.2 - 23 给出了对两个网格采用不同方法所得到的计算结果。图中曲线表示切向摩擦力总和随滑动步的变化过程。图 3.2 - 23 中不包括"网格 1 - 点对面方法"的相应结果，因为在该种计算工况下计算无法正常收敛。由图 3.2 - 23 可见，虽然对网格 2 采用点对面方法也可正常计算，但是接触力的波动现象较为明显，规律性也较差。相比之下，对偶 mortar 元的相应计算结果则几乎不受网格划分形式的影响，表明其对网格的依赖性比较小。

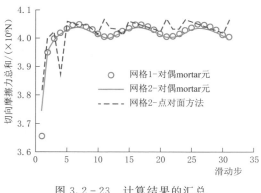

图 3.2 - 23　计算结果的汇总

3.3　散粒料的动力 Bouc - Wen 修正模型及其参数确定方法

堰塞体散粒材料在动荷载作用下应力应变关系主要表现出非线性、滞后性、变形累积等动力特性，大变形时更是表现出明显的强度和刚度退化，以及捏拢效应等典型特性。迄今为止，许多学者研究发展了多种土的动力本构关系，用以描述上述土体动力特性。工程实践中，主要采用等效线性动黏弹性模型，模拟土体剪切模量衰减曲线和阻尼比增长曲线，但模型适合的应变范围窄，大应变水平下易高估滞回阻尼。

Bouc 在 1967 年提出一种单变量动力微分模型，应用于描述结构的滞回性。随后 Wen 等学者对其进行了改进和完善，选择适当的退化函数，使之能够模拟材料的强度和刚度退化特性。Bouc－Wen 模型既包含非线性阻尼，又包含非线性刚度，可通过合理选择参数得到不同形状的滞回圈，用以描述土体在动力荷载作用下的非线性、滞后性、变形积累以及强度与刚度退化等特性。Bouc－Wen 动力模型无须处理加卸载拐点，方便编程，具有良好的通用性。

3.3.1　控制方程

Bouc－Wen 模型应力-应变关系由下式给出：

$$\tau(t) = \alpha G_{\max} x(t) + (1-\alpha)\tau_y z(t) \qquad (3.3-1)$$

式中：τ 与 x 分别为剪应力与剪应变；$G_{\max}$ 为最大剪切模量；α 为控制屈服后剪切刚度的参数；τ_y 为土体初始屈服时的剪切强度；参数 $z(t)$、$z(t)$ 为控制土体非线性滞回特性的无量纲参数，由下列微分方程确定：

$$\frac{\mathrm{d}z}{\mathrm{d}t} = \frac{1}{x_y}\left\{ A - \left[b + g\,\mathrm{sign}\!\left(\frac{\mathrm{d}x}{\mathrm{d}t}z\right) \right] |z|^n \right\}\frac{\mathrm{d}x}{\mathrm{d}t} \qquad (3.3-2)$$

式中：A、b、g、n 为控制滞回圈形状的无量纲参数。$x_y = \tau_y/G_{\max}$ 为参考剪应变。式（3.3-1）对剪应变求导，并将式（3.3-2）代入，得

$$\frac{\mathrm{d}\tau}{\mathrm{d}x} = \alpha G_{\max} + (1-\alpha)G_{\max}\left\{ A - \left[b + g\,\mathrm{sign}\!\left(\frac{\mathrm{d}x}{\mathrm{d}t}z\right) \right] |z|^n \right\} \qquad (3.3-3)$$

式（3.3-3）给出了滞回曲线加卸载段的切线斜率。

3.3.2　Bouc－Wen 模型参数分析

初始加载段，$\mathrm{d}x/\mathrm{d}t > 0$，$z \geqslant 0$，由式（3.3-2）可得滞回参数 z 的微分表达式为

$$\frac{\mathrm{d}z}{\mathrm{d}x} = \frac{1}{x_y}\left[A - (b+g)z^n \right] \qquad (3.3-4)$$

图 3.3-1 给出了 $n = 0.5$、1.0、2.0 时，x/x_y 与 z 的关系曲线图，可以看到加载起始点 $x=0$，$z=0$，随着应变 x 的增大，滞回参数 z 逐渐增大，最终达到极值。由式（3.3-4）可求得滞回参数 z 的极值，令式（3.3-4）等于 0，得 $z_{\max} = \sqrt[n]{A/(b+g)}$。将之代入式（3.3-1），并令 $\alpha=0$，应力极值 $\tau_{\max} = \tau_y\sqrt[n]{A/(b+g)}$。当 $b+g=A$ 时，应力极值 $\tau_{\max}$ 等于屈服强度 τ_y，滞回参数极值 $z_{\max}=1$。

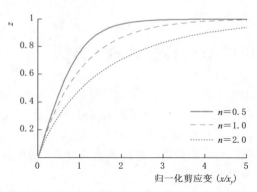

图 3.3-1　参数 n 变化时 x/x_y 与 z 关系图

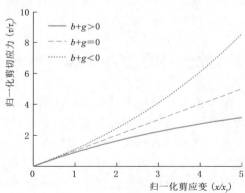

图 3.3-2　参数 $b+g$ 对骨架曲线的影响

此时，骨架曲线斜率表达式为

$$\frac{\mathrm{d}\tau}{\mathrm{d}x} = \alpha G_{\max} + (1-\alpha)G_{\max}[A-(b+g)z^n] \qquad (3.3-5)$$

加载起点（$x=0$，$\tau=0$），由式（3.3-1）得 $z=0$，代入式（3.3-5），初始加载斜率为 $AG_{\max}$。$A=1$ 时，初始加载斜率等于最大剪切模量，与试验结果吻合。因此以下取参数 $A=1$。

图 3.3-2 给出了 $\alpha=0$，$n=1$ 时 $b+g$ 变化时骨架曲线的形式。当参数 $b+g=0$ 时，由式（3.3-5）可知加载曲线的斜率保持最大剪切模量 $G_{\max}$ 不变，骨架曲线为直线，属线弹性模型，显然不符合土体动力特性；当参数 $b+g>0$ 时，骨架曲线的切线斜率逐渐减小，土体呈压硬性，符合土体动力特性；当参数 $b+g<0$ 时，骨架曲线的切线斜率逐渐增大，显然是不可能的；因此，$b+g>0$ 成立。图 3.3-3 给出了 $\alpha=0$、$b=g=0.5$ 时，n 对骨架曲线的影响。$0 \leqslant z \leqslant 1$、$n>1$，因此参数 n 增大，z^n 减小，由式（3.3-5）可知骨架曲线切线斜率增大。特别地，应变 x 较小时，即 $x=x_y$ 时，滞回参数 $z=z_{\max}=1$，由式（3.3-5）可知，$(b+g)z^n=A=1$，n 变化对骨架曲线斜率影响较小；应变 x 较大时（$x \geqslant x_y$），滞回参数 $z=z_{\max}=1$，n 变化对骨架曲线斜率没有影响；参数 n 主要影响骨架曲线的曲率半径。n 越小，骨架曲线曲率半径越大。

图 3.3-4 给出了参数 $n=1$、$b=g=0.5$ 时 α 对骨架曲线的影响。加载起点（$x=0$，$z=0$），由式（3.3-5）可知，最大剪切模量为 $G_{\max}$；屈服后，滞回参数 $z=z_{\max}$，代入式（3.3-5），切线模量为 $\alpha G_{\max}$。因此参数 α 表示屈服后骨架曲线斜率与初始加载斜率的比值。α 越小，屈服后骨架曲线斜率越小。土体屈服后强度不再增加，因此 α 取 $0 \sim 0.01$ 为宜。

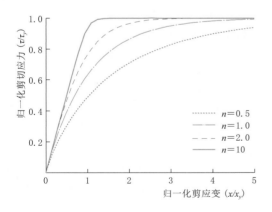

图 3.3-3　参数 n 对骨架曲线的影响

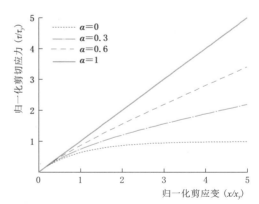

图 3.3-4　参数 α 对骨架曲线的影响

卸载段，$\mathrm{d}x/\mathrm{d}t<0$，$z \geqslant 0$，切线斜率表达式为

$$\frac{\mathrm{d}\tau}{\mathrm{d}x} = \alpha G_{\max} + (1-\alpha)G_{\max}[1-(b-g)z^n] \qquad (3.3-6)$$

式（3.3-6）-式（3.3-5），得滞回圈顶点处加卸载曲线的切线斜率差为 $\theta=2(1-\alpha)G_{\max}gz^n$。$\theta$ 主要受参数 g 的影响。图 3.3-5 给出了 $\alpha=0$，$n=1$ 时 g 对卸载曲线的影响。g 越大，加卸载拐点处切线斜率差 θ 越大，滞回圈面积越大，耗能越大。$g=0$

时，材料卸载时路径与初始加载路径一致，没有塑形应变产生，变成非线性弹性模型，滞回圈面积为 0。$g < 0$ 时，卸载曲线将位于初始加载曲线之上，这显然是不可能的，故 $g > 0$ 成立。

反向加载段，$dx/dt > 0$，$z < 0$，切线斜率表达式为

$$\frac{d\tau}{dx} = \alpha G_{max} + (1-\alpha)G_{max}\left[1 + (-1)^{n+1}(b-g)z^n\right] \tag{3.3-7}$$

反向卸载段，$dx/dt < 0$，$z < 0$，切线斜率表达式为

$$\frac{d\tau}{dx} = \alpha G_{max} + (1-\alpha)G_{max}\left[1 + (-1)^{n+1}(b-g)z^n\right] \tag{3.3-8}$$

不论 n 取奇数还是偶数，反向加卸载段切线斜率表达式与正向加卸载段切线斜率表达式一致，滞回曲线稳定闭合，滞回曲线关于原点对称。形状参数 b、g 和 n 对反向加卸载曲线的影响与正向加卸载曲线一致，不再单独讨论。

传统 Bouc-Wen 模型框架下，较大应变将引起过高的阻尼。为了更好地反映实际土体的耗能情况，Gerolymos 引入硬化参数 η 调整滞回圈面积，式（3.3-2）变为

$$\frac{dz}{dt} = \frac{\eta}{x_y}\left\{A - \left[b + g\,\mathrm{sign}\left(\frac{dx}{dt}z\right)\right]|z|^n\right\}\frac{dx}{dt} \tag{3.3-9}$$

$$\eta = \begin{cases} \dfrac{s_1 + a(\mu_r - 1) + s_2}{s_1 + \mu_r} & \mu > s_2 \\ 1 & \mu < s_2 \end{cases} \tag{3.3-10}$$

式中：参数 $\mu_r = x/x_y$，为归一化的剪应变，s_1 为无量纲参数，主要控制应力反转时切线斜率衰减程度，s_2 主要控制调整滞回圈面积的起始应变。a 取 0～0.01 时，起始衰减时 η 接近 1，保证模量衰减曲线的连贯性。图 3.3-6 给出了 $n=2$，$b=g=0.5$ 时参数 η 变化对滞回圈的影响。参数 η 越小，滞回曲线的切线斜率越小，滞回圈越瘦，土体耗能越小。

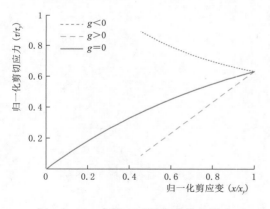

图 3.3-5　参数 g 对骨架曲线的影响

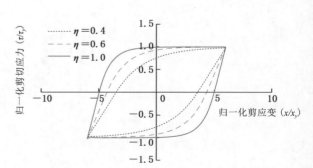

图 3.3-6　参数 η 对滞回圈的影响

考虑到土体刚度退化与循环加载过程中累积耗散能量相关，将退化参数 η 描述为累积滞回耗能 δ 的函数：

$$\eta = \frac{1}{1 + \eta_0 \delta} \tag{3.3-11}$$

式中：η_0 为无量纲参数。耗能 δ 可通过下式计算得到：

$$\delta = \int (1-\alpha)\tau_y z \mathrm{d}\gamma - \frac{1}{2}(1-\alpha)G_{\max}(\gamma_r z)^2 \qquad (3.3-12)$$

式（3.3-12）中右边第一项是滞回应力所做的总功，第二项是相应的弹性储存能。

土石料承受较大的动力荷载，或经过多次循环振动，结构产生裂缝、破碎或滑移，其应力应变滞回圈在应力应变轴中心位置表现明显的收缩现象，即滞回圈捏拢效应。研究中，改进了捏拢参量 λ 表达式，将其引入 Bouc - Wen 模型描述滞回圈：

$$\lambda = 1 - \lambda_1(1-\mathrm{e}^{-\lambda_2\delta})\exp\left[-\left(\frac{z}{0.01\gamma}\right)^2\right] \qquad (3.3-13)$$

式中：λ_1、λ_2 为控制滞回圈捏拢效应的参数。λ_1 为控制应力应变滞回圈在坐标轴中心收缩程度的无量纲参数，λ_2 为控制累积耗能对捏拢效应的影响。将捏拢参量 λ 引入 Bouc - Wen 微分方程，滞回参量 z 的微分方程修改为

$$\mathrm{d}z = \lambda\frac{\eta}{\gamma_r}\{1-[(1-g)+g\,\mathrm{sign}(\dot{\gamma}z)]|z|^n\}\mathrm{d}\gamma \qquad (3.3-14)$$

图 3.3-7 是 Bouc - Wen 参数 $\alpha = 0$、$n = 1$、$g = 0.5$、$\eta = 0.1$ 时，参数 λ_1、λ_2 变化对归一化应力应变滞回圈捏拢效应的影响。λ_1 和 λ_2 增大，滞回圈在坐标原点处收缩，捏拢效应越明显。

至此，描述土体在循环荷载作用下应力应变滞回关系的 Bouc - Wen 模型共有参数 10 个：形状参数 A、b、g、n；屈服和退化参数 α 和 η_0；土体力学参数 τ_y 和 $G_{\max}$，以及捏拢效应参数 λ_1 和 λ_2。通过合理选择参数，可以得到描述不同种类的土在循环荷载作用下的不同形状滞回圈。

综上所述，Bouc - Wen 模型应用于土体，其参数取值需满足一定条件。$A=1$，初始剪切模量等于最大剪切模量；α 取 $0\sim 0.01$，土体屈服后强度有限增长；$g>0$，土体加卸载过程中滞回耗能非负；$b+g>0$，土体满足压硬性；特别地，$b+g=1$ 使得滞回参量 z 范围为 $[-1, 1]$，因此 b 和 g 只需确定其中一个即可。$\alpha=0$ 时土体最

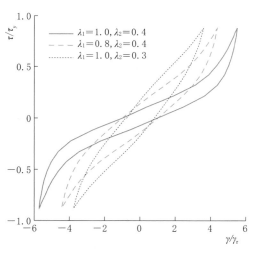

图 3.3-7 捏拢参数 λ_1 和 λ_2 对滞回圈的影响
（$\alpha=0$、$n=1$、$g=0.5$、$\eta=0.1$）

大剪应力 $\tau_{\max}$ 等于屈服后的剪切强度 τ_y；Bouc - Wen 模型中土体力学参数中剪切强度 τ_y 可通过静力三轴剪切试验得到，最大动剪模量 $G_{\max}$ 可采用试验方法或经验公式确定。若 α 取一定值，则仅形状参数 g、n 及退化参数 η 需要辨识。确定了参数 g、n 和 η，滞回参量 z 能够通过进行数值积分计算得到。捏拢效应参数则通过拟合滞回圈得到。

3.3.3 Bouc－Wen 模型参数识别

根据动力试验提供的 $G/G_{\max}-\gamma$ 和 $\xi-\gamma$ 的关系，用遗传算法对 Bouc－Wen 模型进行参数辨识。选择算法采用比例选择方法，交叉采用非均匀算数交叉的方法，变异采用均匀变异，种群数量 80，迭代次数 1000，杂交概率 0.8，变异概率 0.1。

适应度函数为

$$Fitnessfunc = \frac{1}{m}\sum_{i=1}^{m}\left\{ \omega_1 \left[\frac{(G/G_{\max})^{\text{sim}} - (G/G_{\max})^{\text{exp}}}{(G/G_{\max})^{\text{exp}}_{\max} - (G/G_{\max})^{\text{exp}}_{\min}} \right]^2 + \omega_2 \left(\frac{\xi^{\text{sim}} - \xi^{\text{exp}}}{\xi^{\text{exp}}_{\max} - \xi^{\text{exp}}_{\min}} \right)^2 \right\}$$

$$(3.3-15)$$

式中：m 为统计曲线点个数；$(G/G_{\max})^{\text{sim}}$ 与 ξ^{sim} 分别为根据仿真得到的滞回圈求得的模量比与阻尼比值；$(G/G_{\max})^{\text{exp}}$ 与 ξ^{exp} 分别为相应应变幅值的统计曲线模量比与阻尼比值；$(G/G_{\max})^{\text{exp}}_{\max}$、$(G/G_{\max})^{\text{exp}}_{\min}$ 和 $\xi^{\text{exp}}_{\max}$、$\xi^{\text{exp}}_{\min}$ 分别为统计曲线的最大与最小模量比值和阻尼比值。筑坝料动剪切模量比的范围和阻尼比的范围不同，因需考虑模量衰减曲线和阻尼比增长曲线数据点对适应度函数贡献的不同，选取权重系数 $\omega_1 = 0.2$，$\omega_1 = 0.8$。

根据反演得到的参数绘制的堆石料模量衰减曲线与阻尼比增长曲线以及统计曲线见图 3.3-8，反演得到的参数值见表 3.3-1。

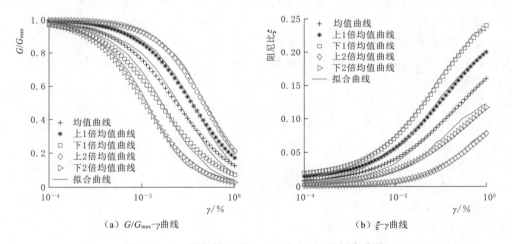

（a）$G/G_{\max}-\gamma$曲线　　　　　　　　（b）$\xi-\gamma$曲线

图 3.3-8　筑坝料 $G/G_{\max}-\gamma$ 和 $\xi-\gamma$ 的拟合曲线

表 3.3-1　　　　　　　基于统计曲线拟合的 Bouc－Wen 模型参数

参数	γ_{r}	g	n	η_0	MSE $(G/G_{\max})$ /%	MSE (ξ) /%
上 2 倍方差曲线	2.8×10^{-3}	0.50	1.00	0.45	0.13	0.04
上 1 倍方差曲线	2.5×10^{-3}	0.50	0.65	0.80	0.19	0.08
均值曲线	1×10^{-3}	0.50	0.60	1.25	0.15	0.02
下 1 倍方差曲线	5×10^{-4}	0.55	0.55	1.42	0.34	0.03
下 2 倍方差曲线	2.5×10^{-4}	0.60	0.55	1.98	0.05	0.03

从图 3.3-8 中可见，采用 Bouc-Wen 模型拟合的筑坝料模量衰减曲线及阻尼比增长曲线与根据试验结果直接拟合得到的统计曲线较为接近，表明 Bouc-Wen 模型能够较好地反映筑坝料的模量阻尼特性。因此，可以应用 Bouc-Wen 模型描述筑坝料的应力应变滞回圈研究筑坝料的动力特性。

表 3.3-1 中，$\mathrm{MSE}(G/G_{\max})$、$\mathrm{MSE}(\xi)$ 是模量比和阻尼比的均方差（Mean Square deriation），表达式为

$$\mathrm{MSE}=\frac{1}{m}\sum_{i=1}^{m}(y_i-\hat{y}_i)^2 \tag{3.3-16}$$

式中：y_i 为 Bouc-Wen 模型拟合得到的曲线数据点值；$\hat{y}_i$ 为统计曲线数据点值；m 为数据点数。阻尼比变化范围比模量比范围小，拟合时权重大。Bouc-Wen 模型应用于筑坝料动力分析的参数范围如下：参考剪应变 γ_r 的范围为 $2\times10^{-4}\sim3\times10^{-3}$，参数 g 的范围为 $0.5\sim0.6$，参数 n 的范围为 $0.4\sim1$，参数 η_0 的范围为 $0.4\sim2$。

3.4 堰塞坝渗流特性三维计算分析

3.4.1 三维渗流场有限元支配方程及定解条件

三维稳定达西渗流场的渗流支配方程为

$$-\frac{\partial}{\partial x_i}\left(k_{ij}\frac{\partial h}{\partial x_j}\right)+Q=0 \tag{3.4-1}$$

式中：x_i 为坐标，$i=1$、2、3；k_{ij} 为二阶对称的达西渗透系数张量，描述岩体的渗透各向异性；$h=x_3+p/\gamma$ 为总水头，x_3 为位置水头，p/γ 为压力水头；Q 为渗流域中的源或汇项。

计算所用边界示意见图 3.4-1，边界条件理论如下：

$$h\big|_{\Gamma_1}=h_1 \tag{3.4-2}$$

$$-k_{ij}\frac{\partial h}{\partial x_j}n_i\big|_{\Gamma_2}=q_n \tag{3.4-3}$$

$$-k_{ij}\frac{\partial h}{\partial x_j}n_i\big|_{\Gamma_3}=0 \quad \text{且} \quad h=x_3 \tag{3.4-4}$$

$$-k_{ij}\frac{\partial h}{\partial x_j}n_i\big|_{\Gamma_4}\geqslant0 \quad \text{且} \quad h=x_3 \tag{3.4-5}$$

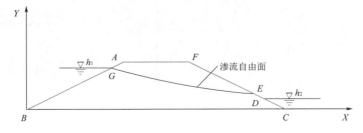

图 3.4-1 渗流计算所用边界示意图

式中：h、h_1 为已知水头函数；n_i 为渗流边界面外法线向余弦，$i=1$、2、3；$\Gamma_1 = BG$、CD，为已知水头的第一类渗流边界条件；$\Gamma_2 = GA$、AF、FE、BC，为已知渗流量的第二类渗流边界条件；$\Gamma_3 = GE$，为位于渗流域中渗流实区和虚区之间的渗流自由面，事先并不知道它的确切位置，呈现边界非线性特性；$\Gamma_4 = ED$，为渗流逸出面，因事先不知道渗流逸出点 E 的具体位置，事先也不能知道整个逸出面的具体大小，是一个边界非线性渗流问题，需迭代求解；q_n 为边界法向流量，流出为正。

3.4.2　三维有限元分析模型

在三维渗流场计算中，计算结果的准确性与计算域的大小的选取及选取方式有较大的关系。根据红石岩堰塞坝长期整治工程的设计情况以及坝址区水文地质资料，本次渗流场计算模型的计算域范围为：

（1）左岸：从河床中心线往左岸山里取至 700.0m 左右。

（2）右岸：从河床中心线往山里取至 700.0m 左右。

（3）上游：防渗墙轴线上游取至 850.0m 远。

（4）下游：取至防渗墙轴线下游 700.0m 远；模型底高程：取至 800.0m 高程。

红石岩堰塞坝长期整治工程三维渗流有限元计算分析中：对堰塞坝区域的主体结构及渗控措施进行了较精细的模拟，其中包括堰塞坝结构（孤块石、碎块石夹土等）、C25 刚性混凝土防渗墙、地基灌浆帷幕和坝肩基岩灌浆帷幕等；对坝基主要覆盖层基础、基岩进行了模拟，包括覆盖层（孤块石夹碎石土、古滑坡碎块石夹土、古河床冲积层、现代河床冲积层）、强风化基岩、弱风化层基岩和微风化基岩等。

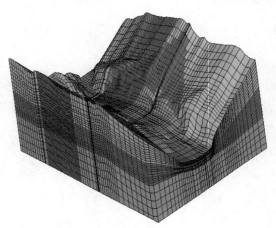

图 3.4-2　红石岩堰塞坝长期整治
工程三维渗流场网格计算模型

模型中生成后主要由六面体 8 节点等参元和局部区五面体 6 节点过渡性等参元组成（见图 3.4-2），以前者为主，共有 93634 个单元和 100812 个节点。图 3.4-3 为生成后的三维有限元网格模型。

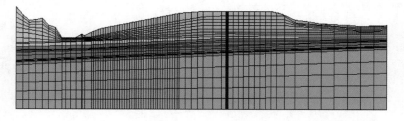

图 3.4-3　计算模型中堰塞坝部位的网格典型剖面网格布置

3.4.3 计算边界条件及参数

1. 计算边界条件

计算域四周截取边界条件分别假定如下：

（1）计算域的上游截取边界、下游截取边界以及底边界均视为隔水边界面；左岸截取边界和右岸截取边界均取为第一类边界条件。

（2）对于地表边界，防渗墙轴线上游侧，低于河或库水位的地方为已知水头边界（上游正常蓄水位为1200.00m，校核洪水位为1208.56m）；在坝轴线下游侧，同样低于下游水位的地方为已知水头边界条件（正常蓄水位和校核洪水位对应的尾水位分别为1111.87m、1113.83m），高于下游水位的地方均为可能渗流逸出面。

2. 材料渗透特性参数

由于在堰塞坝形成期间缺乏下游渗水量的现场监测结果，不能进行材料渗透特性参数的反演分析。基于此，本次渗流计算分析过程中，所采取的各种材料的渗透系数参照所提供的水文地质资料和室内试验结果，并对比同类型工程来取值。具体取值情况见表3.4-1。

表 3.4-1 三维渗流有限元计算拟定参数取值

材料名称	渗透系数/(cm/s)		材料名称	渗透系数/(cm/s)	
	k_x	k_y		k_x	k_y
堰塞体孤石块石	5×10^{-1}	5×10^{-1}	强风化基岩	1.0×10^{-4}	1.0×10^{-4}
堰塞体碎块石夹土	8×10^{-2}	8×10^{-2}	弱风化基岩	5.0×10^{-5}	5.0×10^{-5}
古滑坡孤块石夹碎石土	2×10^{-1}	2×10^{-1}	微风化基岩	1.0×10^{-5}	1.0×10^{-5}
古滑坡碎块石夹土	2×10^{-2}	2×10^{-2}	混凝土防渗墙	1.0×10^{-7}	1.0×10^{-7}
古河床冲积层	1×10^{-3}	1×10^{-3}	灌浆帷幕	1.0×10^{-5}	1.0×10^{-5}
现代河床冲积层	5×10^{-2}	5×10^{-2}			

3.4.4 计算工况

参考土石坝施工、运行情况，同时考虑工程长期安全有效运行，该次三维渗流有限元计算分析工况主要依据以下几点设置原则：

（1）首先考虑堰塞坝在现状条件下（未设置防渗墙、帷幕灌浆等渗控措施）遭遇正常蓄水位、校核洪水位时的渗流特性，论证设置渗控措施的必要性。

（2）考虑水库运行期，即水库正常蓄水位运行条件下坝体和坝基的渗流场特性，给出和分析渗流场水头分布以及渗透梯度和渗流量的大小。

（3）开展堰塞坝渗透敏感性分析，考虑水库正常蓄水位下堰塞坝不同渗透特性下库区堰塞坝及坝基的渗透稳定性。

（4）开展混凝土防渗墙渗透敏感性分析，考虑水库正常蓄水位下防渗墙不同渗透特性下库区堰塞坝及坝基的渗透稳定性。

（5）考虑水库蓄水位达到校核水位时堰塞坝及坝基的渗流特性。

最终得到的三维渗流有限元计算分析工况见表3.4-2。

表 3.4‑2　　　　　　　　　三维渗流有限元计算分析工况

计算工况	工况描述	特征水位/m		渗 控 布 置 情 况
1	堰塞坝现状下渗流特性	1200.00	1111.87	不采取渗流控制措施，采用拟定渗透系数
		1208.56	1113.83	不采取渗流控制措施，采用拟定渗透系数
2	正常运行期整治工程渗流特性	1200.00	1111.87	堰塞坝采取混凝土防渗墙和帷幕灌浆相结合的渗流控制措施，采用拟定渗透系数
3	堰塞坝渗透敏感性分析	1200.00	1111.87	堰塞坝采取混凝土防渗墙和帷幕灌浆相结合的渗流控制措施，堰塞坝渗透系数取为 1.0×10^{-4} cm/s，其他采用拟定渗透系数
4				堰塞坝采取混凝土防渗墙和帷幕灌浆相结合的渗流控制措施，堰塞坝渗透系数取为 1.0×10^{-5} cm/s，采用拟定渗透系数
5	防渗墙渗透敏感性分析	1200.00	1111.87	堰塞坝采取混凝土防渗墙和帷幕灌浆相结合的渗流控制措施，防渗墙渗透系数取为 1.0×10^{-6} cm/s，其他采用拟定渗透系数
6				堰塞坝采取混凝土防渗墙和帷幕灌浆相结合的渗流控制措施，防渗墙渗透系数取为 1.0×10^{-8} cm/s，其他采用拟定渗透系数
7	特殊情况下整治工程渗流特性	1208.56	1113.83	堰塞坝采取混凝土防渗墙和帷幕灌浆相结合的渗流控制措施，采用拟定渗透系数

3.4.5　计算结果

渗流控制设计的主要目的在于：一是控制防渗措施下游的剩余水头，降低下游坝体及两岸坡上的渗流逸出线高度，增强下游坝坡或岸坡的稳定性；二是控制渗流梯度，避免渗透变形破坏，确保坝体、坝基和坝肩等渗流稳定性；三是控制流量，使流量损失最小或在允许范围内。本次红石岩堰塞坝三维渗流有限元计算分析工作也将主要从这些方面对各计算方案结果进行分析。

有限元计算结果包括堰塞坝典型部位的最大渗透梯度统计表、关键部位水位计算成果表和不同工况条件下各部位的渗漏量计算成果表，包括典型剖面的水头等值线图、渗透梯度等值线图等。

表 3.4‑3～表 3.4‑5 分别给出了各工况下关键部位水头、不同部位的最大渗透坡降和渗漏量计算结果。

1. 堰塞坝现状下渗流特性

工况 1、工况 2 分别为考虑堰塞坝在现状条件下（未设置防渗墙、帷幕灌浆等渗控措施）遭遇正常蓄水位、校核洪水位时的渗流特性工况。

图 3.4‑4～图 3.4‑9 为堰塞坝在现状下遭遇正常蓄水位时（工况 1）三维渗流场计算结果；图 3.4‑10～图 3.4‑15 为现状下遭遇正常蓄水位时（工况 2）三维渗流场计算结果。

表 3.4-3 各工况下关键部位水头计算结果统计 单位：m

计算工况	右岸典型剖面		防 0+90.0 剖面			防 0+145.0 剖面			左岸典型剖面	
	帷幕上游水位	帷幕下游水位	防渗墙上游水位	防渗墙下游水位	下游出逸点	防渗墙上游水位	防渗墙下游水位	下游出逸点	帷幕上游水位	帷幕下游水位
1	—	—	—	—	1114.7	—	—	1114.1	—	—
2	—	—	—	—	1115.3	—	—	1115.2	—	—
3	1180.9	1138.5	1198.6	1125.4	1112.4	1197.6	1126.5	1112.4	1179.6	1139.1
4	1180.7	1138.4	1188.6	1147.6	1112.5	1188.4	1147.8	1117.8	1179.4	1139.0
5	1180.6	1138.6	1187.8	1148.6	1123.0	1186.7	1149.6	1121.6	1179.2	1138.9
6	1180.9	1138.3	1197.0	1128.4	1112.4	1197.0	1127.4	1112.4	1179.5	1139.3
7	1180.8	1138.8	1198.4	1124.8	1112.4	1198.6	1125.0	1112.4	1179.6	1139.1
8	1187.1	1139.6	1206.1	1129.8	1114.6	1206.1	1129.4	1114.6	1187.2	1138.9

表 3.4-4 各工况下不同部位的最大渗透坡降计算结果统计表

计算工况	关 键 部 位			
	堰塞坝堆石体	基础覆盖层	与坝肩岩体接触坡降	防渗墙
1	0.10	0.12	0.18	—
2	0.14	0.13	0.23	—
3	0.04	0.02	0.08	50.6
4	0.06	0.04	0.06	45.8
5	0.08	0.06	0.05	42.3
6	0.04	0.03	0.05	54.8
7	0.04	0.04	0.04	48.4
8	0.05	0.03	0.08	56.9

表 3.4-5 各工况下不同部位渗漏量计算结果统计 单位：m³/d

计算工况	左岸坝肩	堰 塞 坝 段			右岸坝肩	总渗漏量
		堰塞坝堆石体	基岩	坝段总量		
1	6787.2	28381.0	10715.1	39096.0	5791.7	51674.9
2	8144.6	39201.2	11623.6	50824.9	6660.5	65629.9
3	2036.1	3228.3	10013.5	13241.8	2085.0	17363.0
4	2076.9	3287.4	9661.3	12948.7	2189.3	17214.8
5	2056.1	2819.4	9634.6	12453.9	2211.2	16721.2
6	2158.3	3399.0	11086.7	14485.6	2189.3	18833.2
7	2076.9	2830.8	9528.7	12359.6	2116.3	16552.8
8	2443.4	4196.8	13017.5	17214.4	2664.5	22322.3

注 堰塞坝堆石体为防渗墙截断的坝体过流断面，基岩为防渗墙底部至模型基岩底部的过流断面，左坝肩是指从左坝端至模型最左端的过流断面，右坝肩是指从右坝端至模型最右端的过流断面。

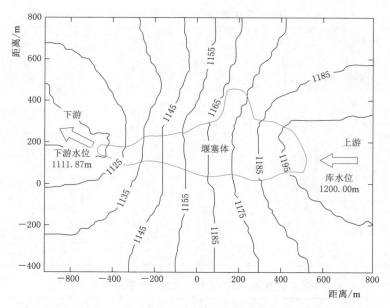

图 3.4-4　工况 1 下库区平面水头等值线分布（单位：m）

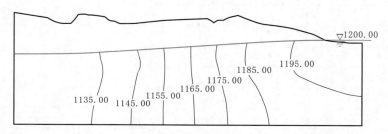

图 3.4-5　工况 1 下右岸山体典型剖面处水头等值线分布（单位：m）

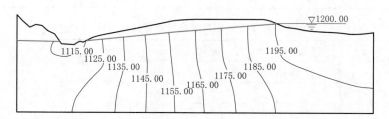

图 3.4-6　工况 1 下防 0+90.0 剖面处（堰塞坝）水头等值线分布（单位：m）

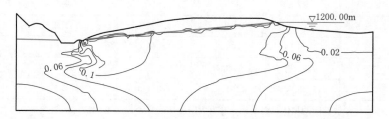

图 3.4-7　工况 1 下防 0+90.0 剖面处（堰塞坝）水力坡降等值线分布

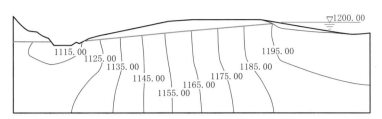

图 3.4-8 工况 1 下防 0+145.0 剖面处（堰塞坝）水头等值线分布（单位：m）

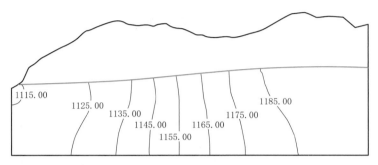

图 3.4-9 工况 1 左岸山体典型剖面处水头等值线分布（单位：m）

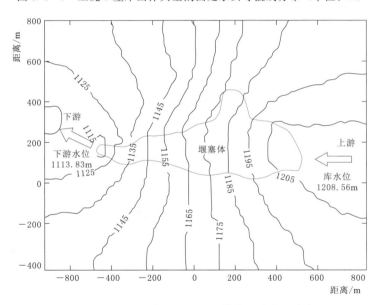

图 3.4-10 工况 2 下库区平面水头等值线分布（单位：m）

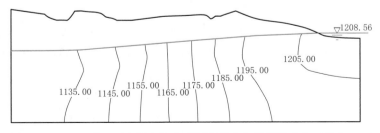

图 3.4-11 工况 2 下右岸山体典型剖面处水头等值线分布（单位：m）

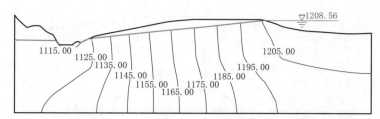

图 3.4-12 工况 2 下防 0+90.0 剖面处（堰塞坝）水头等值线分布（单位：m）

图 3.4-13 工况 2 下防 0+90.0 剖面处（堰塞坝）水力坡降等值线分布

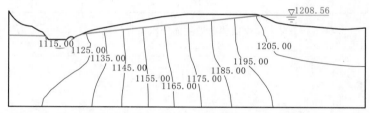

图 3.4-14 工况 2 下防 0+145.0 剖面处（堰塞坝）水头等值线分布（单位：m）

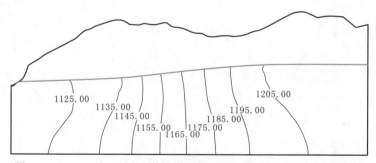

图 3.4-15 工况 2 左岸山体典型剖面处水头等值线分布（单位：m）

从计算结果统计表和分布图中可以看出：

（1）三维渗流场整体性态。未做渗控措施时，计算区域内整个渗流场的水头分布规律、水头等值线形态、走向和密集程度都较准确地反映了相应区域的渗流特性和边界条件。由平面自由面分布图的计算成果可知，堰塞坝、地基及两岸渗流场具有强烈的三维渗流特征：水库蓄水后，库水不仅通过堰塞坝、坝基透水带向下游河床渗漏，也通过两岸透水带绕过左右坝肩向河床和下游渗漏。

（2）堰塞坝渗流特性。从典型剖面水头分布图可以看出，堰塞坝在现状条件下（未做渗控措施）时堰塞坝内水头等值线分布较为均匀，库水在堰塞坝中缓慢流向下游，具有平缓、埋深浅的特点。

（3）左、右岸的绕坝渗流。从工况1（正常蓄水位）、工况2（校核洪水位）下有限元模型的流量计算成果可以看出，堰塞坝左、右岸均有绕坝渗流现象，分析原因：水库蓄水后，左、右岸山体中的地下水位壅高至库水位，此时地下水经由山体向下游渗漏，同时堰塞坝在左岸的下游侧水面变窄，库水向左、右岸下游的渗漏量较大。

（4）渗流量。经过计算，在正常蓄水位下（工况1）的稳定渗流期，由于堰塞坝的渗透系数达到 5.0×10^{-3} cm/s，属于相对透水性介质，因此通过堰塞坝的渗漏量达到 28381.0m³/d，通过该段基岩的渗漏量为 10715.1m³/d。由于左、右岸山体较高，在坝区蓄水后，导致山体地下水位壅高，与下游水位 1111.87m 之间形成约 90m 的落差，虽然因渗径较长而不致山体基岩中的渗透梯度过大，但是流量计算采用范围较大时会得到较大的结果，经过计算，计算范围内通过右山体的渗流量为 5791.7m³/d，通过左岸山体的渗流量为 6787.2m³/d。

在遭遇校核洪水位（工况2）的稳定渗流期，通过堰塞坝段的总渗流量计算值为 50824.9m³/d，其中通过堰塞坝的渗漏量达到 39201.2m³/d，通过该段基岩的渗漏量为 11623.6m³/d；计算范围内通过右山体的渗流量为 6660.5m³/d，通过左岸山体的渗流量为 8144.6m³/d。

（5）水力坡降。坝区各典型部位的水力坡降计算结果见表 3.4-4，通过计算可知：

1）堰塞坝：由于堰塞坝长度较大，因此地下水在堰塞坝中的渗径较长，使得堰塞坝的总体渗透比降较低，堰塞堆石体中的水力比降最大分别为 0.10（工况1）、0.14（工况2）。

2）覆盖层的渗透稳定性：基础覆盖层内渗透坡降以最大断面处最大，工况1下最大为 0.12，工况2下为 0.13。

3）下游出逸的渗流稳定性：计算结果表明，蓄水后堰塞坝下游地下水位一般较低，河床段下游出逸高程较低，表层逸出坡降一般在 0.06~0.08。

（6）接触冲刷特性分析。由于堰塞坝的渗透系数与基岩和坝肩岩体间存在差异，约 1~2 个数量级（堰塞坝渗透系数为 5.0×10^{-3} cm/s，基岩和坝肩岩体的渗透系数在 $1.0 \times 10^{-4} \sim 10^{-5}$ cm/s），水头等值线在堰塞坝与基岩、坝肩岩体接触部位出现折线；此外，根据水力坡降的计算结果，在基岩接触部位的坡降分别达到了 0.18（工况1）、0.23（工况2）。这些都表明堰塞坝与基岩、堰塞坝与坝肩岩体的接触部位都存在界面渗流现象，随着渗流的发展，可能存在接触冲刷现象，对堰塞坝的渗流安全不利。

综上所述，堰塞坝形成之后，如果没有采取渗控措施，其通过堰塞坝的渗漏量将非常之大，给下游造成较大的冲刷，同时较大的渗流容易逐步将堰塞坝中的细颗粒从大直径的块石孔隙中带出，进而可能会导致堰塞坝中出现孔洞等渗流通道，对整个堰塞坝的渗流稳定性非常不利。另外，在堰塞坝堆石与坝肩基岩的基础部位出现了较大的接触比降，在这些部位容易产生接触性冲刷，影响堰塞坝的整体渗流安全。因此，迫切需要对天然形成的红石岩堰塞坝采取渗控措施，以有效截断库水下渗和减小接触坡降。

2. 正常运行期堰塞坝整治工程渗流特性

为有效控制通过堰塞坝的渗流，在堰塞坝中设置了混凝土防渗墙和防渗帷幕。本次计算设置了工况3来弄清堰塞坝整治工程在正常蓄水位下的渗流特性，图 3.4-16~图 3.4-21 给出了工况3下模型区域内的三维渗流场计算结果。

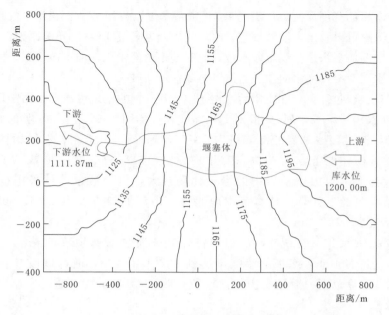

图 3.4-16　工况 3 下库区平面水头等值线分布（单位：m）

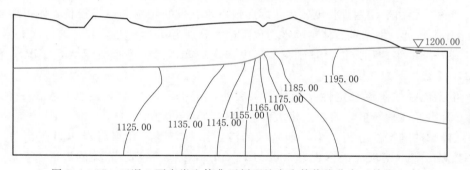

图 3.4-17　工况 3 下右岸山体典型剖面处水头等值线分布（单位：m）

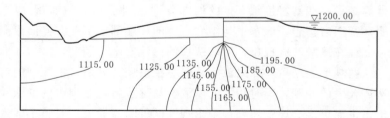

图 3.4-18　工况 3 下防 0+90.0 剖面处（堰塞坝）水头等值线分布（单位：m）

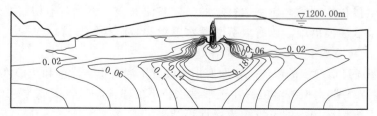

图 3.4-19　工况 3 下防 0+90.0 剖面处（堰塞坝）水力比降等值线分布

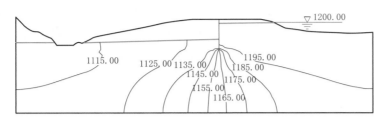

图 3.4-20 工况 3 下防 0+145.0 剖面处（堰塞坝）水头等值线分布（单位：m）

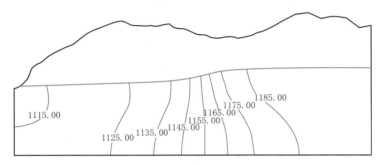

图 3.4-21 工况 3 左岸山体典型剖面处水头等值线分布（单位：m）

（1）渗流场等水头线分布。从各计算结果统计表和分布图中可以看出设计渗控措施下，整个渗流场中水头等值线形态、走向和密集程度都较准确地反映了相应区域防渗或排水渗控措施的特点、渗流特性和边界条件，计算域内的主要防渗和排水措施都得到了细致的模拟，渗流控制效果也及时得到了正确反映。

由计算成果可知，堰塞坝整治工程在正常蓄水位下的渗流特性具有典型的三维渗流特征：蓄水后，库水不仅通过坝基透水带向下游河床渗漏，更通过两岸透水带绕过左右坝肩向河床和下游渗漏。河床覆盖层及左右岸压水试验结果表明，堰塞坝及地基［主要为堆石、洪冲积物（Q^{pl+al}）、滑坡堆积层（Q^{del}）、崩坡堆积物（Q^{col+dl}）、强风化基岩和弱风化基岩等］具有一定透水性，对比工况 1，蓄水后将出现堰塞坝渗漏、基础渗漏和坝肩绕渗，设计采用混凝土防渗墙、帷幕灌浆防渗方案是合适的。

（2）渗控措施效果分析。主要针对正常蓄水位下的渗流控制措施防渗效果和渗流安全性进行分析，主要包括堰塞坝堆石中的混凝土防渗墙和基础帷幕灌浆以及左、右岸帷幕灌浆等部位。

1）混凝土防渗墙：由表 3.4-5 可以看出，工况 1（正常蓄水位 1200.00m）下，堰塞坝堆石中的混凝土防渗墙上游水头为 1197.00～1199.0m，墙体下游水头为 1125.00～1126.5m，混凝土防渗墙最大消减水头为 74.00m，占上下游水头差（1200.00－1111.87＝88.13m）的 84%，混凝土防渗墙起到了很好的防渗作用。防渗墙厚度为 1.20m，以最大断面处承受的渗透坡降最大，为 50.6，说明防渗墙（透水性较堰塞坝堆石小 1/50000 倍，较河床覆盖层小 1/10000 倍）有较大的防渗作用。该工程防渗墙的有效性是控制工程渗流稳定的关键之一，天然形成的堰塞坝中含有大量的堆石料，这会给防渗墙的施工带来很大的难度，因此建议加强现场施工质量控制，以确保防渗墙的有效性。

2）防渗帷幕：基础防渗帷幕以最大断面处承受的渗透坡降最大，为 18.23，防渗帷幕的渗透性相对于基础岩体小 1/10～1/50 倍，也能起到一定的防渗作用；两岸坡帷幕末端的水位较低，说明该工程设计的坝肩岩体防渗帷幕是有效的。

该工程防渗帷幕的有效性也是控制渗流稳定的关键，因此建议进行现场灌浆试验，在进行主体灌浆前，应依据现场灌浆试验结果，最终确定灌浆钻孔的方向、间距、排距、倾斜度和灌浆孔深度等，以便确保灌浆的有效性。

（3）渗流量计算。堰塞坝和地基中渗流量是该工程渗控设计所特别关心的主要内容之一，为此在对堰塞坝整治工程进行正常运行工况的整体三维渗流场渗流特性有限元计算分析的基础上，又专门对正常运行方案下堰塞坝、基岩等部位的渗流量进行了计算分析：经过计算，在正常蓄水位下（工况 3）的稳定渗流期，总渗流量为 17363m³/d。通过堰塞坝段的总渗流量计算值为 13241.8m³/d，约占未采取渗控措施（工况 1）下渗流量的 1/4。其中，通过堰塞坝的渗漏量为 3228.3m³/d，约占该段总渗漏量的 24.3%；通过该段基岩的渗漏量为 10013.5m³/d。通过计算范围内两岸山体的总渗流量为 4121.0m³/d，其中，左、右岸山体的渗流量分别为 2085.0m³/d、2036.0m³/d。

（4）水力坡降计算。

1）混凝土防渗墙水力坡降：由于堰塞坝堆石中设置有混凝土防渗墙，削减了大量水头，堰塞坝中混凝土防渗墙处的水力坡降较大，最大达到了 50.6，这也说明了防渗墙具有很好的截渗效果。

2）堰塞坝水力坡降：由于防渗墙的截渗作用，使得堰塞坝自防渗墙以下部位的地下水位较低，大部分堰塞坝处于干燥状态，因此堰塞坝的总体水力坡降降低，堰塞堆石体中的水力坡降最大为 0.04，与基岩接触部位的坡降为 0.08。

3）覆盖层的渗透稳定性：基础覆盖层内渗透坡降以最大断面处最大，工况 1 下最大为 0.12，工况 2 下为 0.13。

下游出逸点水力坡降：计算结果表明，蓄水后堰塞坝下游出逸高程较低，约为 1112.4m，比下游水位 1111.87m 高了不到 1.0m，逸出水力坡降为 0.02。

（5）接触冲刷特性分析。通过计算，对堰塞坝采用了防渗墙＋灌浆帷幕渗控措施后，上游库水壅积至防渗墙前，防渗墙削减水头较大、水力坡降也较大，但是由于防渗墙＋灌浆帷幕截断了库水的下渗通道，库水下渗速度较缓，因此与堰塞体接触部位的地下水流速较缓，水力坡降较小，存在较弱的界面渗流；在与基岩接触部位的水力坡降均较小，低于 0.1。可见，在防渗墙与堰塞体、帷幕与基岩的接触部位都存在界面渗流现象，但是接触冲刷作用较弱，不致对堰塞坝的渗流安全造成影响。

综上所述，由于红石岩堰塞堆积体、基础河床覆盖层透水性较强，基础岩体分层现象显著，强风化层和弱风化层埋深较浅，在水库蓄水之后，堰塞坝堆石和坝基将成为主要的渗漏通道，这是防渗措施要解决的主要问题。工况 3（正常蓄水）下的三维渗流计算结果表明，采用混凝土防渗墙＋帷幕灌浆的渗控体系可以很好地满足堰塞坝的防渗要求。

3. 堰塞坝渗透敏感性分析

为研究堰塞坝渗透敏感性，本次计算分析考虑了水库正常蓄水位时堰塞坝不同渗透特性下库区堰塞坝及坝基的渗透稳定性：工况 4、工况 5 分别考虑堰塞坝堆石渗透系数为

1.0×10^{-4} cm/s、1.0×10^{-5} cm/s，图 3.4 - 22～图 3.4 - 27 给出了相应工况下模型区域内典型剖面的水头和水力坡降计算结果。

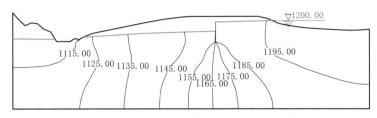

图 3.4 - 22　工况 4 下防 0 + 90.0 剖面处（堰塞坝）水头等值线分布（单位：m）

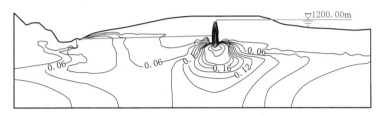

图 3.4 - 23　工况 4 下防 0 + 90.0 剖面处（堰塞坝）水力坡降等值线分布

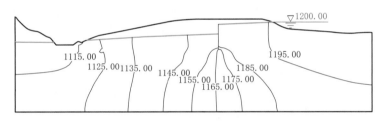

图 3.4 - 24　工况 4 下防 0 + 145.0 剖面处（堰塞坝）水头等值线分布（单位：m）

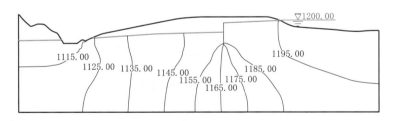

图 3.4 - 25　工况 5 下防 0 + 90.0 剖面处（堰塞坝）水头等值线分布（单位：m）

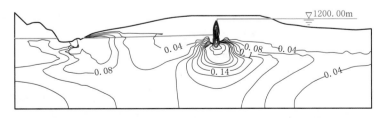

图 3.4 - 26　工况 5 下防 0 + 90.0 剖面处（堰塞坝）水力坡降等值线分布

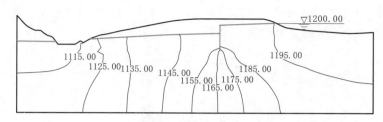

图 3.4-27　工况 5 下防 0+145.0 剖面处（堰塞坝）水头等值线分布（单位：m）

工况 3～工况 5 分别考虑堰塞坝的渗透系数为 $5.0×10^{-3}$ cm/s、$1.0×10^{-4}$ cm/s 和 $1.0×10^{-5}$ cm/s。从计算结果可以看出，正常蓄水位下，随着堰塞坝渗透性的减弱，最大剖面处渗流场分布发生较大变化，防渗墙处的水头等势线逐渐减少，表明防渗墙的截渗作用减弱，堰塞坝堆石承担了剩余的水头，使得其中出现多条水头等势线，通过堰塞坝渗量逐步削弱，但是堰塞坝下游出逸点高程逐步抬升。

水头分布方面，对于最大剖面，工况 3～工况 5 下由于堰塞坝渗透性的逐步减弱，防渗墙削减的水头逐渐降低，依次为 73.2m、41.0m 和 35.2m，同时堰塞坝削减的水头依次为 13.0m、35.1m 和 36.6m，可见，随着堰塞坝渗透性的减弱，防渗墙的截渗效果降低，剩余的水头由堰塞坝承担，使得堰塞坝中的浸润线逐步抬升，与工况 3 相比，工况 4 和工况 5 分别抬升了 2.1m 和 3.6m；水力坡降方面，堰塞坝渗透性的逐步减弱，堆石体下游逸出的平均坡降逐步增加，3 种计算工况下分别为 0.04、0.06 和 0.08。此时，混凝土防渗墙的最大水力坡降逐步降低，分别为 50.6、45.8 和 42.3。地基中，堰塞堆石体与坝肩岩体接触部位的水力坡降逐步降低，分别为 0.08、0.06 和 0.05。总体上来看，覆盖层和堰塞坝的渗流仍是稳定的。渗流量方面，随着堰塞坝渗透性的逐步减弱，通过左、右岸坝肩岩体的渗漏量变化不大，但是通过堰塞坝的渗漏量逐步减小，分别为 3228.3m³/d、3287.4m³/d 和 2819.4m³/d。

对于远离堰塞坝的左、右岸岩体部位，将工况 4～工况 5 与工况 3 的计算结果进行对比发现，无论是水头等值线分布，还是渗透坡降和渗漏量，都与正常运行工况下变化不大，可见堰塞坝渗透性变化后，离堰塞坝区域较远的部位，山体中的渗流场影响较小。

4. 防渗墙渗透敏感性分析

开展混凝土防渗墙渗透敏感性分析，考虑水库正常蓄水位下防渗墙不同渗透特性下库区堰塞坝及坝基的渗透稳定性。

为研究混凝土防渗墙渗透敏感性，本次计算分析还考虑了水库正常蓄水位时混凝土防渗墙不同渗透特性下库区堰塞坝及坝基的渗透稳定性：工况 6、工况 7 分别考虑防渗墙渗透系数为 $1.0×10^{-8}$ cm/s、$1.0×10^{-6}$ cm/s，图 3.4-28～图 3.4-33 给出了相应工况下模型区域内典型剖面的水头和水力坡降计算结果。

相比于工况 3，工况 6、工况 7 分别考虑堰塞坝中混凝土防渗墙的渗透系数放大 10 倍（$1.0×10^{-6}$ cm/s）和降低为原来的 1/10（$1.0×10^{-8}$ cm/s）。

从计算结果可以看出，正常蓄水位下，随着防渗墙渗透性增大，最大剖面处渗流场分布发生较大变化，防渗墙处的水头等势线逐渐减少，表明防渗墙的截渗作用减弱，堰塞坝堆石承担了剩余的水头；反之，随着防渗墙渗透性的减弱，防渗墙处的水头等势线更加密

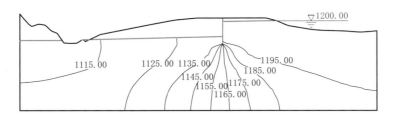

图 3.4-28 工况 6 下防 0+90.0 剖面处（堰塞坝）水头等值线分布（单位：m）

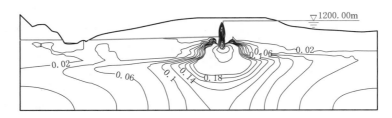

图 3.4-29 工况 6 下防 0+90.0 剖面处（堰塞坝）水力坡降等值线分布

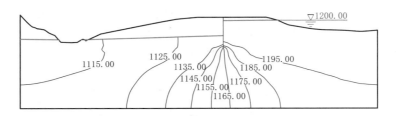

图 3.4-30 工况 6 下防 0+145.0 剖面处（堰塞坝）水头等值线分布（单位：m）

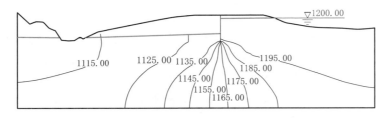

图 3.4-31 工况 7 下防 0+90.0 剖面处（堰塞坝）水头等值线分布（单位：m）

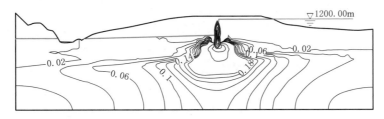

图 3.4-32 工况 7 下防 0+90.0 剖面处（堰塞坝）水力坡降等值线分布

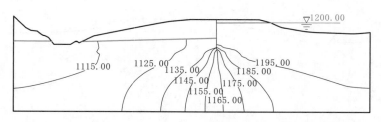

图 3.4-33 工况 7 下防 0+145.0 剖面处（堰塞坝）水头等值线分布（单位：m）

集，防渗墙的截渗效果更加明显。

水头分布方面，对于最大剖面，工况 6、工况 7 下防渗墙削减的水头逐渐增加，分别为 68.6m 和 73.6m，与工况 3（73.2m）相比，防渗墙渗透性增大时，削减水头减少了 4.6m，防渗墙仍然能够起到很好的截渗效果；反之，防渗墙渗透性减弱时，削减水头只增加 0.4m。同时堰塞坝削减的水头分别为 16.0m 和 12.4m，可见，随着防渗墙渗透性的变化，其渗透性增大 10 倍达到 1.0×10^{-6} cm/s 时，防渗墙仍然能够起到很好的截渗效果，其渗透性降低为原来的 1/10 时，防渗墙截渗效果变化不大。水力坡降方面，工况 6 和工况 7 下防渗墙渗透性变化时，与工况 3 相比，无论是堰塞坝堆石、覆盖层和接触部位的水力坡降均变化不大。总体上来看，覆盖层和堰塞坝的渗流仍是稳定的。渗流量方面，随着防渗墙渗透性的变化，通过左、右岸坝肩岩体的渗漏量变化不大，但是通过堰塞坝的渗漏量与防渗墙的渗透性变化一致，防渗墙渗透性放大 10 倍时达到 3399.0m³/d；降低 1/10 时为 2830.8m³/d。

对于远离堰塞坝的左、右岸岩体部位，将工况 6、工况 7 与工况 3 的计算结果进行对比，同样发现：无论是水头等值线分布，还是渗透坡降和渗漏量，与正常运行工况下相比变化不大，可见防渗墙渗透性变化后，离堰塞坝区域较远的部位，山体中的渗流场影响较小。

5. 特殊情况下堰塞坝整治工程渗流特性

工况 8 为设计渗控条件下堰塞坝整治工程遭遇校核洪水位时的渗流特性工况，图 3.4-34～图 3.4-39 给出了相应工况下模型区域内的三维渗流场计算结果。

（1）渗流场等水头线分布。在遭遇校核洪水时，堰塞坝整治工程计算区域内渗流特性也具有典型的三维渗流特征，库水不仅通过坝基透水带向下游河床渗漏，更通过两岸透水带绕过左右坝肩向河床和下游渗漏。

其中，堰塞坝堆石中的混凝土防渗墙上游水头约为 1206.1m，墙体下游水头约为 1129.4m，混凝土防渗墙最大削减水头为 76.7m，占上下游水头差（1208.56−1113.83＝94.73m）的 81%，混凝土防渗墙起到了很好的防渗作用，说明防渗墙有较大的防渗作用；基础防渗帷幕以最大断面处承受的渗透坡降最大，为 19.6，两岸坡帷幕末端的水位较低，说明该工程设计的坝肩岩体防渗帷幕是有效的。

（2）渗流量计算。经过计算，在遭遇校核洪水位（工况 8）时的稳定渗流期，通过堰塞坝段的总渗流量计算值为 17214.4m³/d，约占未采取渗控措施（工况 2）下渗流量的 1/3，其中，通过堰塞坝的渗漏量为 4196.8m³/d，通过该段基岩的渗漏量为 13017.5m³/d；通过计算范围内左、右岸山体的渗流量分别为 2443.4m³/d、2664.5m³/d。

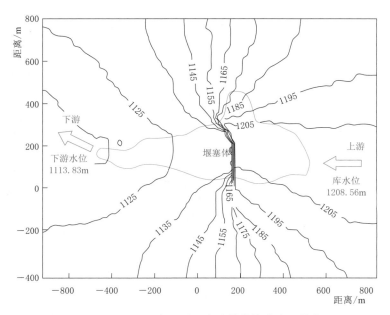

图 3.4-34 工况 8 下库区平面水头等值线分布（单位：m）

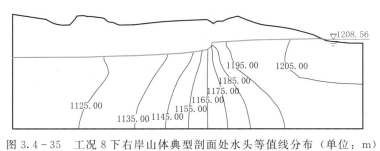

图 3.4-35 工况 8 下右岸山体典型剖面处水头等值线分布（单位：m）

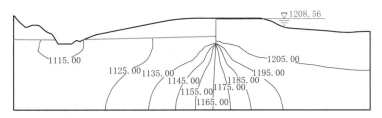

图 3.4-36 工况 8 下防 0+90.0 剖面处（堰塞坝）水头等值线分布（单位：m）

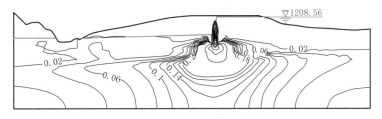

图 3.4-37 工况 8 下防 0+90.0 剖面处（堰塞坝）水力坡降等值线分布

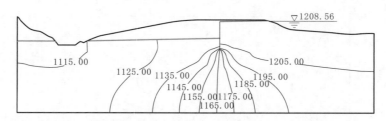

图 3.4-38　工况 8 下防 0+145.0 剖面处（堰塞坝）水头等值线分布（单位：m）

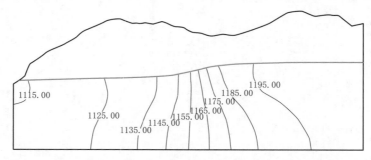

图 3.4-39　工况 8 左岸山体典型剖面处水头等值线分布（单位：m）

（3）水力坡降计算。混凝土防渗墙处的水力坡降较大，最大达到了 56.9，这也说明了防渗墙具有很好的截渗效果；堰塞坝总体水力坡降较低，最大为 0.05，与基岩接触部位的坡降为 0.08；基础覆盖层内渗透坡降以最大断面处最大，为 0.03，小于材料的允许水力坡降，覆盖层具有很好的渗透稳定性；堰塞坝下游表层逸出坡降只有 0.02。

可见，采用混凝土防渗墙＋帷幕灌浆的渗控体系可以很好地满足堰塞坝的防渗要求。

3.5　堰塞坝变形稳定性计算分析

3.5.1　概况

堰塞体整治是对堰塞体、坝基及两岸岸坡进行防渗加固及堰坡部分整治。堰塞体防渗处理采用防渗墙及帷幕灌浆相结合。

1. 防渗方案

防渗墙顶高程为 1209.00m，沿防渗线路对堰塞体进行槽挖，开挖断面为梯形，底高程 1200.00m，底宽 15m，侧坡 1∶1.5。拟定混凝土防渗墙下部接帷幕灌浆的垂直防渗方案。防渗墙顶部长度 267m，厚 1.2m，底界深入基岩 1m，最深位置约 130m；由于左岸堆积体深厚，为避免开挖扰动左岸堆积体，在左岸堆积体范围内开挖灌浆洞，并延伸灌浆洞与地下水位线相接，左岸灌浆洞总长约 278m，堆积体范围内洞长 184m，左岸堆积体范围内进行双排帷幕灌浆防渗代替防渗墙，堆积体范围内帷幕深度约 90m；基岩范围内采用单排灌浆防渗，帷幕深度按伸入基岩单位吸水率 $\omega \leqslant 0.05 \mathrm{L/(min \cdot m)}$ 及地下水位线以下 5m 控制，灌浆间距 1.5m。右岸崩塌体边坡内设灌浆洞，与 $\omega \leqslant 0.05 \mathrm{L/(min \cdot m)}$ 线相交，灌浆洞长 106m，设置单排帷幕，帷幕深度按伸入基岩单位吸水率 $\omega \leqslant 0.05 \mathrm{L/(min \cdot m)}$ 及地下水位线以下 5m 控制，帷幕间距 1.5m。灌浆洞支护衬砌后断面为 2.5m×3.5m 的城门洞形，灌浆洞堆积体及强风化基岩内进行混凝土衬砌，其余洞段喷锚支护。为减少堰塞体不均匀沉降对防渗墙产生的影响，也为了减少防渗墙施工过程中的漏浆和塌孔，在防渗墙上下游各布设一排堆石体内低压帷幕灌浆对堰塞体进行灌浆加固，便于防渗墙施工。

2. 堰坡整治

应急泄流槽部位采用石渣回填并浇筑自密实混凝土与防渗墙顶齐平。

为满足溢洪洞闸室与堰塞体之间的交通要求，堰塞体上游右侧采用石渣回填并碾压形成高程 1210.00m 公路与应急泄流槽连接，公路宽度不小于 8m，公路外侧回填坡比 1∶1.8。

堰塞体下游坡面从美观角度考虑，采用石渣进行碾压回填平整。下游坡面设"之"字形上坝公路。

3. 两岸边坡治理

堰塞体右岸边坡崩塌高约 600m，坡度 70°～85°。在崩塌后缘坡面约 60m（距崩塌边缘）范围内卸荷变形缝多见，发育频率约 5m/条。右岸崩塌边坡治理方案为从上至下清除开裂、松动及倒悬岩体，清坡后实施喷锚支护保护边坡。左岸边坡整体是稳定的，主要是清除顶部陡崖已开裂部分危岩、古滑坡体表面局部不稳定体及表面浮石。

3.5.2 堰塞坝现状分区

由于堰塞体为地震自然形成，在应急处置阶段开挖了应急泄流槽，在整治阶段从厂房至堰塞体顶部修建了临时施工交通。为最大限度地保留堰塞体的原貌，在堰塞体上仅考虑布置防渗墙施工、灌浆洞及上坝交通通道，并保留已有的应急泄流槽作为超标洪水的泄洪通道，不再对堰塞体顶部设置防浪墙或公路等结构。

上下游坝坡表面大块石较多，粒径比常规土石坝护坡块石要大得多，可达到保护坡面及防止波浪冲刷的作用，因此，上下游坝坡也以维持原貌为主，结合下游侧堆渣及上坝公路布置、上游侧公路布置对坡面进行修复及整治。

堰塞体由本次地震右岸崩塌的堆积体及原左岸古滑坡体共同组成。由上至下可分为：崩塌堆积层（Q^{col}）、坡积层（Q^{dl}）、滑坡堆积层（Q^{del}），最底部为古河床冲积层及现代河床冲积层。各层描述如下（见图 3.5-1）：

（1）崩塌堆积层（Q^{col}）。以堰塞体为代表，最大厚度约 103m，组成松散，分上部（Q^{col-2}）和下部（Q^{col-1}）2 层。下部（Q^{col-1}）为块石、碎石混粉土或粉土夹碎块石；上部（Q^{col-2}）为孤石、块石夹碎石，有少量砂土。

（2）坡积层（Q^{dl}）。为灰褐、褐黄色粉土夹碎石，厚度一般小于 5m。

（3）滑坡堆积（Q^{del}）。以左岸古滑坡堆积为代表，可分为上、下 2 层。下层（Q^{del-1}）为灰褐、褐黄色碎石土夹孤石、块石，堰塞体左岸滑坡堆积物最大厚度估计大于 100m；上层（Q^{del-2}）为灰色孤石、块石夹碎石及粉土，厚度 24～60m，主要分布在滑坡体顶部平缓处。

（4）河床冲积层（Q^{al}）。分为古河床冲积层（Q^{al-1}）和现代河床冲积层（Q^{al-2}）。古河床冲积（Q^{al-1}）为粉细砂夹砂砾石，厚度 10m 左右；现代河床冲积层（Q^{al-2}）为粉细砂、砂砾石及粉土，厚度一般为 16～22m。

由于本堰塞体上下游坡比常规土石坝要缓得多，常规土石坝分区以外的堰塞体可考虑作为堰塞体的保护措施及安全储备。

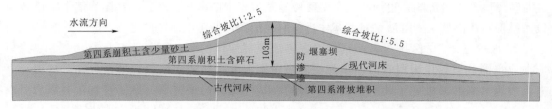

图 3.5-1　堰塞体分区图

3.5.3　堰塞坝应力变形计算

1. 计算概况

根据地质勘探资料，考虑材料的大致分区、整治方案以及后期可能的蓄水过程，建立了考虑古滑坡体和堰塞体的应力变形有限元计算分析网格。计算网格包含了古河床 al-1、现代河床 al-2、古滑坡下部 del-1、古滑坡上部 del-2、堰塞体下部 col-1、堰塞体上部 col-2、防渗帷幕以及混凝土防渗墙等材料分区。三维网格的单元形式以六面体单元及其退化单元为主，单元总数 57274，节点总数 56530，总体网格见图 3.5-2。为提高混凝土防渗墙中的计算精度，提高了混凝土防渗墙网格的划分密度。图 3.5-3 给出了混凝土防渗墙的整体计算网格图。图 3.5-4 给出了堰塞体和混凝土防渗墙接触关系示意图，在混凝土防渗墙周围人为地划分了接触过渡区。

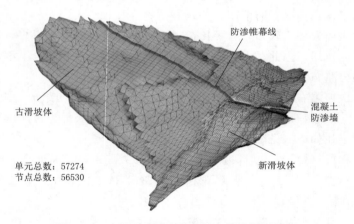

单元总数：57274
节点总数：56530

图 3.5-2　红石岩堰塞体整体三维有限元网格

在所采用的接触算法中，需要将相对较软的物体作为主动接触体，并划分较密的计算网格。在堰塞堆石体-混凝土防渗墙的接触关系中，上述两种要求是相互矛盾的。为此，专门在混凝土防渗墙周围人为划分了接触过渡区。接触过渡区的网格划分密度和防渗墙相同，并在接触过渡区与防渗墙的接触关系中取接触过渡区为主动接触体。接触过渡区实际上也是堰塞堆石体的一部分，在计算中通过位移绑定的方法将其和堰塞堆石体绑定在一起。图 3.5-5 给出了上述接触关系的局部图。此外，为了防止发生应力集中现象，还在防渗墙底部设置了沉渣单元。

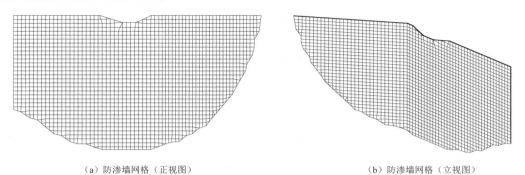

（a）防渗墙网格（正视图）　　　　　　　（b）防渗墙网格（立视图）

图 3.5-3　混凝土防渗墙网格图

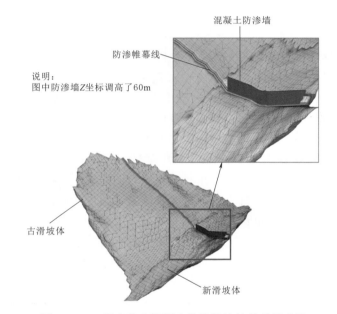

图 3.5-4　堰塞体和混凝土防渗墙接触关系示意图

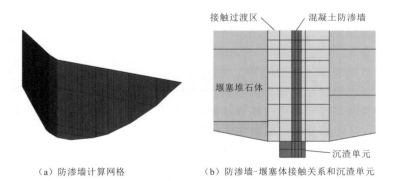

（a）防渗墙计算网格　　　（b）防渗墙-堰塞体接触关系和沉渣单元

图 3.5-5　防渗墙及其和堰塞体接触关系

古河床 al-1、现代河床 al-2、古滑坡下部 del-1、古滑坡上部 del-2、堰塞体下部 col-1、堰塞体上部 col-2 六种坝料以及防渗帷幕均采用了邓肯-张 E-B 模型。模型参数为根据现场及室内试验成果拟定的一组计算参数，具体数值见表 3.5-1。

表 3.5-1　　　　　　　　　本次计算采用的邓肯-张 E-B 模型参数

坝　料	$\varphi_0/(°)$	$\Delta\varphi/(°)$	K	n	R_f	K_b	m
古河床 al-1	49.0	8.8	500	0.27	0.74	280	0.10
古滑坡下部 del-1	46.0	6.0	900	0.24	0.82	400	0.25
古滑坡上部 del-2	48.5	7.5	1200	0.28	0.86	600	0.30
现代河床 al-2	52.0	9.6	680	0.32	0.80	350	0.10
堰塞体下部 col-1	51.0	9.0	720	0.26	0.72	320	0.15
堰塞体上部 col-2	48.0	8.0	500	0.21	0.70	250	0.14
防渗帷幕	50.0	10.0	3000	0.33	0.80	500	0.18

防渗墙采用线弹性模型，其参数为：$E=2.5\times10^4\,\mathrm{MPa}$，$\nu=0.20$。防渗墙与土体接触部分采用的是库仑摩擦定律，摩擦系数取 0.7。

本次计算采用 7 参数模型，在计算过程中考虑了堰塞体的流变，以古水堆石料流变参数为参考，并考虑了红石岩各种堆积料的具体特性综合拟定。具体做法是：各种料的流变参数首先均以古水堆石料的流变参数为基准。在此基础上，考虑压实特性的影响，再根据各种料和古水堆石料邓肯-张 E-B 模型参数 K 的比值进行缩放。古滑坡体和古河床堆积物经历了很长的地质年代，在其自重应力下的流变变形已经结束，故计算中一般不应再考虑流变变形。但是，对于位于新滑坡体之下的古滑坡体和古河床堆积物，考虑到其应力状态会由于新滑坡体重量产生相应的增量，因此计算中考虑了它们的部分流变变形，具体取总流变变形的 60%，相应流变起算时间为新滑坡体形成之后。流变模型计算参数见表 3.5-2。

表 3.5-2　　　　　　　　　流 变 模 型 计 算 参 数

坝　料	α	$b/\%$	m	β	$d/\%$	n	η
新堰塞体 col-1	0.0012	0.0959	0.397	0.952	0.1462	0.407	0.622
新堰塞体 col-2	0.0012	0.1380	0.397	0.952	0.2105	0.407	0.622
堰塞体下古滑坡体 del-1	0.0012	0.0460	0.397	0.952	0.0702	0.407	0.622
堰塞体下现代河床 al-1	0.0012	0.0828	0.397	0.952	0.1263	0.407	0.622
堰塞体下现代河床 al-2	0.0012	0.0609	0.397	0.952	0.0929	0.407	0.622

在本次计算分析中，将总体计算划分为堰塞体形成期、堰塞体堆积期、工程蓄水应用期三个阶段来进行具体的分析，见表 3.5-3。

堰塞体形成期包括古滑坡形成、河床堆积层形成以及新堰塞体形成等过程。在该阶段，包含有各种复杂的地质因素的作用，准确的定量模拟是无法实现的。同时，对于红石岩整治工程来说，堰塞体在该过程中发生的变形是没有实际意义的。堰塞体形成期模拟计算的主要目的是确定堰塞体的初始应力分布。为此，在计算中对古滑坡体、河床堆积层以及新堰塞体均采取了自下而上逐层形成的方法。这部分计算对应表3.5-3中的1~64加载级。对于这些加载级所产生的变形，在随后的65加载级进行了清零。

表3.5-3 静力计算步骤及工况

分 期	加载级	时间	工 况 情 况	上游水位变化/m
堰塞体形成期	1~39	—	古滑坡、河床堆积层逐层施工	—
	40~64	—	新堰塞体逐层施工	—
	65	—	堰塞体整体位移清零	—
堰塞体堆积期	66~99	34月	新堰塞体自重流变	—
	100	—	堰塞体整体位移清零	—
工程蓄水应用期	101	—	防渗墙施工	—
	102~117	16月	工程蓄水	1081~1200

堰塞体堆积期是指新堰塞体形成后直到混凝土防渗墙开始施工的阶段。在该阶段，堰塞体变形主要由新堰塞体自重作用下发生的流变变形产生。由于形成年代相对久远，古滑坡体自重对应的流变变形可认为已经全部完成。需要进一步说明的是，堰塞体在该堆积期所发生的变形，对后续整治工程（如混凝土防渗墙等）也不会有直接的影响。但是该阶段的现场观测变形可作为反演堰塞体模型参数的重要依据。根据计算要求，混凝土防渗墙于2017年5月完成，即在新堰塞体形成后34个月施工完成，这部分计算对应表3.5-3中的66~99加载级。对于这些加载级发生的变形，在随后的100加载级进行了清零。

工程蓄水应用期指混凝土防渗墙开始施工以及堰塞水库蓄水后的阶段。该阶段的计算结果是分析和确定堰塞坝整治工程安全性的重要依据。在本次计算中，这部分计算对应表3.5-3中的102~117加载级。其中，在92~107加载级，每个加载级均以30天上升8m的速度进行蓄水，直至上游水位上升到1200.00m。计算中堆石体考虑了流变变形。在模拟蓄水过程时，将水压力作用在防渗墙和防渗帷幕上游迎水面的法向，并考虑了上游蓄水对堰塞堆石体的浮力作用。

2. 计算结果与分析

采用前述的计算条件和计算方案，对红石岩整治工程进行了三维静力有限元计算分析。下面分别就施工混凝土防渗墙前（以下称堆积期）以及工程蓄水期结束后（以下称蓄水应用期）堰塞体和混凝土防渗墙应力变形的计算结果进行初步的分析。表3.5-4汇总了这两个时期坝体应力变形以及蓄水应用期防渗墙上应力变形的计算结果。表中，堆积期堰塞体变形是指新堰塞体形成后所发生的变形增量；蓄水应用期堰塞体和防渗墙变形是指混凝土防渗墙建成后所发生的变形增量。

表3.5-4 红石岩堰塞体和防渗墙最大应力变形计算结果统计

计算方案	沉降/cm	顺河向位移/cm		坝轴向位移/cm		大主应力/MPa	小主应力/MPa
		向上游	向下游	向左岸	向右岸		
形成期堰塞体	101.5	10.6	14.5	26.2	11.0	3.27	1.03
堆积期堰塞体	31.4	4.14	3.65	5.92	11.0	3.37	1.00

计算方案	沉降/cm	顺河向位移/cm		坝轴向位移/cm		大主应力/MPa	小主应力/MPa
		向上游	向下游	向左岸	向右岸		
蓄水应用期堰塞体	8.44	1.12	9.78	3.61	2.92	3.67	1.22
蓄水应用期防渗墙	2.42		9.78	2.80	0.28	12.6	6.90

（1）形成期堰塞体应力变形计算结果及分析。堰塞体的形成分成两个阶段：一是古滑坡、古河床的模拟逐层施工，形成后位移清零；二是新堰塞体的逐层施工。图 3.5-6 给出了形成期堰塞体坝体最大纵剖面及最大横剖面上的变形情况。

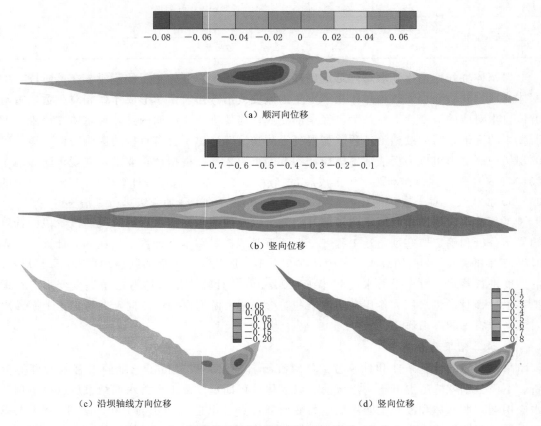

（a）顺河向位移

（b）竖向位移

（c）沿坝轴线方向位移　　　　　　　　　　　（d）竖向位移

图 3.5-6　堰塞堆石体形成期变形计算结果（单位：m）

从顺河向位移可以看出，堰塞体上游部分向上游位移，下游部分向下游位移。最大的顺河向位移均发生在堰塞体上下游的中部位置，分别为 10.6cm 和 14.5cm。从坝轴向位移可以看出，堰塞体的左岸向右岸位移，右岸向左岸位移。左、右岸的最大坝轴向位移分别为 11.0cm 和 26.2cm。需要说明的是，右岸比左岸位移大，是由于左岸的古滑坡形成后位移清零导致。从竖向沉降来看，堰塞体的最大沉降 101.5cm，发生在堰塞体的中部。总的来说，坝体的变形符合一般规律。

（2）堆积期堰塞体应力变形计算结果及分析。堆积期堰塞体变形是指新堰塞体形成后所发生的变形增量。图 3.5-7 给出了坝体最大纵剖面上的应力变形情况；图 3.5-8 给出了坝体最大横剖面上的应力变形情况。由于堰塞体形成后，堰塞体整体位移被清零，故图 3.5-9 和图 3.5-10 中的位移主要是由堰塞体的流变所产生。这里需要进一步说明的是，由于新堰塞体在形成中会对其覆盖的古滑坡体部分有加载作用，该部分的古滑坡体需要考虑一定的流变，因此该阶段堰塞体的流变变形主要由新堰塞体自重作用下新堰塞体及下覆部分古滑坡体变形所产生。

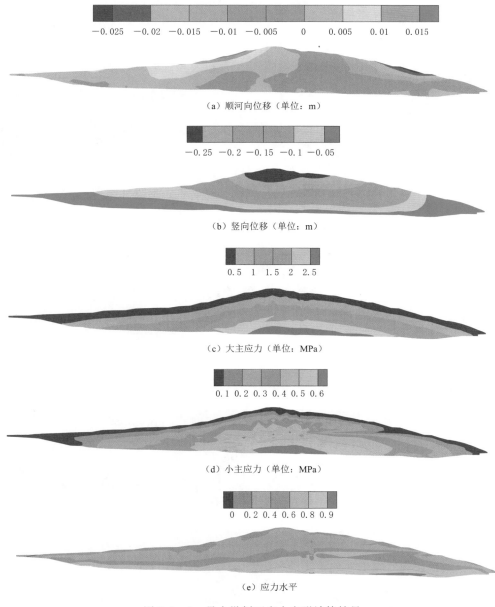

（a）顺河向位移（单位：m）

（b）竖向位移（单位：m）

（c）大主应力（单位：MPa）

（d）小主应力（单位：MPa）

（e）应力水平

图 3.5-7　最大纵剖面应力变形计算结果

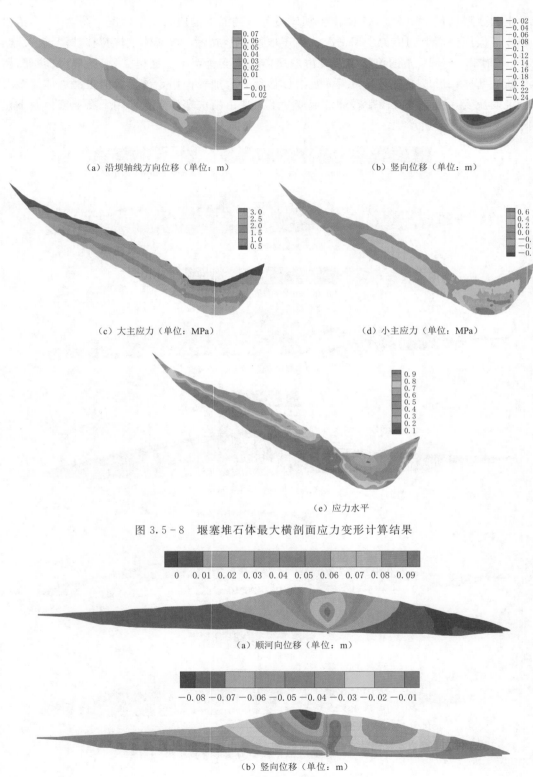

（a）沿坝轴线方向位移（单位：m）

（b）竖向位移（单位：m）

（c）大主应力（单位：MPa）

（d）小主应力（单位：MPa）

（e）应力水平

图 3.5-8 堰塞堆石体最大横剖面应力变形计算结果

（a）顺河向位移（单位：m）

（b）竖向位移（单位：m）

图 3.5-9（一） 坝体最大纵剖面应力变形计算结果

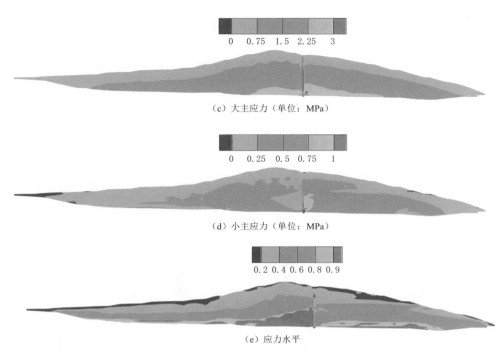

（c）大主应力（单位：MPa）

（d）小主应力（单位：MPa）

（e）应力水平

图 3.5-9（二）　坝体最大纵剖面应力变形计算结果

从位移云图可以看出，堰塞体变形符合后期流变的一般规律。从顺河向位移可以看出，上游部分向下游位移，下游部分向上游位移。最大的顺河向位移均发生在堰塞体上下游的中部位置，分别为 3.64cm 和 4.14cm。从坝轴向位移可以看出，堰塞体的左岸向右岸位移，右岸向左岸位移。由于左岸存在大体积的古滑坡的存在，使得左岸位移要大于右岸的位移。左、右岸的最大坝轴向位移分别为 5.92cm 和 3.65cm。从竖向沉降来看，堰塞体的最大沉降 31.4cm，发生在靠近堰塞体左岸的表面处，并逐渐向四周减小为 0。从位移情况来看，流变使得坝体变得更密实。

堰塞体的应力分布主要由其自身的自重引起。从大主应力云图来看，其分布与堰塞堆积体的体轮廓相似，最大值位于堰塞体底部，最大值为 3.37MPa。从小主应力云图来看，由于古滑坡体和新堰塞体是分先后逐层生成的，使得小主应力的分布在新老堰塞体交接的界面上出现了明显的跳跃。最大的小主应力位于堰塞体的底部，大小为 1.00MPa。同时由于坝底的地形局部凸凹变化较大，在这些部位容易引起局部的应力集中，但并不影响堰塞体的整体情况。

值得注意的是，由于新老部分的分级施工使得在新堰塞体的左岸与古滑坡的交界处出现了一定范围的拉应力。从应力水平来看，古滑坡部分的应力水平较高，在堰塞体下覆的部分以及坡面较陡的部分应力水平均在 0.8 以上，部分可以达到 1.0。古滑坡的应力水平高主要是因为在先填筑古滑坡部分时，古滑坡部分坡面较陡，而古滑坡的力学参数较小所导致。堰塞体内的应力水平相对较低，主要分布在 0.1～0.5 之间。不过在堰塞体的右岸，由于右岸的坡度陡峻，同样出现了较高的应力水平，可以达到 0.7 以上。

（3）蓄水应用期堰塞体应力变形计算结果及分析。蓄水应用期堰塞体和防渗墙变形是指混凝土防渗墙建成后所发生的变形增量。该位移增量主要应由堰塞体的流变以及加在混凝土防渗墙和防渗帷幕上的水压力引起。图3.5-9给出了坝体最大纵剖面上的应力变形情况；图3.5-10给出了坝体防渗墙上游侧堰塞堆石体横剖面上的应力变形情况。

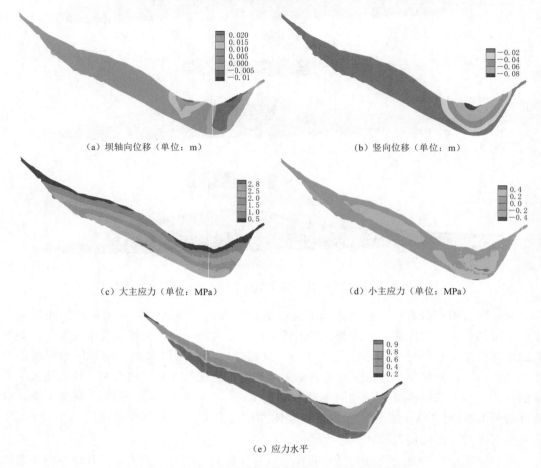

图3.5-10　堰塞堆石体横剖面应力变形计算结果

从顺河向位移来看，顺河向位移主要表现为在水压的作用下，推动防渗墙向下游移动，同时堰塞堆石体跟随运动。最大的顺河向位移出现在防渗墙的中部，最大值为9.78cm，并逐渐向四周减小。从坝轴向位移来看，坝的左岸向右岸位移，右岸向左岸位移。左、右岸的坝轴向位移最大值分别为2.92cm和3.61cm。从沉降的分布来看，最大的沉降发生在堰塞体上游的顶部，最大值为8.44cm。总体来看，堰塞体的变形分布规律性较好，符合一般的规律性。

从坝体的应力分布来看，由于水库的蓄水造成堰塞体应力出现了较大的变化。主要体现在，由于水压作用，防渗墙体向下游运动，挤压下游侧堆石体，使得下游侧堆石体的应力增大，其最大值发生在底部部位。相应的，由于防渗墙向下游运动，上游侧堰塞堆石体调整自身的应力状态，跟随其向下游移动，使得形成主动土压力的状态，小主应力可发生大幅度的降低和应力水平的较大升高。此外，在蓄水浮力的作用下，也会使防渗墙上游侧堰塞堆石体内的应力发生一定幅度的降低。正是由于蓄水的上述作用，可使得堰塞体内的大、小主应力在防渗墙前后出现跳跃，大、小主应力的最大值均位于下游靠近坝底部，最大值分别提高到了 3.67MPa 和 1.22MPa。应力水平较施工期整体均有所提高。古滑坡与堰塞体的右岸均大范围地出现了应力水平高于 0.9。堰塞体的大部分区域的应力水平也提高到 0.2～0.6 之间。

（4）蓄水应用期混凝土防渗墙应力变形计算结果及分析。图 3.5-11 给出了蓄水应用期混凝土防渗墙变形的计算结果。防渗墙顺河向位移主要是由作用在防渗墙上游面上的水压力引起，造成防渗墙整体均向下游侧位移。从顺河向位移云图来看，防渗墙上的最大顺河向位移发生在防渗墙中部偏下，最大值为 9.78cm。防渗墙的坝轴向位移主要发生在防渗墙的转折部分，主要是水压在防渗墙转折部分存在坝轴向的分量所致，其方向指向左岸。防渗墙的最大坝轴向位移位于防渗墙转折处的中部偏下部位，最大值为 2.80cm。从竖向位移来看，防渗墙整体向下位移。上游侧堆石体向下沉降，由于摩擦力带动防渗墙向下变形。因此，防渗墙的沉降分布与上游土体的沉降分布情况相似。最大沉降发生在防渗墙左岸顶部，最大值为 2.42cm。总体看，计算所得防渗墙变形符合一般规律。

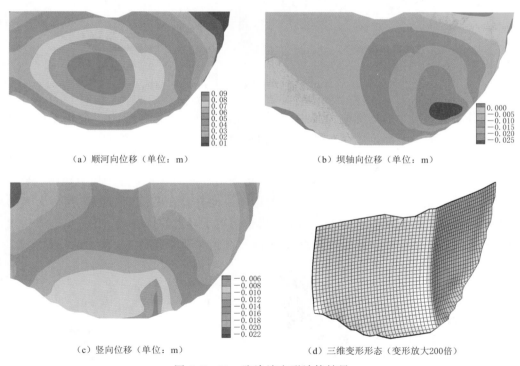

（a）顺河向位移（单位：m）　　　　　　　　　　（b）坝轴向位移（单位：m）

（c）竖向位移（单位：m）　　　　　　　　　　（d）三维变形形态（变形放大200倍）

图 3.5-11　防渗墙变形计算结果

图 3.5-12 给出了蓄水应用期混凝土防渗墙坝应力的计算结果。从防渗墙的大主应力云图来看，大主应力最大值为 12.6MPa，发生在右岸下部的上游表面，这是一个非常局部的应力集中区，该部位也可能存在较大数值计算误差的影响。另外一个大主应力较高数值的分布区域位于防渗墙转折部位的下游表面。该区域大主应力最大值约为 12.3MPa，总体高应力分布范围相对较大，这与防渗墙的转折在下游表面所造成的弯曲应力有关。由

于防渗墙存在弯折，造成上游表面作用的水压力存在夹角，产生较大的弯曲应力。总体看，防渗墙上大部分大主应力在 2～8MPa 之间。

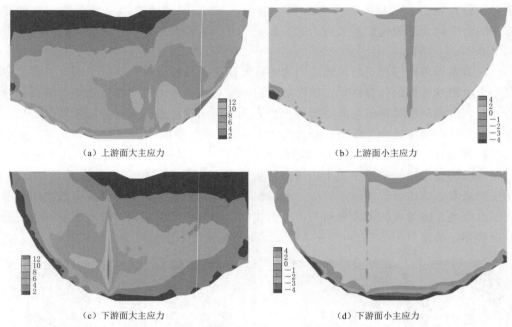

（a）上游面大主应力　　　　　　　　　　　　（b）上游面小主应力

（c）下游面大主应力　　　　　　　　　　　　（d）下游面小主应力

图 3.5-12　防渗墙应力计算结果（单位：MPa）

　　除去分布范围很小的局部应力集中之外，防渗墙拉应力区拉应力一般小于－2MPa。在沿防渗墙底部的一些部位，存在局部的应力集中现象，计算所得防渗墙的拉应力值相对较大，最高达－4MPa，但分布区域均非常小，都位于混凝土防渗墙与基岩交界处。在该部位，混凝土防渗墙受到底部基岩的强约束，可发生较强的弯曲应力和应力集中现象。同时这些部位也可能存在较大数值计算误差的影响。此外，在防渗墙与防渗帷幕交界的底部，由于两种材料的模量差别较大，小主应力也出现了较大的拉应力。图 3.5-13 给出了典型剖面上混凝土防渗墙垂直应力 σ_z 的分布以及在底部所发生的应力集中的现象。

剖面位置

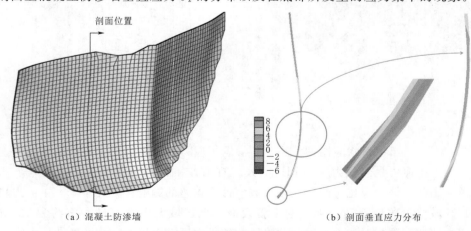

（a）混凝土防渗墙　　　　　　　　　　　　　（b）剖面垂直应力分布

图 3.5-13　典型剖面混凝土防渗墙垂直应力 σ_z 的分布

3. 计算结论

（1）将总体计算划分为堰塞体形成期、堰塞体堆积期、工程蓄水应用期三个阶段来进行分析。堆积期堰塞体所产生的变形增量主要由新堰塞体自重作用所产生的流变变形所产生。现有计算方案计算所得堰塞体的最大沉降 31.4cm，发生在堰塞体靠近左岸的表面。

（2）蓄水应用期堰塞体和防渗墙变形是指混凝土防渗墙建成后所发生的变形增量。计算所得的堰塞体最大顺河向位移出现在防渗墙的中部，最大值为 9.78cm；最大的沉降发生在堰塞体上游的顶部，最大值为 8.44cm。防渗墙最大顺河向位移发生在防渗墙中部偏下位置，最大值为 9.78cm。

（3）除去分布范围很小的局部应力集中之外，防渗墙大主应力较高数值的分布区域位于防渗墙转折部位的下游表面，大主应力最大值约为 12.6MPa，高应力值分布范围相对较大，这与防渗墙的转折在下游表面所造成的弯曲应力有关；防渗墙拉应力区拉应力一般小于 -2MPa。

总体来看，计算所得堰塞体和混凝土防渗墙的变形和应力分布规律性较好，符合一般的规律性。

3.6　堰塞堆积体土性参数的空间变异性

对实际勘察数据进行标准化，分析取样间距、趋势函数和计算土层厚度 h 的确定原则。研究相关距离和波动范围的关系，确定红石岩堰塞堆积体相关函数型式为高斯型。采用改进的递推空间法、相关函数法和拟合方差折减法计算红石岩竖向和水平波动范围值，给出了红石岩堆积体的竖向和水平波动范围的工程参考值分别为 (3.28 ± 0.55)m 与 (34.25 ± 5)m。不同指标与方法计算所得波动范围结果有较好的一致性。采用局部平均法、Karhunen - Loeve 展开法和协方差分解法为基础的随机场离散方法，实现了红石岩堰塞堆积体杨氏模量二维随机场，分析了波动范围的变化对于参数随机场的影响。堆积体土性参数随机场的空间变异性主要沿深度方向变化。

3.6.1　堆积体随机场模型及空间变异性分析

3.6.1.1　试验数据的采集及取样间距的确定

目前，考虑空间变异性的土性参数随机场大多基于静力触探（CPT）数据，且针对天然沉积土层或人工填压土层（主要指黏土、粉土、砂土土层）进行的分析，土层厚度一般不超过 20m。而红石岩堆积体是地震引发的山体滑坡形成，由大小不一的碎石颗粒组成，不同位置材料的差异大，空间变异性复杂，厚度从 20~80m 呈不均匀分布。

为确定竖向取样间距，选取了 XZ2 剖面的电阻率数据，分别设置 0.5m、1m、2m、4m、8m 的取样间距，计算波动范围，见图 3.6 - 1 和图 3.6 - 2。由图可见，波动范围的计算值主要集中在 1.5~5.5m 之间，波动范围随取样间距的变大而变大。当 $\Delta z_0 \leqslant 2$m 时波动范围的计算接近且稳定。当取样间距 $\Delta z_0 = 0.5$m 时个别孔号的计算值偏小。而当取样间距 $\Delta z_0 > 2$m 时，波动范围的增大趋势越来越明显。这是由于当取样间距大于波动范围时会掩盖间隔内土层的不均匀分布特性，从而不能反映土层的真实自相关特性，导致计算所得的波动范围偏大，此时称其参数的空间变异性被"均匀化"。$\Delta z_0 = 4m$ 计算结果明显偏大且存在部分计算值失真情况。而当 $\Delta z_0 = 8m$ 时，取样间距超过了实际波动范围，研究变量的自相关性无法体现，计算结果出现全部失真的情况。

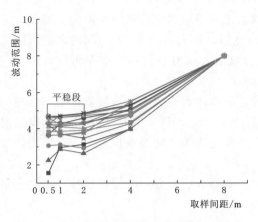

图 3.6-1　电阻率竖向波动范围随 Δz_0 变化　　　图 3.6-2　不同取样间距下竖向波动范围变化

考虑红石岩堆积体不同孔号的厚度差异性，当 $\Delta z_0 = 2m$ 时在后续相关函数的求解中无法满足样本数量要求，故本书在进行插值获取样本数据时的竖向取样间距取 $\Delta z_0 = 1m$。

因此，在确定取样间距时，先根据工程经验给出波动范围参考值 δ_0，然后依据 δ_0 分别取 $0.25\delta_0$、$0.5\delta_0$、δ_0、$2\delta_0$ 作为取样间距试算出波动范围的稳定值，再考虑计算精度和样本数量选定合适的取样间距进行后续计算。

水平方向的波动范围一般远大于竖向波动范围，大约在一个数量级，通过试算确定红石岩堆积体水平向的取样间距 $\Delta z_0 = 10m$ 满足精度要求。关于竖向和水平方向的测试数据的获取具体情况见图 3.6-3 和图 3.6-4。

表 3.6-1 和表 3.6-2 为 XZ2 剖面部分竖向电阻率样本数据和水平电阻率样本数据统计表。

表 3.6-1　　　　　　　　　　　**XZ2 剖面竖向电阻率样本数据**　　　　　　　　单位：$\Omega \cdot m$

孔号 460	孔号 520	孔号 580	孔号 640	孔号 700
60.00	95.39	60.00	60.00	59.16
57.93	96.42	57.08	58.37	57.49
55.86	97.44	54.17	56.72	55.82
53.79	98.46	51.26	55.12	54.15
51.73	99.49	48.34	53.40	52.48
49.66	100.58	45.43	51.87	50.81
40.42	133.64	38.48	43.75	42.77
42.29	135.45	40.18	45.56	44.62

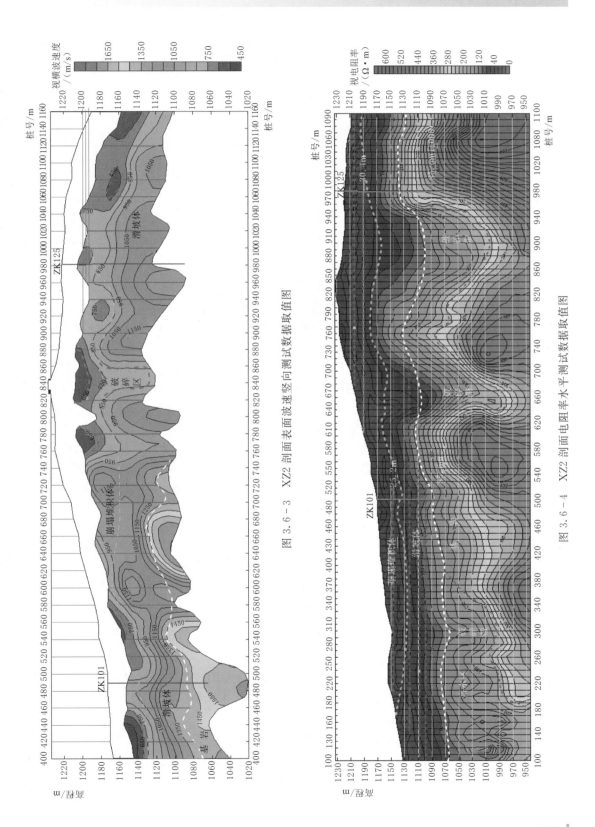

图 3.6-3 XZ2 剖面表面波速竖向测试数据取值图

图 3.6-4 XZ2 剖面电阻率水平测试数据取值图

表 3.6-2　　　　　　　XZ2 剖面水平方向电阻率样本数据　　　　　单位：Ω·m

高程 1205.00m	高程 1190.00m	高程 1175.00m	高程 1160.00m	高程 1145.00m
40.14	50.21	53.34	61.03	74.59
41.71	53.35	55.01	63.29	76.85
43.28	56.49	56.68	65.55	79.11
42.76	59.63	58.35	67.81	81.65
41.39	62.29	60.02	70.07	80.00
40.02	64.86	64.88	72.33	78.66
49.98	52.36	69.87	66.54	90.46
47.40	56.24	62.04	64.36	85.68

3.6.1.2　试验数据的标准化处理

应用随机场理论研究岩土参数的空间变异性时，实际上是利用一维的高斯平稳随机场去模拟土性剖面，这就要求构建随机场的数据满足平稳性要求。土体由于受复杂应力条件和沉积作用等因素的影响，土性参数在沿深度方向上一般表现有一定的趋势性，不能满足随机场的平稳性要求，如图 3.6-5 所示。

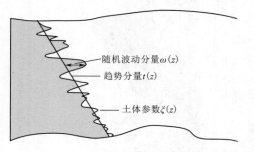

图 3.6-5　土性参数沿深度方向的趋势性

将采集到的红石岩堆积体各项数据资料进行整理，发现原始数据中剪切波速、表面波速和电阻率都呈现明显的随深度变化的趋势。为了满足齐次随机场的要求，模拟前必须对原始测试数据进行预处理——去势处理。

在随机场理论中，土体参数的离散性仅表现在波动项中，趋势项主要是代表的土体本身所固有的结构性和趋势性，以一维随机场 $Y(h)$ 为例：

$$Y(h) = \overline{Y}(h) + \tilde{Y}(h) \qquad (3.6-1)$$

式中：$\overline{Y}(h)$ 为趋势项函数；$\tilde{Y}(h)$ 为波动分量函数；h 为深度。

随机场的去势处理可以表示为

$$\tilde{Y}(h) = Y(h) - \overline{Y}(h) \qquad (3.6-2)$$

考虑所建立的随机场是齐次正态随机场，进行样本数据的标准化处理时利用：

$$\tilde{Y}(h) = [Y(h) - \mu_Y(h)]/\sigma_Y(h) \qquad (3.6-3)$$

式中：$\mu_Y(h)$ 为原随机场 $Y(h)$ 的均值，$\sigma_Y(h)$ 为 $Y(h)$ 的标准差。此时波动分量不仅反映了样本数据沿趋势轴的离散情况，还反映了随机场样本函数间的波动。如图 3.6-6 和图 3.6-7 为剪切波速去趋势前后样本数据的分布情况。

3.6.1.3　关于如何选用合适的趋势项函数的讨论

趋势项的函数一般以线性函数为主，但也存在着高次的趋势函数。对于同一组数据，进行数据去趋势时，如果趋势函数里所包含的确定性信息越多，则波动分量所占的信息量就越少，所以在确定趋势函数型式时，应根据数据的整体走势，选择最接近走势的趋势函数。

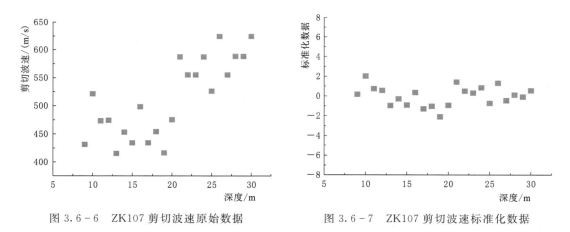

图 3.6-6　ZK107 剪切波速原始数据　　　　图 3.6-7　ZK107 剪切波速标准化数据

　　去趋势的目的是将数据中明显的趋势性剔除，以研究对象的波动性，如果趋势项选用过于高次，对数据的拟合效果虽好，但对其波动性反而进行了削减，以此计算出来的波动范围偏小。所以选用越高次的多项式拟合，所得到的计算结果偏差也就越大。对于岩土工程空间变异性分析而言，选取合适的趋势函数对于后续随机场的计算尤为重要。这里以各剖面部分孔号表面波速数据为例，分析了选用不同趋势项对于最终统计结果的影响。

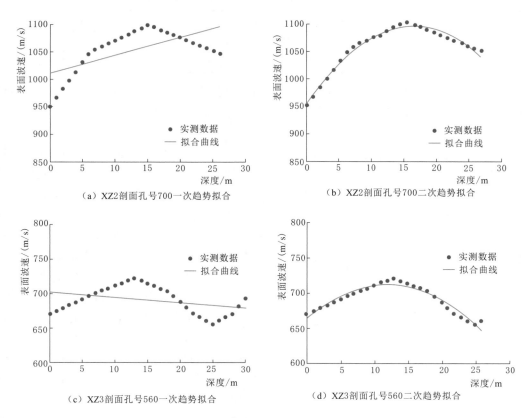

图 3.6-8（一）　各剖面不同阶数趋势项拟合对比

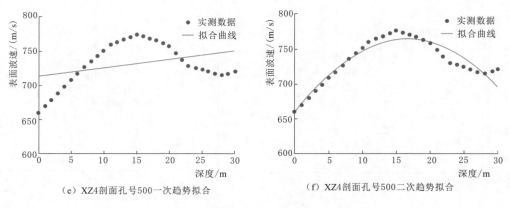

（e）XZ4剖面孔号500一次趋势拟合　　　　（f）XZ4剖面孔号500二次趋势拟合

图 3.6-8（二）　各剖面不同阶数趋势项拟合对比

各剖面示例孔号采用一次及二次趋势项拟合对比见图 3.6-8，拟合优度见表 3.6-3。从表 3.6-3 以及图 3.6-8 对原测试数据的拟合对比可看出，一次去趋势无法完整合理地表达堰塞堆积体原始样本数据的趋势性，而二次趋势函数对原数据的趋势拟合程度较好，可以较好代表样本数据的趋势性。

表 3.6-3　　　　　　　　　各剖面示例孔号趋势拟合优度 R_2 对比表

趋势函数的阶次	XZ2 孔号 700	XZ3 孔号 560	XZ4 孔号 500
1 次-R_2	0.389	0.069	0.152
2 次-R_2	0.985	0.934	0.942

为更直观比较出不同阶数的趋势函数对于波动范围计算值的影响，针对 XZ2 的表面波速数据，以改进后的递推空间法计算一次、二次和四次去趋势情况下剖面的波动范围变化。

由一次趋势计算波动范围均值为 3.116m，二次趋势波动范围均值为 2.815m，四次趋势波动范围均值为 1.960m。从图 3.6-9 也可直观看出，选用一次和二次多项式的曲线结果比较接近，而使用四次多项式的结果明显偏小，这是由于在采用高次的多项式进行计算时，会导致解的奇异，且得到的结果与一次、二次的计算结果相差较大。越高次的多项式所得到的结果越小。在实际计算中应尽量选取符合数据走势的尽可能简单型式的趋势函数来代表随机场的趋势项，但最高不建议超过二次，否则会导致计算结果偏差较大。

通过以上分析可知，一次趋势函数无法合理地描述红石岩土体的趋势性，所以在对红石岩的随机场计算中，对于表面波速与电阻率在深度方向上采用的都是二次去趋势来获取波动分量，以获取最接近真实土性空间的随机波动分量 $\tilde{Y}(h)$，而对于剪切波速数据其沿深度方向的趋势性使用一次去趋势即

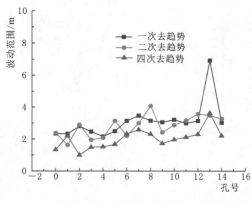

图 3.6-9　不同趋势项对波动范围的影响

可描述其趋势性,见图 3.6 - 10。理论上来说,土体内部各项指标所表现的趋势性即结构性差异在土体空间内沿深度变化的性质应该差异不大,这是由土体本身的性质决定的。而在实际土性指标的获取中,由于现场条件、勘测仪器或土性指标在土体中受其他条件影响的程度不同,其结构性可能也略有差异。为尽量减轻土体结构性对随机性的影响,使模拟的土性随机场剖面更好地体现土性指标的随机波动性,本书对于不同的土性指标进行了多次的趋势拟合,最后选择最为符合实际土性空间变化的趋势函数。

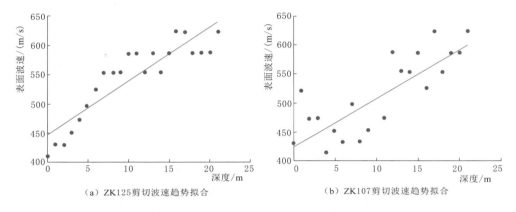

(a) ZK125剪切波速趋势拟合   (b) ZK107剪切波速趋势拟合

图 3.6 - 10   钻孔剪切波速趋势函数拟合示例

对于水平方向的原始数据,在做了大量的统计分析后,发现水平向的原始样本数据沿水平方向并未表现出明显的趋势性,见图 3.6 - 11,表明红石岩堰塞体在水平方向上的土性参数性质是比较平稳的,所以水平向的原始样本数据即可作为水平方向的土性剖面随机场的波动分量 $\widetilde{Y}(v)$。

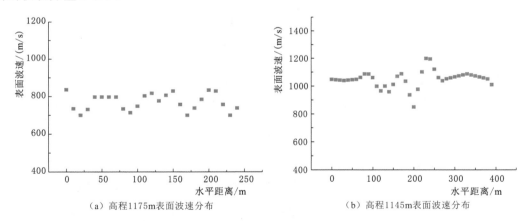

(a) 高程1175m表面波速分布   (b) 高程1145m表面波速分布

图 3.6 - 11   XZ2 剖面水平向表面波速原始样本数据分布

3.6.2   土性剖面随机场的平稳性检验结果

针对搜集到的红石岩堆积体物探参数数据,以 1m 为取样间距采集钻孔剪切波速、表面波速和电阻率的测试数据,将其作为样本数据标准化处理后对 XZ2、XZ3、XZ4 剖面进行平稳性检验。

1. 钻孔-剪切波速数据平稳性检验结果

图 3.6-12 检验结果表明，以钻孔-剪切波速试验数据去趋势后得到的波动分量建立的随机场模型，其均值函数在深度上的集平均数据在 0 上下波动范围很小，可以认为是平稳的，相关函数沿深度方向也不随深度变化而有大幅变化，说明以剪切波速建立的随机场的样本在概率意义上都不随深度变化，所以其土性随机场为平稳随机场。

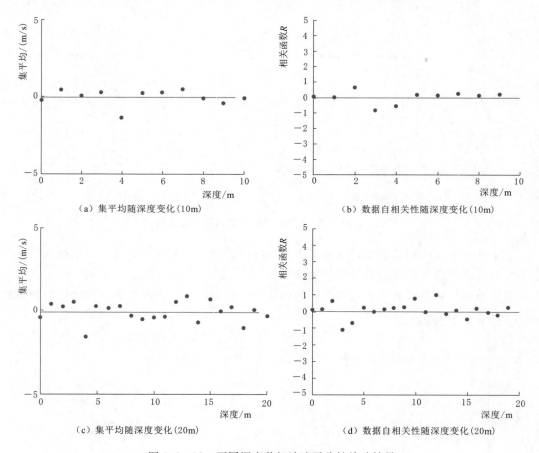

图 3.6-12　不同深度剪切波速平稳性检验结果

2. 表面波速数据平稳性检验结果

图 3.6-13～图 3.6-15 各剖面检验结果表明，表面波速试验数据去趋势后得到的波动分量建立的随机场模型的均值函数在深度上的集平均数据在 0 上下波动范围很小，可以认为是平稳的，相关函数沿深度方向也不随着深度变化而有大幅变化，说明以表面波速建立的随机场的样本在概率意义上都不随深度变化，所以其土性随机场为平稳随机场。

以上数据的检验结果说明，使用所采集到的样本数据建立土性剖面随机场来进行红石岩土性参数的空间变异性分析是合理的。

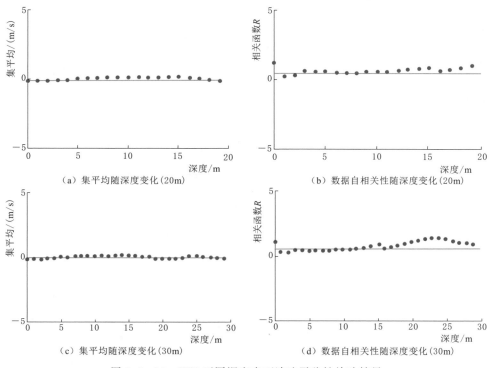

（a）集平均随深度变化（20m）　　　　　（b）数据自相关性随深度变化（20m）

（c）集平均随深度变化（30m）　　　　　（d）数据自相关性随深度变化（30m）

图 3.6-13　XZ2 不同深度表面波速平稳性检验结果

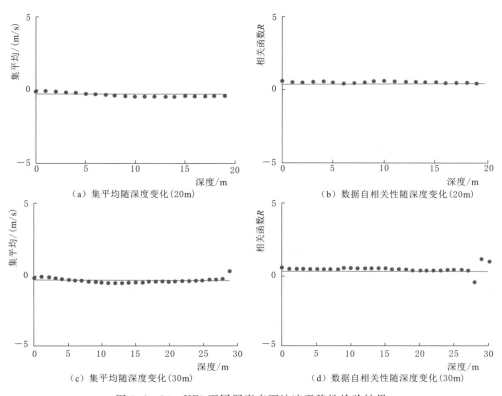

（a）集平均随深度变化（20m）　　　　　（b）数据自相关性随深度变化（20m）

（c）集平均随深度变化（30m）　　　　　（d）数据自相关性随深度变化（30m）

图 3.6-14　XZ3 不同深度表面波速平稳性检验结果

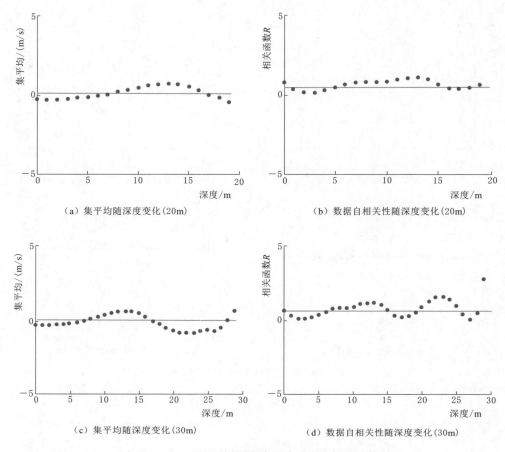

（a）集平均随深度变化（20m）　　　　（b）数据自相关性随深度变化（20m）

（c）集平均随深度变化（30m）　　　　（d）数据自相关性随深度变化（30m）

图 3.6-15　XZ4 不同深度表面波速平稳性检验结果

3.6.3　土性剖面随机场的各态历经性检验结果

针对搜集到的红石岩堆积体物探参数数据，以 1m 为取样间距采集钻孔剪切波速、表面波速和电阻率的数据，将其作为样本数据标准化处理后对 XZ2、XZ3、XZ4 剖面进行各态历经性检验。

1．钻孔-剪切波速数据各态历经性检验结果

由于搜集到钻孔样本数据较少，故水平向的各态历经性检验仅检验两组，图 3.6-16 检验结果表明，由钻孔-剪切波速试验数据去趋势后得到的波动分量建立的随机场模型，其深度均值函数在水平方向 0 上下波动范围很小且依概率为 1 等于随机场均值，深度相关函数沿水平方向也不随着水平距离变化而有大幅变化且依概率为 1 等于随机场的相关函数，说明以剪切波速建立的土性剖面随机场的样本是具有各态历经性的。

2．表面波速数据各态历经性检验结果

图 3.6-17～图 3.6-19 对各剖面的堆积体表面波速的各态历经性检验结果表明，由表面波速试验数据去趋势后得到的波动分量建立的随机场模型，其深度均值函数在水平方向 0 上下波动范围很小且依概率为 1 等于随机场均值，深度相关函数沿水平方向也不随着

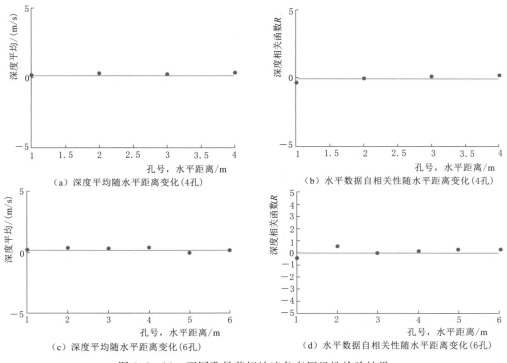

（a）深度平均随水平距离变化(4孔)　　　　（b）水平数据自相关性随水平距离变化(4孔)

（c）深度平均随水平距离变化(6孔)　　　　（d）水平数据自相关性随水平距离变化(6孔)

图 3.6－16　不同孔号剪切波速各态历经性检验结果

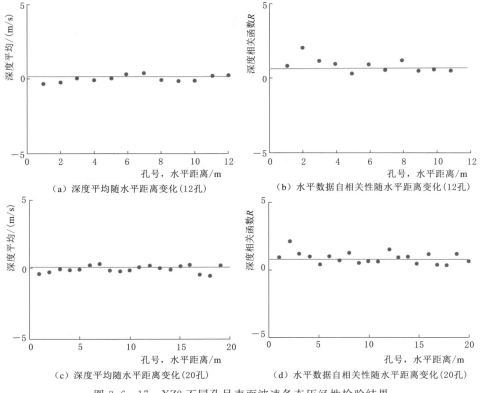

（a）深度平均随水平距离变化(12孔)　　　　（b）水平数据自相关性随水平距离变化(12孔)

（c）深度平均随水平距离变化(20孔)　　　　（d）水平数据自相关性随水平距离变化(20孔)

图 3.6－17　XZ2 不同孔号表面波速各态历经性检验结果

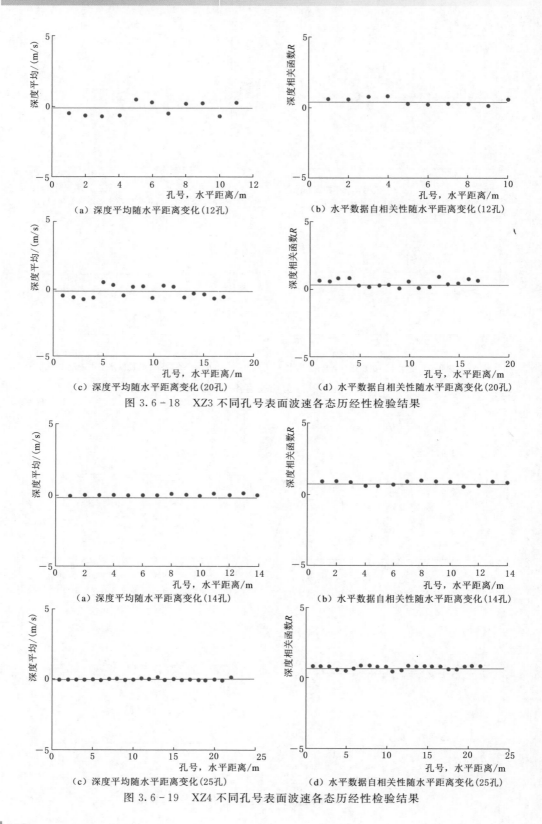

图 3.6 - 18 XZ3 不同孔号表面波速各态历经性检验结果

（a）深度平均随水平距离变化（14孔）　　（b）水平数据自相关性随水平距离变化（14孔）

（c）深度平均随水平距离变化（25孔）　　（d）水平数据自相关性随水平距离变化（25孔）

图 3.6 - 19 XZ4 不同孔号表面波速各态历经性检验结果

水平距离变化而有大幅变化且依概率为 1 等于随机场的相关函数，说明以表面波速建立的土性剖面随机场的样本也是具有各态历经性的。

经以上检验可知，采用剪切波速、表面波速样本数据所建立的土性剖面随机场都满足齐次正态平稳性和各态历经性的要求，这对现场取得的有限样本数据通过随机场理论应用于红石岩的空间变异性分析有很大帮助。

3.6.4 关于红石岩堰塞坝相关函数和计算厚度 h 的讨论

3.6.4.1 红石岩堰塞坝相关函数型式的拟合及改进

土体空间参数的相关性通过相关函数来反映，使用相关函数法求解波动范围时确定相关函数的型式是很重要的一步。通过对随机场的验证，计算出样本数据离散的相关函数数据点，画出 $R(\Delta z)$-Δz 图，然后对曲线进行多函数类型的拟合，再以回归分析的方式确定函数式中的参数。

如图 3.6-20 所示，使用相关函数法对所有样本数据进行拟合时，也包含了数据失真的部分，真正反映土体特性的数据由于受失真数据影响，曲线会向后偏移，导致最终估计误差增大。对于如何有效避免随着样本数 i 的增大导致计算相关函数的数据减少，相关函数区后半部失真的问题，更合理有效地确定目标地区的相关函数型式，很多学者做出了相关的改进。但是，无论是选取第一个 0 点前的数据还是选取数据的前 1/4 进行拟合，都未考虑主负值阶段的数据，仍存在不合理的地方。由相关函数离散点计算公式：

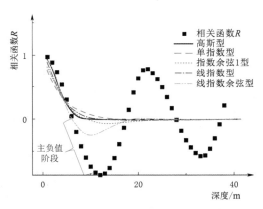

图 3.6-20　相关函数拟合主负值阶段示意图

$$R(\Delta z) = \frac{1}{N-i}\sum_{k=1}^{N-i} Y(z_k)Y(z_{k+1}) \tag{3.6-4}$$

由式（3.6-4）可知，当 i 的值总等于某些周期性出现的数值时，总有 $Y(z_k)Y(z_{k+1})<0$ 使得相关函数 $R<0$ 成立，计算相关函数曲线也可以看出确实存在着负值点，称相关函数第一次出现负值的阶段为主负值阶段。当离散数据的相关函数值处在主负值阶段时，这些数据点仍是具有参考价值的，它代表土体中相互间距为 h_i 的两点间存在着一定负相关性。

根据离散数据点拟合确定相关函数型式时，主负值阶段的数据点也应考虑进去，因此决定对相关函数曲线出现数据波动失真的第一个拐点之前的数据进行拟合，并对单指数型、指数余弦 1 型、线指数型、线指数余弦型、高斯型 5 种常用的相关函数型式同时进行拟合，比较综合选取拟合效果最合理的相关函数型式，这样既剔除了后半段数据失真的影响，又考虑了主负值阶段负相关的影响。

为能够真实反映不同孔位位置的空间变异特性，本书对 XZ2、XZ3、XZ4 剖面的每一孔号数据都进行了 5 种常用相关函数类型的拟合，对比后根据总体结果综合确定堰塞体的具体相关函数型式和相关参数。以 XZ2 剖面各孔号的竖向表面波速数据为例，XZ2 剖面各孔号数据采用传统方法拟合全部数据点和采用改进拟合第一个拐点前数据的方法拟合优度 R_2 见图 3.6-21。

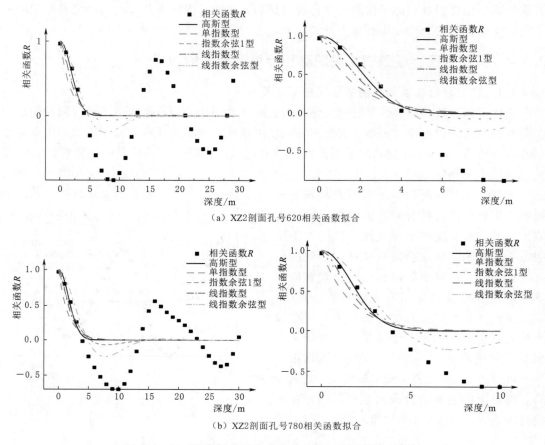

（a）XZ2剖面孔号620相关函数拟合

（b）XZ2剖面孔号780相关函数拟合

图 3.6-21　传统相关函数拟合与改进相关函数拟合示例

由图 3.6-22 和图 3.6-23 的对比分析可以得出以下结论：①XZ2 剖面所有孔号进行相关函数拟合时，无论选择多少拟合的数据量，总是线指数余弦型函数的拟合优度最好，其次是指数余弦 1 型函数和高斯型函数，线指数型函数和单指数型函数拟合效果最差。这是因为线指数余弦型函数虽与指数余弦型函数相似，但其增加的线性系数可以包含更多的主负值阶段数据点。②不同的相关函数型式采用传统拟合法和改进后拟合法对于参数 b 的趋势影响很小，但参数 b 的大小有略微变大或变小，这是因为消除了后半部失真数据的影响，参数 b 与原来相比进行了向优调整，参数 b 的变化对于波动范围的影响较大，进而影响后续的空间变异性评价。无论对于何种形式的相关函数，在对离散数据的相关函数的拟合时，参数 b 的变化幅度并不大，说明控制计算土层的统计特性的数据主要为主负值阶段之前的数据点，主负值阶段之后的数据认为是失真数据，不予考虑。③由表 3.6-4 和表 3.6-5 采用改进后的拟合法，对数据的拟合效果即拟合优度 R_2 有很大提升，拟合度增加 80% 左右，从曲线对比可以看出拟合函数曲线对于主负值阶段的数据靠近。

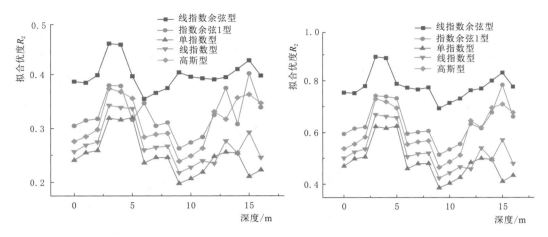

图 3.6-22 传统法与改进法拟合优度 R_2 对比

　　将各相关函数型式拟合后各孔号的参数所对应的波动范围值与改进后的递推空间法波动范围均值进行对比如图 3.6-23。

　　由线指数余弦型与指数余弦 1 型波动范围计算均值分别为 2.09m 和 2.37m，采用单指数型与线指数型的波动范围计算均值为 2.53m 和 3.05m，高斯型波动范围计算均值为 3.23m，可知 5 种相关函数型式的计算结果在一定范围内略有差异。由图 3.6-23 可直观看出，线指数余弦型函数、指数余弦 1 型函数和线指数型函数波动范围计算值与递推法计算结果相比明显偏小，单指数型函数和高斯型函数的波动范围与递推法计算结果较为接近。故综合考虑对数据的拟合优度

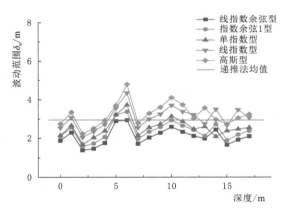

图 3.6-23 XZ2 不同相关函数与递推法计算对比

R_2 和波动范围计算结果对比，高斯型相关函数的拟合效果在 5 种常用相关函数型式中较好，计算所得波动范围值也较为可靠，且对于后续随机场离散和有限元计算来说型式简便利于计算，建议选用高斯型自相关函数作为红石岩堰塞堆积体的自相关函数。

　　为验证 XZ2 剖面的结论是否适用于其他剖面，本书采用改进后的拟合方式 5 种相关函数型式对 XZ3、XZ4 剖面的所有孔号数据进行拟合（见图 3.6-24）。

　　将 XZ3 及 XZ4 剖面各孔号表面波速数据不同自相关函数型式的拟合优度 R_2 分布和不同相关函数对应的波动范围对比结果如图 3.6-25 和图 3.6-26 所示。

　　由图 3.6-25 和图 3.6-26 分析可知，与 XZ2 剖面拟合结果相似，仍是线指数余弦型函数拟合效果最好，其次是指数余弦型函数和高斯型函数，拟合效果最差是单指数型函数和线指数型相关函数。可知堰塞体各剖面的相关函数拟合精度比较接近，符合各剖面土体性质相近的工程实际。从各相关函数型式的参数所对应的波动范围来看，线指数余弦型函

数和指数余弦型函数的计算结果明显偏小，高斯型函数和单指数型函数与递推法计算结果最为接近，线指数型函数计算的波动范围偏大。从 XZ2 剖面、XZ3 剖面和 XZ4 剖面的拟合对比结果综合考虑，高斯型相关函数对原始数据的拟合效果较好且计算所得参数以及对应的波动范围也更加合理，所以选择高斯型自相关函数作为堰塞堆积体相关函数型式是可靠的。

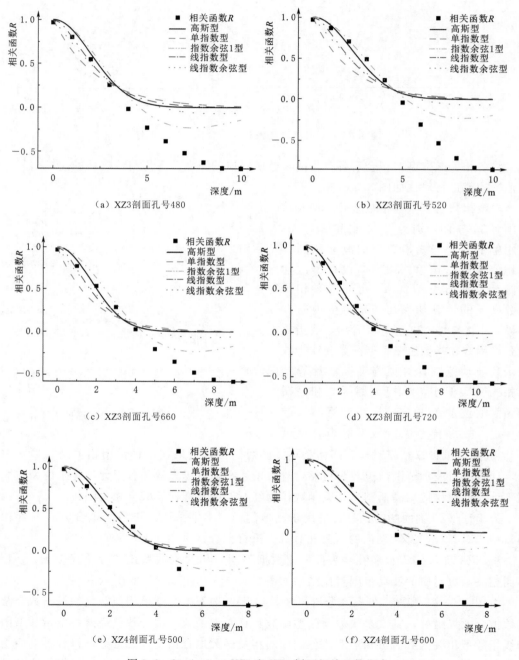

图 3.6-24（一） XZ3 和 XZ4 剖面相关函数拟合

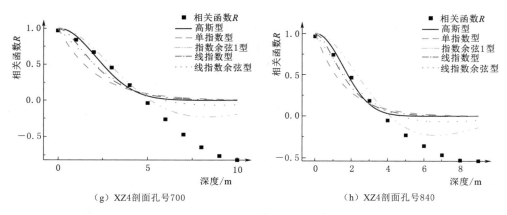

(g) XZ4剖面孔号700

(h) XZ4剖面孔号840

图 3.6-24（二）　XZ3 和 XZ4 剖面相关函数拟合

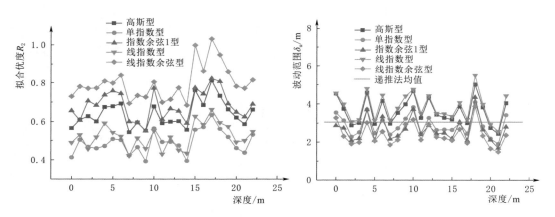

图 3.6-25　XZ3 剖面拟合优度和波动范围曲线

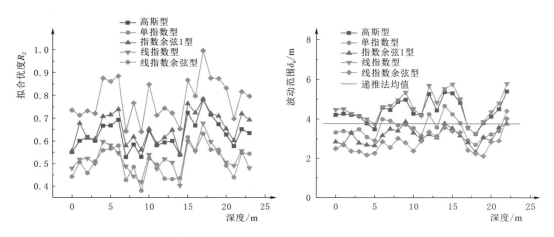

图 3.6-26　XZ4 剖面拟合优度和波动范围曲线

3.6.4.2 波动范围与计算土层厚度 h 的讨论

波动范围是代表土体固有属性的指标常量，在理想情况下不随其他因素的改变而波动。从波动范围的定义可见，在岩土工程实际中，计算土层的厚度 h 往往都是有限的土层厚度，当计算波动范围的具体数值时，波动范围 δ_u 的计算值与计算土层的厚度有紧密联系。波动范围一般会随着计算土层厚度的增大而增大，理论上当 h 取到足够大时，波动范围会出现稳定值，但实际工程中大都无法满足 h 充分大的条件。武登辉等提出在计算相关距离及数据量在满足基本空间平均长度时，取不同样本数据量所计算的相关距离存在稳定值。一些学者认为 h 可以理解为土力学中的有效影响深度，计算厚度 h 一定程度上也对方差折减的效果有较大影响。如何根据实际有限样本数据取得一个合理的有效空间平均厚度 h 对于应用随机场理论进行岩土空间变异性分析十分重要。

本书以红石岩堆积体 10 组表面波速数据为样本，取样间距为 1m，对初始数据标准化处理且验证满足平稳性和各态历经性后，确定满足高斯平稳随机场条件。采用改进后的递推空间法和相关函数法分别分析了同一剖面的样本数据在不同计算土体厚度 h 情况下波动范围 δ_u 计算值的变化规律，如图 3.6-27 和图 3.6-28 所示，并找出使得波动范围比较稳定的计算土层厚度 h 区间，最后根据理论对比分析，给出红石岩地区的计算土层厚度 h 的建议值。

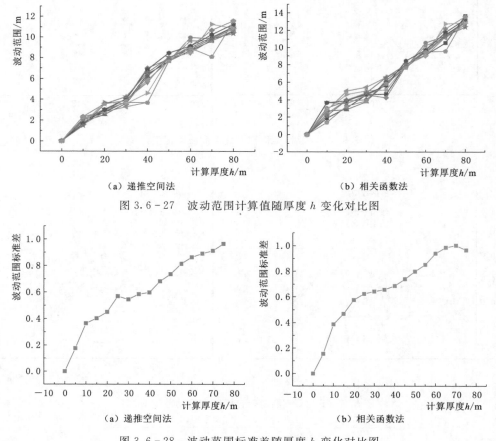

（a）递推空间法　　　　　　　（b）相关函数法

图 3.6-27　波动范围计算值随厚度 h 变化对比图

（a）递推空间法　　　　　　　（b）相关函数法

图 3.6-28　波动范围标准差随厚度 h 变化对比图

分析图 3.6 - 27 和图 3.6 - 28 可知，实际计算波动范围随着计算土层厚度 h 的增大呈现递增的趋势，计算所得的波动范围的离散性变大。不论是改进的递推空间法还是改进的相关函数法，存在一个计算厚度 h，区间 $h = 25 \sim 35\text{m}$ 波动范围及其标准差属于平稳区间。

实际土层厚度 h 为有限值时，对于给定的基本取样间距 Δz_0，当土层厚度 $\geqslant 2.0\text{m}$ 时，取样间距 $\Delta z_0 \leqslant 0.1\text{m}$；当土层厚度 $< 2.0\text{m}$ 时，为保证波动范围精度，取样间距 $\Delta z_0 \leqslant 0.05\text{m}$。综合其他学者对计算土层厚度 h 的取值经验，本书建议计算土层厚度 h 的取值按以下原则，首先计算目标地区波动范围随计算土层厚度 h 的变化找出稳定区间，在保证计算土层厚度 $h \geqslant 25\Delta z_0$ 的情况下，认为计算所得的波动范围是较为可信的，故在取样间距 $\Delta z_0 = 1\text{m}$ 情况下，考虑红石岩实际样本数据及土层厚度分布情况，计算土层厚度 h 取为 30m。

3.6.5 红石岩堰塞体波动范围统计分析

3.6.5.1 红石岩堰塞体竖向波动范围统计分析

采用改进递推空间法、改进相关函数法及拟合方差折减法三种方法分别计算红石岩堰塞堆积体 XZ2 剖面、XZ3 剖面、XZ4 剖面的剪切波速、表面波速等不同指标所对应的竖向波动范围（取样间距 $\Delta z_0 = 1\text{m}$，计算厚度 $h = 30\text{m}$），得到的计算结果虽有些许差异，但总体差别不大。

需要注意的是，同一地区不同土性参数的勘测数据资料统计所得的波动范围值在理论上应该是相同的，但在实际工程中，由不同土性参数所获得的波动范围值基本都不会相同。其原因一是现场取样干扰、测试方法和器械误差、样本土样的数量以及现场人员的操作不同等，二是在统计某一位置随机场的各项土性指标及波动范围时，土性指标的点特性是确定的，而对于 δ_u 的具体大小是未知的。所以，将 δ_u 看作另一种意义上的随机变量，根据某一具体的土性参数计算所得的波动范围也可以看作是 δ_u 随机变量的一个样本数据，而样本之间互有差异是允许的。

由于剪切波速样本数据缺乏，在使用相关函数法与拟合方差折减函数法时，计算结果失真情况较严重，见图 3.6 - 29 和表 3.6 - 4。

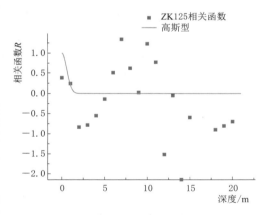

图 3.6 - 29　钻孔剪切波速相关函数拟合

表 3.6 - 4　　　　剪切波速竖向波动范围统计

孔　号	ZK101	ZK107	ZK125	ZK133
波动范围/m	1.573	1.185	2.839	2.277

剪切波速的钻孔数据共有 6 个，其中 ZK131 与 ZK121 计算结果失真，故舍去。其他 4 个钻孔对应的波动范围，其中 ZK125 与 ZK133 的数据计算结果与面波法和相关函数法

求得的波动范围最为接近。由于样本数据缺乏的原因，波动范围均值计算值并不可靠，故以 ZK125 的计算结果作为剪切波速的波动范围计算值，即 $\delta = 2.839m$。

XZ2 剖面的表面波速与电阻率计算结果见表 3.6-5 和图 3.6-30。表面波速计算竖向波动范围为 $1.637\sim4.774m$，均值为 $2.815\sim3.227m$，变异系数为 $0.188\sim0.234$；电阻率的竖向波动范围为 $1.935\sim5.323m$，均值为 $3.835\sim4.381m$，变异系数为 $0.200\sim0.212$。

表 3.6-5   XZ2 剖面竖向波动范围统计结果

剖面	参数指标	计算方法	最大值/m	最小值/m	均值/m	标准差	变异系数
XZ2	表面波速	递推空间法	4.085	1.637	2.815	0.659	0.234
		相关函数法	4.774	2.212	3.227	0.622	0.188
		拟合方差折减法	4.452	2.165	3.070	0.678	0.221
	电阻率	递推空间法	4.744	1.935	3.835	0.765	0.200
		相关函数法	5.323	2.037	4.381	0.927	0.212
		拟合方差折减法	5.062	2.003	4.166	0.874	0.210

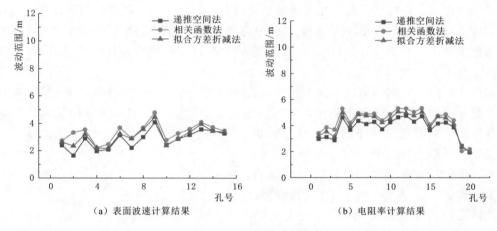

（a）表面波速计算结果   （b）电阻率计算结果

图 3.6-30   XZ2 表面波速与电阻率波动范围

从整体趋势分析，递推空间法计算结果较相关函数法和拟合方差折减法偏小，相关函数法最大，而拟合方差折减法结果基本介于递推空间法与相关函数法之间。采用三种方法计算同一指标的波动范围变异系数差异较小，结果表现出较好的一致性。在三种方法计算结果差异不大时，取改进的递推空间法结果作为主要计算值，相关函数法和拟合方差折减法作为参考值。这是因为递推空间法在计算过程中受人为因素较其他两种方法影响较小。

另外，从表 3.6-5 可以看出，使用同种方法计算不同指标的波动范围有差异，电阻率的计算结果较表面波速偏大。这是由于红石岩堆积体是由短时间的滑坡崩塌堆积而成的，电阻率方法主要是根据地下异常体的电反应进而判别异常体的类别，所得的探测数据受其他土体内杂质影响较大，而表面波速是根据土体介质的频散特性来反映土体介质相关性，相较于电阻率数据更加稳定一些，但其差异也不是很大。

从定义上来考虑，土体的波动范围应是其固有的一种属性，不应受计算方法或者计算参数的影响而变化，但在实际的岩土工程中，往往无法满足理论分析时的各种条件，只能利用有限的数据在合理的情况下得到所需要的波动范围参考值。在实际的计算中，应综合考虑不同波动范围的计算方法，当其计算值互相比较接近时，认为所得结果是可信的。从以上分析也可知，三种方法虽结果大小互有差异但总体趋势稳定，此时计算所得的波动范围认为是可靠的。

XZ3 剖面的竖向波动范围的计算类似（见表 3.6 - 6 和图 3.6 - 31）。表面波速使用三种方法计算竖向波动范围为 1.846~5.025m，均值为 3.306m，变异系数为 0.190~0.243；电阻率的竖向波动范围为 2.061~5.318m，均值为 3.523m，变异系数为 0.221~0.244。

表 3.6 - 6 　　　　　　　　　　　 XZ3 剖面竖向波动范围计算结果

剖面	参数指标	计算方法	最大值/m	最小值/m	均值/m	标准差	变异系数
XZ3	表面波速	递推空间法	4.335	1.846	2.996	0.728	0.243
		相关函数法	5.025	2.443	3.636	0.691	0.190
		拟合方差折减法	4.589	2.358	3.324	0.647	0.195
	电阻率	递推空间法	4.6341	2.061	3.188	0.778	0.244
		相关函数法	5.318	2.422	3.801	0.840	0.221
		拟合方差折减法	5.004	2.323	3.580	0.843	0.235

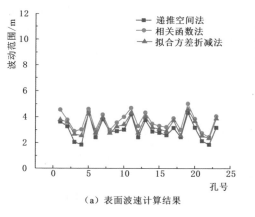
（a）表面波速计算结果

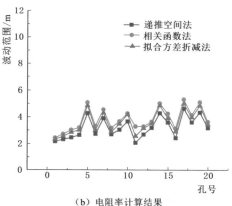
（b）电阻率计算结果

图 3.6 - 31　XZ3 表面波速与电阻率波动范围

XZ4 剖面波动范围的计算相同（见表 3.6 - 7 和图 3.6 - 32）。表面波速的竖向波动范围为 2.729~5.407m，均值为 4.098m，变异系数为 0.136~0.146；电阻率的竖向波动范围为 3.480~5.455，均值为 4.604m，变异系数为 0.086~0.181。

理论上波动范围作为土体的固有属性，对于同一地区相同的土体应该是不变的。统计分析堆积体土层的竖向波动范围计算结果，同一参数和计算方法在水平方向上不同位置处表现为不同值，但不同孔号间差异很小。任一剖面的波动范围计算结果可以认为是满足依概率为 1 稳定的，且三个剖面的计算结果的统一性证明，红石岩堆积体的土性在水平空间上变化表现较为稳定，表明在水平方向上的土质分布较为均匀。

表 3.6 - 7　　　　　　　　　　　　XZ4 剖面波动范围计算结果

剖面	参数指标	计算方法	最大值/m	最小值/m	均值/m	标准差	变异系数
XZ4	表面波速	递推空间法	4.657	2.729	3.741	0.545	0.146
		相关函数法	5.407	3.255	4.323	0.598	0.136
		拟合方差折减法	5.036	2.997	4.145	0.564	0.139
	电阻率	递推空间法	4.700	3.480	4.237	0.766	0.181
		相关函数法	5.455	4.035	4.883	0.431	0.088
		拟合方差折减法	5.248	3.730	4.691	0.401	0.086

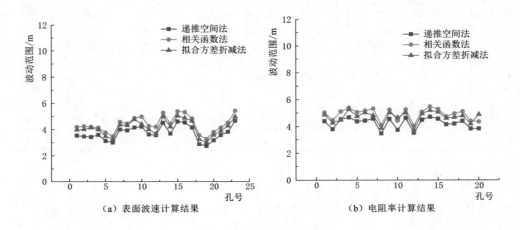

图 3.6 - 32　XZ4 表面波速与电阻率波动范围

　　红石岩的竖向波动范围在不同剖面计算中所得的结果差异不大，表面波速的波动范围主要为 2.81～3.74m，电阻率计算的波动范围为 3.25～4.23m。为便于后续的随机场计算和考虑土性参数的评价权重（表面波速 0.8，电阻率 0.2），取表面波速的计算结果作为红石岩堆积体的竖向波动范围参考值，其值为（3.275±0.55）m，这也验证了以 ZK125 剪切波速的数据所计算的波动范围是合理的，该参考值可为红石岩堆积体整治工程提供可靠的工程依据。

3.6.5.2　红石岩堰塞体水平波动范围统计分析

　　根据收集的红石岩堰塞堆积体地质勘测资料，实际钻孔的水平间距都在几百米左右，且所得到的钻孔数据也过少，无法作为建立水平方向土性剖面随机场的样本数据。通过分析可知，土性的表面波速和电阻率作为样本数据所得的计算结果与钻孔剪切波速的结果比较接近，可以将其计算值作为参考。故本书以采集到的不同高程处的水平方向表面波速和电阻率数据（$\Delta z_0 = 10$m）建立水平向的土性剖面随机场，并进行各态历经性和平稳性验证。验证水平方向的样本数据也满足高斯平稳随机场条件后，通过改进后的递推空间法计算红石岩崩塌堆积体不同高程处所对应的水平波动范围，将各剖面水平波动范围的计算结果统计于表 3.6 - 8～表 3.6 - 10。

表 3.6－8 XZ2 剖面水平波动范围计算结果

指标	孔号	数据高程/m	波动范围/m	指标	孔号	数据高程/m	波动范围/m
表面波速	1	1185	32.174	电阻率	1	1205	35.105
	2	1170	28.429		2	1190	39.739
	3	1155	30.201		3	1175	43.531
	4	1140	25.116		4	1160	32.325
	5	1135	34.719		5	1145	37.962
均值			30.128	均值			37.732
标准差			3.264	标准差			3.843
变异系数			0.108	变异系数			0.102

XZ2 剖面的表面波速采用递推空间法计算的水平波动范围为 25.116～34.719m，均值为 30.128m，变异系数为 0.108。电阻率计算所得的水平波动范围为 32.325～43.531m，均值为 37.732m，变异系数为 0.102（见表 3.6－8 和图 3.6－33）。

XZ3 剖面的表面波速采用递推空间法计算的水平波动范围为 26.451～40.332m，均值为 32.435m，变异系数为 0.153。电阻率计算所得的水平波动范围为 35.541～41.524m，均值为 38.369m，变异系数为 0.102（见表 3.6－9 和图 3.6－34）。

表 3.6－9 XZ3 剖面水平波动范围计算结果

指标	孔号	数据高程/m	波动范围/m	指标	孔号	数据高程/m	波动范围/m
表面波速	1	1170	35.774	电阻率	1	1200	37.6022
	2	1155	30.369		2	1180	40.9198
	3	1145	26.451		3	1160	41.5249
	4	1130	40.332		4	1140	35.5412
	5	1120	29.250		5	1120	36.2584
均值			32.4352	均值			38.3693
标准差			4.975	标准差			2.429
变异系数			0.153	变异系数			0.063

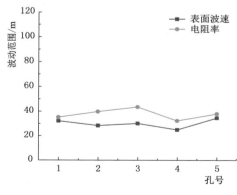

图 3.6－33 XZ2 表面波速与电阻率水平波动范围

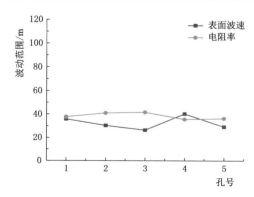

图 3.6－34 XZ3 表面波速与电阻率水平波动范围

XZ4 剖面的表面波速采用递推空间法计算的水平波动范围为 27.365～44.587m，均值为 33.984m，变异系数为 0.241；电阻率计算所得的水平波动范围为 30.145～44.258m，均值为 36.263m，变异系数为 0.163（见表 3.6-10 和图 3.6-35）。

表 3.6-10　　　　　　　　　XZ4 剖面水平波动范围计算结果

指标	孔号	数据高程/m	波动范围/m	指标	孔号	数据高程/m	波动范围/m
表面波速	1	1180	36.214	电阻率	1	1180	44.2598
	2	1165	27.365		2	1165	30.1458
	3	1150	44.587		3	1150	37.9696
	4	1135	22.104		4	1135	28.6985
	5	1125	39.652		5	1125	40.2452
均值			33.984	均值			36.2637
标准差			8.179	标准差			5.596
变异系数			0.241	变异系数			0.164

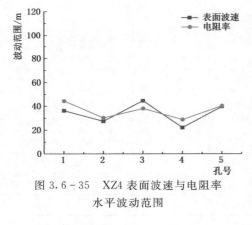

图 3.6-35　XZ4 表面波速与电阻率水平波动范围

从 XZ2～XZ4 剖面的计算结果可以分析出：①对于红石岩堆积体，三个剖面的水平波动范围计算结果差异并不大，其计算值为 22.104～44.298m，两个指标所计算的结果有较好的一致性，均值为 30.128～38.369m；②计算所得的水平波动范围都远大于竖向波动范围，基本上水平波动范围值比竖向波动范围要大一个数量级左右；③不同指标计算对水平方向上波动范围结果影响很小，电阻率的计算结果略大于表面波速结果，与竖向波动范围的统计规律类似。

根据上述计算及分析，取（34.249±5）m 作为红石岩堆积体水平波动范围的计算参考值。对红石岩堆积体而言，其土性指标的趋势性在水平方向上的表现并不明显，同时其空间变异性在竖直方向的变化要比水平方向强烈得多，所以在工程实际中，应更注重红石岩深度方向的工程建设和可靠度指标要求。

3.7　本章小结

本章提出了一系列堰塞坝性能分析评估新方法，并结合新方法对红石岩堰塞坝渗流、变形和土性参数空间变异性等进行了评价分析。渗流稳定计算表明，采用混凝土防渗墙＋帷幕灌浆的渗控体系可以很好地满足堰塞坝的防渗要求。变形稳定计算表明，计算所得堰塞体和混凝土防渗墙的变形和应力分布规律性较好，符合一般的规律性。

堆积体土性参数空间变异性分析表明，红石岩堰塞堆积体土性指标的趋势性在水平方向上表现并不明显，同时其空间变异性在竖直方向的变化要比水平方向强烈得多，所以在工程实际中，应更注重红石岩深度方向的工程建设和可靠度指标要求。采用堰塞坝性能分析评估新方法对红石岩堰塞坝的性能进行评估，为之后的红石岩堰塞坝开发利用奠定了理论基础。

堰塞坝开发利用
评估与规划

4

4.1　国内外堰塞坝开发利用实例分析

4.1.1　堰塞坝开发利用案例

1. 唐家山堰塞湖

唐家山堰塞湖位于距离四川省北川县城 4km 的湔江上，地理坐标为 E104.432°、N31.845°，是汶川大地震引发的库容最大的堰塞湖。

唐家山堰塞湖是唐家山地震滑坡堵断湔江而形成的，是典型的整体滑动型地震堰塞湖。其中，堰塞坝长约 800m，最大宽度约为 611m，方量约 $2037 \times 10^4 \text{m}^3$，堰塞坝高 $82 \sim 124\text{m}$，为岩土混合堆积。最大水深超过 60m，总库容 $3.02 \times 10^8 \text{m}^3$［相当于大（2）型水库］，回水长 45km，属极高风险堰塞湖。堰塞坝表面起伏差较大，中线偏右有较低洼槽。堰塞坝物质结构：右侧区上部为残坡积的碎石土，下部为巨石、孤块碎石；左侧区主要由巨石、孤块碎石组成，局部上覆碎石土。由于唐家山堰塞湖坝体大多为岩土混合体，稳定性差，堰塞坝坝高、库容大，易溃决，危害大。

通过"疏通引流，顺沟开槽，深挖控高，护坡填脚"的除险工程措施，经过水流的冲刷，最终形成长 800m、上宽 $145 \sim 235\text{m}$、底宽 $80 \sim 100\text{m}$、进口端底部高程 710m、出口端底部高程约 690m 的峡谷型河道，剩余堰塞坝总体稳定，新形成的河道具有通过 200 年一遇洪水的能力，消除了唐家山堰塞湖的特大威胁。

唐家山堰塞湖在排除险情后，现在已成为北川的一处风景，它与北川国家地震博物馆一起将地震造成的废墟、地裂与泥石流的遗址等保存完好，以供人们凭吊并接受地震科普教育，同时提供科学研究。

2. 小南海堰塞湖（水库）

小南海堰塞湖（水库）位于重庆市黔江区境内阿蓬江右岸支流段溪河上游，集雨面积为 98.8km^2，库容 7020 万 m^3，有效库容 2920 万 m^3，坝址距黔江城 32km，是由 1856 年黔江—咸丰大地震导致山体崩塌堆积堵塞溪流而形成的天然水库。天然堆积体长约 1000m、顶宽 $100 \sim 230\text{m}$、底宽 $1200 \sim 1300\text{m}$；高度一般为 $60 \sim 70\text{m}$，部分达 $80 \sim 100\text{m}$；体积 4000 万 ~ 4600 万 m^3。上、下游总体坝坡坡比分别为 1:10 及 1:8；局部坝坡较陡，上、下游坝坡坡比分别为 1:3 及 1:2.4。堰塞坝靠右岸一侧有天然溢洪道通过，其堰顶高程为 670.50m。经人工改造，在高程 658.50m 建有一取水口，现已修建 26km 长的引水灌溉渠，形成了以灌溉、城市供水为主，兼具发电、旅游、养殖的综合水利工程。

3. 叠溪海子堰塞湖

叠溪海子堰塞湖位于四川省境内的岷江叠溪大海子，形成于 1933 年 8 月 25 日的一场地震，地震时叠溪四周山峰崩塌，堵住岷江，形成 11 个堰塞湖，叠溪海子便是其中之一。叠溪海子包括叠溪大、小海子 2 个堰塞湖，湖面面积 350 万 m^2，库容分别为 5800 万 m^3 和 2200 万 m^3。如今叠溪海子已成为世界自然文化遗产九寨沟、黄龙旅游沿线的一道独特风景线。

此外，利用小海子作为调节水库的天龙湖水电站主要建筑物有大坝、引水隧洞及厂房等。电站装机 3 台，额定水头 216.0m，单机额定流量 31.8m^3/s，单机容量 60MW，总装机容量 180MW，保证出力 48.1MW，年发电量 9.956 亿 kW·h，年利用小时数 5530h，已于 2004 年投产发电。引水隧洞进水口位于小海子天然坝址上游右岸，距坝址约 150m。隧洞总长 6.76km，进水口底板高程 2130m，为圆形有压隧洞，设计洞径为 6m。引水隧洞进水口地段边坡总高度达 700m 以上。电站运行水位 2418.0m 时（枯水期天然水位），总库容 3120 万 m^3，调节库容 752 万 m^3，无土地淹没和人口迁移问题。

4. 塔吉克斯坦萨雷兹（堰塞）湖

萨雷兹（堰塞）湖位于塔吉克斯坦东部的帕米尔高原上，于 1911 年因地震引起山体滑坡而形成。萨雷兹（堰塞）湖海拔 3263m，最大水深 505m，长度 55.8km，最宽处 3.3km，湖面面积 79.6km^2，蓄水量取决于水位的季节性变化，为 155 亿~165 亿 m^3。堰塞坝坝顶最高处为 567m，顶长 3750m，最大宽度 5200m，堰塞坝体积约为 22 亿 m^3。

为了降低萨雷兹湖的危险，早在苏联时期就进行了大量的野外考察、水文地理测量、地球物理勘探、物理和数学模型试验等多方面的研究，虽然没有最终确定让萨雷兹湖保持安全状态的方法和措施，但积累了大量的研究资料，同时也提出了许多解决萨雷兹湖安全问题的建议。经综合分析，治理方案大致可分为 3 类：加固堰塞坝；降低湖水位（减少湖泊蓄水量）；利用湖泊水能资源发电。

2007 年国际会议上专家明确提出整治及综合利用（发电、灌溉等），但据专家评估，考虑塔吉克斯坦的政治及经济情况，预计 22 世纪才可能实施。

5. 新西兰韦克瑞莫纳（堰塞）湖

新西兰韦克瑞莫纳（堰塞）湖位于新爱尔兰北部岛屿的东侧，形成于 2200 年以前，由一次滑入韦克瑞莫纳河谷中的滑坡造成。韦克瑞莫纳湖水面高出海平面 582m，面积 56km^2，最大湖深 248m，湖水容量 52 亿 m^3，为新西兰开发韦克瑞莫纳河的 3 个梯级电站提供了能源，总装机容量为 124MW。

韦克瑞莫纳湖滑坡坝发生在第三系砂岩和粉砂岩中，属世界上最大的滑坡坝之一，坝高约 400m，坝体平均坡度 6°，沿韦克瑞莫纳河谷延伸 8km，面积 17km^2，体积 22 亿 m^3。该滑坡坝的东南部由滑坡体碎块组成，西北部为完整岩块，最低点位于特瓦拉湾的完整岩块处。分两个阶段发生（部分同速进行）。第一阶段为岩崩，方量约 10 亿 m^3，崩落碎块堵塞了河谷，接下来砂岩和粉砂岩发生整体滑动，规模达 4km，宽 2km，厚 375m，方量为 12 亿 m^3 的岩块沿倾角为 7° 的下部河床斜向滑动了 2km，在前缘区，滑体受阻形成鼓丘。

该滑坡坝渗漏相当严重，按河流量计算，湖泊 10 年前就应蓄满水，但渗漏量达

$12m^3/s$，且每年溢流量约占 50%，故现在湖泊还未蓄满水。

滑坡堵塞体中最易发生溢漏的地方是完整岩块发生折断的正面区域。湖水在中空地带处发生泄漏，沿一断裂形成深 7m、宽 5m 的槽，该槽在暴雨季节使湖水增加许多，而排泄量的增加相对较小。湖泊的形成在很大程度上与集水区域流入水的体积有关，不仅调节了河水流量，同时也降低了洪流量。

从坝坡上流下的水，沿具抗侵蚀能力的完整砂岩块的表面流动，形成天然的溢洪道，水对下游坝坡的侵蚀作用通常是造成滑坡坝失事的主要原因。滑坡坝的下游左岸处，韦克瑞莫纳河道从坝体转向完整岩块，这样就进一步控制了企图降低或削平滑坡体的侵蚀作用。另外，滑坡坝体的渗漏（$9\sim12m^3/s$）也降低了地表的侵蚀作用，而此渗流量接近河水平均流量（$17m^3/s$）。水从砂岩岩块中的空洞通过，内部未发生明显的潜蚀作用。

为了开发水电而利用韦克瑞莫纳滑坡坝，同时增加它的稳定性，湖水位已被降至湖泊最低出水口处水位下 5m、正常洪水位以下 10m。通过在特瓦拉河湾的 Gradeal rock 中修建水下防渗帷幕，极大地降低滑坡坝的渗漏，而湖水位和地下水位的降低可提高坡体的稳定性。

4.1.2 堰塞坝开发利用经验

堰塞湖整治经验统计见表 4.1-1。

表 4.1-1　　　　　　　　　　　堰塞湖整治经验统计表

项目	唐家山	小南海	叠溪海子	萨雷兹	韦克瑞莫纳
地点	四川	重庆	四川	塔吉克斯坦	新西兰
形成年代	2008年5月12日	1856年	1933年8月25日	1911年	2200年前
体积/m³	2037万	4600万		22亿	22亿
湖水容量/亿 m³	3.02	0.702	0.58/0.22	155~165	52
堰高/m	82~124	60~70			400
水深/m	60			505	248
整治方案兴利效益	疏通引流，护坡填脚	建取水口，修建长26km的引水灌溉渠，形成以灌溉、城市供水为主，兼具发电、旅游、养殖的综合水利工程	电站装机3台，单机容量60MW，总装机容量 180MW，年发电量9.956亿 kW·h	计划加固堰塞坝；降低湖水位（减少湖泊蓄水量）；利用湖泊水能资源发电	已建三个梯级电站，总装机容量为124MW

根据上述堰塞湖整治经验，整治方案包括两大类：一是疏通引流，即部分拆除，除险后部分保留经长期冲刷基本恢复原河道；二是堰塞湖多形成于河流的狭长地带，本身就具备修筑水利枢纽工程的地理条件，且利用天然堰塞坝作挡水建筑物，经后期整治，将堰塞湖改造成为控制性水库，使其成为具有综合效益的水利枢纽工程，发挥灌溉、发电、供水、防洪、旅游等功能。

4.2 堰塞坝开发利用评估理论与方法

4.2.1 堰塞坝开发利用评估与分析

从开发利用的角度而言，堰塞坝可分为危害型和可利用型，在对堰塞坝综合治理与开发利用之前必须对其进行科学快速分类。按堰塞湖可能造成的灾害可以分为3类，即高危型堰塞湖、稳态型堰塞湖和即生即消型堰塞湖。高危型堰塞湖是指在几天至100年左右溃决的堰塞湖，由于高危型堰塞湖蓄水量大、落差大，往往在形成后几天至几年或几十年后会被冲垮，形成严重的地震滞后次生水灾；稳态型堰塞湖（或称"死湖"）存在很长时间且湖积水量很大，一般存在时间超过百年；即生即消型堰塞湖在一天或者几天内溃决，为震时形成的短时堰塞湖，很快会被后来累积的水流冲毁，危害一般不大。堰塞坝开发利用理论主要包括堰塞坝开发利用分析和开发利用评估等内容。

堰塞坝加固开发利用工程与土石坝除险加固工程存在显著不同，一般除险加固土石坝，其坝体变形基本稳定，而堰塞坝加固处理后由于其成因的特殊性，堰塞坝变形还处于不稳定状态，因此针对堰塞坝开展的安全监测工作中的变形监测，尤其是内部变形监测非常重要。对于堰塞湖的开发与利用在我国已有成功先例，较为著名的就是重庆小南海水库地震堰塞坝和叠溪大海子地震堰塞坝，其中小南海水库已经形成了以灌溉、城市供水为主，兼具发电、旅游、养殖的综合水利工程（中型水库），而叠溪海子不仅是世界自然文化遗产九寨沟、黄龙旅游沿线的一道独特风景线，也是天龙湖水电站的调节水库。

开展堰塞坝或堰塞湖的开发利用研究首先要结合流域综合规划、区域经济社会发展规划及各项专项规划，针对当地经济社会发展对水资源开发利用的要求，在综合论证堰塞湖的社会效益、环境效益和经济效益的前提下来进行，对其开发利用完成详细的风险评估。对于堰塞坝或堰塞湖的开发利用，其关键技术是堰塞体的开发利用技术。红石岩堰塞坝综合整治工程实施之前，堰塞坝或堰塞湖的开发利用在国际、国内都没有系统性的研究成果，虽然曾经有过对堰塞体的成功利用先例，但对于叠溪海子堰塞湖的开发利用并未采用特别的开发利用技术，完全是自然形成并被利用起来的。"5·12"汶川地震以后，针对震区水资源现状和已有堰塞湖的情况，在经过科学论证的基础上，选择规模适中、开发利用效益较优的堰塞湖的堰塞体，采用堰塞体加固处理技术开展现场试验研究，提出适应该地区并且具有推广意义的堰塞体加固处理技术。对于完成开发利用的堰塞湖应当纳入正常的水库大坝管理工作中，应用水库大坝安全管理和风险评估技术进行管理，确保开发利用后的堰塞湖安全可靠地为地区人民生活、生产和经济发展服务。

4.2.1.1 开发利用评估

堰塞坝开发利用评估需要综合环境影响评价、社会效益评估和经济效益评估三个方面科学开展，若堰塞湖可以开发利用，再制定科学、缜密的方案对其进行改造和加固治理以达到开发利用的目的，使其成为一个水库或水利枢纽工程，造福人类、变害为利，为人类服务，因此科学评估对于堰塞湖的开发利用非常必要。

1. 环境影响评价

对堰塞湖开发利用进行环境影响评价包括对堰塞湖区水环境、水文情势、土地资源、移民生活、下游水资源利用等问题进行预测评价，提出对应的缓解措施和建议。具体内容包括以下方面：

（1）调查堰塞湖开发利用影响区自然环境及社会环境状况，调查主要污染源和主要污染物，监测环境质量现状。

（2）预测堰塞湖开发利用对当地自然、社会和生态及环境产生的影响，研究外部环境对工程的影响。

（3）从环境保护的角度为堰塞湖开发利用设计、施工、管理提供优化方案，为加固施工期环境保护设计提供依据。

（4）依据法律法规、标准等制定防止、减缓堰塞湖开发利用中环境污染、生态影响的对策措施。

（5）制订堰塞湖开发利用中环境监测计划，计算环境保护投资，将环保投资追加到其开发利用的工程投资预算中，使环保措施能够实施。

2. 社会效益评估

工程建设项目的社会效益评估一般要求从社会的宏观角度来考察项目的存在给社会带来的贡献和影响，项目所需实现的社会发展目标一般是根据国家的宏观经济与社会发展需要制定的。因而堰塞湖开发利用的社会评估是对其社会效益的全面分析评估，不仅包括涉及社会的经济效益，与经济活动有关的宏观社会效益、环境生态效益等，还包括更广泛的属于纯粹社会效果的非经济社会效益，主要表现在项目外的间接与相关效益上，如对文化、社会秩序、人口素质、休闲等的影响，社会效益与影响具有相当的长远性。堰塞湖开发利用项目的社会效益评估具体内容包括堰塞湖的开发利用对湖区及其影响范围内居民健康的影响，对生态与自然环境的影响，对居民文化生活、人口素质的影响，对地区经济发展的影响等。

3. 经济效益评估

对堰塞湖开发利用进行经济效益评估，具体内容包括项目实施所需要的环境影响代价、移民及安置代价、湖区及其影响范围内公路交通及其他基础设施的搬迁和建设代价、开发利用项目建设（包括堰塞坝加固和其他配套水工建筑物的建设）代价，堰塞湖加固开发利用后在灌溉、发电、供水、养殖、建立旅游区和度假村等方面对国民经济的贡献及其社会效益。在分析计算其代价和贡献的基础上，运用影子价格、影子汇率、影子工资和社会折现率等经济参数，评估其投资行为在宏观经济上的合理性。

4.2.1.2 开发利用分析

堰塞坝开发利用首先要解决的是堰塞体的稳定与防渗问题，这也是堰塞坝开发利用的关键技术问题，但在对堰塞坝进行开发利用等工程综合治理前期，首先应进行防洪标准复核、结构安全评价、渗流安全评价和抗震安全复核等方面的分析，以满足堰塞坝工程建设前期管理的需要。

（1）防洪标准复核：根据堰塞坝上游的水文资料和运行期延长的水文资料，考虑堰塞坝综合利用后上游地区人类活动的影响，应进行设计洪水复核和调洪计算，评价其用作水利工程的抗洪能力是否满足现行有关规范的要求。

（2）结构安全计算：按国家现行规范复核计算堰塞湖（含近坝库岸）在静力条件下的变形、强度及稳定是否满足要求，如其位于Ⅵ度以上地震区，还应进行地震结构安全论证。

（3）渗流安全计算：评价滑坡堵江坝天然状态下渗流状态能否满足和保证其作为水利工程在渗漏和渗透稳定性方面的要求，以及是否需要设置渗流控制措施和治理渗漏的工程措施。

（4）抗震安全复核：按现行规范复核堰塞湖工程现状是否满足抗震要求。

4.2.2 堰塞坝开发利用评估方法

4.2.2.1 堰塞坝可开发性综合评价指标体系构建

堰塞坝的开发利用涉及多方面需求和目标，对其开发利用的综合效益评价是在可行性评价基础上，全方面评价堰塞坝开发利用后对各项需求指标的满足程度。与可行性评价的区别在于，堰塞坝开发可行性评价重点关注需求满足与否，而开发利用的综合评价则重点关注需求满足的效果或收益是否最大；此外，各需求目标间可能存在矛盾，无法实现所有需求的最大化，而是寻求它们的组合收益最大化。为此，堰塞坝开发利用综合评价指标体系的建立应突出多目标性、效益性和综合性。

根据堰塞坝开发利用目标需求（A），归纳总结社会生态需求（B1）、供水灌溉需求（B2）、发电功能需求（B3）和投资回报需求（B4）等四类需求目标。综合考虑堰塞坝社会生态需求的防洪减灾能力（C1）、水土保持能力（C2）、景观丰富程度（C3）；供水灌溉的农业灌溉能力（C4）、生活供水能力（C5）、工业供水能力（C6）和生态水保障性（C7）；发电需求包的装机特性（C8）和发电量（C9）和投资回报的投资回报率（C10）等要素确定堰塞坝的综合评价指标。

根据堰塞坝开发利用目标需求（A），可以将其评价指标分为社会生态需求（B1）、供水灌溉需求（B2）、发电功能需求（B3）和投资回报需求（B4）等四类需求目标。四类需求目标的评价同样需要多个指标作为评价标准。其中社会生态需求，包括了堰塞坝开发后的防洪减灾能力（C1）、水土保持能力（C2）、景观丰富程度（C3）。供水灌溉需求包括了农业灌溉能力（C4）、生活供水能力（C5）、工业供水能力（C6）和生态水保障性（C7）。发电功能需求包括装机特性（C8）和发电量（C9）。投资回报为综合性评价，以单位投资的投资回报率（C10）来表征。其中B类需求准则的不同组合决定了相应需求A满足程度，而B类准则的确定通过C类指标的组合来实现。根据这一原理，采用层次分析法对堰塞坝开发利用效益进行系统评价：将效益性以百分制划分等级，作为目标层，分别为效益低（0～25）、效益较低（25～50）、效益较高（50～75）和效益高（75～100）来表征。以社会生态需求、供水灌溉需求、发电需求和投资回报需求满足度构成准则层，并将准则层向下分解出指标层，从而建立包括目标层、准则层和指标层等多个层次的堰塞坝开发利用评价体系，见表4.2-1。

表 4.2－1　　　　　　　　　　　　堰塞坝开发利用综合评价指标体系表

目标层	准则层	指标因子层	指标说明	赋分标准
堰塞坝开发利用综合评价系数 A	社会生态需求 B1	防洪减灾能力 C1	工程防洪等级［防洪标准/重现期（年）］	10～20：0～20 分；20～30：20～40 分；30～50：40～60 分；50～100：60～80 分；大于 100：80～100 分
		水土保持能力 C2	土壤持水量、地表径流量（土壤侵蚀强度）	微度：0～10 分；轻度：10～20 分；中度：20～50 分；强度：50～75 分；极强度：75～85 分；剧烈：85～100 分
		景观丰富程度 C3	景观数量（增加/减少景观数＋增加/减少景观面积/区域面积）	小于 1，0 分；1～2，0～25 分；2～4，25～50 分；4～6；50～75 分；6 以上；75～100 分
	供水灌溉需求 B2	农业灌溉能力 C4	控制灌溉面积（增加灌溉面积/原有灌溉面积）	小于 0.1：0～10 分；0.1～0.2：10～25 分；0.2～0.3：25～50 分；0.3～0.4：50～75 分；大于 0.4：75～100 分
		生活供水能力 C5	供水量、供水人口［（预期供水量/预期供水人口）/（现供量/现供水人口）］	小于 1：0 分；1～1.5：0～25 分；1.5～2.0：25～50 分；2.0～2.5：50～75 分；2.5～3.0：75～100 分
		工业供水能力 C6	工业供水量（建坝后枯水季流量/建坝前枯水季流量）	小于 1：0 分；1～1.5：0～25 分；1.5～2.0：25～50 分；2.0～2.5：50～75 分；2.5～3.0：75～100 分
		生态水保障性 C7	枯水季流量（建坝后枯水季流量/建坝前枯水季流量）	0～0.1：0 分；0.1～0.2：0～25 分；0.2～0.3：25～50 分；0.3～0.4：50～75 分；0.4～0.5：75～100 分
	发电功能需求 B3	装机特性 C8	装机容量（装机容量）	小（2）型：0～20 分；小（1）型：20～40 分；中型：40～60 分；大（2）型：60～80 分；大（1）型：80～100 分
		发电量 C9	单位机组发电量（年发电量）	500 万 kW·h：10 分；每增加 500 万 kW·h 加 10 分
	投资回报需求 B4	投资回报率 C10	—	5% 以下：0～25 分；5%～10%：25～50 分；10%～20%：50～75 分；20%～30%：75～100 分

4.2.2.2 堰塞坝开发利用综合评价体系模型

1. 多级模糊综合评价模型

多级模糊综合评价是一种应用广泛的多因素和多目标决策技术，它集成了层次分析法和模糊综合评判法的各自优点，主要体现在将评价指标体系分成递阶的多级结构，运用层次分析法确定各层的指标权重，然后分层次进行模糊综合评判，最后综合给出总的评价结果。堰塞坝开发评价系统是一个十分复杂的模糊系统，可以在上述效益评价指标体系的基础上，采用多级模糊综合评价方法，对其进行综合评价。

设 **A** 是堰塞坝治理开发评价各指标因子构成的集合，由表 4.2－1，则有 **A**＝〔B1

（社会生态需求），B2（供水灌溉需求），B3（发电功能需求），B4（投资回报需求）}，其中 B1={C1，C2，C3}，B2={C4，C5，C6，C7}，B3={C8，C9}，B4={C10}。设 **K** 是可行性等级构成的集合，则有：**K**={K1（效益高），K2（效益较高），K3（效益较低），K4（效益低）}。

在已建的堰塞坝开发利用评价体系基础上，只要确定了其中各层次、各因子的权重和指标隶属度，就可以通过多级模糊映射，综合评价出具备特定效益因子组合条件下的堰塞坝治理开发，所对应的开发利用效益评价等级。模糊综合评价的合成算法如下式所示：

$$S = W \cdot R \tag{4.2-1}$$

式中：**W** 为各效益评价因子组成的权重向量；**R** 为指标因子对指标值的隶属度；**S** 为该层次的综合评价结果矩阵。

对应于目标层的综合评价结果，即为多级模糊综合评价模型的最终评价结果矩阵，根据最大隶属度原则，隶属度最大的元素对应的效益等级，即为堰塞坝多级模糊开发利用评价模型的最终评价结果。

在上述堰塞坝开发利用效益评价过程中，主要考虑了堰塞坝评价系统的模糊性，而忽略了系统的随机性和离散性，该系统的随机性和离散性则利用云模型进行改进。

2. 云模型改进的多级模糊综合评价模型

云模型在传统概率论和模糊数学基础上，通过期望（E_x）、熵（E_n）和超熵（H_e）3 个数字特征将模糊性、随机性和离散性有机结合起来，并实现了不确定语言和定量数值之间的自然转换。由此可见，利用云模型改进多级模糊综合评价模型，可以考虑效益评价系统中的模糊性，同时，也较好地处理系统中的随机性和离散性，从而在不确定条件下，对堰塞坝开发利用进行综合评价。云模型改进的堰塞坝开发利用综合评价流程见图 4.2-1。

在堰塞坝开发利用综合评价模型中，系统的随机性和离散性主要体现在主观意见参与环节。首先，在确定评价因子两两比较判断矩阵时，为了避免专家的个人经验和主观因素对评价结果的影响，需要采用群体决策的方法来做出决策，但传统的集结方法只是对专家的评分进行简单的代数运算，而实际上每一个专家评分都不可避免地存在模糊性、随机性和离散性，对于不确定性之间的集结运算，只用简单的代数运算来近似，不具有说服力。另外，用一个精确的数值来客观地表征评价因子对评价等级的隶属度是非常困难的，现有的方法通常是采用主观取值或经验公式来给出隶属度，这个过程造成了隶属度的不确定性。鉴于此，利用云模型改进的多级模糊综合评价方法来构建堰塞坝开发利用综合评价模型。

堰塞坝开发利用综合评价多级指标体系评语集 **K**={K1（效益高），K2（效益较高），K3（效益较低），K4（效益低）}，它们分别采用具有相应期望（E_x）、熵（E_n）和超熵（H_e）3 个数字特征的云模型表示。其相应的 E_x、E_n 和 H_e 分别由下式计算：

$$\begin{cases} E_{x_1} = 0 \\ E_{n_1} = (37.5 - 0)/3 = 12.5 \\ 令\ H_{e_1} = 0.02 \end{cases} \tag{4.2-2}$$

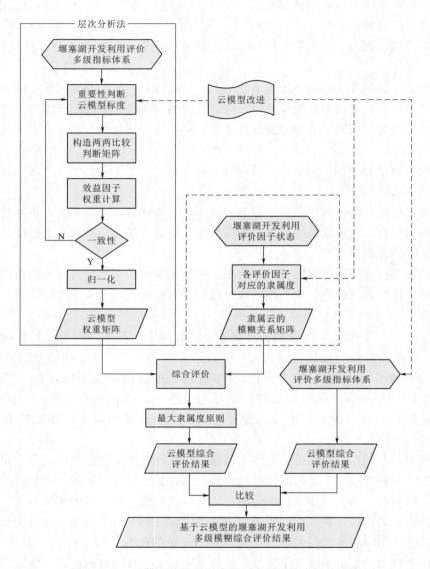

图 4.2-1 云模型改进的堰塞坝开发利用综合评价流程

$$\begin{cases} E_{x_2} = (25+50)/2 = 37.5 \\ E_{n_2} = (37.5-12.5)/3 = 8.33 \\ 令\ H_{e_2} = 0.02 \end{cases} \tag{4.2-3}$$

$$\begin{cases} E_{x_3} = (50+75)/2 = 62.5 \\ E_{n_3} = (62.5-37.5)/3 = 8.33 \\ 令\ H_{e_3} = 0.02 \end{cases} \tag{4.2-4}$$

$$\begin{cases} E_{x_4} = 100 \\ E_{n_4} = (100 - 62.5)/3 = 12.5 \\ 令\ H_{e_4} = 0.02 \end{cases} \tag{4.2-5}$$

由此可得目标层评语集模型见表 4.2-2。

表 4.2-2 　　　　　　　　堰塞坝开发利用综合评价目标层评语集

评价等级	百分制	云模型特征参数		
		E_x	E_n	H_e
效益低	0～25 分	0	8.33	0.02
效益较低	25～50 分	37.5	4.17	0.02
效益较高	50～75 分	62.5	4.17	0.02
效益高	75～100 分	100	8.33	0.02

3. 开发利用综合评价云模型标度

采用层次分析法计算指标因子权重的重要步骤之一是构造两两判断矩阵，而其关键则在于选择合适的标度方法。经典层次分析法的 Satty 标度中，要求专家用 1～9 之间的一个自然数来确定两个因子的相对重要性问题。堰塞坝治理开发评价因子的状态分析中，其重要性的比较常常会受到专家个人经验和主观因素的很大影响，为此，本书通过构建基于云模型标度的评价因子两两比较判断矩阵来对其进行改进，云模型的标度准则见表 4.2-3。

表 4.2-3 　　　　　　　　堰塞坝开发利用综合评价云模型标度准则

评价因子重要性定义		标度值云模型（E_x、E_n、H_e）
B_i 比 B_j 重要	绝对的	W_4 (9, 0.33, 0.05)
	强烈的	W_3 (7, 0.33, 0.05)
	明显的	W_2 (5, 0.33, 0.05)
	稍微的	W_1 (3, 0.33, 0.05)
B_i 与 B_j 同等重要		W_0 (1, 0, 0)
B_i 不如 B_j 重要	稍微的	W_5 (1/3, 0.33/9, 0.05/9)
	明显的	W_6 (1/5, 0.33/25, 0.05/25)
	强烈的	W_7 (1/7, 0.33/49, 0.05/49)
	绝对的	W_8 (1, 0.33/81, 0.05/81)

对两两比较判断矩阵中各行的元素进行计算，即可得出下式所示的权重云期望（E_x）、熵（E_n）和超熵（H_e）的计算公式：

$$E_{x_i} = \frac{\left(\prod\limits_{j=1}^{10} E_{x_{ij}}\right)^{1/10}}{\sum\limits_{i=1}^{10}\left(\prod\limits_{j=1}^{10} E_{x_{ij}}\right)^{1/10}}$$

$$E_{n_i} = \frac{\left[\prod_{j=1}^{10} E_{x_{ij}} \sqrt{\sum_{j=1}^{10}\left(\frac{E_{n_{ij}}}{E_{x_{ij}}}\right)^2}\right]^{1/10}}{\sum_{i=1}^{10}\left[\prod_{j=1}^{10} E_{x_{ij}} \sqrt{\sum_{j=1}^{10}\left(\frac{E_{n_{ij}}}{E_{x_{ij}}}\right)^2}\right]^{1/10}} \qquad (4.2-6)$$

$$H_{e_i} = \frac{\left[\prod_{j=1}^{10} E_{x_{ij}} \sqrt{\sum_{j=1}^{10}\left(\frac{H_{e_{ij}}}{E_{x_{ij}}}\right)^2}\right]^{1/10}}{\sum_{i=1}^{10}\left[\prod_{j=1}^{10} E_{x_{ij}} \sqrt{\sum_{j=1}^{10}\left(\frac{H_{e_{ij}}}{E_{x_{ij}}}\right)^2}\right]^{1/10}}$$

据此得到指标 C1~C10 的评价因子权重云模型 W_i（E_{xi}，E_{ni}，H_{ei}），其相应的数值见表 4.2-4。

表 4.2-4　　　　各评价因子权重云模型特征参数表

评价因子	B1	B2	B3	B4	C1	C2	C3
E_x	0.24956	0.41220	0.23058	0.10766	0.05472	0.06772	0.12713
E_n	0.30682	0.18109	0.30846	0.17980	0.01152	0.07907	0.29038
H_e	0.29105	0.17518	0.30101	0.17247	0.01172	0.08179	0.29249
评价因子	C4	C5	C6	C7	C8	C9	C10
E_x	0.08240	0.08959	0.11127	0.12893	0.11444	0.11613	—
E_n	0.01399	0.06332	0.06120	0.07512	0.07961	0.09546	—
H_e	0.01722	0.05354	0.06216	0.07526	0.07888	0.09579	—

与传统层次分析法的权重计算相比，采用云模型标度的判断矩阵计算各评价因子的权重，不仅对重要性标度进行了比较，同时对熵和超熵也进行了计算，从而对评价语言的模糊性和离散性有了更加客观的描述。

4. 开发利用综合评价因子隶属度云模型

分别建立堰塞坝治理开发评价因子的隶属函数，这个过程实质上是一个统计分析的过程。

（1）计算期望 E_x，只是云模型中云滴的均值，由 m 个专家各自的打分结果形成一个云滴：

$$E_x = \bar{B} = \frac{1}{m} \cdot \sum_{i=1}^{m} B_i \qquad (4.2-7)$$

（2）计算熵值 E_n：

$$E_n = \frac{\pi}{2} \cdot \frac{1}{m}\sum_{i=1}^{m} |B_i - E_{x_i}| \qquad (4.2-8)$$

（3）计算超熵 H_e：

$$H_e = \sqrt{S^2 - E_n^2} = \sqrt{\frac{1}{m-1} \cdot \sum_{i=1}^{m}(x_i - \bar{x})^2 - E_n^2} \qquad (4.2-9)$$

确定了云模型的期望（E_x）、熵（E_n）和超熵（H_e）三个数字特征以后，其相应的隶属云模型也就由此确定了。对于一个打分，只要已知其具备的 10 个综合评价因子状态数据，就可以从隶属度函数库中，提取出 10 个对应的云隶属函数。传统的隶属函数往往是一条确定的曲线，这使得隶属度的确定最终变成了一个定性向定量转换的过程。利用云模型建立隶属度函数，可以将评价因子的模糊性和随机性两者融合起来，形成定性和定量之间一对多的映射。利用云的期望、熵和超熵这 3 个数字特征值来表示隶属度的数学特征，充分考虑了评价因素对治理开发效益等级的隶属度关系间的随机性和离散性，其中，期望表示其预期值，熵表示隶属度相对于预期值的离散程度，超熵表示隶属度的真实情况偏离预期的程度。

4.3 堰塞坝开发利用评估案例

下面以唐家山、红石岩、舟曲、白格等 4 个堰塞湖为例进行说明。

4.3.1 唐家山堰塞湖

唐家山堰塞湖位于北川县城上游约 3.2km 处的通口河峡谷中，堰塞坝顺河向长 803.4m，横河向宽 611.8m，最大高度约 124m，体积约 2037 万 m^3，上游集雨面积 3550km^2，最大可蓄水量 3.16 亿 m^3，严重威胁下游绵阳、遂宁 130 多万人民的生命以及四川省第二大城市绵阳、运输大动脉宝成铁路和能源大通道兰成渝成品油管道等重要基础设施。

唐家山堰塞坝顺河长 803.4m，横向宽 611.8m，平面面积约 30 万 m^2，坝高 82～124m，体积约 2037 万 m^3。堰塞坝顶面地形起伏较大，横河方向左侧高、右侧低，左侧最高点高程 793.9m，右侧最高点高程 775m。上游坝坡水上长约 200m，坡较缓，坡度约 20°（坡比约 1:4）。下游坝坡长约 300m，坡脚高程 669.55m，上部陡坡长约 50m，坡度约 55°，中部缓坡长约 230m，坡度约 32°，下部陡坡长约 20m，坡度约 64°，平均坡比 1:2.4。坝体顺河向分布有 3 条沟槽，其中右侧沟槽为右弓形，贯通上、下游，沟槽底宽 20～40m，中部最高点高程 752.2m；中部和左侧沟槽分布于下游坝坡，长约 400m，底宽 10～20m。唐家山堰塞坝体由原山坡上部残坡积的碎石土和寒武系下统清平组上部基岩经下滑、挤压、破碎形成的碎裂岩组成。根据现场地质调查，其中碎石土约占 14%，碎裂岩约占 86%。碎石土呈土黄色，由粉质壤土、块石、碎石组成，其中粉质壤土占 60% 左右，碎石占 30%～35%，块石（粒径 5～20cm）占 5%～10%。

根据堰塞坝开发利用综合评价多级指标体系评语集云模型，通过构建基于云模型标度的评价因子两两比较判断矩阵来对其进行改进评价因子的状态分析，建立云模型的标度准则见表 4.2-3，根据式（4.2-6）计算得到唐家山堰塞坝工程开发利用指标 C1～C10 的评价因子权重云模型 $W_i（E_{xi}，E_{ni}，H_{ei}）$，其相应的数值见表 4.2-4。

分别建立堰塞坝治理开发个评价因子的隶属函数，通过式（4.2-7）～式（4.2-9）计算，唐家山堰塞坝开发利用综合评价因子的隶属度云模型结果见表 4.3-1。

表 4.3-1　　　　　　　唐家山堰塞坝开发利用各评价因子隶属度云模型结果表

指标名称	（Ⅳ）	（Ⅲ）	（Ⅱ）	（Ⅰ）	不确定性推理云		
					E_x	E_n	H_e
防洪减灾能力	0.75110	0.24190	0.00675	0.00025	90.4819	4.7437	0.03
水土保持能力	0.00016	0.03985	0.34983	0.61016	15.6253	5.3578	0.06
景观丰富度	0.36000	0.45982	0.12018	0.06000	69.2455	3.6935	0.0195
农业灌溉能力	0.57560	0.36440	0.01000	0.05000	80.7100	3.7113	0.03
生活供水能力	0.44000	0.50000	0.01000	0.05000	75.6250	4.6814	0.06
工业供水能力	0.22400	0.75279	0.02309	0.00012	70.3153	3.7113	0.03
生态水保障性	0.46000	0.46000	0.01000	0.07000	75.1250	3.7113	0.03
装机特性	0.57690	0.33910	0.03400	0.05000	80.1588	7.4137	0.03
发电量	0.00016	0.05985	0.68716	0.25283	29.5251	7.4137	0.03
投资回报率	0.22400	0.34279	0.43309	0.00012	60.0653	5.8028	0.06

将云模型与多级模糊综合评价方法相结合，在上述已构建的唐家山堰塞坝开发利用综合评价评语集云模型以及评价因子权重云模型和隶属度云模型的基础上，将效益评价因子权重云模型与 10 个评价因子状态对应的隶属度云模型进行加权平均运算，最后得到了云模型改进的唐家山堰塞坝治理开发多级模糊综合评价结果：云的期望 $E_x = 64.82$，熵 $E_n = 3.69$，超熵 $H_e = 0.019$。

计算结果显示，唐家山堰塞坝开发利用综合评价效益评分为 64.82，属于效益较高，根据其熵值 3.69 计算得分区间为 [53.75，75.89]，属于效益较高范围内，综合治理开发结果较为理想。

4.3.2　红石岩堰塞湖

牛栏江红石岩堰塞坝是 2014 年云南鲁甸地震导致两岸山体塌方（主要为右岸边坡发生特大型崩塌）而形成的。堰塞体位于原红石岩水电站取水坝下游 1200m 处，坝距鲁甸县 37km，距昆明市公路里程 352km。堰塞体堆积总方量约 1000 万 m^3，控制流域面积 12087km^2，占全流域面积的 88.4%，多年平均流量 127m^3/s，正常蓄水位 1200m，相应库容 1.41 亿 m^3，形成的水库具季调节性能。堰塞体主要由碎石土夹孤石、块石组成，并分布有直径最大达 15m 左右的大孤石，堆积物密实、未见架空现象。堰塞坝溃决将会直接影响上游会泽县两个乡镇 1015 人，下游鲁甸县、巧家县、昭阳区 3 万余人、3 万余亩耕地，危及上游小岩头水电站和下游天花板、黄角树等水电站安全。在安全度过汛期后，开发利用考虑将堰塞坝改建为水电站，设计装机容量 201MW，保证出力为 45.4MW，年发电量为 7.89 亿 kW·h。

通过式（4.2-7）～式（4.2-9）计算，红石岩堰塞坝开发利用综合评价因子的隶属度云模型结果见表 4.3-2。

表 4.3-2　　　　红石岩堰塞坝开发利用各评价因子隶属度云模型结果表

指标名称	（Ⅳ）	（Ⅲ）	（Ⅱ）	（Ⅰ）	不确定性推理云		
					E_x	E_n	H_e
防洪减灾能力	0.216485	0.786977	3.4×10^{-11}	5.33×10^{-35}	76.01265	0	0
水土保持能力	2.95×10^{-5}	0.043324	0.980221	0.100131	65.04347	1.779861	1.810241
景观丰富度	4.11×10^{-6}	0.19491	0.804155	0.005413	61.1212	1.69283	1.698947
农业灌溉能力	0.104959	0.04093	0.976858	2.94×10^{-5}	66.73378	4.299372	4.769652
生活供水能力	1.55×10^{-26}	8.6×10^{-7}	0.495727	0.492405	77.6751	2.621851	2.410768
工业供水能力	1.04×10^{-8}	0.932788	0.149079	0.000118	35.12256	2.408432	2.427122
生态水保障性	6.12×10^{-22}	0.089471	0.916540	2.55×10^{-70}	71.35972	1.569881	2.427159
装机特性	3.52×10^{-5}	0.183135	0.896941	0.042488	28.16971	1.563461	1.556217
发电量	9.34×10^{-17}	0.123644	0.886415	1.38×10^{-50}	67.07806	1.707927	1.710856
投资回报率	0.011983	0.309716	0.670445	0.080434	57.40099	1.323655	1.274273

　　将云模型与多级模糊综合评价方法相结合，在上述已构建的红石岩堰塞坝开发利用综合评价评语集云模型以及评价因子权重云模型和隶属度云模型的基础上，对最终的堰塞坝开发利用进行云模型综合评价，即采用一个具有特定期望、熵和超熵的云模型来描述综合评价结果。

　　将效益评价因子权重云模型与 10 个评价因子状态对应的隶属度云模型进行加权平均运算，最后得到了云模型改进的红石岩堰塞坝治理开发多级模糊综合评价结果的云模型：云的期望 $E_x = 71.21$，熵 $E_n = 2.12$，超熵 $H_e = 2.61$。

　　计算结果显示，红石岩堰塞坝开发利用综合评价效益评分为 71.21，属于效益较高，根据其熵值 2.12 计算得分区间为 [64.85，77.57]，属于效益较高与效益高之间，综合开发利用结果较为理想。

4.3.3　舟曲泥石流堰塞湖

　　舟曲县位于甘肃省甘南藏族自治州东南部，东、北邻陇南市武都区、宕昌县，西南与迭部县、文县以及四川省九寨沟县接壤。2010 年 8 月 7 日 23：00 许，县城北部山区突降特大暴雨，1h 降雨量达 77.3mm。8 月 8 日凌晨，县城北面的三眼峪、罗家峪发生特大山洪泥石流，山洪泥石流带来的砂石和冲毁的房屋等物体，在流入白龙江后形成长约 1.5km，宽 100～120m，淤积厚度约 9m，淤积量约 140 万 m^3 的堰塞体，并在其上游形成长 1.5km、宽 100～120m，水深约 10m，蓄水量约 150 万 m^3 的堰塞湖，导致舟曲县城 1/3 面积淹没，县城及相关乡镇的防洪、供水、灌溉、供电等基础设施遭到严重破坏。堰塞湖一旦溃决，将威胁下游宕昌、武都、文县 1.94 万人的生命安全。根据山洪泥石流所形成堰塞湖的灾害程度和白龙江舟曲县城段堤防现状标准，前期通过抢险救灾和灾后重建分阶段实施的方案进行治理：第一阶段，迅速排除堰塞湖溃决险情，确保下游人民群众生命财产安全；第二阶段，尽快实施白龙江应急疏通工程，疏通河道，排放堰塞湖存水，降低河道水位，为受灾群众尽快返回家园及河道整治、灾后重建创造条件。

通过式（4.2-7）~式（4.2-9）计算，舟曲泥石流堰塞坝开发利用各综合评价因子的隶属度云模型结果见表4.3-3。

表4.3-3   各评价因子隶属度云模型结果表

指标名称	（Ⅳ）	（Ⅲ）	（Ⅱ）	（Ⅰ）	不确定性推理云		
					E_x	E_n	H_e
防洪减灾能力	0.00075	0.00015	0.53110	0.46800	20.0006	5.33	0.02
水土保持能力	0.47951	0.48048	0.03985	0.00016	79.4754	6.02	0.04
景观丰富度	0.00090	0.08030	0.80670	0.11210	35.3600	4.15	0.013
农业灌溉能力	0.02200	0.84560	0.12940	0.00300	59.9025	4.17	0.02
生活供水能力	0.44000	0.50000	0.01000	0.05000	75.6250	5.26	0.04
工业供水能力	0.04400	0.81279	0.14309	0.00012	60.5653	4.17	0.02
生态水保障性	0.00000	0.08947	0.91654	0.00000	39.9622	4.17	0.02
装机特性	0.00000	0.00000	0.00000	1.00000	0.0000	8.33	0.02
发电量	0.00000	0.00000	0.00000	1.00000	0.0000	8.33	0.02
投资回报率	0.00098	0.10972	0.09145	0.79785	10.3849	6.52	0.04

将云模型与多级模糊综合评价方法相结合，在上述已构建的舟曲泥石流堰塞坝开发利用综合评价评语集云模型以及评价因子权重云模型和隶属度云模型的基础上，对最终的堰塞坝开发利用进行云模型综合评价，即采用一个具有特定期望、熵和超熵的云模型来描述综合评价结果。

将综合评价因子权重云模型与10个评价因子状态对应的隶属度云模型进行加权平均运算，最后得到了云模型改进的舟曲泥石流堰塞坝开发利用多级模糊综合评价结果的云模型以描述综合评价结果，即云的期望 $E_x=35.08$，熵 $E_n=4.15$，超熵 $H_e=0.013$。

计算结果显示，舟曲泥石流堰塞坝开发利用综合效益评分为35.08，属于效益较低，根据其熵值4.15计算得分区间为[22.63，47.53]，属于效益较低与效益低之间，开发利用综合效果较差。

4.3.4 白格堰塞湖

2018年10月10日22：06，西藏自治区昌都市江达县波罗乡白格村境内（$31°4'56.41''N$，$98°42'17.98''E$）金沙江右岸（左岸对应四川省白玉县绒盖乡则巴村）发生山体滑坡，形成堰塞体完全堵塞金沙江，根据实测"10·10"白格堰塞体的体积约为2750万 m^3，堰塞坝顺河道方向长度约2km，横河向宽度450~700m，堰塞坝整体呈鞍型，左高右低。左侧最高点高程3002m，右侧垭口高程2930m，堰塞坝高度60~100m。由于水位迅速上涨，且道路不畅，无法实施人工处置，10月12日自然漫顶溃决，10月15日坝上水位降至2895m，累计下降37.69m，经过水流冲刷，形成长1622m、底宽80~120m的泄流槽，泄流槽口门高程约2888m、出口底板高程2872m，对应堰塞湖蓄水量约0.5亿 m^3。

11月3日17：21，"10·10"白格堰塞坝处发生二次滑坡，滑坡体再次堵塞金沙江河道形成白格"11·3"堰塞坝。新形成的堰塞坝体垭口高程2966m，坝顶长度577m，其中垭口部分长195m，坡脚宽273m以上，二次滑坡体方量约200万 m^3，堰塞坝高度96～100m。堰塞体导致金沙江上游水位持续上涨，初期上涨速度1.2m/h，堰塞体上游波罗乡、岩比乡部分房屋、道路、桥梁、耕地被淹没，白格自然村、宁巴自然村全部被淹。如不采取人工措施干预，预计到11月15日晚至16日凌晨，堰塞湖蓄水至垭口顶高程，蓄水量将达7.7亿 m^3，是第一次堰塞湖蓄水量的2.7倍，堰塞体一旦漫溃将给下游带来巨大损失。

分别建立堰塞坝治理开发评价因子的隶属函数，通过式（4.2-7）～式（4.2-9）计算，白格堰塞坝开发利用综合评价因子的隶属度云模型结果见表4.3-4。

表 4.3-4 　　　　白格堰塞坝开发利用各评价因子隶属度云模型结果表

指标名称	（Ⅳ）	（Ⅲ）	（Ⅱ）	（Ⅰ）	不确定性推理云		
					E_x	E_n	H_e
防洪减灾能力	0.00075	0.00015	0.53110	0.46800	20.0006	4.9309	0.03
水土保持能力	0.63951	0.32048	0.03985	0.00016	85.4754	5.5757	0.06
景观丰富度	0.00090	0.08030	0.80670	0.11210	35.3600	3.8282	0.0195
农业灌溉能力	0.02200	0.84560	0.12940	0.00300	59.9025	3.8469	0.03
生活供水能力	0.28737	0.65263	0.01000	0.05000	69.9014	4.8655	0.06
工业供水能力	0.04400	0.62279	0.33309	0.00012	55.8153	3.8469	0.03
生态水保障性	0.00000	0.08947	0.91654	0.00000	39.9622	3.8469	0.03
装机特性	0.00530	0.09316	0.88654	0.01500	39.5978	7.7344	0.03
发电量	0.00098	0.10972	0.09145	0.79785	10.3849	7.7344	0.03
投资回报率	0.00075	0.05015	0.45311	0.49599	20.2010	6.0429	0.06

将云模型与多级模糊综合评价方法相结合，在上述已构建的白格堰塞坝开发利用综合评价评语集云模型以及评价因子权重云模型和隶属度云模型的基础上，将效益评价因子权重云模型与10个评价因子状态对应的隶属度云模型进行加权平均运算，最后得到了云模型改进的白格堰塞坝开发利用多级模糊综合评价结果：云的期望 $E_x=41.85$，熵 $E_n=3.71$，超熵 $H_e=0.03$。

计算结果显示，白格堰塞坝开发利用综合评价效益评分为41.85，属于效益较低，根据其熵值3.71计算得分区间为［30.72，52.98］，属于效益较低与效益较高之间，综合治理开发结果不理想。

4.4 堰塞坝开发利用规划

4.4.1 开发利用方案选择

4.4.1.1 开发利用背景与紧迫性

1. 堰塞湖危险依然存在、度汛形势严峻

堰塞湖应急抢险、后续处置完成后，仅能满足全年常年洪水标准的度汛要求，标准很低，达不到规范规定的 100 年一遇洪水标准要求。

红石岩堰塞湖集水面积 12087km²，是唐家山堰塞湖径流面积的近 4 倍，洪量大，度汛风险十分高，如不及时进行后期开发利用，到 2015 年汛期如遇较大洪水，将对上游部分居民和小岩头水电站造成淹没，加剧库区地质灾害的发生。同时堰塞湖也威胁着下游沿江两岸的鲁甸、巧家、昭阳 3 县（区）10 个乡镇、3 万余人、3.3 万亩耕地以及下游牛栏江干流上天花板、黄角树等水电站的安全。一旦溃决形成溃坝洪水，对下游沿岸人民生命财产造成的危害难以估量，极易引发灾害链，故堰塞湖永久性开发利用迫在眉睫。

2. 地震引起的堰塞湖地质灾害问题严重

堰塞体右岸崩塌形成了高达 600m 的边坡，边坡坡度陡峻，裂缝发育，稳定性很差，目前仍在不断坍塌和崩落，严重危及下部安全。左岸为体积达 4560 万 m³ 的古滑坡体，地震使该滑坡表面局部破坏。堰塞湖库区发育有 11 个滑坡、7 个崩堆积体、14 处不稳定斜坡及 4 条泥石流沟。上述不良的地质体对堰塞体、堰塞湖库周居民安全均存在巨大的威胁，必须尽快开发利用。

3. 受灾群众生产生活急需安置

红石岩堰塞湖形成后，堰塞体迎水面最高水位达到 1180m，上游会泽、鲁甸两县牛栏江沿岸 5000 多亩土地及居民房屋被淹没，近 4000 名群众进行了转移安置。大部分受灾群众均安置在堰塞湖附近村庄或公路路边，生活条件极其恶劣，安全风险较高，大量受灾群众的过冬问题也亟待解决。因此受灾群众的安置工程应立即启动并实施，使灾民尽快转入正常的生产生活中。

红石岩堰塞湖淹没影响的村组地处山高坡陡区域，土地资源较为匮乏，不但受红石岩堰塞湖淹没影响同时也受地震灾害影响，损失土地资源的受灾群众就近调剂或开垦土地较为困难，加之周边村组、乡镇同属于山高坡陡，人多地少区域，同样受地震灾害影响，基本没有容量接纳受灾群众，需要在其他区域开展必要的生产开发及水利设施配套工程建设。由于堰塞湖上下游周边区域经济社会发展水平低，水利基础设施差，昭通鲁甸地震和堰塞湖淹没双重影响，打破了区域群众原有生活、生产环境，影响了原有生产条件，改变了群众交通等设施保障，同时引起潜在的地质次生灾害。为实现灾区生产恢复、生活改善目标，因地制宜利用堰塞湖形成的库容，为区域干热河谷农田灌溉和饮水提供水源，扩大当地生产生活环境容量，缓解土地资源受损群众安置压力，为当地受灾群众早日恢复生产生活提供必要的保障，促进灾区经济社会持续发展。

4.4.1.2 开发利用的必要性

"8·03"鲁甸地震造成昭通市鲁甸县、巧家县、昭阳区、永善县和曲靖市会泽县 617 人死亡、112 人失踪、3143 人受伤，转移群众 8172 人（上游 1015 人、下游 7157 人）。同时，地震造成 5 个县（区）28 座水库受损，影响灌溉面积 44.6 万亩；众多乡村供水水源设施、供水管道受损，影响 37.7 万人。

堰塞坝体量大、坝坡缓，物质组成较好，整体稳定性满足要求，右岸边坡整体稳定，有可以利用的水头落差，后续处置完成后有施工期的泄流通道和施工时间，因此提出"减灾兴利、开发利用"综合治理理念。

（1）堰塞体稳定性有保障，拆除难度大、代价高。经初步分析堰塞体的规模及物质组成，并进行了计算分析，堰塞体变形稳定、渗流稳定、堰坡稳定是满足要求的，且堰体有可靠的应急泄流通道，溃坝风险极低，因此堰塞体进行防渗治理后可作为永久的挡水建筑物。

由于红石岩堰塞体规模巨大且稳定性较好，拆除难度极大，拆除代价巨大，且由于石块巨大，挖运基本要先爆破再装运，附近 30km 范围内均无合适位置堆放如此大规模的弃渣，弃渣场选择困难。拆除弃渣对环境的不利影响无法避免，如任其每年被洪水冲刷，将危及下游两座已建电站及沿江两岸群众及房屋、农田等的安全。

（2）边坡稳定性好。右岸边坡崩塌前坡高 750m，坡度 70°～85°。从现场地质调查资料分析，该崩塌体上部为厚层、巨厚层状灰岩、白云岩、白云质灰岩，下部为中层状、薄层状砂泥岩、页岩，坡体结构呈上硬下软的岩质边坡。右岸岩层倾向山里偏下游，岩层产状 N20°～60°E，NW∠10°～30°。岩层产状对坝肩边坡的抗滑稳定有利。坡面岩体发育三组节理，即横河向陡倾节理、顺河向陡倾节理及层间节理。边坡岩体软硬相间，边坡岩体软岩在上部岩体自重的作用下，致使上部脆性岩体拉裂、解体，形成压致拉裂变形，在地震作用下沿顺河向卸荷裂隙在其他结构面（如层面节理）组合作用下产生大范围崩塌，并沿 F_5 断层向下游方向滑动。沿河流方向山体崩塌的长度约 890m，后缘岩壁高度约 500m（其中近直立的陡崖最大高度约 350m），属特大型崩塌。

边坡崩塌后，坡体应力调整，坡面卸荷裂隙大量发育并与不利结构面组成危险块体，受余震、降雨及坡面应力调整的影响，不稳定块体将断续崩塌掉落。经初步稳定性分析，边坡整体稳定性较好，坡顶开裂岩体处于临界稳定状态，需对边坡顶部开裂岩体处理。

（3）开发利用工程可改善鲁甸县、巧家县、昭阳区相关乡镇供水与灌溉条件，为当地社会经济发展提供水源保障。昭通市境内牛栏江流域水资源丰富，但山高谷深，江低田高，水流湍急，加上降水时空分布不均匀等因素影响，难以作为农村生活和生产用水的大规模开发利用。目前流域水资源开发利用程度低，人畜饮水困难面大，抗御各种自然灾害的能力差，特别是近年来干旱频发，枯季径流减少，部分溪沟、小河枯季断流，进一步加剧了该区域干旱缺水程度，当地干部群众迫切要求解决灌溉和人畜饮水的问题。

流经该区域的牛栏江虽然水资源丰富，但难于作为农村生活和农业生产用水大规模开发利用。如果采用提水灌溉，由于提水高差达到 200～600m，提水电费达到 0.5～2.0 元/m³，农村用户根本承受不起。如采用上游引水，需从上游与会泽县交界附近的红石岩引水，才能基本满足海拔 1100m 以下灌区的自流灌溉供水要求。

红石岩堰塞湖水利枢纽工程水库正常蓄水位 1200m，死水位 1180m，位于工程下游牛栏江两岸的巧家、鲁甸、昭阳共 3 个县（区）的 9 个乡镇灌区海拔 600～1170m，完全可利用红石岩堰塞湖水利枢纽工程自流灌溉供水，可有效解决 3.6 万亩耕地、设计水平年 4.5 万人（其中集镇人口 1.26 万人）、牲畜 2.0 万头（其中大牲畜 0.63 万头）的灌溉、饮用水问题。经计算，红石岩堰塞湖水利枢纽工程可向灌区自流供水总量 2314.3 万 m³，完全满足灌区生产生活用水需求，可为当地社会发展提供水源保障。

（4）变废为宝，充分利用堰塞体形成的水库发电，为当地及云南省的社会经济发展提供清洁、优质的能源。堰塞湖所处河段水能资源较为集中，从已建的小岩头水电站厂房至下游的天花板水电站库尾约有 130m 的河道落差，原规划有罗家坪水电站和原红石岩水电站两级电站，在堰塞湖形成后，堰塞湖蓄水位可直接与上游小岩头电站衔接。为充分利用水能资源，根据堰塞湖形成的实际，将红石岩、罗家坪合并为一级开发，可利用现有堰塞体形成具有季调节性能的水库，充分利用小岩头电站厂址至天花板电站库尾之间的水能资源，提高梯级自身效益和对下游电站的补偿效益。在不影响小岩头水电站防洪安全的前提下，形成装机容量为 180MW 的季调节性能的电源点，平均每年可为电力系统提供 7.83 亿 kW·h 的电量（枯期电量所占比例达到 42%），可为当地及云南省的社会经济发展提供清洁、优质的电能资源。

（5）开发利用工程将形成堰塞湖特色旅游区，拉动当地的旅游。昭通市位于云南省东北部，属典型的山地构造地形，山高谷深，海拔差距大。昭通独特的地势使昭通形成了大山包、黄连河、铜锣坝、小草坝等独特的自然景观和迷人风光。昭通市还是个历史悠久的城市，文化遗存十分丰富，全市有新石器遗址 20 余处。

红石岩堰塞湖水利枢纽工程建设较高等级的公路，可大幅度改善当地交通条件，促进灾后重建和恢复生产，同时，将地震灾害形成的堰塞体变害为利，开创了堰塞湖综合利用的先例，意义重大。红石岩堰塞湖水利枢纽工程成为"8·03"鲁甸地震灾害纪念和堰塞湖综合治理的标志性工程，开发利用以后的红石岩堰塞湖与昭通已有的自然、人文景观一起，进一步拉动和促进了该地区旅游业的发展。

（6）施工期有可靠的导流通道和时段。后续处置完成后，利用已有的调压井加施工支洞检修门和应急泄洪洞，可满足施工期枯期 10 年一遇的防洪标准，为开发利用工程创造了导流条件。

4.4.1.3　开发利用的概要方案

1. 基本思路

初步分析堰塞体的规模及物质组成并对其进行计算分析可知，堰塞体变形稳定、渗流稳定、堰坡稳定是满足要求的，堰塞体进行防渗治理后可作为永久的挡水建筑物。

按照 2014 年 8 月 20 日中央政治局常务委员会会议"切实做好堰塞湖后续处置和整治"的精神，遵循堰塞湖应急处置、后续处置、后期开发利用的基本治理规律，结合灾区恢复重建和经济社会发展对堰塞湖"排险、减灾、兴利"的需求，科学谋划，标本兼治，全力推进红石岩堰塞湖开发利用工作。

堰塞湖后期开发利用按照先除害、再兴利、轻重缓急的思路，着力抓好堰塞湖除险、防洪等永久性安全工程开发利用和堰塞湖受灾群众生产生活安置等工作，在此基础上因地制宜分期开展后期电站重建工程等工作。

红石岩堰塞湖进行开发利用后，成为一大型水利枢纽工程，其作用是：①除险防洪（防洪标准可提高到 2000 年一遇）；②供水、灌溉（供水 4.5 万人，灌溉面积 3.6 万亩）；③发电（装机容量 20.1 万 kW，年发电量 7.87 亿 kW·h）；④旅游；⑤对下游电站补偿调节。

2. 实施项目及工期安排

按红石岩堰塞湖开发利用的紧迫程度及现场实际情况，开发利用工程拟分两阶段实施：第一阶段主要目标是提高堰塞湖的防洪标准，确保防洪及边坡治理等主体工程完工，实现堰塞湖永久性安全，并对堰塞湖影响受灾群众进行永久安置，确保人民群众恢复正常的生产生活。第二阶段主要目标是在确保堰塞湖安全的基础上，开展堰塞湖下游地震受灾区供水、灌溉工程及引水发电工程，发挥水资源利用效益。

a. 第一阶段工程项目及工期安排

开发利用第一阶段工程项目主要包括堰塞湖除险防洪工程、堰塞湖影响受灾群众安置、水情测报及安全监测系统三大部分。

（1）堰塞湖除险防洪工程。堰塞湖除险防洪工程主要包括交通工程、右岸新建一条溢洪洞、堰塞体右岸崩塌边坡治理及左岸清坡、堰塞体防渗加固处理、原红石岩引水隧洞改建为泄洪放空冲沙洞等项目。

1）交通工程。交通工程主要包括进场公路及场内交通公路等。主线和辅线进场道路的恢复、联络公路、原交通洞新建岔洞的修建从2014年10月底开始施工，2014年12月底全部完成，为工程施工创造条件。过坝交通洞于2015年6月开工，9月底完成。

2）右岸新建溢洪洞。右岸新建一条溢洪洞，由引渠段、闸室段、无压洞段及出口鼻坎段组成，全长约1200m。无压洞断面为14m×21m的城门洞形。校核水位1208.56m时，溢洪洞最大泄流量3742m³/s。

主洞分3层开挖，于2015年5月底完成上层开挖及支护，2015年汛期利用溢洪洞上层过流，满足度汛标准要求；2016年5月底完成隧洞衬砌及灌浆等工程，具备汛前过流条件；2016年底溢洪洞工程完工。

3）堰塞体右岸崩塌边坡治理及左岸清坡。右岸山坡崩塌高约600m，坡度70°~85°。在崩塌后缘坡面约60m（距崩塌边缘）范围内卸荷变形缝多见，发育频率约5m一条。右岸崩塌边坡治理方案为从上至下清除开裂、松动及倒悬岩体，清坡后实施喷锚支护保护边坡。左岸山坡主要是清除表面局部不稳定体及表面浮石。经上述治理后可保证施工及运行期安全。堰塞体边坡治理计划于2014年11月开工，于2015年5月完成。

4）堰塞体防渗加固处理。堰塞体作为永久性挡水建筑物需进行防渗处理，初拟采用防渗墙及灌浆帷幕进行防渗加固处理。防渗墙计划工期24个月，即2015年1月至2016年12月。帷幕灌浆施工从2015年3月至2016年12月。

5）原红石岩引水隧洞改建为泄洪放空冲沙洞。原红石岩引水隧洞改建为泄洪放空冲沙洞，主要承担汛期泄洪、冲沙功能，必要时作为水库放空洞。泄洪放空冲沙洞由进水塔、有压隧洞段、出口工作闸室及挑流鼻坎组成，隧洞全长1536.381m。有压洞断面为圆形，直径7.6m，其中与原红石岩引水隧洞结合段长1038.781m。校核水位1208.56m时，泄洪放空冲沙洞最大泄流量约944m³/s。右岸泄洪放空冲沙洞于2015年1月开工，计划于2017年12月完工。

（2）堰塞湖影响受灾群众安置。红石岩堰塞湖水利枢纽工程建设征地移民安置是指对红石岩堰塞体进行综合开发利用，由于特征水位对上游牛栏江流域两岸部分土地及群众居住区域造成永久性影响，按照水利水电工程移民安置方式，对淹没影响居民进行生产生活安置恢复。相关处理范围、指标及方案根据《云南省牛栏江红石岩堰塞湖整治工程可行性研究报告 第八册 建设征地与移民安置》（审定本）相应成果计列。

红石岩堰塞湖开发利用工程建设征地移民安置涉及堰塞湖淹没影响区、堰塞体开发利用区和下游供水及灌溉工程三个部分。建设征地总面积 8.057km²，其中耕地 2894 亩、园地 1131 亩、林地 2199 亩，建设征地区人口 2762 人，房屋面积 97183m²，专业项目主要涉及乡村公路 19km，铁索吊桥 5 座，企事业单位 5 个，经初步规划水平年生产安置人口 2557 人，搬迁安置人口 2767 人，建设征地移民安置规划投资估算为 67044 万元。

（3）水情测报及安全监测系统。为确保开发利用工作及后期运行安全，需逐步实施并完善水情测报及安全监测系统。

水情测报及安全监测系统于 2014 年 10 月开始实施，测报及监测贯穿全工程施工期和运行期。

b. 开发利用第二阶段工程项目及工期安排

（1）堰塞湖下游地震受灾区供水、灌溉工程。堰塞湖下游地震受灾区供水、灌区位于牛栏江中下游两岸，受益鲁甸、巧家、昭阳 3 个县（区）共 8 个乡镇，灌溉面积 3.6 万亩，供水人口 4.5 万人，牲畜 2.0 万头。

根据该工程建筑物的施工特点、投资、当地的气象和交通等综合考虑，堰塞湖下游供水、灌溉工程施工时间为 2015 年 9 月至 2017 年 12 月。

（2）电站重建工程。堰塞体进行开发利用后将成为永久性的挡水建筑物，泄洪建筑物也已同步实施，可利用堰塞湖进行电站重建。鉴于水库运行后无法进行电站进水口的施工，因此电站进水口必须在水库蓄水前完建。

输水发电系统布置于右岸，由电站进水口、输水隧洞、调压井和压力钢管、厂房组成。电站装机容量初定 201MW，建成后年发电量 7.87 亿 kW·h，年利用小时 3915h。

3. 投资估算

堰塞湖开发利用工程静态总投资为 35.83 亿元，详见表 4.4-1。

表 4.4-1　　　　　　　　　开发利用方案投资估算表

序　号	工 程 或 费 用 名 称	合计/万元
I	工程部分投资	285577.10
I-1	除险防洪工程	168769.84
1	第一部分　建筑工程	103741.23
2	第二部分　机电设备及安装工程	
3	第三部分　金属结构设备及安装工程	3206.96
4	第四部分　施工临时工程	19091.89
5	第五部分　独立费用	27387.05
6	一至五部分合计	153427.13
7	预备费	15342.71
	基本预备费 10%	15342.71
8	静态总投资	168769.84
I-2	电站重建工程	60893.83
1	第一部分　建筑工程	16679.50

续表

序　号	工 程 或 费 用 名 称	合计/万元
2	第二部分　机电设备及安装工程	21657.67
3	第三部分　金属结构设备及安装工程	4557.04
4	第四部分　施工临时工程	3372.43
5	第五部分　独立费用	9091.39
6	一至五部分合计	55358.03
7	预备费	5535.80
	基本预备费10%	5535.80
8	静态总投资	60893.83
Ⅰ-3	供水及灌溉工程	56439.93
1	第一部分　建筑工程	39732.77
2	第二部分　机电设备及安装工程	
3	第三部分　金属结构设备及安装工程	825.07
4	第四部分　施工临时工程	4492.92
5	第五部分　独立费用	6258.27
6	一至五部分合计	51309.03
7	预备费	5130.90
	基本预备费10%	5130.90
8	静态总投资	56439.93
Ⅱ	移民和环境投资	72211.27
Ⅱ-1	水库移民征地补偿费	67043.85
一	堰塞湖淹没影响区	58325.20
1	第一部分　农村部分补偿费	27590.66
2	第二部分　专业项目补偿费	12205.78
3	第三部分　库底清理费	186.86
4	一至三部分合计	39983.30
5	第四部分　其他费用	4132.31
6	预备费	5293.87
7	有关税费	8915.72
8	静态总投资	58325.20
二	堰塞体整治区	5196.72
1	第一部分　农村部分补偿费	3106.22
2	一部分合计	3106.22
3	第四部分　其他费用	335.48
4	预备费	413.01
5	有关税费	1342.01

续表

序　号	工 程 或 费 用 名 称	合计/万元
6	静态总投资	5196.72
Ⅱ-2	水土保持工程费	2511.83
1	第一部分　工程措施	847.48
2	第二部分　植物措施	507.99
3	第三部分　施工临时措施	312.14
4	第四部分　水土保持监测工程	
5	第五部分　独立费用	598.05
6	一至五部分合计	2265.66
7	基本预备费	135.94
8	水保设施补偿费	110.23
9	静态总投资	2511.83
Ⅱ-3	环境保护工程费	2655.59
1	第一部分　环境保护措施	1175.82
2	第二部分　环境监测措施	87.00
3	第三部分　环保仪器设备及安装	251.00
4	第四部分　环境保护临时措施	310.00
5	第五部分　环保独立费用	705.31
6	一至五部分合计	2529.13
7	基本预备费	126.46
8	静态总投资	2655.59
Ⅲ	总计	
	工程静态总投资	358314.87

4.4.2　红石岩堰塞坝开发利用方案规划

4.4.2.1　开发利用要求

1. 防洪减灾要求

红石岩堰塞湖堰塞体顶部 1222m，回水长度约 25km。堰塞体方量约 1000 万 m³，直接影响上游会泽县两个乡镇 1015 人，同时也威胁着下游沿河的鲁甸、巧家、昭阳 3 县（区）10 个乡镇、3 万余人、3.3 万亩耕地，以及下游牛栏江干流上的天花板、黄角树等水电站的安全。

堰塞湖应急抢险、后续处置完成后，堰塞体顶部高程 1222m 过流能力仅 1921m³/s，略大于 10 年一遇洪水洪峰 1840m³/s，行洪能力较低，堰塞湖危险依然存在，防洪度汛形势严峻，并且由地震引起的堰塞湖地质灾害问题严重。

红石岩堰塞湖进行开发利用后为大型水利枢纽工程，工程防洪标准可提高到 2000 年一遇，消除了堰塞湖上游及下游沿岸居民、农田的防洪隐患，解除了因堰塞湖对下游梯级电站带来的洪水威胁，同时也消除了地震引起的堰塞湖地质灾害问题。

红石岩堰塞湖从兴利保库的角度设置了汛期排沙运行水位，有将防洪和兴利相结合的条件，远期结合牛栏江下游沿岸社会经济发展的需求进一步发挥其防洪效益。

2. 供水灌溉要求

昭通市境内牛栏江流域水资源总的来讲是山高谷深，水流湍急，难以控制利用，或控制利用尚不够充分，兼之近年干旱严重、生态恶化、水土流失加重，加上降水时空分布不均匀等因素影响，形成了紧缺和开发利用程度低的现状。

自 20 世纪 90 年代至今，年降水量偏少年份增多、降水时间分布更为不均，干旱年份更加突出，呈现出"干旱年份偏多偏重，年年有干旱，两年一大旱"的趋势，春旱、夏旱、伏旱相继发生。2009—2011 年发生的西南五省干旱，昭通市遭遇了有气象记录以来最为严重的干旱灾害，给全市工农业生产和人民群众的生产生活造成了严重威胁。

牛栏江沿河两岸地形上为单面山，土层浅薄，水土流失严重，植被稀少，水源涵养差，流域源头短，河流相对高差大，可开发利用水资源较少，开发利用程度低，人畜饮水困难面大，抗御各种自然灾害的能力差，特别是近年来干旱频发，枯季降水减少，当地水资源减少，并且枯季径流减少，部分溪沟、小河枯季断流，进一步加剧了该区域干旱缺水，当地干部群众要求解决灌溉和人畜饮水的要求十分迫切。从 2011 年建成投产的天花板水电站库区取水以来，可自流灌溉 1040m 高程以下牛栏江干热河谷耕地面积为 2.1 万亩，而灌溉引水渠道较长，技术经济指标较差，故从天花板水电站取水解决下游灌溉和人畜饮水也未列入《云南省大中型水电站水资源综合利用专项规划》。

结合区域灌溉要求，耕地主要分布在 520～1170m 之间，红石岩堰塞湖开发利用工程正常蓄水位 1200m，死水位 1180m，水库形成后有条件实现全线自流供水，既确保水量需求的同时，最大限度地降低了供水成本，能为枢纽工程下游灌区发展提供水源保障，摆脱山高谷深、水资源无法利用的现状。

3. 发电要求

牛栏江干流"二库十级"规划开发方案中黄梨树水电站具有年调节能力，象鼻岭水电站具有季调节能力，其他均为日调节或无调节水电站。"龙头"水库黄梨树梯级由于水库淹没等问题尚未开展前期工作。

红石岩堰塞湖通过开发利用，可利用现有堰塞体形成具有 0.80 亿 m^3 调节库容的季调节水库，充分利用小岩头水电站厂址至天花板水电站库尾之间的水能资源，形成装机规模为 201MW 的季调节性能的电源点，平均每年可为电力系统提供 7.96 亿 kW·h 的电量（枯期电量所占比例达到 40%），同时，下游已建的天花板水电站（装机容量 180MW）、黄角树水电站（装机容量 240MW）及规划的凉风台、陡滩口水电站均可受益于红石岩堰塞湖水利枢纽工程对径流的调蓄作用。

随着红石岩堰塞湖开发利用工程的完成，水利枢纽可为当地及云南省的社会经济发展提供清洁、优质的电能资源。

4.4.2.2 消除地震可能引发的洪水等次生灾害

1. 应急处置与开发利用

堰塞湖应急排险处置采取了 6 项非工程措施和 4 项工程措施。应急处置的 10 余天时间，昆明院在中国水利水电科学研究院、长江委设计院等单位的配合下，先后编制完成《堰塞湖对上下游影响分析报告》《堰塞体安全评价报告》《应急处置后续评估及后续处置报告》《应急泄洪通道安全评价报告》，为应急处置方案的制定提供了坚实的理论基础。

开发利用方案可改善鲁甸县、巧家县、昭阳区相关乡镇供水与灌溉条件，为当地社会经济发展提供水源保障，还可变废为宝，充分利用堰塞体形成的水库发电，为当地及云南省的社会经济发展提供清洁、优质的能源，促进区域经济发展。因此，从补偿补助政策标准、移民安置区生活水平质量、基本公共服务水平和基础设施保障能力，缓解灾区生态压力、改善灾区环境质量，加快安置进度、改善供水条件及促进区域经济发展等角度出发，推荐开发利用方案。此外，开发利用工程将形成堰塞湖特色旅游区，在一定程度上拉动当地的旅游。

实施开发利用方案后可利用已形成的堰塞湖建一座 20.1 万 kW 的电站，年发电量为 7.96 亿 kW·h，可为该工程解决约 9.5 亿元的贷款资金，并能通过售电收入，维持整个项目的运营。

2. 防洪减灾效益

通过红石岩堰塞湖水利枢纽工程的实施，可以解除堰塞湖水位上涨及溃坝对上、下游居民、耕地及电站的防洪威胁。红石岩堰塞湖水利枢纽工程下游牛栏江两岸乡镇高程较高，防洪要求不突出。水库 6—9 月设置了汛期排沙运行水位，且牛栏江流域大洪水发生在 6—9 月的概率较大。随着社会经济的发展，下游沿岸乡镇有防洪需求时，红石岩堰塞湖水利枢纽工程可以考虑排沙与防洪相结合，提供 5240 万 m^3 的库容拦蓄洪水，减少下游洪灾损失。

4.4.2.3 供水及灌溉

1. 灌区现状

红石岩堰塞湖灌区涉及堰塞湖两岸的昭通市鲁甸县和巧家县。

a. 鲁甸县

该工程灌区共涉及鲁甸县江底镇、火德红镇、龙头山镇和乐红乡 4 个乡镇。

江底镇位于鲁甸县城南部，共辖 7 个村委会 111 个村民小组，总面积 140.95km^2。东与贵州省威宁县玉龙镇毗邻，南与会泽县迤车镇隔牛栏江相望，西与本县火德红镇接壤，北与鲁甸坝子的文屏镇、桃源乡相连，213 国道和昭待高速路从境内穿过。境内最高海拔 2703m，最低点海拔 1180m，地势北高南低，中部山脉突起。全镇居住着汉、回、彝、苗、布依等 5 个民族。全镇有耕地 35482.3 亩，林地 74955.5 亩，森林覆盖率 35.4%。立体气候明显，南干北湿，年平均气温 12.45℃，年均降雨量 710mm，水资源极度缺乏，是全县最缺水的乡镇，全镇 70% 以上的村组人畜饮水主要靠水窖蓄水解决。畜牧业是全镇农业经济的重要部分，占农村经济总收入的 32%；经济作物有核桃、板栗、花椒、石榴、葡萄等。

火德红镇位于鲁甸县城西南部，辖 6 个村民委员会，107 个村民小组，总面积 90.96km²。东北与大水井乡相连，南与会泽县梨园乡隔牛栏江相望，西南与巧家县包谷垴镇接壤，西北与龙头山镇相毗邻。全乡北高南低，山高坡陡，最高海拔 2496m，最低海拔 1100m，海拔相差 1396m，年平均气温 14℃，年均降雨量约 800mm，无霜期 200 天左右，属典型立体气候，既有高寒山区气候，又有酷热的带河谷气候，以生态环境优美、矿产、水利、旅游资源丰富和盛产早熟蔬菜而远近闻名。粮食主要以水稻、玉米、洋芋为主，经济作物以烤烟、早熟蔬菜和干果为主。

龙头山镇古称朱提山，全镇辖 11 个行政村 56 个自然村、246 个村民小组，居住着汉、回、彝、苗等 7 个民族，总面积 228.82km²。东与火德红镇、大水井乡、文屏镇相连，南与巧家县包谷垴乡隔牛栏江相望，西与乐红镇相连，北与小寨镇、水磨镇接壤。最高海拔 2860m，最低海拔 910m，代表海拔 1542m；立体气候显著，属典型干热河谷区，年平均气温 14.9 度，无霜期约 290 天以上，年均降雨量为 700～1100mm；粮食作物种植以玉米、马铃薯为主，畜牧业养殖以猪、羊、牛、马为主。

乐红乡位于鲁甸西部，全乡辖 8 个村民委员会，190 个村民小组，是省级贫困乡，总面积 127.18km²。东与铁厂、水磨两乡毗邻，南与翠屏乡接壤，西与巧家县新店、六合、小河等乡隔牛栏江相望，北与梭山乡相连。全乡境内地势东高西低、山高坡陡、岩大谷深，最高海拔 3070m，最低海拔 770m，相对高差 2300m，年平均气温 12℃，全年无霜期 220 天，年均降雨量 967mm。四季分明，干湿季节明显，具有立体气候的特点。汉、彝、苗、壮、回 5 个民族聚居，少数民族人口占总人口的 4.3%。全镇主要农作物有玉米、薯类、小麦、水稻、烤烟、杂粮豆；养殖业主要有牛、马、猪、羊、鸡等；经济林果主要有黄果、柑橘、核桃、板栗、花椒、油桐、砂仁、苹果、梨、樱桃、桃子等。

b. 巧家县

该工程共涉及巧家县老店镇、新店镇、小河镇 3 个乡镇。

老店镇位于巧家县东部，辖 17 个行政村、362 个村民小组，总面积 426.82km²，居全县第一位，居住着汉、彝、布依、苗等民族。东南面与曲靖市会泽县接壤，东北面和鲁甸县龙头山镇隔江（牛栏江）相望；东接包谷垴乡，南连马树镇，西与崇溪、中寨两乡相连，北与药山、新店两乡镇毗邻。境内地貌复杂多样，山高坡陡、沟深谷峡，地势呈西高东低之势，最低海拔 930m，最高海拔 3130m，海拔相对高差 2200m。辖区内包含二半山区、高二半山区和高寒山区三种类型，各类地区气候悬殊，小区气候突出，形成立体气候和复杂的自然环境，年平均气温 15.1℃，年均日照时数 1823.3h，年均降水量 880.4mm，无霜期 280 天。全镇耕地面积 86865 亩，人均有地 1.61 亩；林业用地面积 33.0792 万亩，经济林果以核桃、青椒、木漆、板栗、油桐为主。粮食作物主要有玉米、洋芋、荞子、燕麦等，主要经济来源于畜禽养殖、烤烟、经济林果和劳务收入。总收入中，农业产业所占比重较大，产业结构非常单一。老店虽然整体解决温饱，但农业基础设施薄弱，靠天吃饭的现象十分突出。

新店镇位于巧家县城东北部，全镇辖 13 个村民委员会、254 个村民小组 87 个自然村，居住着汉、苗、彝、壮、布依等民族。东与鲁甸县乐红隔牛栏江相望，南与老店镇接壤，西与药山镇毗邻，北与小河镇相连，辖区内地势高差较大，地处药山南麓，境内山峦叠嶂，山高谷深，清水河、锅厂河南北深切，地形呈西高东低现状，乡内海拔 940～3426m，乡政府所在地 1750m，属典型的高寒山区乡。全乡总面积 157km²，耕地面积 26302 亩，其中水田 1717 亩，旱地 24585 亩，总播种面积 42200 亩；主产玉米、小麦、洋芋、荞麦等粮食作物，经济作物主要有烤烟、蚕桑；经济林果有核桃、板栗、花椒等。

小河镇位于巧家县东北部，集镇位于小河社区，辖小河、竹山、马鞍、新田、垭口、普谷、拖车、山保、瓦房、嘿格 10 个行政村。全镇总面积 191.32km²，东临牛栏江，与鲁甸县乐红乡、梭山镇隔江相望，西靠大药山，北接巧家县红山乡、东坪镇，南与药山镇、新店镇接壤。最高海拔 3950m，最低海拔 701m。耕地面积 38490 亩，人均耕地 0.85 亩。其中海拔 1700m 以下村 6 个：小河社区、坝统村、六合社区、嘿格村、拖车村、普谷村，耕地面积 21000 亩，人口 23685 人，主要经济收入以花椒、核桃、蚕桑、水果和生猪养殖为主。

c. 灌区存在的主要问题

（1）水资源时空分布不均，水利基础设施薄弱，干旱缺水严重。牛栏江干热河谷年降水量仅 800mm 左右，而水面蒸发量超过 2000mm，干旱指数达到 2.5。时间上，降雨 86% 集中在汛期的 5—10 月，降雨集中往往形成洪水灾害，而枯季 11 月至次年 4 月降水量占全年降水量的 14%，由于降水量少、气温高、蒸发大，往往形成旱灾，严重地制约着农业生产和农村经济发展。牛栏江沿河两岸地形上为单面山，河谷区坡度较陡，往上逐渐平缓，受特殊的地形条件限制，人口分布在半山区地区，虽然牛栏江干流水资源丰富，水低田高开发利用十分困难，而半山区支流短小，水资源贫乏而需水量大，加之缺乏蓄水工程等水利工程控制，限制大部分耕地均还处于靠天吃饭的状况，干旱缺水极为严重。

（2）灌区内生活用水无法保证。鲁甸县和巧家县均为国家级贫困县，村庄主要分布在半山区，很难有修建骨干蓄水工程的条件，且经济发展水平比较落后，现状农村生活供水水源主要采用雨水集蓄利用，由于供水水源有限，人畜饮水困难面大，抗御各种自然灾害的能力差，居民生活水平处于较低水平，供水量和人均用水量较低，正常年份基本能满足需水要求，但一遇干旱便造成人畜饮水困难，饮水安全还存在较大问题。突出的生活生产用水困难造成当地农民苦不堪言，他们曾因缺水而穷，曾因缺水而迁，也曾因缺水而泪流满面，在当地民间曾流传着一些令人心酸的歌谣："人畜无水愁断肠，肥田沃地不出粮，为求一瓢清泉水，携儿带女跑他乡""春来疲于寻水解渴，冬来苦于求粮度荒"，等等。

2. 灌区建设的必要性

（1）提高灌区防御干旱灾害，促进当地特色农业发展。牛栏江流域两岸光热和土地资源丰富，畜牧、蔬菜、水果、马铃薯是当地的优势产业，按照云南省委、省政府制定的发展高原特色农业的战略思路，鲁甸、巧家县政府积极发展当地特色农业。但由于规划区内水利基础设施薄弱，农业还处于靠天吃饭状况，缺水问题严重制约了当地发展现代特色农业的需要。开展红石岩堰塞湖灌区工程建设，可为当地发展高原特色农业提供可靠的水源保障，可促进当地特色农业发展。

（2）保障灌区农村生活人饮供水安全。牛栏江干支流切割严重、山高谷深，由于供水水源有限，且经济发展水平比较落后饮水安全还存在较大问题。开展红石岩堰塞湖灌区工程建设，为当地农村生活提供可靠的水源保障，可彻底解决农村饮水安全问题，将极大地改善当地农村生产生活条件。

（3）加快当地脱贫致富步伐全面建成小康社会。鲁甸县、巧家县地处全国十一个集中连片特殊困难地区的乌蒙山区，土地环境容量小，人口密度大，自然条件恶劣，陡坡耕地多，平坝区少，人多地少，粮食单产水平较低，交通不方便，经济较为落后，导致贫困面大、贫困人口多、贫困程度深，是全国、全省脱贫攻坚的主战场。党中央高度重视脱贫攻坚，明确提出："到 2020 年，稳定实现农村贫困人口不愁吃、不愁穿，义务教育、基本医疗和住房安全有保障。实现贫困地区农民人均可支配收入增长幅度高于全国平均水平，基本公共服务主要领域指标接近全国平均水平。确保现行标准下农村贫困人口实现脱贫，贫困县全部摘帽，解决区域性整体贫困。"水利部要求："要充分认识水利对区域经济发展和脱贫攻坚的重要作用，必须全力破解贫困地区水利发展瓶颈问题，补齐贫困地区水利基础薄弱短板，为全面建成小康社会提供坚实的水利支撑和保障。"2015 年，习近平总书记视察云南时，希望云南努力成为我国民族团结进步示范区，但当前云南省农村贫困面大、贫困人口多、贫困程度深，是全国脱贫攻坚的主战场。通过堰塞湖灌区工程建设，破解因水受限、因水受困、因水致贫等突出问题和难题，解决当地直接关系老百姓生活生产基本生存的用水条件，巩固提升农村饮水安全，为当地发展特色农业提供水源保障，将有力支撑当地脱贫致富，与全国、全省人民同步全面建成小康社会。

（4）促进区域生态文明建设。2015 年，习近平总书记视察云南时，希望云南努力成为我国生态文明建设排头兵。红石岩堰塞湖所在的牛栏江流域下游地区土地环境容量小，人口密度大，自然条件恶劣，森林破坏严重，土地过度垦殖，水土流失严重，生态脆弱。多年来通过实施"长治"工程等开展水土流失治理工作，取得了一定成效，但距离生态文明排头兵的目标仍然存在较大差距。通过开展堰塞湖综合整治灌区工程建设，改变传统耕作，退耕还林，发展多种经济果林，采用管灌、滴管等高效节水灌溉，减少水土流失，可极大促进牛栏江两岸生态修复，对建设长江上游重要生态屏障具有重要作用。

综上所述，开展堰塞湖永久性开发利用灌区工程建设，是深入贯彻落实"切实做好堰塞湖后续处置和整治"的要求，实现灾区生产恢复、生活改善目标，将红石岩堰塞湖变废为宝、变害为利。工程实施后可解决当地饮水和灌溉问题，为受灾群众早日恢复生产生活提供必要的保障，改善当地生态环境，对区域内广大群众抵御自然灾害、脱贫致富、发展经济，促进社会经济持续稳定发展，具有极其重要的意义。工程建设十分必要和紧迫。

3. 灌区水土资源利用现状

a. 灌区水土资源

鲁甸县江底镇：全镇有耕地 35482.3 亩，林地 74955.5 亩，森林覆盖率 35.4%。立体气候明显，南干北湿，年均气温 12.45℃，年均降雨量 710mm，水资源极度缺乏，是全县最缺水的镇，全镇 70%以上的村组人畜饮水主要靠水窖蓄水解决。当地地质条件主要为岩溶地带，地表水很难汇集，主要通过地下岩溶通道汇流进入牛栏江，地下水出露高程较低，主要地下水出露点位于牛栏江边。据当地居民介绍，地下水出露点主要集中在牛栏江边的岩溶隧洞出口处，溶洞出口高程约 1185m；另外，在江底镇牛栏江对岸，位于滇、黔两省交界处的小菜园水电站尾水附近也有地下水出露，出水高程约为1196m。

鲁甸县火德红镇：当地主要的地表水源为南筐水库，南筐水库的主要汇流来源于水库上游约300m的地下溶洞水，当地人称之为"阴洞"，该水源出露高程约2010m。南筐水库主要供应南筐和银厂两个村的生活及灌溉用水，由于两个村灌区配套工程不完善，南筐水库实际受益土地面积较小；另外，在旱季，南筐水库仍然无法完全解决两个村的用水需求。由于火德红镇缺水严重，当地政府也在初步研究从南筐水库提水至火德红镇，作为集镇生活用水水源的方案。

巧家县新店片区（含老店镇田坝村）：全乡总面积157km²，耕地面积26302亩，其中水田1717亩，旱地24585亩，总播种面积42200亩。当地地表水主要有牛栏江的一级支流清水河和锅厂河，其他沟道除雨季有少量水外，大部分时段为干沟。清水河流域长度约8km，海拔落差约1800m，汇流面积约20km²；清水河下游有一座清水河水电站，电站采用引流发电。清水河汛期水量充沛，枯期水量较小；河道上游主要用于牛角村、大岩地等海拔1800m以上的部分田地灌溉用水，下游主要用于清水河电站发电和位于牛栏江边的开基村部分田地灌溉。锅厂河流域长度约8km，海拔落差约1900m，汇流面积约15km²；锅厂河下游有一座锅厂河水电站，电站采用引流发电；锅厂河汛期水量充沛，枯期水量较小；河道上游主要用于平地村、青山包等的部分田地灌溉用水，下游主要用于锅厂电站发电。

巧家县小河片区：通过现场调研，当地地表水主要有位于六合村附近的牛栏江的一级支流文家河和位于小河镇的小河支流。文家河流域长度约8km，海拔落差约1900m，汇流面积约20km²；下游有文家河二级、三级、四级共三座水电站，电站采用引流发电；文家河汛期水量充沛，枯期水量较小；河道上游主要用于文家河三个梯级电站发电和兼顾流域内河谷两侧的土地灌溉用水。小河流域长度约10km，海拔落差约2200m，汇流面积约30km²；下游有炉房水电站，电站采用引流发电；小河汛期水量充沛，枯期水量较小；河道主要用于炉房水电站发电和兼顾流域内河谷两侧的土地灌溉用水。

b. 灌区资源利用现状及规划

（1）水利工程现状及规划。受地形、地质条件、水资源条件及投资等限制，规划区内水利工程极其薄弱，由于河谷切割较深，人口耕地主要集中在山区半山区地区，水低田高，牛栏江干支流水量难以利用，现状耕地基本还处于靠天吃饭状态，农村生活用水主要依靠水池、水窖等山区五小水利工程，仅在库区右岸火德红镇南筐村建有南筐水库一座小（2）型水库。南筐水库是一座以灌溉为主的水库，位于牛栏江的右岸小支流上火德红乡南筐村，水库坝址高程1890m，南筐水库于1958年11月动工，1960年10月竣工并投入运行，坝型为黏土均质坝，最大坝高25m，死库容13.3万m³，兴利库容56.7万m³，总库容79.9万m³，水库已于2011年进行了除险加固。水库下游有耕地1.5万亩，其中，1600m以下有0.97万亩，1600m以上至水库渠道以下有0.52万亩。

近年来，当地政府抓住国家加强水利基础设施建设的机遇，建设了月亮湾水库和小海子水库（水库不在牛栏江流域，但其部分灌区位于牛栏江流域）两座中型水库和一座小（2）型大海子水库以及规划中的小（1）型铜厂水库，各水库特征参数见表4.4-2。

表 4.4-2   各 水 库 特 征 参 数 表

项　目	单位	月亮湾水库	小海子水库	大海子水库	南筐水库	铜厂水库
工程任务		以农村人、畜饮水和农田灌溉供水为主，兼有下游村镇、农田防洪保护	解决农村人畜饮水和农业灌溉	解决火德红集镇、灾民安置点及其附近居民生活供水	灌溉为主，兼顾下游防洪	解决牛栏江右岸包谷垴乡的包谷垴村、青山村、红石岩、新坪等村社集镇及农村人畜生活供水和基本农田灌溉供水
工程规模		中型	中型	小型	小型	
坝址控制流域面积	km²	101	58.3	2.35	4.55	
多年平均径流量	万 m³	2811	2899	57.4		
总库容	万 m³	2327	3157		79.9	
供水人口数	万人	3.75		0.82		0.91
供水牲畜数	万头	1.69		0.49		0.79
灌溉面积	万亩	3.29	5.60		0.12	1.43
干渠总长	km	70.47	63.91			
设计年供水量	万 m³	180		28.9		416.2

除上述工程外，由于地形、地质和水资源条件的制约，已基本上没有利用当地水源建设中、小型蓄水工程的条件，无其他规划新建蓄水工程。

（2）供水现状及规划。

鲁甸县江底镇：由于当地水源问题长期无法解决，乡镇长期处于缺水状况；全镇供水基础设施落后，均采用旱厕，无基本的沐浴设施，没有配套的生活供水厂，生活卫生条件差；全镇田间配套灌溉系统落后，农作物产能低，土地利用效率低。当地干旱季节主要依靠水车运水向当地居民供水，水价达到 6 元/m³。江底集镇主要生活水来源是从火德红南筐村附近架设的一条 DN80 的镀锌输水管道引水至集镇附近的一处调节池，水量较小，无法满足基本用水要求，并且由于火德红当地缺水较严重，经常发生用水纠纷。由于当地地处牛栏江峡谷地带，加之地质条件复杂，修建水库蓄水的工程条件差，区域内没有规划小（2）型及以上规模水库工程。

鲁甸县火德红片区：火德红镇中心位于该区域的较高位置，集镇生活用水主要靠深井取水泵抽取地下水供给，地下抽水深度较深、水量较小，集镇供水仍非常短缺，主要生活用水只能保障基本的生存用水需求。当地农业水利基础条件差，土地单位产能低，农村经济条件差，是云南省重点扶贫区域。所覆盖的受水区主要为火德红镇沿牛栏江分布的南筐、银厂、李家山和机车 4 个村，该区域大部分位于南筐水库覆盖范围，但是南筐水库灌区主要覆盖了南筐村和银厂村部分区域，其他区域和李家山村、机车村由于没有管网和灌区覆盖，仍然缺水严重。由于南筐水库调节库容有限，且是当地主要的水源，所承担的供水负荷重，该水库很难满足整个区域的供水需求。南筐水库受地形和地质条件限制，加高扩容的工程难度很大。

巧家县新店片区（含老店镇片区）：新店镇现状供水设施落后，水源主要从距离集镇约4km处的一处山泉自流引水；水源水量较小，只能满足现有集镇人员基本的生活用水；全镇供水基础设施落后，主要采用旱厕，无基本的沐浴设施，没有配套的生活供水厂，生活卫生条件差；全镇田间配套灌溉系统落后，农作物产能低，土地利用效率低。由于清水河和锅厂河水量有限，受地形、地质条件限制，很难修建水库调蓄，并且考虑不影响下游电站发电，流域以外的田坝村、团林堡村和新店集镇仍需考虑用红石岩灌区工程供水。

巧家县小河片区：小河镇现状供水设施落后，水源主要从距离集镇约3km处的一处山泉自流引水；水源水量较小，基本能满足现有集镇人员基本的生活用水；全镇供水基础设施落后，没有配套的生活供水厂；全镇田间配套灌溉系统落后，农作物产能低，土地利用效率低。

鲁甸县乐红片区：乐红镇现状供水设施落后，水源主要从距离集镇约2km处的一处山泉自流引水；水源水量较小，基本能满足现有集镇人员基本的生活用水，但经常处于断水状态；全镇供水基础设施落后，没有配套的生活供水厂；全镇田间配套灌溉系统落后，农作物产能低，土地利用效率低。通过现场调研，乐红乡附近区域内地表水源稀少，有一定汇流面积的沟道除雨季有少量临时汇流的雨水外，整个区域内的沟道常年处于干枯状态。

4. 水资源配置

a. 设计水平年

考虑与鲁甸、巧家2县国民经济和社会发展的总体部署相协调，确定该工程的设计水平年为：现状基准年为2015年；设计水平年为2030年。

b. 灌区范围

红石岩堰塞湖地处昭通市鲁甸县、巧家县和曲靖市会泽县三县交界处牛栏江下游河段，堰塞湖库区以上牛栏江左岸为曲靖市会泽县纸厂乡，右岸为昭通市鲁甸县江底镇和火德红镇；库区以下左岸为昭通市巧家县包谷垴乡、老店镇、新店镇、小河镇，右岸为鲁甸县龙头山镇、乐红镇。按照会泽县当地政府部门意见，会泽县纸厂乡不作为堰塞湖供水规划区，因此，不再对纸厂乡进行研究。

由于牛栏江强烈下切、两岸山高坡陡、河谷狭窄，红石岩堰塞湖段牛栏江河床高程1100m左右，大量耕地和村庄主要分布在相对平缓的1400m以上地区。在红石岩堰塞湖库尾右岸有鲁甸县的江底镇，库区中部有火德红乡2个片区耕地分布较为集中。堰塞湖下游两岸均分布有大量村庄和耕地，左岸有巧家县的包谷垴乡、老店镇、新店镇和小河镇，右岸有鲁甸县的龙头山镇和乐红镇。

红石岩堰塞湖灌区选取主要按照确有所需、与在建水库灌区不重复的原则进行。

库区左岸的江底片现状主要依靠山区五小水利工程供水，不具备建设其他水利工程的条件，是鲁甸县缺水最为严重的地区，规划由堰塞湖提水解决该片区的农业和农村生活缺水。

库区左岸的火德红片现状仅有南筐水库一座小（2）型水库工程，由于南筐水库蓄水能力有限，无法满足该片区全部耕地的灌溉用水需求，经分析，该片区在进行节水改造后，南筐水库基本可以满足1600m以上耕地的需水，按照高水高用的原则，1600m高程以下的耕地和农村生活供水规划由堰塞湖提水解决。

红石岩堰塞湖下游左岸的堰塞湖至田坝河右岸的包谷垴乡和老店镇部分村委会为在建的小海子水库灌区，田坝河以下的老店镇田坝等村委会、新店镇、小河镇无其他水源工程，因此将堰塞湖以下左岸田坝河以下至小河镇作为堰塞湖灌区。

红石岩堰塞湖下游右岸的堰塞湖至小寨河左岸地区为在建的月亮湾水库灌区，小寨河以下的龙头山镇龙井等村委会、乐红镇无其他水源工程。因此，将堰塞湖以下右岸小寨河以下至乐红乡作为堰塞湖灌区。

因此，红石岩堰塞湖灌区主要为库区以上的江底片、南筐片，库区以下左岸的巧家片和右岸的鲁甸片（见图4.4-1）。

图 4.4-1　堰塞湖灌区范围

c. 需水预测

（1）农业需水。

1）灌溉面积。根据前述选取的灌区范围，红石岩堰塞湖灌区分为3个片区，即堰塞湖库区右岸的鲁甸县江底片、火德红片，堰塞湖下游片（含右岸鲁甸县乐红片、左岸巧家县片）。红石岩堰塞湖死水位1180m，按照经济扬程600m左右考虑，该次灌区耕地量算范围为1780m以下。可行性研究收集了鲁甸县、巧家县2个县的土地二调数据库，采用ArcGIS进行量算。经量算，灌区现状耕地面积为6.62万亩，其中，江底片0.96万亩，火德红片 0.97 万亩，下游右岸鲁甸片 1.14 万亩，左岸巧家片 3.55 万亩（其中老店镇 0.6 万亩、新店镇 1.5 万亩、小河镇 1.45 万亩）。

2）作物结构。灌区现状年作物种植结构根据收集到的 6 个乡镇的农村综合经济统计年报分析计算得到，灌区受地形和灌溉水源限制，现状作物均为旱作物，主要种植玉米、烤烟、洋芋、大豆、花生、麦类、蚕豆、青饲料、蔬菜和经济果林（包括花椒、蚕桑、核桃等），2015 年复种指数 161.6%。设计水平年农作物种植结构的计划安排主要根据《鲁甸县农业发展"十三五"规划》和《巧家县农业发展"十三五"规划》，灌区各乡镇的国民经济和社会发展"十三五"规划得到，灌区主要农业发展思路为：重点围绕粮食安全、畜牧渔业、经济林果等主要产业稳步快速发展，推动产业基地建设、试验示范、品牌创建提升诸环节进行重点投资和扶持，推动产业提升和升级，把牛栏江河谷区建设成为水果、蔬菜、马铃薯、畜牧等优势产业基地，切实促进农民收入快速增长。按此原则，结合本次红石岩堰塞湖需提水灌溉的实际情况，对规划区作物调整的具体措施是：降低需水量较大且经济价值不高的常规的玉米等作物，增加青饲料种植满足畜牧业发展，扩大洋芋、蔬菜和果林等经济作物的种植比例，提高复种指数。经调整后复种指数由现状的 161.6% 提高到 2030 年的 186%。

3）灌溉制度。灌区地处山区，受水资源和地形条件等限制，灌区主要以种植洋芋、玉米、蔬菜和果林等旱作物为主，不种植水稻。灌区干、湿季分明，降水集中在雨季，旱作物灌水主要在降水较少的季节，通过调查灌区旱作灌溉情况，并参照省内相似地区旱作的灌溉经验，按照云南省地方标准《用水定额》（DB53/T 168—2013）确定旱作物灌溉制度。作物组成及种植比例见表 4.4 - 3。

表 4.4 - 3　　　　　　　　　　　作物组成及种植比例表

种植时期	作 物	播种比例/%	
		2015 年	2030 年
大春	玉米	22.0	5.0
	烤烟	1.3	1.0
	洋芋	20.5	25.0
	豆类	2.9	2.0
	花生	3.7	5.0
	大春小计	50.4	38.0
小春	小麦	2.7	5.0
	蚕豆	3.7	4.0
	青饲料	5.6	15.0
	小春合计	12.0	24.0
常年	蔬菜	4.6	7.0
	果林	45.0	55.0
	常年合计	49.6	62.0

续表

种植时期	作物	播种比例/%	
		2015 年	2030 年
大春＋常年		100.0	100.0
小春＋常年		61.6	86.0
合计		161.6	186.0

本次拟定的作物灌溉定额与云南省地方标准《用水定额》（DB53/T 168—2013）对比情况如表 4.4－4 所列。通过与云南省地方标准《用水定额》（DB53/T 168—2013）对比，本次所拟定的各种作物的灌溉定额均符合云南省地方标准《用水定额》（DB53/T 168—2013）规定范围。

表 4.4－4 　　　　　　　　　各种农作物灌溉定额对比分析　　　　　　　　　单位：m³/亩

作物	定额	地方标准定额	
		下限	上限
玉米	150	150	160
烤烟	40	40	50
大春洋芋	75	75	85
豆类	90	90	105
花生	70	90	105
小麦	210	210	225
蚕豆	190	190	200
青饲料	60	75	85
小春洋芋	75	75	85
蔬菜	252	255	275
果林	65	65	70

4）农业需水量。根据灌区内旱作物灌溉制度和各种作物种植比例，计算出各种作物供水过程，然后把各种作物供水过程线按比例进行叠加，即得万亩综合净用水过程，灌区现状年万亩综合灌溉定额为 111.0 万 m³/万亩，2030 水平年为 112.4 万 m³/万亩。

按照灌区规划和灌溉布置，江底片和火德红片采用管道输水，渠系水利系数取 0.95；田间工程采取管灌、滴管等高效节水措施，田间水利系数取 0.9；到 2030 水平年，江底片和火德红片灌溉水利用系数 0.86。下游片采用管道输水，渠系水利系数取 0.95；田间工程采取管灌、滴管等高效节水措施，田间水利系数取 0.9；到 2030 水平年，下游片灌溉水利用系数提高到 0.86。

灌区现状年农业灌溉毛需水量为 1407.1 万 m³，2030 水平年为 865.7 万 m³；农业灌溉需水量预测成果见表 4.4－5。

（2）生活需水。

1）用水对象。红石岩堰塞湖灌区内有 2015 年有农村人口 12.73 万人，大牲畜 3.18 万头，小牲畜 28.3 万头。

表 4.4－5　　农业灌溉需水量预测成果表　　　　　　　单位：万 m³

片区		年	6月	7月	8月	9月	10月	11月	12月	1月	2月	3月	4月	5月	合计
上游片区	江底片	2015年	0	0	0	0	0	7.0	8.5	19.5	23.9	34.0	75.8	48.6	217.3
		2030年	0	0	0	0	0	5.8	7.1	16.6	19.6	26.6	27.8	21.7	125.2
	火德红片	2015年	0	0	0	0	0	7.1	8.7	19.9	24.3	34.5	76.9	49.3	220.7
		2030年	0	0	0	0	0	5.9	7.2	16.8	19.9	27.0	28.2	22.0	127.0
	老店片	2015年	0	0	0	0	0	4.0	4.9	11.1	13.6	19.4	43.2	27.7	123.9
		2030年	0	0	0	0	0	3.6	4.4	10.4	12.2	16.6	17.4	13.6	78.2
下游片区	新店片	2015年	0	0	0	0	0	10.0	12.1	27.8	34.1	48.4	108.0	69.3	309.7
		2030年	0	0	0	0	0	9.1	11.1	25.9	30.7	41.6	43.5	34.0	195.9
	小河片	2015年	0	0	0	0	0	9.7	11.7	26.9	33.0	46.8	104.4	66.9	299.4
		2030年	0	0	0	0	0	8.8	10.8	25.1	29.7	40.2	42.1	32.9	189.6
	鲁甸片	2015年	0	0	0	0	0	7.6	9.2	21.2	26.0	36.9	82.3	52.8	236.0
		2030年	0	0	0	0	0	7.0	8.5	19.7	23.4	31.8	33.2	26.0	149.6
	合计	2015年	0	0	0	0	0	31.3	37.9	87.0	106.7	151.5	337.9	216.7	969.0
		2030年	0	0	0	0	0	28.5	34.8	81.1	96.0	130.2	136.2	106.5	613.3
合　计		2015年	0	0	0	0	0	45.4	55.1	126.4	154.9	220.0	490.6	314.6	1407.0
		2030年	0	0	0	0	0	40.2	49.1	114.5	135.5	183.8	192.2	150.2	865.5

农村人口和牲畜数量采用增长率法计算。根据《鲁甸县国民经济和社会发展第十三个五年规划发展纲要》《巧家县国民经济和社会发展第十三个五年规划发展纲要》《鲁甸县农业发展"十三五"规划》《巧家县农业发展"十三五"规划》等，规划区人口自然增长率取 7‰，大、小牲畜增长率分别取 1‰ 和 2‰，由此计算得设计水平年，规划区内农村人口 14.13 万人，大牲畜 3.19 万头，小牲畜 35.72 万头。

2）用水定额。农村居民生活用水定额及大、小牲畜用水定额根据云南省地方标准《用水定额》（DB53/T 168—2013）进行拟定。现状年，农村居民需水定额为 50L/（人·天），大、小牲畜分别为 45L/（头·天）和 20L/（头·天），2030 水平年农村居民需水定额为 75L/（人·天），大、小牲畜分别为 45L/（头·天）和 20L/（头·天）。

3）农村生活需水量。根据预测的各水平年农村人口、牲畜数量和拟定的用水定额，可计算得到农村生活净需水量。供水线路存在一定的输水损失，根据《村镇供水工程设计规范》（SL 687—2014），农村生活供水管网漏损水量及未预见水量按净需水的 10%～25% 考虑，结合实际情况，现状水平年取 20%，规划水平年取 15%。

规划区现状 2015 年生活毛需水量 394.9 万 m^3，2030 水平年生活需水量 747.0 万 m^3。规划区各水平年生活需水预测成果见表 4.4-6。

4）灌区总需水量。根据《灌溉与排水工程设计规范》（GB 50288—2018），喷灌、微灌工程保证率 85%～95%；根据《村镇供水工程设计规范》（SL 687—2014），农村生活用水保证率 90%～95%；综合考虑工程供水保证率取 90%。

灌区现状年 $P=90\%$ 时总需水量为 1881.0 万 m^3，其中，农业灌溉需水 1407.0 万 m^3，农村生活需水 474.0 万 m^3。2030 水平年总需水量为 1700.0 万 m^3，其中，农业灌溉需水 865.5 万 m^3，农村生活需水 834.5 万 m^3。灌区需水量汇总见表 4.4-7。

d. 水资源配置

（1）需水过程。根据红石岩堰塞湖灌区实际情况，发挥红石岩堰塞湖"水量大、调节能力强"的优势，灌区灌溉和生活供水全部由堰塞湖提水供给。灌区设计水平年 $P=90\%$ 时总需水量为 1700.0 万 m^3，灌区供水过程曲线如图 4.4-2 所示，通过用水曲线分析，灌区用水主要集中在枯水季节，从 6 月开始，供水基本呈递增趋势，最高月供水量出现在 4 月，为 260.80 万 m^3。

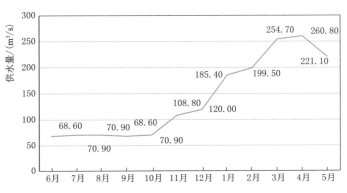

图 4.4-2　设计水平年红石岩堰塞湖灌区供水过程曲线

表 4.4 - 6　　**规划区各水平年生活需水预测成果表**

单位：万 m³

水平年	片　　区		净　需　水　量				毛　需　水　量			
			人口	大牲畜	小牲畜	合计	人口	大牲畜	小牲畜	合计
2015 年	上游片区	江底片区	41.8	13.5	21.3	76.6	50.2	16.2	25.6	92.0
		火德红片区	26.1	2.5	8.6	37.2	31.3	3.0	10.3	44.6
		乐红片区	50.9	6.5	23.4	80.8	61.1	7.8	28.1	97.0
	下游片区	老店片区	25.6	4.9	27.7	58.2	30.8	5.9	33.2	69.9
		新店片区	46.1	4.7	23.8	74.6	55.4	5.6	28.5	89.5
		小河片区	27.5	7.2	32.9	67.6	32.9	8.7	39.5	81.1
	合　计		218.0	39.3	137.7	394.8	261.7	47.2	165.2	474.1
2030 年	上游片区	江底片区	74.1	20.9	43.1	138.0	85.2	24.0	49.5	158.7
		火德红片区	46.2	3.8	17.4	67.4	53.2	4.4	20.0	77.6
		乐红片区	90.5	10.1	47.2	147.8	104.1	11.6	54.3	170.0
	下游片区	老店片区	45.5	7.5	55.9	108.8	52.3	8.6	64.3	125.2
		新店片区	48.8	7.2	48.0	104.0	56.1	8.3	55.2	119.6
		小河片区	81.9	11.2	66.5	159.6	94.2	12.9	76.4	183.5
	合　计		387	60.7	278.1	725.8	445.1	69.8	319.7	834.6

表 4.4－7　　　　　　　　　　　　灌 区 需 水 量 汇 总 表

单位：万 m³

水平年	片区	区	分类	6月	7月	8月	9月	10月	11月	12月	1月	2月	3月	4月	5月	合计
2015年	上游片区	江底片	灌溉	0.0	0.0	0.0	0.0	0.0	7.0	8.5	19.5	23.9	34.0	75.8	48.6	217.3
			生活	7.6	7.8	7.8	7.6	7.8	7.6	7.8	7.8	7.1	7.8	7.6	7.8	92.1
			小计	7.6	7.8	7.8	7.6	7.8	14.6	16.3	27.3	31.0	41.8	83.4	56.4	309.4
		火德红片	灌溉	0.0	0.0	0.0	0.0	0.0	7.1	8.7	19.9	24.3	34.5	76.9	49.3	220.7
			生活	3.7	3.8	3.8	3.7	3.8	3.7	3.8	3.8	3.4	3.8	3.7	3.8	44.8
			小计	3.7	3.8	3.8	3.7	3.8	10.8	12.5	23.7	27.7	38.3	80.6	53.1	265.5
		乐红片	灌溉	0.0	0.0	0.0	0.0	0.0	7.6	9.2	21.2	26.0	36.9	82.3	52.8	236.0
			生活	8.0	8.2	8.2	8.0	8.2	8.0	8.2	8.2	7.4	8.2	8.0	8.2	96.8
			小计	8.0	8.2	8.2	8.0	8.2	15.6	17.4	29.4	33.4	45.1	90.3	61.0	332.8
	下游片区	老店片	灌溉	0.0	0.0	0.0	0.0	0.0	4.0	4.9	11.1	13.6	19.4	43.2	27.7	123.9
			生活	5.7	5.9	5.9	5.7	5.9	5.7	5.9	5.9	5.4	5.9	5.7	5.9	69.5
			小计	5.7	5.9	5.9	5.7	5.9	9.7	10.8	17.0	19.0	25.3	48.9	33.6	193.4
		新店片	灌溉	0.0	0.0	0.0	0.0	0.0	10.0	12.1	27.8	34.1	48.4	108.0	69.3	309.7
			生活	7.4	7.6	7.6	7.4	7.6	7.4	7.6	7.6	6.9	7.6	7.4	7.6	89.7
			小计	7.4	7.6	7.6	7.4	7.6	17.4	19.7	35.4	41.0	56.0	115.4	76.9	399.4
		小河片	灌溉	0.0	0.0	0.0	0.0	0.0	9.7	11.7	26.9	33.0	46.8	104.4	66.9	299.4
			生活	6.7	6.9	6.9	6.7	6.9	6.7	6.9	6.9	6.2	6.9	6.7	6.9	81.3
			小计	6.7	6.9	6.9	6.7	6.9	16.4	18.6	33.8	39.2	53.7	111.1	73.8	380.7
	合　计		灌溉	0.0	0.0	0.0	0.0	0.0	45.4	55.1	126.4	154.9	220.0	490.6	314.6	1407.0
			生活	39.1	40.2	40.2	39.1	40.2	39.1	40.2	40.2	36.4	40.2	39.1	40.2	474.2
			小计	39.1	40.2	40.2	39.1	40.2	84.5	95.3	166.6	191.3	260.2	529.7	354.8	1881.2

续表

水平年	片区		分类	6月	7月	8月	9月	10月	11月	12月	1月	2月	3月	4月	5月	合计
2030年	上游片区	江底片	灌溉	0.0	0.0	0.0	0.0	0.0	5.8	7.1	16.6	19.6	26.6	27.8	21.7	125.2
			生活	13.0	13.5	13.5	13.0	13.5	13.0	13.5	13.5	12.2	13.5	13.0	13.5	158.7
			小计	13.0	13.5	13.5	13.0	13.5	18.8	20.6	30.1	31.8	40.1	40.8	35.2	283.9
		火德红片	灌溉	0.0	0.0	0.0	0.0	0.0	5.9	7.2	16.8	19.9	27.0	28.2	22.0	127.0
			生活	6.4	6.6	6.6	6.4	6.6	6.4	6.6	6.6	6.0	6.6	6.4	6.6	77.8
			小计	6.4	6.6	6.6	6.4	6.6	12.3	13.8	23.4	25.9	33.6	34.6	28.6	204.8
		乐红片	灌溉	0.0	0.0	0.0	0.0	0.0	7.0	8.5	19.7	23.4	31.8	33.2	26.0	149.6
			生活	14.0	14.4	14.4	14.0	14.4	14.0	14.4	14.4	13.0	14.4	14.0	14.4	169.8
			小计	14.0	14.4	14.4	14.0	14.4	21.0	22.9	34.1	36.4	46.2	47.2	40.4	319.8
	下游片区	老店片	灌溉	0.0	0.0	0.0	0.0	0.0	3.6	4.4	10.4	12.2	16.6	17.4	13.6	78.2
			生活	10.3	10.6	10.6	10.3	10.6	10.3	10.6	10.6	9.6	10.6	10.3	10.6	125.0
			小计	10.3	10.6	10.6	10.3	10.6	13.9	15.0	21.0	21.8	27.2	27.7	24.2	203.2
		新店片	灌溉	0.0	0.0	0.0	0.0	0.0	9.1	11.1	25.9	30.7	41.6	43.5	34.0	195.9
			生活	9.8	10.1	10.1	9.8	10.1	9.8	10.1	10.1	9.2	10.1	9.8	10.1	119.1
			小计	9.8	10.1	10.1	9.8	10.1	18.9	21.2	36.0	39.9	51.7	53.3	44.1	315.0
		小河片	灌溉	0.0	0.0	0.0	0.0	0.0	8.8	10.8	25.1	29.7	40.2	42.1	32.9	189.6
			生活	15.1	15.6	15.6	15.1	15.6	15.1	15.6	15.6	14.1	15.6	15.1	15.6	183.7
			小计	15.1	15.6	15.6	15.1	15.6	23.9	26.4	40.7	43.8	55.8	57.2	48.5	373.3
	合 计		灌溉	0.0	0.0	0.0	0.0	0.0	40.2	49.1	114.5	135.5	183.8	192.2	150.2	865.5
			生活	68.6	70.8	70.8	68.6	70.8	68.6	70.8	70.8	64.1	70.8	68.6	70.8	834.1
			小计	68.6	70.9	70.9	68.6	70.9	108.8	120.0	185.4	199.5	254.7	260.8	221.1	1699.6

表 4.4-8　灌区支流 *P*=90% 逐月平均流量计算表

单位：m³/s

流域名称	项目	1月	2月	3月	4月	5月	6月	7月	8月	9月	10月	11月	12月
新店镇清水河二级电站	径流量	0.28	0.22	0.19	0.18	0.4	1.19	2.03	2.61	2.01	1.58	0.67	0.41
	生态流量	0.125	0.125	0.125	0.125	0.125	0.375	0.375	0.375	0.375	0.375	0.375	0.375
	电站设计流量	1.42	1.42	1.42	1.42	1.42	1.42	1.42	1.42	1.42	1.42	1.42	1.42
	富余流量	—	—	—	—	—	—	0.235	0.815	0.215	—	—	—
新店镇锅厂河沟	平均径流量	0.13	0.1	0.09	0.08	0.16	0.45	0.76	0.97	0.77	0.62	0.29	0.19
	生态流量	0.075	0.075	0.075	0.075	0.075	0.225	0.225	0.225	0.225	0.225	0.225	0.225
	电站设计流量	0.36	0.36	0.36	0.36	0.36	0.36	0.36	0.36	0.36	0.36	0.36	0.36
	富余流量	—	—	—	—	—	—	0.175	0.385	0.185	0.035	—	—
小河镇文家河二级电站	平均径流量	0.59	0.41	0.37	0.37	0.39	0.68	0.96	1.28	1.29	1.18	0.95	0.76
	生态流量	0.09	0.09	0.09	0.09	0.09	0.27	0.27	0.27	0.27	0.27	0.27	0.27
	电站设计流量	2.63	2.63	2.63	2.63	2.63	2.63	2.63	2.63	2.63	2.63	2.63	2.63
	富余流量	—	—	—	—	—	—	—	—	—	—	—	—
小河镇文家沟支流	平均径流量	0.1	0.07	0.06	0.06	0.09	0.22	0.36	0.47	0.39	0.33	0.19	0.14
	生态流量	0.04	0.04	0.04	0.04	0.04	0.12	0.12	0.12	0.12	0.12	0.12	0.12
	富余流量	0.06	0.03	0.02	0.02	0.05	0.1	0.24	0.35	0.27	0.21	0.07	0.02
火德红南筐水库	平均径流量	0.06	0.04	0.04	0.04	0.04	0.08	0.12	0.16	0.16	0.14	0.1	0.08
	生态流量	0.015	0.015	0.015	0.015	0.015	0.045	0.045	0.045	0.045	0.045	0.045	0.045
	富余流量	0.045	0.025	0.025	0.025	0.025	0.035	0.075	0.115	0.115	0.095	0.055	0.045
机车村大龙洞泉眼	平均径流量	0.02	0.01	0.01	0.01	0.01	0.02	0.02	0.03	0.03	0.03	0.03	0.02
	生态流量	0.005	0.005	0.005	0.005	0.005	0.015	0.015	0.015	0.015	0.015	0.015	0.015
	富余流量	0.015	0.005	0.005	0.005	0.005	0.005	0.005	0.015	0.015	0.015	0.015	0.005

注　生态流量枯期按多年平均径流的 10% 计取，汛期按多年平均径流的 30% 计取。

（2）灌区水资源分析。红石岩堰塞湖控制径流为 12087km²，多年平均年来水量为 40.1 亿 m³，水库死库容为 0.61 亿 m³，调节库容为 0.80 亿 m³，总库容为 1.85 亿 m³。

工程区域内分布的水源分别有清水河、文家河（包含 2 条支流纸厂沟和丁家沟）、锅厂河、火德红南筐水库、火德红机车村大龙洞，其中清水河、文家河（除丁家沟支流外）、锅厂河下游均有水电站，清水河取水口下游有清水河二级水电站，文家河取水口下游有文家河二级、三级、四级水电站，锅厂河取水口下游有锅厂水电站，各流域 90% 保证率下月平均流量分析如表 4.4-8 所列。

灌区内现状仅火德红片建有南筐水库一座小（2）型水库，其他片区现状仅建有部分水窖等集雨工程，由于缺乏保证率，集雨工程不计入供水。经水文分析计算，南筐水库在 $P=90\%$ 保证率时来水 279.6 万 m³（表 4.4-9、表 4.4-10）。

表 4.4-9　　　　　南筐水库现状年 $P=90\%$ 兴利计算复核表　　　　　单位：万 m³

项目	6 月	7 月	8 月	9 月	10 月	11 月	12 月	1 月	2 月	3 月	4 月	5 月	合计
径流	20.7	32.1	42.9	41.5	37.5	25.9	21.4	16.1	9.7	10.7	10.4	10.7	279.6
生态	13.2	13.7	13.7	13.2	13.7	13.2	13.7	4.6	4.1	4.6	4.4	4.6	116.7
大龙洞补充供水量	4.0	1.3	1.3	1.3	1.3	1.3	1.3	4.0	3.9	4.0	3.9	1.3	28.9
扣除生态	11.5	19.8	30.6	29.6	25.2	14.0	9.1	15.6	9.5	10.2	9.9	7.5	192.5
用水量	3.7	3.8	3.8	3.7	3.8	10.8	12.5	23.7	27.7	38.3	80.6	53.1	265.5
水库损失	0.1	0.2	0.4	0.8	0.8	0.8	0.8	0.7	0.6	0.4	0.2	0.1	6.0
来-用-损	7.7	15.8	26.4	25.1	20.6	2.3	−4.2	−8.8	−18.8	−28.5	−70.9	−45.7	−79.0
兴利库容	7.7	23.5	49.9	56.7	56.7	56.7	52.5	43.7	24.8	0.0	0.0	0.0	372.2
弃水量	0	0	0	18.3	20.6	2.3	0	0	0	0	0	0	41.2
缺水量	0	0	0	0	0	0	0	0	0	−3.7	−70.9	−45.7	−120.3

表 4.4-10　　　　南筐水库设计水平年 $P=90\%$ 兴利计算复核表　　　　单位：万 m³

项目	6 月	7 月	8 月	9 月	10 月	11 月	12 月	1 月	2 月	3 月	4 月	5 月	合计
径流	20.7	32.1	42.9	41.5	37.5	25.9	21.4	16.1	9.7	10.7	10.4	10.7	279.6
生态	13.2	13.7	13.7	13.2	13.7	13.2	13.7	4.6	4.1	4.6	4.4	4.6	116.7
大龙洞补充供水量	4.0	1.3	1.3	1.3	1.3	1.3	1.3	4.0	3.9	4.0	3.9	1.3	28.9
扣除生态	11.5	19.8	30.6	29.6	25.2	14.0	9.1	15.6	9.5	10.2	9.9	7.5	192.5
用水量	6.4	6.6	6.6	6.4	6.6	12.3	13.8	23.4	25.9	33.6	34.6	28.6	204.8
水库损失	0.1	0.2	0.4	0.8	0.7	0.9	0.8	0.7	0.6	0.4	0.2	0.1	6.0
来-用-损	5.0	13.0	23.6	22.4	17.8	0.8	−5.5	−8.5	−17.0	−23.8	−24.9	−21.2	−18.3
兴利库容	5.0	18.0	41.6	56.7	56.7	57.5	52.0	43.5	26.4	2.6	0.0	0.0	360.0
弃水	0	0	0	34.3	17.8	0	0	0	0	0	0	0	52.1
缺水量	0	0	0	0	0	0	0	0	0	−24.9	−21.2	−46.1

红石岩灌区优先考虑引用附近流域自流水源，不足部分考虑从牛栏江提水补充。灌区设计水平年总需水量 1700 万 m³；灌区内分布流域内，扣除支流电站引用流量和生态流量，可以满足自流供水的全年总水量 1114.2 万 m³。

（3）水资源平衡及配置。通过灌区需水曲线和剩余水资源总量曲线比较，灌区需水主要集中在 1—5 月，约占全年总水量的 62%；灌区满足自流引水条件的支流水量主要集中在 6—12 月，约占全年水量的 99%；另外，南筐水库根据兴利调节库容计算，可以满足火德红片区的大部分时间段的自流供水需求。考虑到水资源的分布和引水利用系数，并结合灌区季节变化的实际供水量，最大限度地利用支流的径流作为灌区用水，以减少提水电费为目的进行水量平衡分析。水量平衡分析见表 4.4-11。

通过水量平衡分析，上游江底镇无自流引水水源，需从牛栏江提水，全年提水总量 283.9 万 m³，最大提水量出现在 4 月 40.8 万 m³。上游火德红镇通过南筐水库调节后，全年 6 月至次年 3 月均可以通过南筐水库来实现自流供水，4—5 月需从牛栏江提水，最大提水量出现在 4 月为 24.9 万 m³；片区全年需提水总量 330.0 万 m³，自流引水量 158.7 万 m³。下游鲁甸乐红片区无自流引水水源，需从牛栏江提水，全年提水总量 319.4 万 m³，最大提水量出现在 4 月，为 47.2 万 m³。下游巧家老店片区无自流引水水源，需从牛栏江提水，全年提水总量 203.2 m³，最大提水量出现在 4 月，为 27.7 万 m³。下游巧家新店片可从清水河和锅厂河自流引水，全年 7—10 月可以实现自流供水，其余时段需从牛栏江提水，最大提水量出现在 4 月，为 53.3 万 m³；片区全年需提水总量 265.1 万 m³，自流引水量 43.1 万 m³。下游巧家小河片可从文家河支流丁家沟自流引水，全年 6—10 月可以实现自流供水，其余时段需从牛栏江提水；11 月至次年 1 月，从丁家沟补充部分自流水；2—5 月，需全部从牛栏江提水，最大提水量出现在 4 月，为 57.2 万 m³；片区全年需提水总量 254.2 万 m³，自流引水量 149.3 万 m³。

整个灌区全年可实现自流供水总量 351.1 万 m³，需从牛栏江提水总量 1371.9 万 m³。

5. 灌区总体布置

a. 工程规模

红石岩堰塞湖灌区主要包括库区以上的江底片、南筐片，库区以下左岸的巧家片和右岸的鲁甸片，按照提水经济合理控制扬程，灌区设计灌溉面积 6.62 万亩，其中，江底片 0.96 万亩，火德红片 0.97 万亩，下游右岸鲁甸片 1.14 万亩，左岸巧家片 3.55 万亩。

泵站提水流量根据最高月提水量总量（表 4.4-12）并考虑生活用水日不均衡系数总和确定。

各片区泵站装机功率见表 4.4-13。

工程拟考虑从火德红南筐水库、火德红机车村大龙洞、新店清水河、新店锅厂河、小河文家河丁家沟支流自流补充引水，引水流量根据最高月引水总量并考虑水源来水不均衡性确定，各支流引水流量计算见表 4.4-14。

b. 总体布置

（1）总体思路。工程区域位于牛栏江河谷，河谷总体下部沿江地形陡峻，上部地形区域平缓，沿牛栏江两岸有岔河、沙坝河、清水河、锅厂河、文家河等沟谷纵横分布，总体

表 4.4 - 11　灌区设计水平年 $P=90\%$ 供需平衡表

单位：万 m³

片区	区	分类	6月	7月	8月	9月	10月	11月	12月	1月	2月	3月	4月	5月	合计
上游片区	江底片	需水量	13.0	13.5	13.5	13.0	13.5	18.8	20.6	30.1	31.8	40.1	40.8	35.2	283.9
		牛栏江提水量	13.0	13.5	13.5	13.0	13.5	18.8	20.6	30.1	31.8	40.1	40.8	35.2	283.9
	火德红片	需水量	6.4	6.6	6.6	6.4	6.6	12.3	13.8	23.4	25.9	33.6	34.6	28.6	204.8
		南筐水库及大龙洞自流引水量	6.4	6.6	6.6	6.4	6.6	12.3	13.8	23.4	25.9	33.6	9.7	7.4	158.7
		牛栏江提水量	0	0	0	0	0	0	0	0	0	0	24.9	21.2	46.1
	小计	需水量	19.4	20.1	20.1	19.4	20.1	31.1	34.4	53.5	57.7	73.7	75.4	63.8	488.7
		自流引水量	6.4	6.6	6.6	6.4	6.6	12.3	13.8	23.4	25.9	33.6	9.7	7.4	158.7
		牛栏江提水量	13.0	13.5	13.5	13.0	13.5	18.8	20.6	30.1	31.8	40.1	65.7	56.4	330.0
下游片区	乐红片	需水量	14.0	14.4	14.4	14.0	14.4	21.0	22.9	34.1	36.4	46.2	47.2	40.4	319.4
		牛栏江提水量	14.0	14.4	14.4	14.0	14.4	21.0	22.9	34.1	36.4	46.2	47.2	40.4	319.4
	老店片	需水量	10.3	10.6	10.6	10.3	10.6	13.9	15.0	21.0	21.8	27.2	27.7	24.2	203.2
		牛栏江提水量	10.3	10.6	10.6	10.3	10.6	13.9	15.0	21.0	21.8	27.2	27.7	24.2	203.2
	新店片	需水量	9.8	10.1	10.1	9.8	10.1	18.9	21.2	36.0	39.9	51.7	53.3	44.1	315.0
		清水河自流引水量		5.2	5.2	5.2									15.6
		锅厂河自流引水量		4.9	4.9	4.6	13.1								27.5
		牛栏江提水量	0.0	0.0	0.0	0.0	0.0	18.9	21.2	36.0	39.9	51.7	53.3	44.1	265.1
	小河片	需水量	15.1	15.6	15.6	15.1	15.6	23.9	26.4	40.7	43.8	55.8	57.2	48.5	373.3
		文家河丁家沟自流引水量	29.0	19.7	19.7	19.1	19.7	22.8	12.9	4.3				2.1	149.3
		牛栏江提水量	0.0	0.0	0.0	0.0	0.0	1.1	13.5	36.4	43.8	55.8	57.2	46.4	254.2
		缺水量	0.0	0.0	0.0	0.0	0.0	0.0	0.0	0.0	0.0	0.0	0.0	0.0	0.0
	小计	需水量	49.2	50.7	50.7	49.2	50.7	77.7	85.5	131.8	141.9	180.9	185.4	157.2	1210.9
		自流引水量	29.0	29.8	29.8	28.9	32.8	22.8	12.9	4.3	0.0	0.0	0.0	2.1	192.4
		牛栏江提水量	24.3	25.0	25.0	24.3	25.0	54.9	72.6	127.5	141.9	180.9	185.4	155.1	1041.9
		缺水量	0.0	0.0	0.0	0.0	0.0	0.0	0.0	0.0	0.0	0.0	0.0	0.0	0.0
上下游总合计		需水量	68.6	70.8	70.8	68.6	70.8	108.8	119.9	185.3	199.6	254.6	260.8	221.0	1699.6
		自流引水量	35.4	36.4	36.4	35.3	39.4	35.1	26.7	27.7	25.9	33.6	9.7	9.5	351.1
		牛栏江提水量	37.3	38.5	38.5	37.3	38.5	73.7	93.2	157.6	173.7	221.0	251.1	211.5	1371.9
		缺水量	0.0	0.0	0.0	0.0	0.0	0.0	0.0	0.0	0.0	0.0	0.0	0.0	0.0

表 4.4 - 12 灌区设计提水流量计算表

序号	片区名称		最高月提水量/万 m^3			生活用水日不均衡系数	设计提水流量/ (m^3/s)	备注
			灌溉	生活	合计			
1	上游片区	江底片区	27.8	13	40.8	1.5	0.18	4月
		火德红片区	20.3	4.6	24.9	1.5	0.10	4月
		小计					0.28	
2	下游片区	乐红片	33.2	14	47.2	1.5	0.21	4月
		老店片	17.4	10.3	27.7	1.5	0.13	4月
		新店片	43.5	9.8	53.3	1.5	0.22	4月
		小河片	42.1	15.1	57.2	1.5	0.25	4月
		小计					0.81	
	上下游合计						1.09	

表 4.4 - 13 泵站装机功率表

片区	泵站	功率/kW	备注
上游火德红片区	取水泵站	250	配置2台长轴深井泵（1台备用），每台水泵设计流量360m^3/h，扬程98m，单机功率125kW
	加压泵站	840	配置3台卧式多级离心泵（1台备用），每台水泵设计流量180m^3/h，扬程365m，单机功率280kW
上游江底片区	取水泵站	360	配置3台长轴深井泵（1台备用），每台水泵设计流量350m^3/h，扬程90m，单机功率120kW
	一级压泵站	1890	配置3台卧式多级离心泵（1台备用），每台水泵设计流量350m^3/h，扬程290m，单机功率630kW
	二级加压泵站	1065	配置3台卧式多级离心泵（1台备用），每台水泵设计流量220m^3/h，扬程270m，单机功率355kW
下游红石岩提水泵站	加压泵站	9450	配置3台水泵（1台备用），每台水泵设计流量1250m^3/h，扬程640m，单机功率3150kW
下游老店片区	取水泵站	396	配置3台卧式多级离心泵（1台备用），每台水泵设计流量250m^3/h，扬程100m，单机功率132kW
	一级加压泵站	1065	配置3台卧式多级离心泵（1台备用），每台水泵设计流量250m^3/h，扬程280m，单机功率355kW
	二级加压泵站	1065	配置3台卧式多级离心泵（1台备用），每台水泵设计流量250m^3/h，扬程280m，单机功率355kW

表 4.4-14 　　　　　　　　　　　　灌区支流引水流量计算表

序号	片区名称		支流名称	最高月引水量/万 m³	不平衡系数	设计引水流量/(m³/s)	备注
1	上游片区	火德红片区	南筐水库	32.6	1.5	0.20	2 月
			机车大龙洞泉眼	4.02	1.5	0.02	10 月
		小计				0.22	
2	下游片区	新店片	清水河	5.2	1.5	0.03	7 月
			锅厂河	13.1	1.5	0.07	10 月
		小河片	文家河丁家沟支流	29.03	1.5	0.17	6 月
		小计				0.27	
上下游合计						0.49	

地形起伏较大，且山形陡险。工程沿牛栏江河谷地质条件复杂，不良地质条件发育，多有崩塌和滑坡发生，交通状况较差。综合考虑对复杂地形的适应性，同时为了提高输水保证率，防止水浪费，拟采用钢管作为主要输水线路；沿途按树枝状分布高位水池，由主干管向高位水池配水。为了避免陡峭地形和不良地质段，则可采用隧洞穿过该区域；对于沟谷较大的地段，采用倒虹吸管。

根据灌区分布情况，工程受水区域主要包括红石岩库区鲁甸县火德红镇沿江区域，江底镇片区，红石岩下游鲁甸县乐红乡沿江区域（含龙头山龙井、西屏村）和巧家县老店镇、新店镇、小河镇沿江片区。工程总体区域布置格局大致可分为红石岩上游灌区和红石岩下游灌区 2 个片区；其中上游根据其供水的独立性，又划分为火德红和江底 2 个片区；下游片区主要包含乐红、老店、新店、小河 4 个乡镇，拟考虑统筹规划。

红石岩水电站上游灌区主要分布在鲁甸县火德红镇及江底镇沿江区域。火德红镇沿江灌区总面积约 0.97 万亩；火德红沿江片区提水流量 0.1m³/s，提水终点高程为 1620m，最大提水扬程 440m。江底镇沿江灌区总面积约 0.96 万亩；江底镇片区提水流量 0.18m³/s，提水终点高程为 1800m 高位水池，最大提水扬程 610m。红石岩水电站下游左岸灌区主要分布在巧家县老店镇、新店镇、小河镇沿江区域，右岸灌区主要集中在乐红乡。下游片区供水流量 0.18m³/s，拟从牛栏江提水至高程 1780m 后通过输水管道自流向下游片区供水，下游考虑从附近新店清水河、锅厂河和小河丁家沟支流引部分自流水补充，沿途设置高位水池调节。

（2）江底灌区工程布置方案。根据江底镇供水区域分布情况、当地地形地貌，并结合当地已建水池、管线分布情况，拟在江底新建取水泵站一座，取水流量 0.18m³/s，扬程 90m，提水至一级泵站；一级泵站布置高程 1260m，再从一级泵站加压提水至二级泵站，二级泵站布置高程 1550m，二级泵站调节池可以通过低线输水管线自流向江底镇 1550m 高程以下的区域供水；二级泵站再次加压提水至 1800m 高位水池，通过高线输水管线自流向江底镇 1550～1800m 高程区域供水。一级泵站向高程 1550m 二级泵站提水流量 0.18m³/s，扬程 290m；二级泵站向高程 1800m 高位水池提水流量 0.12m³/s，扬程 270m。

输水线路采用钢管，低线输水管线起点位于高程 1550m 调节水池，终点为江底镇政府行政中心附近高位水池，管线长约 5km；高线输水管线起点位于高程 1800m 调节水池，终点为江底镇大水塘附近高位水池，管线长约 8km，沿途设置调节水池。

（3）火德红灌区工程布置方案。根据火德红灌区地形、地貌和灌区土地分布特点，拟在红石岩库区新建取水泵站一座，取水流量 0.1m³/s，最大扬程 80m，加压提水至一级泵站；一级泵站布置高程 1260m，流量 0.1m³/s，扬程 360m，一级加压泵站提水至低线高程 1620m 调节水池，通过低线输水管线向南筐村附近高程 1620m 以下供水；另外，从南筐水库上游水源点取水，取水点高程 2026m，引水流量 0.2m³/s，通过高线分别向南筐村上下游自流供水；从机车村大龙洞泉眼取水向机车村供水，取水点高程 1520m，引水流量 0.02m³/s；从南筐水库接引 1 条输水管线向低线高程 1620m 调节池补充水，引水流量 0.1m³/s。

输水线路采用钢管，输水管线分高线和低线，高线沿 1900m 布置，主要向火德红银厂村、李家山村和机车村供水，管线总长约 36km；高线管线和机车村大龙洞引水管道连通；低线管线主要向南筐村供水，管线总长约 4.2km。输水管线沿线设置高位水池作为水量调节和分配设施。

（4）红石岩下游灌区工程总体布置。红石岩下游左、右岸距离电站最近的鲁甸县龙头山镇、巧家县包谷垴乡灌区已分别由正在兴建的月亮湾水库、小海子水库 2 座中型水库覆盖，规划中的铜厂水库也覆盖包谷垴乡灌区，不在受水区范围。红石岩下游灌区主要涉及鲁甸县乐红乡和巧家县老店镇、新店镇、小河镇。工程受水区域基本沿牛栏江呈条带分布，灌区约 70% 分布在左岸下游，30% 分布在右岸，其中巧家县老店镇和鲁甸县乐红乡片区灌区主要分布在高程 1300m 以上，新店及小河镇的灌区约有 1/3 分布在高程 1300m 以下。

红石岩下游牛栏江沿线两岸地形较陡峻，其中高程 1300～1500m 以下悬崖峭壁段较多，且沿途滑坡分布较多，道路交通不便，不利于输水线路布置；高程 1500m 以上地形逐渐趋于缓坡，适合输水线路布置。

考虑缩短工程主线路长度，将工程主输水线路布置于红石岩下游牛栏江右岸。红石岩水电站拟在新建的引水发电系统调压井上游侧新建内径为 1.6m 的输水管道，向下游供水，该方案考虑直接从供水管取水，通过自流引水至下游沙坝河四级电站附近高程 1170m 台地，然后通过加压提水至高程 1780m；提水流量 0.68m³/s，高差 610m，然后沿途通过管道输水线路自流引水至各灌区。

考虑天花板水电站附近牛栏江河段地形陡峻、地质条件复杂和清水河河谷地形起伏大、陡崖多，要从下游跨江倒虹吸分水口分水至老店镇，输水线路布置非常困难，工程造价太高，因此考虑老店片区单独设置提水泵站；拟从天花板库区提水，提水流量 0.13m³/s，分两级；一级加压泵站提水至高程 1350m，可以向提水泵站附近田坝村高程 1350m 以下区域供水；二级提水至高程 1650m 附近，向其他区域供水。

结合工程沿线地形地貌、地质条件、交通条件、施工条件等，工程输水线路拟采用管道输水布置方案。红石岩提水泵站的输水线路干线总长约 67km，支线总长约 20km，其中倒虹吸总长 5.2km，隧洞总长 5.3km。工程输水主要线路共分四段：第一段为水源引水线路，起点位于红石岩电站下游供水管道出口阀室，终点为沙坝河加压泵站，输水流量 $0.68\mathrm{m}^3/\mathrm{s}$，线路长度约 3.8km；第二段为主输水线路，起点为沙坝河加压泵站高位调节池，终点为天花板跨江倒虹吸进口，线路长度约 12km；第三段为分支主支线路，起点为天花板跨江倒虹吸进口，终点为乐红村附近，线路长度约 19km；第四段为分支主线路，起点为天花板跨江倒虹吸出口，终点为小河镇，线路长度约 27.2km。

老店灌区天花板提水泵站工程输水主要线路共分两段：第一段为低线供水线路，起点位于二级加压泵站进水调节池，受上下游地形限制，主要向取水泵站附近田坝村高程 1350m 以下区域供水；第二段为低线供水线路，起点位于高位调节池，向剩余区域供水。

工程拟在沿途分别设置高位水池作为水量调节和分配设施。工程输水隧洞单洞最长约 4.35km，中间设置施工支洞；跨牛栏江倒虹吸长约 5.2km，最大落差约 750m。

6. 建设征地及移民安置

(1) 建设征地范围。红石岩堰塞湖开发利用灌区工程建设征地范围包括提水工程和输水线路建设区。初步分析，工程涉及建设征地面积 680 亩（其中永久征地 470 亩，临时用地 210 亩）。

(2) 建设征地实物指标。建设征地实物指标按照现阶段工程布置影响范围分析量算，根据该阶段的量算成果（见表 4.4-15），红石岩堰塞湖永久性整治灌区工程建设征地总面积 680 亩，其中永久征地 470 亩（耕地 210 亩、有林地 155 亩、灌木林 105 亩），临时用地 210 亩（耕地 90 亩、有林地 75 亩、灌木林 45 亩）。

表 4.4-15　　　　　　　　项目建设征地实物指标

序号	项　目	单位	数量	占　地　区　域	
				提水工程区	管道建设区
1	合计	亩	680	60	620
2	永久征收土地	亩	470	35	435
2.1	耕地	亩	210	20	190
2.2	林地	亩	260	15	245
2.2.1	有林地	亩	155	10	145
2.2.2	灌木林	亩	105	5	100
3	临时征收土地	亩	210	25	185
3.1	耕地	亩	90	10	80
3.2	林地	亩	120	15	105
3.2.1	有林地	亩	75	10	65
3.2.2	灌木林	亩	45	5	40

(3) 农村移民安置初步规划。工程建设征地区不涉及搬迁人口，对涉及村民生产生活影响较弱，规划对征用土地进行直接补偿，自行恢复生产生活。

（4）专业项目复建初步规划。专业项目改（复）建内容，主要包括受建设征地影响的专业项目设施，如交通道路（机耕路等）库周交通设施的恢复等，待下阶段详细调查后，以原规模、原标准或恢复原功能的原则进行初步规划设计。对没有必要恢复的项目给予合理的补偿。

（5）临时用地处理。临时用地需根据临时用地地块的原地类和使用年限，在使用期按"占一季、补一季"的原则处理。使用完毕后恢复原功能，并对土地熟化期损失给予补偿，恢复期考虑三年。该阶段按第一年产量恢复到原产量的50%、第二年恢复到80%、第三年恢复到100%，产量恢复期按1年计。

根据实物指标汇总成果和移民安置初步规划成果，对水库淹没区、水库影响区、枢纽工程建设区和移民安置区征用土地情况进行占用与开发平衡分析，无法补充的耕地，按缴纳耕地开垦费规划。

（6）移民补偿投资估算。经初步估算，红石岩堰塞湖开发利用灌区工程建设征地移民安置补偿总投资为1378.45万元，其中巧家县片区建设征地移民安置补偿总投资为1023.09万元，鲁甸县片区建设征地移民安置补偿总投资为355.36万元。

7. 水土保持

a. 水土流失及其防治状况

红石岩提水工程为长距离山区输水工程，工程涉及云南省昭通市鲁甸县及巧家县。项目区水土流失防治重点以治理水土流失、改善生产条件和生态环境为主，水土保持工作重点是在进行综合治理的同时，做好监督管理工作。

近几年来，项目区各级党委、政府非常重视水土保持工作，并取得了一定成效。总结多年来鲁甸县及巧家县水土保持工作的经验，首先是加强水土保持法的宣传和监督管理，其次是对水土流失进行科学防治。在水土流失治理方面，经过多年实践，针对水土流失的不同特点，探索了不同类型区的水土流失治理模式。

在预防监督方面，项目所在地鲁甸县及巧家县现已形成县、乡镇两级水保监督体系，为水保工作奠定了坚实的组织基础。此外，两县水务局还通过广泛宣传，使项目建设单位、当地群众增强了水土保持意识，积极参与水土保持工作，植树造林、挖沿山沟、改造坡耕地、兴修水利等，为项目区水土保持工作的开展起到了积极作用。

根据《全国水土保持规划国家级水土流失重点预防区和重点治理区复核划分成果》（办水保〔2013〕188号）及《云南省人民政府关于划分水土流失重点防治区的公告》（云政发〔2007〕165号），项目区所在区域鲁甸县及巧家县属于云南省水土流失"重点治理区"。依据《开发建设项目水土保持方案技术规范》（GB 50433—2008）和《开发建设项目水土流失防治等级标准》要求及相关法律、法规，综合确定该工程水土流失防治执行二级标准。按全国土壤侵蚀类型区划标准，项目区属以水力侵蚀为主的西南土石山区，土壤侵蚀模数允许值为500t/（km^2·a）。

b. 水土流失防治责任范围

（1）项目建设区。该工程项目建设区包括枢纽及泵站区、输水线路工程区、交通道路工程区、渣场区、施工临时工程区和水库淹没区，面积共计326.44km^2。

（2）直接影响区。主要指项目建设征地范围外因施工而可能造成水土流失及直接危害的区域，主要包括枢纽及泵站区、输水线路工程区、交通道路工程区、渣场区、施工临时工程区和水库淹没区周边，根据有关项目水土流失监测和工程建设经验确定施工直接影响区范围如下：①枢纽及泵站区、临时工程施工区周边 20m。②交通道路：路基边缘外取上侧 5m，下侧 10m 的范围为直接影响区。③渣场：取下边坡或下游 20m，周边 5m 作为直接影响区。④输水管线。取管线下侧 10m，上侧 5m 作为直接影响区。据此估算直接影响区面积共计 69.18km²（见表 4.4 - 16）。

表 4.4 - 16　　　　　　　　　水土流失防治责任范围统计表　　　　　　　　　单位：km²

分　区		面　积	分　区		面　积
项目建设区	枢纽及泵站区	8.1	直接影响区	枢纽及泵站区	1.51
	输水线路工程区	56.11		输水线路工程区	60
	弃渣场区	2.5		弃渣场区	0.53
	施工临时工程区	10.81		施工临时工程区	0.99
	交通道路工程区	12.46		交通道路工程区	6.15
	水库淹没区	236.46		合计	69.18
	合计	326.44			
防治责任范围总面积				395.62	

c. 水土流失影响分析与估测

该工程所选渣场容量满足工程建设的要求，占地节约，不存在安全隐患，且都具备采取有效水土保持措施的条件，只要在渣场堆渣过程中严格遵守"先拦后弃"的原则，认真落实水土保持工程、植物及管理措施，适当提高防护标准，各渣场可能产生的水土流失危害可以得到减免。

该工程建设扰动的地表面积大，土石方开挖量、弃渣量大，造成的水土流失影响较为明显，但工程建设不存在水土保持方面的制约性因素。主体工程在设计中考虑了枢纽及泵站工程区、输水管线工程区等区域的边坡防护及截排水措施，具有较好的水土保持功能，在一定程度上能够减少水土流失。

项目区现状水土流失强度为轻度—强度，以轻度为主，根据《土壤侵蚀分类分级标准》（SL 190—2007），工程区属西南土石山区，以水力侵蚀为主，水土流失允许值为 500t/(km²·a)。

（1）水土流失量预测。工程可能造成的水土流失总量约 2.41 万 t。新增水土流失总量 1.98 万 t。

（2）扰动地表面积及损坏水保设施面积预测。工程扰动地表面积 326.44km²，损坏水保设施面积 41.53km²。

（3）工程建设中可能造成的水土流失危害。该工程输水线路长，在施工期间，线路经过地段的路基边坡，特别是弃渣场区，将产生大量的裸露地表和大量的废弃土石方，如果水土保持工作做得不好，大量废弃土石方将占压农田植被，不仅破坏输水渠道沿线的景观，而且将对引水渠道沿线的生态环境产生影响。

水库枢纽工程基础开挖，由于施工场地紧邻江边，开挖渣料处置如果不重视，堆弃于河滩地或岸边，甚至向河内倾倒，受雨水或水流冲刷，将产生严重的水土流失。造成下游河道淤积，行洪不畅，严重时将影响下游水利设施的正常运行。

施工企业房建、施工临时道路多布置于人口相对集中的地区，施工结束后，这些区域的植被受到破坏，水土流失加剧，区域生态环境恶化，给周围群众生产生活带来不利影响。

（4）预测结果及综合分析评价。工程在建设过程中，造成对地表的扰动面积为326.44km²；损坏的水土保持设施面积为41.53km²；工程在总共3.5年预测期间，由于工程建设引起的水土流失量2.41万t，新增的水土流失总量为1.98万t。

输水线路区在工程建设新增的水土流失量中所占的比重达到了61%，是整个水土流失防治的重点区，其次是枢纽及泵站区，新增的水土流失量中所占的比重达到了13%。

d. 水土流失防治总体要求和初步方案

根据红石岩堰塞湖开发利用灌区工程布局、施工方法及进度安排，该工程防治分区为：枢纽及泵站区、输水线路工程区、交通道路工程区、渣场区、施工临时工程区和水库淹没区六个分区。灌区工程综合采取工程措施、植物措施、临时水土保持措施及水土保持管理措施，有效控制因工程建设而导致的新增水土流失，使工程及其保护对象的安全得到进一步保障。同时，积极治理工程区域原有的水土流失，改善建设区生态环境。

整个工程区水土流失防治措施体系和总体布局如下：

（1）渣场工程区。工程施工产生的弃渣必须运往弃渣场堆放，根据堆渣地形、堆渣量、堆渣方式对弃渣场采取防护措施。设置挡渣墙、截排水沟等工程措施，堆渣结束后进行渣场平整并采取植树造林等植物措施。对于植物措施实施时需要的表层腐殖土，在渣场堆渣前需对渣场表层土进行剥离，临时堆放于渣场上部，并采取临时拦挡措施防护。

1）工程措施。工程施工开挖弃渣必须运往弃渣场堆放，根据堆渣地形、堆渣量、堆渣方式对弃渣场采取防护措施。设置挡渣墙、截排水沟等工程措施，堆渣结束后进行渣场平整并采取复耕或植树造林等植物措施。对于植物措施实施时需要的表层腐殖土，在渣场堆渣前需对渣场表层土进行剥离，临时堆放于渣场中或旁边，并采取临时拦挡措施防护。

在渣场堆渣体坡脚设置浆砌石挡渣墙拦挡渣体，挡渣墙高3m，顶宽0.6m，墙面坡1:0.1，墙背坡1:0.3，墙趾高0.3~1.0m，基础开挖深1.0m。

为了防止坡面径流直接冲刷渣体造成水土流失，需沿渣场上方堆放线以外设置截排水沟拦截坡面径流。弃渣场浆砌石排水沟断面尺寸为矩形，该阶段过水断面按40cm×40cm考虑，衬砌厚度为30cm。截排水沟下端设置沉沙池。沉沙池尺寸应该因地而设，容积为10m³左右，长、宽和深为2~4m，衬砌厚度为30cm。

2）植物措施。该工程设置弃渣场，表土剥离后集中堆置于各渣场一角，堆渣时应将石块堆放在渣场下部，覆盖层堆放在渣场上部，并尽量保持堆放平整，堆渣结束后进行覆土15~20cm，对被破坏或压占的土地采取复耕和植树种草等植被恢复措施，首先对渣场实施撒播种草初步绿化，对渣场堆渣结束后形成的平台用乔、灌混交恢复植被。在未采取工程防护措施的堆渣边坡采取撒播种草恢复植被。水土保持植物措施在布设上应遵循以下原则：①因地制宜，因害设防的原则；②适地适树、适地适草；③选择当地优良的乡土树种和草种；④坚持高标准整地，科学栽植，提高造林成活率和保存率；⑤在林种的类型选择上，采取乔草相结合，多树种混交，形成类似天然植被的垂直层片结构，使人工生态系统达到相对稳定的状态；⑥乔木带状混交，株行距 3m×3m，块状整地，穴（坑）规格：50cm×50cm×50cm，乔木选择旱冬瓜、铁刀木，草种选择黑麦草，种植密度为 $100kg/hm^2$，撒播前用保水剂浸种，播种后覆土 2cm。

（2）枢纽及泵站工程区。枢纽工程开挖料，应最大限度地用作工程施工回填料，质量达不到要求的必须运往弃渣场集中堆放，并采取拦挡和排水措施。主体工程区在施工期间可能产生的水土流失，主体工程有关基础处理、边坡开挖设计中，已采取削坡、支护、挡护、排水等工程措施确保永久建筑物基础、边坡的稳定，基本能达到水土保持的要求，主要通过水土保持临时防护和管理措施来控制水土流失。

（3）输水管线工程防治区。对输水管线在施工期采取临时防护措施，施工结束后，对施工临时占地进行植被恢复。

（4）交通道路防治区。拟在永久公路建成后，在公路外侧种植行道树，采用植苗方式种植，树种选用柏树和圣诞树。临时道路在使用结束后归还当地政府作为机耕道路或交通运输道路，因此不采取植被恢复措施。

（5）临时工程施工区。施工临时用地防治区主要指承包商生产、生活区临时占用的场地。该区水土流失防治的主要任务是注意施工临时用地周边的排水问题及水土流失，施工期间采取相应临时水土保持措施，施工结束后，采取土地整治措施和植物措施进行防治，采取乔草相结合的方式营造水土保持生态林，树草种选择、种植技术同渣场区。

（6）水库淹没区。对水库淹没影响区考虑植被恢复措施，并对水库清库过程提出水土保持要求。

8. 环境影响

a. 环境影响分析

根据工程的类型、性质、主要工程组成情况，以及工作范围内的环境现状、工程建设对评价区域环境的影响时段、对工程建设可能涉及的影响环境要素的分类、识别、归纳，经初步识别和筛选，判别见表 4.4-17。

表 4.4-17　　　　工程可能涉及的环境要素及影响判别

区域范围	环境组成与环境要素		工程施工期	工程运行期
水源区	水环境	河流水文情势		
		水质	▲	
		水资源利用		
		水库库区	▲	◎/●L
	地质、地貌		▲S	■L

续表

区域范围	环境组成与环境要素			工程施工期	工程运行期
受水区和输水线路	生态环境	陆生生物	植被、植物	●S	●L
			陆生动物	▲S	■L
		水生生物		▲S	
		水土保持		●S	□L
		土地利用		▲S	●L
		水质		■	●
	社会环境	经济社会	社会经济发展	□	□L
			基础设施	■S	△L
			生产生活质量	△/▲S	△/L
		人群健康		▲S	
	环境空气、声环境、固体废弃物			▲S	
	地质、地貌			▲S	■L

注 表中"◎/●"表示"有利/不利"较大程度影响;"□/■"表示"有利/不利"中等程度影响;"△/▲"表示"有利/不利"轻微程度影响;空白表示影响甚微或没有影响;S表示短期影响,L表示长期影响。表中影响程度根据规划的性质和特点、评价区域环境状况判定。

工程的建设对环境的影响有有利的方面,也有不利的方面。在生态环境、水环境方面,不利影响相对较为突出;而在社会环境方面,有利影响较为突出;施工区的不利影响多集中在施工期,主要表现为生态环境和水环境影响,有利影响多在运行期有所体现,主要表现为社会环境影响。

b. 环境保护目标

根据《云南省人民政府关于划分水土流失重点防治区的公告》(云政发〔2007〕165号),工程涉及的鲁甸县和巧家县属于云南省水土流失重点治理区,相应水土流失防治标准为二级。

此外,评价范围内不涉及自然保护区、风景名胜区、饮用水水源地保护区、国家级和省级保护文物古迹等环境敏感区。

根据相关调查资料,结合评价区初步查勘,评价区域主要环境保护目标见表4.4-18。

表 4.4-18 环境保护目标一览表

环境要素	保护目标	位置关系	影响因素
生态环境	物种多样性及生物生境	评价区	工程施工、工程占地、废水排放
	陆生植被:硬叶常绿阔叶林、常绿阔叶林、暖温性针叶林、稀树灌木草丛等		
	陆生植物资源		
	陆生动物资源,尤其雀鹰(南方亚种)、普通鵟、领角鸮3种国家二级保护动物		
	鱼类		
	水土保持		工程建设

环境要素	保 护 目 标	位置关系	影 响 因 素
水环境	水量、水质、水文情势	河道内	提水泵站提水、工程施工废水排放
环境空气和声环境	工程区所涉及的乡镇		工程施工
地质环境	地下水	建设征地区	工程施工
社会环境	水资源利用对象：灌溉、生活用水等	评价区	—
	移民	红石岩提水征地区	工程占地
	耕地	评价区	工程占地

c. 环境影响分析

（1）对水文情势的影响。红石岩堰塞湖开发利用灌区工程是利用红石岩电站水库的调节性能，从红石岩电站水库提水后，通过长距离输水线路，把水引到鲁甸县火德红、江底、乐红灌区以及巧家县老店、新店、六合、小河灌区，供给工业和农田灌溉。红石岩堰塞湖开发利用灌区工程由首部提水枢纽工程和输水线路工程组成，下游灌区设计提水流量为 $1.2m^3/s$，上游火德红设计提水流量 $0.2m^3/s$，江底灌区设计提水流量 $0.2m^3/s$，总提水流量 $1.6m^3/s$。

红石岩库区多年平均流量为 $127m^3/s$，该工程提水量仅占库区多年平均流量的 1.3%，可见工程提水不会对红石岩坝址下游河段水文情势造成较大影响。

（2）对水质的影响。主要体现在施工期。

1）水污染源。该工程施工期的水污染源主要包括施工生产废水和生活污水排放两大部分。

该工程不设机械修配厂、汽车修理厂等，因工程对外交通方便，可充分利用沿线的维修商铺进行机械的保养和维修。

该工程的生产废水主要来源于混凝土拌和系统冲洗废水；生活污水主要来源于施工期施工人员生活用水。施工期间废污水产生的污染物以 SS 为主，兼有石油类、COD 和 BOD_5 等有机物污染。

该工程混凝土主要考虑采用移动式搅拌站提供，拟配置 $15m^3/h$ 移动式搅拌站 20 座。其冲洗废水按高峰期每班冲洗一次，一次冲洗量 $3m^3$，一天三班制计，混凝土拌和冲洗废水产生量约为 $180m^3/d$。

混凝土拌和站分布分散，各站废水产生量较小，排放具有间断性和分散性的特点，废水中不含有毒物质，但悬浮物含量较高，pH 值较高。据同类工程施工监测资料，该类废水悬浮物浓度为 3000mg/L，pH 值为 11.6。

施工高峰期施工人数为 850 人，按人均生活用水 $0.10m^3/d$、排污系数 0.8 计，则生活污水高峰期产生强度分别为 $70m^3/d$，工程施工期均为 30 个月，整个施工期生活污水产生总量分别为 6.30 万 m^3。但由于输水线路较长，施工生活污水排放较分散。

施工生活污水主要含悬浮物、COD、BOD_5、氮磷营养物质等污染物，主要污染物的浓度约为：悬浮物 440mg/L、COD 415mg/L、BOD_5 200mg/L。

2）生产废水对水质的影响。该工程混凝土搅拌站绝大多数为沿输水线路分散布置，且距河道较远，其废水产生量少且具有不连续性，排放仅仅在几分钟内完成，SS浓度约为3000mg/L。采用废水处理措施后，即使发生事故排放，少量的冲洗废水也会在流入附近洼地过程中被土地吸收，不会直接入河，不会对水体水质产生不良影响。

3）生活污水对水质的影响。施工期生活污水主要污染物的浓度为：悬浮物440mg/L、COD 415mg/L、BOD_5 200mg/L。

生活污水排放量极小，污水浓度不高，排入河流后，很快得到混合稀释，且大多数生活营地沿输水线路分散布置，污水不会直接入河。因此，生活污水对河流水质影响程度和范围极小，但是仍需对生活污水进行处理后达标排放。

（3）对社会环境的影响。

1）对社会经济发展的影响。工程的建设对促进涉及地区的社会经济发展有着重要的作用，将使区域水资源得到合理优化配置，从而促进区域的综合发展，使人民生活水平得到整体性的提高。工程在满足该区水资源供求的基础上，将改善当地人民生活条件，满足随着城镇发展、人口增长而增加的人均水资源需求。此外，工程施工期间，需要大量的劳动力资源，可增加评价区劳动人员的就业机会，带动区域第三产业的发展，增加当地居民的经济收入，改善居民生活水平。

2）对人群健康的影响。对工程运行后3～5年内可能对当地人群健康的影响评价分析如下：①工程运行后不会因生态环境改变而对人群健康产生明显影响，水库蓄水后库周不会诱发区域性疾病暴发；②工程人员流动可能会导致传染病局部的暴发流行，应加强对肺结核、流行性感冒、介水传染病、疟疾、鼠疫等的防治和监测；③施工高峰期，施工人员增多，若不注意饮食卫生，将存在发生食物中毒的隐患，因此应做好食品卫生安全工作；④施工区大量工程人员增加、集聚，且人员流动性大，存在传染病易感人群和病原输出和输入的可能，因此，必须做好突发公共卫生事件的应急处置准备。

3）对红石岩库区下游水资源利用的影响。工程建成后，设计提水总流量为1.6m³/s。取水量占水库来水量的1.3%，占水库兴利库容的8.5%，从水量来说，综合利用工程取水量对电站影响较小。汛期7月、8月、9月来水量均大于发电引水流量，取水水量可利用发电多余的来水量，对电站效益没有明显影响。

d. 环境保护措施

（1）水环境保护措施。工程区共布置20座移动式混凝土拌和站。各站冲洗废水产生量少，且间歇排放。

针对混凝土拌和系统废水量小，间歇排放等特点，经过中和沉淀处理后，可以达标排放或回用作混凝土拌和水使用。为便于清运和调节水位，池的出水端设置为活动式。施工生活污水主要含悬浮物、BOD_5、COD、氮磷营养物质等污染物。

由于施工生活区数量多、分散且大多远离河道，每个生活区生活污水排放量较少。但从达标排放和保护环境卫生角度考虑，仍应对生活污水采取一定的处理措施，建议在各施工生活区设立旱厕，装满之后请当地老百姓挖出做肥料。

（2）陆生动植物保护措施。结合项目区内的退耕还林工程的实施，推广多种经济林果树种植；同时在广大农村地区推行中低产田改造、坡改梯等耕地改造技术，逐步减少区域内的陡坡垦殖现象。

工程建设期间，应以植被为主要结构对受损地区进行恢复。施工区受损部分的植被应进行科学合理的植物保护措施设计，进行植被的人工抚育恢复。选择速生的乡土树种合理配置人工群落，以避免工程建设后植被破坏带来的土壤侵蚀和自然生产力衰退。

对建设区内的重点保护植物、珍稀濒危植物进行详细调查，一旦发现，应及时采取保护措施。

加强对项目建设实施的相关领导、技术人员和施工人员的环保意识教育，明确环境保护的重要性，禁止轰赶、恐吓、捕杀野生动物；禁止超计划占地，禁止将临时用地布设在植被较好的地方，尽量避免对野生动物的生境造成破坏。

（3）鱼类保护措施。加强宣传，制定规章制度，设置水生生物保护警示牌，增强施工人员的环保意识，严禁施工人员下河捕捞鱼类。加强监管，严格按环保要求施工，生活污水和施工废水须按照环保要求达标排放，防止影响水生生物环境的污染事故发生。

（4）人群健康保护措施。传染病的预防与控制的策略是预防为主，加强监测。工程区域相关疾病必须针对传染源、传播途径和易感人群3个环节，采取下列综合防治措施：

1）在施工区设置医疗点，施工人员进入施工区时，对生活区和部分作业区进行卫生处理，即采取消毒、杀虫、灭鼠等卫生措施，对饮用水进行消毒。在人群中普及传染病防治知识，动员群众进行经常性的灭蚊、灭蝇和灭鼠等爱国卫生运动，改善环境卫生，加强个人防护。

2）施工区集中式供水应解决好生活饮用水净化、消毒设施，饮用水必须符合国家生活饮用水卫生标准，确保饮用水安全。分散式供水，必须做好水源的保护，保证饮水安全。

3）施工区修建生态流动厕所、污水处理系统等设施，并对垃圾和粪便进行处置。

4）施工区严格执行《中华人民共和国食品卫生法》相应条款。

5）所有传染病病人、病原携带者和疑似病人一律不得从事易使该病传播的职业或工种。

6）各级各类医疗、保健机构必须建立、健全消毒隔离制度，完善消毒措施，防止医源性传播。用于预防和治疗的血液制品中不得染有致病因子。

7）适龄儿童应当按照国家有关规定，接受预防接种。根据流行病学指征，有计划地对易感人群实施预防接种或预防服药。

（5）环境监测。根据工程建设区域的环境现状特点及建设方案环境影响预测评价，环境监测因子包括水质。为了及时掌握红石岩库区水质变化动态，提高水资源利用的安全可靠性，根据库区特点，设1个监测断面，水质监测见表4.4-19。

表 4.4-19　　　　　　　　　　运行期水库水质监测表

监 测 项 目	监测时间及频次	监 测 方 法
水温、pH、溶解氧、高锰酸盐指数、化学需氧量、五日生化需氧量、氨氮、总磷、总氮、铜、锌、氟化物、砷、汞、镉、六价铬、铅、总氰化物、挥发酚、石油类和粪大肠菌群	工程建成后第1、3、4、8、9、11、12月各采样1次进行监测	《环境监测技术规范》（HJ/T 91—2002）和《地表水环境质量标准》（GB 3838—2002）

4.4.2.4 发电

1. 供电范围及负荷特性

a. 电站供电范围

牛栏江红石岩堰塞湖水利枢纽工程装机容量 201MW，保证出力 59.8MW，多年平均发电量为 7.96 亿 kW·h。

根据《云南电力工业发展"十三五"及中长期规划》负荷预测结果，2020 年、2025 年昭通市全社会用电负荷分别为 2420MW 和 3420MW，考虑负荷备用容量后分别约需 3388MW、4788MW。按 2015 年昭通市 110kV 及以下电压等级上网的电源装机 1636.8MW 考虑，2020 水平年、2025 水平年昭通市将约有 1751MW、3151MW 电力缺口，新建电源尤其是中型电源在昭通市内有较大的电力市场空间。昭通市作为云南省的重要能源基地，负荷有一部分是大型电站施工供电负荷，随着项目竣工会有所减少，加之"十二五"期间镇雄、威信两座大型火电厂（装机规模分别达到 2400MW）陆续投产，以及逐步投运的金沙江溪洛渡、向家坝、白鹤滩三个大型水电站均与昭通 500kV 电网相连，因此，作为云南省重要能源基地的昭通市仍将有一定电力需要外送，牛栏江红石岩堰塞湖水利枢纽工程的供电范围应扩大到云南省，参与云南省的电力电量平衡。

根据《云南电力工业发展"十三五"及中长期规划》，按负荷预测低方案结果，2020 年云南省需发电量 2530 亿 kW·h，需发电负荷 41220MW；2025 年云南省需发电量 3450 亿 kW·h，需发电负荷 55900MW。为满足云南省自身负荷的增长需求和系统安全运行，2020 年和 2025 年云南省需要电力装机容量分别为 57700MW 和 78260MW。扣除外送容量后，在 2014 年年底云南省发电总装机容量 53639MW 的前提下，至 2020 年、2025 年，云南省还需新增装机约 4061MW、24621MW 才能满足本省负荷的要求，若负荷推荐值按高方案结果，则 2020 年、2025 年云南省需新增装机容量将更大。此外，云南省作为能源建设基地，"十二五"期间及以后，云南水电开发进入快速发展时期，金沙江、澜沧江、怒江等主要河流的水力资源得到大力开发，为大规模"云电外送"创造了有利条件。云南省在满足本省负荷增长的同时将进一步加大"云电送粤"的规模，同时积极开拓华中、华东及东南亚电力市场。

牛栏江红石岩堰塞湖水利枢纽工程装机容量为 201MW，容量不大，不宜远距离外送，电站所在地昭通市为云南电网覆盖范围，因此牛栏江红石岩堰塞湖水利枢纽工程电力参与云南省网平衡，优先满足昭通市用电需要。

b. 电力市场分析

（1）昭通市。

1）电力系统现状。昭通市 110kV 及以下接入电网的电源装机总容量为 980.2MW，全为水电。其中 110kV 电压等级接入电网的有 554MW，35kV 及以下电压等级接入电网的有 426.2MW。

2013 年昭通市全社会用电量约为 70 亿 kW·h，最大负荷为 1340 MW。

全市电网有 500kV 变电站 1 座，即 500kV 甘顶变，主变容量 750MVA；500kV 线路 3 回，线路总长度为 204.034km。220kV 变电站 6 座，主变容量 1830MVA，220kV 线路 15 回，线路总长度为 704km。110kV 变电站 19 座，主变容量 1080MVA，110kV 线路总

条数 96 回，线路总长度 1562km；35kV 变电站 114 座，主变容量 692.6MVA，35kV 线路总条数 234 回，线路总长度 2579km。

昭通市 500kV 电网是云南省骨干网架的重要组成部分，是西电东送的主要落点之一，通过永丰—多乐 500kV 线路与主网相连；镇雄电厂投运后，通过 500kV 镇永甲线在 500kV 永丰变上网。昭通市 220kV 电网基本上形成以 500kV 永丰站为供电中心的电网，通过 220kV 永昭Ⅰ回、Ⅱ回，220kV 永发Ⅰ回、Ⅱ回线路与昭通电网联络，形成以各 220kV 变电站或 110kV 电厂为中心的供电格局。

2）负荷水平预测。根据云南省能源局组织编制的《云南电力工业发展"十三五"及中长期规划》成果，2020 年昭通市全社会用电量为 127 亿 kW·h，负荷为 2420MW；2025 年昭通市全社会用电量为 179 亿 kW·h，负荷为 3420MW。

3）电源建设规划。根据相关规划报告，昭通市将新增 110kV 及以下上网电站 65 座，总计装机容量 656.6MW。至 2015 年昭通市以 110kV 及以下电压等级上网的电站总装机容量为 1636.8MW。

4）昭通市电力市场分析。结合以上负荷预测分析，2020 年、2025 年昭通市全社会用电负荷分别为 2420MW 和 3420MW，考虑负荷备用容量后分别约需装机容量 3388MW、4788MW。按 2015 年昭通市 110kV 及以下电压等级上网的电源装机容量 1636.8MW 考虑，2020 年、2025 年，昭通市约有 1751MW、3151MW 电力缺口。

昭通市作为云南省的重要能源基地，也是云南省"西电东送"的重要地区，负荷有一部分是大型电站施工供电负荷，随着项目竣工会有所减少，加之"十二五"期间镇雄、威信两座大型火电厂（装机规模分别达到 2400MW）将陆续投产，以及逐步投运的金沙江溪洛渡、向家坝、白鹤滩三个大型水电站均与昭通 500kV 电网相连，因此，作为云南省的重要能源基地的昭通市仍将有一定电力需要外送。

（2）云南省。

1）电力系统现状。截至 2014 年年底，云南省发电总装机容量为 70778.7MW，其中水电 53605MW、火电 14021MW、风电 2871MW、太阳能 281.65MW，水电、火电、新能源分别占总装机容量的 75.74%、19.81%、4.45%。

云南省 2014 年全年累计完成发电量 2549.91 亿 kW·h，同比增长 18.69%。其中，水电发电 2082.03 亿 kW·h，比上年同期增长 27.69%；火电发电 401.49 亿 kW·h，比上年同期增长 -16.12%；风电发电 63.47 亿 kW·h，比上年同期增长 65.96%；太阳能 2.92 亿 kW·h，比上年同期增长 217.96%。

云南省 2014 年全社会用电量 1529.38 亿 kW·h，年增长率为 4.77%。全社会最大用电负荷 25489.7MW。

2014 年累计外送电量 712.98 亿 kW·h，同比增长 12.47%。其中，向广东送电 677.31 亿 kW·h，比上年同期 599.94 亿 kW·h 增长 12.9%；向越南送电 19.76 亿 kW·h，同比增长 -38.09%。

2014 年年底，云南电网最高电压为 ±800kV 直流工程，交流 500kV 电网已形成围绕滇中和滇东的"品"字形 500kV 环网，并辐射延伸至滇南、滇西、滇西南、滇东北、滇西北等区域；220kV 网络主要在昆明、曲靖、红河、玉溪、楚雄等负荷中心形成了颇具规模的骨干网，并覆盖全省 16 个市（州）。西电东送交流通道已经建成鲁布革水电站至马窝换流站的双回 220kV 线路、罗平变电所至马窝换流站的单回 500kV 线路、500kV 罗平变电所至百色的双回 500kV 线路、500kV 砚山变电至广西 500kV 崇左变电所的单回线路；西电东送直流通道除 ±800kV 楚穗直流外，新投产 ±800kV 糯扎渡直流、±500kV 溪洛渡双回直流通道，形成"四交四直"西电东送主通道。

截至 2014 年年底，云南境内共有 500kV 变电站 25 座，总变电容量 35000MVA；220kV 变电站 123 座，总变电容量 40200MVA。500kV 交流线路总长度约 10678km，220kV 交流线路长度约 13732km。

2）负荷水平预测。根据《云南电力工业发展"十三五"及中长期规划》研究成果，2020 年高、低方案用电量分别为 3000 亿 kW·h 和 2530 亿 kW·h，最大负荷为 48000MW 和 41220MW；2025 年高、低方案用电量分别为 3973 亿 kW·h 和 3450 亿 kW·h，最大负荷为 63920MW 和 55900MW。2020 年、2025 年云南省负荷预测见表 4.4-20 所列。

根据《云南电力工业发展"十三五"及中长期规划》，基于对现状全网负荷特性、各产业典型负荷特性、主要用电行业的典型用电特性的调研分析，在对未来负荷结构预测的基础上，采用行业典型负荷特性曲线叠加法对云南 2015 年、2025 年负荷特性进行了预测。云南省的年负荷预测见表 4.4-21，云南省典型日负荷预测见表 4.4-22。

表 4.4-20　　　云南省负荷预测表

项　目	高　方　案		
年份	2010（实际）	2020	2025
用电量/(亿 kW·h)	1003	3000	3973
最大负荷/MW	17140	48000	63920
项　目	推荐值（低方案）		
年份	2010（实际）	2020	2025
用电量/(亿 kW·h)	1003	2530	3450
最大负荷/MW	17140	41220	55900

表 4.4-21　　　云南省年负荷预测

月　份	2015 年	2025 年	月　份	2015 年	2025 年
1	0.849	0.853	8	0.932	0.934
2	0.823	0.831	9	0.940	0.941
3	0.854	0.862	10	0.977	0.976
4	0.861	0.868	11	1.00	1.00
5	0.876	0.881	12	0.980	0.982
6	0.889	0.888	平均	0.91	0.91
7	0.924	0.922			

表 4.4－22   云南省典型日负荷预测

项 目	2020 年		2025 年	
	冬	夏	冬	夏
1h	0.76	0.74	0.74	0.72
2h	0.74	0.72	0.72	0.70
3h	0.71	0.70	0.68	0.67
4h	0.70	0.68	0.67	0.65
5h	0.71	0.69	0.69	0.66
6h	0.72	0.69	0.70	0.68
7h	0.76	0.73	0.73	0.70
8h	0.79	0.75	0.78	0.75
9h	0.89	0.88	0.89	0.88
10h	0.93	0.92	0.92	0.91
11h	0.94	0.93	0.93	0.92
12h	0.90	0.90	0.88	0.88
13h	0.88	0.88	0.87	0.87
14h	0.89	0.90	0.88	0.89
15h	0.92	0.91	0.91	0.90
16h	0.93	0.92	0.92	0.91
17h	0.94	0.93	0.93	0.93
18h	0.95	0.98	0.94	0.97
19h	0.98	1.00	0.98	1.00
20h	1.00	0.99	1.00	0.98
21h	0.98	0.98	0.98	0.97
22h	0.95	0.97	0.94	0.96
23h	0.86	0.87	0.84	0.85
24h	0.79	0.78	0.77	0.76
负荷平均值 γ	0.86	0.85	0.85	0.84
负荷最小值 β	0.70	0.68	0.67	0.65

3）电源建设及"云电外送"规划。

云南省有丰富的能源资源和矿产资源，具有向华南、华中送电的资源优势和向东南亚国家送电的区位优势，云南省委、省政府高度重视电力工业发展，根据云南省的具体情况，结合中央"西部大开发"战略的实施和"西电东送"的历史机遇，将电力工业列为全省五大支柱产业之一，提出培育以水电为主的电力支柱产业，把云南初步建成全国重要的水电能源基地。

云南省以水电为主的电力工业发展思路主要是：发挥水能资源优势，加速开发水电，合理配置火电，加强电网建设；在保障本省国民经济发展用电的同时，积极开拓省外和东南亚电力市场；水电建设以大型水电站为骨干，大中小结合，促进流域梯级水电站连续滚动开发，加快开发一批有一定调节能力的中型水电站；火电建设重点安排大容量、高参数、低耗能的大型坑口火电站。

根据云南省电力发展方针和思路，今后 20 年主要的水电电源集中在澜沧江、金沙江中下游、怒江中下游和一些中小河流上。根据《云南电力工业发展"十三五"及中长期规划》成果，2020 年云南全省电源装机容量达到 116310MW（其中水电 82920MW、火电 18030MW、新能源 15360MW）；2025 年云南全省电源装机容量将达到 148120MW（其中水电 106380MW、火电 21230MW、新能源 20500MW）。

"云电外送"有关协议和规划：根据云南省人民政府和广东省人民政府在昆明签订的"十二五"云电送粤框架协议，协议明确"十二五"期间"云电送粤"总规模增至 18500MW，累计送电量达 2866 亿 kW·h。

"十二五"末云南开始送电广西，送电规模逐步增加至 3000MW；"十三五"期间增加送电 3000MW，总规模达到 6000MW。

"十二五"以后，金沙江、澜沧江、怒江等主要河流的水力资源得到大力开发，为大规模"云电外送"创造了有利条件。云南省将进一步加大"云电送粤"的规模，同时积极开拓华中、华东电力市场。滇西北特高压直流送电广东工程，滇南外送 500kV 交流通道工程等，进一步加大云电外送能力。

此外，云南电网以 220kV 输电线路向越南送电，送电规模达到 500MW。根据有关部门的初步规划，"十二五"期间建成 500kV 云南红河—越南输电通道，以及 500kV 文山—越南输电通道，实现向越南国家电网、越南河内地区的大规模送电，总规模达 1500MW。

4）云南省电力市场空间分析。根据《云南电力工业发展"十三五"及中长期规划》报告研究成果，2020 年云南省需发电量 2530 亿 kW·h，需发电负荷 41220MW；2025 年云南省需发电量 3450 亿 kW·h，需发电负荷 55900MW。为满足云南省自身负荷的增长需求和系统安全运行，2020 年和 2025 年云南省需要电力装机容量分别为 57700MW 和 78260MW，可以看出，扣除外送容量后，在 2014 年年底供电云南省发电总装机容量 53639MW 的前提下，2020 年、2025 年云南省还需新增装机容量约 4061MW、24621MW 才能满足本省负荷的要求，若负荷推荐值按高方案结果，则 2020 年、2025 年云南省需新增装机容量将更大。新建电源在云南本省有一定市场空间。

由于已核准电源项目有限，并且从云南省电源规划看，大、中型水电多集中在 2020 年前投运，为实现 2020 年及以后可持续的"云电外送"规模及保证省内国民经济快速发展的用电需求，需要加大电源建设力度。

牛栏江红石岩堰塞湖水利枢纽工程装机容量 201MW，容量适中，宜在云南省内消纳，支持"云电外送"。

2. 发电效益分析

a. 工程建设规模

（1）汛期排沙运行水位。该工程库区受鲁甸"8·03"地震的影响，岩石特别是碎屑岩类岩石较破碎，有些地段产生崩塌、滑坡体。在库区左岸、右岸不同高程的缓坡地带形成规模不等的滑坡 10 个、崩塌 10 个、不稳定斜坡 12 处、泥石流沟 4 条及部分坡洪积等堆积体。近库地段崩塌、滑坡、不稳定斜坡较为发育，岸坡稳定性较差，除降雨外，淹没区水位升降也对岸坡稳定有较大影响，如果采用动态排沙运行水位，根据来水来沙情况，采用降低水位排沙的运行方式，水库水位在短时间内变幅比较剧烈，可能会导致水位变幅范围内的滑坡、崩塌及松散堆积体等失稳，进而对红石岩水利枢纽运行造成不利影响，因此，水库汛期排沙运行水位不宜采用动态控制的运行方式，而宜采用固定的汛期排沙运行水位。

在水库正常蓄水位为 1200m 的前提下，以小岩头厂房尾水平台及厂房挡水墙墙顶高程 1211m 控制，根据试算，分别拟定汛期排沙运行水位 1188m、1190m 两个方案来进行分析。

随着汛期排沙运行水位的抬高，红石岩堰塞湖水利枢纽工程多年平均发电量增加 0.06 亿～0.05 亿 kW·h，但是上游小岩头水电站发电量也随之减少，两梯级合计年平均发电量增加 0.06 亿～0.04 亿 kW·h，从动能指标的角度，适当提高汛期排沙运行水位是有利的，但是从不影响小岩头水电站厂房防洪安全的角度，汛期排沙运行水位以 1188m 为宜，推荐红石岩堰塞湖水利枢纽工程汛期排沙运行水位 1188m。

（2）正常蓄水位。可行性研究阶段综合考虑地形地质条件、枢纽布置、水库闸门、环境影响、对小岩头水电站防洪影响、动能指标等方面，推荐正常蓄水位 1200m。可行性研究审查意见认为："报告考虑对上游小岩头尾水的影响，推荐水库正常蓄水位为 1200m 基本合适。"

红石岩堰塞体规模巨大且稳定性较好，地形地质、水工枢纽布置均不制约正常蓄水位的选择。堰塞湖形成以后上游已转移了 3548 人，已建红石岩水电站被淹没，库区重要敏感淹没对象主要是已建的小岩头水电站。

随着红石岩堰塞湖整治工程水库正常蓄水位的提高，梯级电站动能指标增加，但增幅较小，且对上游小岩头电站的影响程度相应增加；考虑水库淤积影响以后，正常蓄水位较低的方案更有利于避免对小岩头水电站厂房防洪安全的影响，经综合分析比较，推荐红石岩堰塞湖整治工程水库正常蓄水位为 1200m。

（3）死水位。可行性研究阶段，从兼顾电站取水防沙、下游灌溉及供水要求、机组运行稳定等方面，死水位初选为 1180m。可行性研究审查意见认为："下阶段应细化死水位方案比选相关内容，考虑灌溉供水取水、泥沙冲淤计算和发电指标等因素，进行技术经济比较，说明推荐死水位的经济合理性。"

初设阶段在可行性研究初选死水位 1180m 的基础上，结合审查意见，重点研究了适当提高死水位的经济合理性，拟定了 1178m、1180m、1182m、1184m 四个死水位方案进行比较。

尽管从满足发电的角度，降低水库死水位在工程经济上是可行的，但是随着死水位的降低，下游灌溉及供水渠系的坡比变缓，为了同样满足自流供水的要求，过水断面需适当加大，从而造成供水成本的增加。此外，由于牛栏江泥沙较为严重，过低的死水位对于工程的取水防沙不利。因此，从兼顾电站取水防沙、下游灌溉及供水要求、机组运行稳定及经济性等方面，死水位选定为 1180m。

（4）装机容量。按装机年利用小时大致在 3500～4500h 拟定装机容量为 159MW、180MW、201MW、222MW 四个方案。

从机组的制造及运输方面看，各装机容量方案技术上均是可行的。从地形地质条件及枢纽布置看，不存在制约装机容量选择的重要因素。从水资源合理利用的角度看，随着装机容量的增加，电站保证出力不变，年平均发电量增加，但主要为汛期电量，且随着装机容量的增加，方案间电量的增幅呈现减小的趋势。从受电区系统电力电量平衡成果看，红石岩堰塞湖开发利用工程各装机容量方案电力均可被系统较好地吸收；送入电量吸收情况良好，各方案均可达到 95％以上。从经济比较的角度分析，装机容量由 159MW 增加到 180MW，补充单位千瓦、单位电度投资均是最低的。费用现值计算表明，201MW 方案相对较优。

综上所述，考虑到该工程为兴利除害的综合性整治工程，水库具有季调节性能，并兼有供水灌溉等综合利用效益，装机容量 201MW 方案经济性较优，装机年利用小时数达到 4000h 附近也是合适的。因此，推荐红石岩堰塞湖开发利用工程装机容量为 201MW。

（5）额定水头及机组台数。为了兼顾电站汛期在汛期排沙运行水位机组满发不受阻，并适当留有一定余地以及确保机组稳定运行，拟定 100.5m、102.5m 和 105m 三个额定水头方案进行技术经济比较。

不同额定水头方案电站年平均发电量、机组效率以及经济性差异不大，从满足电站满发不受阻的角度，102.5m 额定水头方案在保证汛限水位满发不受阻的前提下，还为汛期大流量不受阻留有一定的余度，这相对合适。因此，初设阶段以电站在汛期排沙运行水位机组满发不受阻，并适当留有一定余度以及机组稳定运行为原则，选定电站额定水头为 102.5m。工程最大水头/最小水头为 1.27，最大水头/额定水头为 1.18，最大水头/额定水头不大于 1.20。

在机组制造及运输方面，水工枢纽布置不制约机组台数的选择。从电站运行灵活性看，水库具有季调节性能，电站将根据电力系统需求参与调峰运行，3 台方案更灵活，更能发挥电站的容量效益。从工程经济性角度分析，机组台数若由 2 台增加至 3 台，工程投资增加 1003.19 万元，增加机组台数带来的投资增加值较小。因此，从电站在系统中的作用、电站运行灵活性及经济性等方面综合考虑，初拟电站机组台数为 3 台。

b. 运行方式及径流调节

（1）运行方式。红石岩堰塞湖整治工程正常运行的最高水位为正常蓄水位 1200m，最低水位为死水位 1180m，汛期排沙运行水位为 1188m。经分析 1956 年 6 月至 2012 年 5 月的逐月径流调节计算成果，水库多年平均运行水位为 1194.11m。

红石岩堰塞湖整治工程具有季调节性能，上游象鼻岭水电站水库同样具有季调节能力。每年汛期 6—9 月水库按不超过 1188m 的汛期排沙运行水位运行，10 月进入蓄水期，一般都可以在 10 月末蓄水至正常蓄水位。枯水期水库供水并对枯期来流进行适当调蓄。

红石岩堰塞湖整治工程具有季调节能力，可根据系统负荷变化情况进行日调节，在系统负荷高峰时段，电站在系统中承担调峰任务，在系统负荷低谷时段，将视系统为需要调整电站出力。

水库日运行方式主要由日平均出力决定：当日平均出力小于电站装机容量时，水库进行日调节；当日平均出力达到电站装机容量时，电站满出力发电，承担系统基荷。

（2）径流调节。径流调节按梯级水电站群联合调度的方式进行，为统一各梯级电站坝址的径流系列长度，坝址径流采用 1956 年 6 月至 2012 年 5 月的逐月平均流量资料。该系列包含了完整的丰、平、枯变化过程，具有较好的代表性。红石岩堰塞湖水利枢纽工程坝址多年平均流量为 127m³/s，考虑德泽水库向滇池补水和车马碧调水后坝址多年平均流量为 104m³/s。

红石岩堰塞湖水利枢纽工程径流调节计算以考虑上游水库调蓄及调水以后对下游梯级坝址入库流量的影响为基础，按象鼻岭水电站以下所有梯级联合运行考虑（见表 4.4 - 23 和表 4.4 - 24）。2020 年、2030 年考虑德泽水库调蓄及调水、车马碧调水、黑滩河调水。

表 4.4 - 23　　　　　　　　象鼻岭水库入库径流过程表（2020 年）　　　　　　　单位：m³/s

年份	6 月	7 月	8 月	9 月	10 月	11 月	12 月	1 月	2 月	3 月	4 月	5 月
1956	79.9	103.3	259.8	130.4	108.0	69.4	59.4	50.2	44.5	41.8	37.6	35.5
1957	106.8	351.8	324.8	142.4	243.7	79.6	69.8	57.3	50.8	46.1	38.7	29.8
1958	96.9	124.7	192.1	127.8	108.0	57.9	53.3	42.6	38.4	39.4	32.7	48.8
1959	120.2	183.4	118.9	110.7	98.2	68.0	50.5	47.2	39.9	34.3	31.8	31.2
1960	78.5	179.4	162.5	260.3	104.4	62.9	54.2	47.5	41.2	39.1	34.0	36.1
1961	82.3	110.2	319.8	352.6	359.4	199.6	99.6	61.8	51.6	45.7	39.0	39.2
1962	130.7	201.1	354.1	141.1	90.7	61.6	53.4	48.7	41.1	37.8	31.0	29.2
1963	78.5	151.7	100.2	80.8	115.3	92.0	52.1	40.2	34.2	33.3	28.5	36.2
1964	127.4	166.5	278.9	266.1	191.8	101.3	63.6	56.3	44.5	40.7	35.6	40.8
1965	178.8	201.2	318.2	228.9	422.0	234.2	98.4	65.6	51.3	46.6	38.9	52.1
1966	134.5	271.5	223.2	348.3	251.0	86.8	64.4	56.4	45.5	40.9	38.6	43.4
1967	96.3	152.1	193.1	129.7	203.4	94.8	63.5	54.0	43.9	41.0	35.7	43.0
1968	189.0	253.0	482.6	630.3	288.6	123.6	70.2	60.2	51.0	46.4	39.0	36.8
1969	62.0	148.4	142.9	191.2	115.9	66.2	56.8	46.8	38.9	36.1	32.4	36.4
1970	73.0	228.0	146.6	140.0	125.9	82.4	67.8	50.6	41.2	34.1	27.4	29.2
1971	115.9	117.0	412.5	351.3	166.5	95.8	60.3	49.4	39.5	34.7	30.3	57.6
1972	134.1	106.6	84.1	80.9	67.0	61.0	50.2	37.8	30.0	29.3	25.2	27.2
1973	84.3	131.2	210.0	186.7	87.0	74.9	53.7	42.5	32.4	31.3	31.3	52.2
1974	252.1	362.4	393.2	391.1	144.7	78.1	56.0	46.3	38.3	35.3	31.4	33.4
1975	121.1	65.1	72.4	68.1	47.8	65.6	35.6	27.3	23.2	24.2	20.5	33.4
1976	71.5	279.4	191.4	110.7	74.1	46.7	39.3	32.0	34.4	30.7	27.6	24.6
1977	53.2	140.0	154.9	172.3	153.4	98.0	61.5	46.6	36.1	34.1	28.7	50.7
1978	191.5	167.8	177.4	143.1	83.0	52.6	43.6	37.3	31.9	29.4	26.3	25.6
1979	82.8	182.1	343.5	366.2	189.4	84.9	66.1	49.6	40.3	36.8	32.2	35.2
1980	56.7	73.7	154.9	102.4	164.5	84.1	55.1	40.9	31.8	30.5	26.4	34.7

年份	6月	7月	8月	9月	10月	11月	12月	1月	2月	3月	4月	5月
1981	214.6	182.5	147.6	126.6	68.5	44.8	38.2	34.9	32.1	27.6	24.4	29.1
1982	78.8	109.9	111.8	180.7	120.5	65.4	42.8	40.1	34.3	40.1	31.2	41.0
1983	84.5	79.2	160.7	298.7	117.4	73.7	53.1	48.1	36.4	35.9	28.6	82.7
1984	125.4	227.3	158.3	121.4	81.4	58.4	47.0	39.7	37.6	37.1	33.0	24.3
1985	143.7	331.8	221.9	201.7	102.3	58.3	47.3	46.7	37.8	33.9	27.5	37.8
1986	91.4	222.0	245.0	314.6	370.0	124.8	72.6	54.6	51.6	40.7	37.7	39.3
1987	75.7	167.7	96.6	79.3	93.6	60.0	40.5	31.6	29.2	26.6	22.6	24.5
1988	51.3	81.0	119.7	170.5	142.8	72.6	49.4	43.1	38.7	30.7	29.2	32.5
1989	66.3	85.7	71.3	67.1	74.7	42.8	24.6	19.5	20.2	20.8	18.0	41.9
1990	157.5	149.4	109.0	125.6	190.1	70.9	53.3	48.2	38.8	34.6	31.3	31.3
1991	52.0	217.4	272.1	321.3	251.2	130.6	67.4	54.5	39.2	46.2	39.3	37.2
1992	57.8	116.1	61.0	76.8	102.7	77.9	49.1	37.9	30.4	31.0	27.0	29.1
1993	55.6	76.3	147.6	188.0	150.3	93.6	60.5	45.4	40.2	40.7	39.9	36.4
1994	126.2	174.3	163.3	248.5	231.1	81.3	55.8	52.2	44.5	40.6	32.7	39.1
1995	107.9	217.2	313.9	312.1	262.1	127.3	78.9	58.4	46.5	42.4	41.2	46.6
1996	96.6	194.6	189.2	96.0	74.9	81.1	48.6	41.5	44.1	39.0	32.9	40.2
1997	99.1	384.1	269.6	306.2	319.8	117.2	77.5	65.2	57.3	45.3	37.8	47.7
1998	88.0	365.0	383.3	142.3	74.5	69.1	54.5	52.5	43.1	40.0	36.3	43.8
1999	94.6	219.8	476.1	369.0	134.9	154.9	63.6	54.6	47.3	52.4	46.5	45.4
2000	112.4	170.8	304.7	194.2	109.0	74.5	55.0	48.1	39.6	35.9	30.4	40.8
2001	133.5	308.9	273.7	214.2	181.8	134.0	69.0	56.1	51.7	42.0	35.1	54.3
2002	68.7	125.0	335.6	149.8	108.2	54.6	51.4	44.6	34.8	32.4	25.6	36.3
2003	146.6	109.6	86.9	90.8	65.7	57.7	41.0	37.3	32.3	29.5	31.5	39.5
2004	72.9	142.8	125.1	112.1	78.9	55.8	40.9	38.2	27.8	33.1	30.5	26.9
2005	52.1	86.9	86.5	165.1	144.1	51.0	45.9	42.0	36.1	31.8	26.3	38.3
2006	94.3	167.3	79.4	77.7	132.7	66.6	50.0	44.3	40.5	33.9	31.7	45.6
2007	76.7	112.2	188.5	182.5	107.3	66.1	56.1	49.7	52.3	51.7	34.9	49.8
2008	157.9	225.8	217.3	114.5	98.3	223.1	75.2	53.0	37.6	38.2	29.0	33.5
2009	70.1	95.3	101.9	67.7	43.3	27.1	24.1	24.2	25.8	34.3	31.3	32.5
2010	73.4	105.3	109.4	88.6	93.3	53.8	41.0	31.3	27.7	27.5	24.9	22.5
2011	35.7	21.2	8.0	26.3	25.4	17.6	18.3	15.8	15.0	16.7	14.6	11.7

表 4.4-24 　　　　　　　　　象鼻岭水库入库径流过程表（2030年）　　　　　　单位：m³/s

年份	6月	7月	8月	9月	10月	11月	12月	1月	2月	3月	4月	5月
1960	75.8	186.4	189.1	270.5	112.9	60.2	51.6	44.8	38.3	36.2	30.8	32.3
1961	79.5	108.0	334.4	362.3	369.3	209.4	109.4	65.6	52.8	42.8	35.8	35.5
1962	131.2	230.9	363.9	150.8	100.5	65.3	50.8	46.1	38.2	34.8	27.8	25.3

续表

年份	6 月	7 月	8 月	9 月	10 月	11 月	12 月	1 月	2 月	3 月	4 月	5 月
1963	76.0	149.5	97.7	78.2	113.7	96.8	49.5	37.5	31.2	30.6	25.3	32.5
1964	125.2	170.9	282.1	275.9	201.6	108.0	66.3	53.6	41.6	37.7	32.4	36.9
1965	176.5	218.6	328.0	238.6	431.8	244.0	108.2	70.0	48.8	43.6	35.7	48.4
1966	149.7	295.6	233.0	335.0	247.4	93.6	66.8	53.8	42.6	37.9	35.4	39.6
1967	93.5	149.4	217.3	149.3	237.0	104.5	67.1	51.4	41.0	38.0	32.5	39.3
1968	200.4	262.8	492.5	617.4	285.2	133.4	75.2	59.0	48.1	43.5	35.8	32.9
1969	59.1	146.2	152.6	227.8	125.7	65.9	54.2	44.0	35.9	33.1	29.2	32.6
1970	70.1	226.0	144.8	147.5	138.1	81.0	79.1	48.0	38.3	31.1	24.2	25.4
1971	113.7	114.9	455.8	338.0	163.0	105.5	64.4	51.1	36.6	31.8	27.1	54.1
1972	149.9	109.0	81.3	82.2	64.4	58.6	48.7	35.1	27.1	26.4	22.0	23.5
1973	81.5	128.9	217.8	210.9	93.9	87.6	55.8	39.8	29.4	28.9	28.2	49.3
1974	288.7	372.2	383.5	377.8	154.5	84.7	58.2	46.1	35.2	32.4	28.3	30.0
1975	119.5	62.3	69.7	65.3	45.2	63.1	32.6	24.6	20.3	21.7	17.3	29.7
1976	69.1	289.6	183.9	120.4	83.9	50.0	36.7	29.2	31.5	27.8	24.4	20.9
1977	50.1	137.4	152.5	170.2	173.3	101.6	58.9	43.9	33.2	31.2	25.6	47.1
1978	189.9	182.0	187.3	153.2	92.9	50.5	40.8	34.6	29.0	26.4	23.1	21.7
1979	80.5	191.9	353.3	353.4	199.2	94.6	69.3	47.1	37.4	33.8	28.9	31.4
1980	54.0	71.1	153.4	100.4	198.2	82.7	52.5	38.2	28.8	27.5	23.2	31.2
1981	214.5	218.1	157.5	136.3	71.4	49.8	35.5	32.1	29.2	24.7	21.2	25.5
1982	75.9	107.0	109.0	178.4	122.9	62.7	40.2	37.3	31.4	37.2	28.1	37.2
1983	81.8	76.6	167.0	287.5	127.2	71.4	53.6	46.7	33.4	32.9	25.4	79.1
1984	123.3	275.2	168.2	131.1	81.7	55.7	44.3	36.9	34.6	34.2	29.8	20.6
1985	141.7	351.3	231.7	211.4	112.2	63.6	44.5	44.0	34.9	30.9	24.3	34.0
1986	88.7	220.5	246.3	301.3	362.7	134.5	77.9	55.3	48.6	37.7	34.5	35.5
1987	72.8	165.7	94.1	89.5	105.5	57.3	37.8	28.8	26.1	23.6	19.4	20.8
1988	48.5	78.3	117.0	174.9	164.6	70.0	46.7	40.3	35.7	27.8	26.1	29.1
1989	64.0	72.4	61.2	53.7	61.8	34.1	21.9	16.8	17.2	17.8	14.9	38.3
1990	156.1	151.7	118.8	133.4	200.0	79.3	50.5	45.6	35.9	31.6	28.0	27.4
1991	49.4	225.2	281.9	331.0	241.4	140.3	69.5	58.6	45.5	43.2	36.1	33.6
1992	44.2	106.4	52.7	65.2	89.4	64.4	46.4	35.1	27.4	28.0	23.8	25.5
1993	52.6	73.6	145.4	209.5	160.7	90.9	57.8	42.7	37.2	37.8	36.8	32.8
1994	124.9	174.0	155.0	236.8	241.0	91.0	61.6	49.6	41.8	37.7	29.5	35.4
1995	105.1	235.2	323.7	299.5	271.9	137.0	88.7	55.6	43.4	39.4	38.1	43.1
1996	93.8	194.4	227.5	95.1	77.9	96.8	50.3	38.8	41.2	36.0	29.7	36.3
1997	96.7	372.4	261.0	316.0	329.6	127.0	81.2	62.4	54.3	42.3	34.7	44.0

续表

年份	6月	7月	8月	9月	10月	11月	12月	1月	2月	3月	4月	5月
1998	85.8	385.2	374.9	152.0	83.7	75.1	51.8	49.9	40.1	37.1	33.2	40.3
1999	91.8	258.9	467.1	356.8	144.8	164.6	73.7	52.9	45.4	49.5	43.3	42.2
2000	114.2	235.9	314.5	203.9	115.7	75.9	52.3	45.4	36.6	33.0	27.2	37.4

经对 1956 年 6 月至 2012 年 5 月的逐月径流系列进行对比分析，并兼顾水电站群的出力过程，选择丰、平、枯三个代表年如下：

丰水年（$P=10\%$）：1995 年 6 月至 1996 年 5 月。

平水年（$P=50\%$）：1958 年 6 月至 1959 年 5 月。

枯水年（$P=90\%$）：1972 年 6 月至 1973 年 5 月。

c. 发电效益

（1）工程自身发电效益。在确定红石岩堰塞湖永久性整治工程正常蓄水位 1200m，死水位 1180m，汛期排沙运行水位（6—9 月）1188m，装机容量 201MW 以及机组机型、额定水头、水头损失及水库运行方式等情况下对电站发电效益进行复核。

根据计算成果（见表 4.4-25），红石岩堰塞湖水利枢纽工程平均每年可为电力系统提供 7.96 亿 kW·h 的电量（枯期电量所占比例达到 40%），为当地及云南省的社会经济发展提供清洁、优质的电能资源。

表 4.4-25　　　　　　　红石岩堰塞湖水利枢纽工程能量指标复核表

项目	单位	数值	项目	单位	数值
坝址控制流域面积	km²	12087	机组台数	台	3
多年平均流量	m³/s	127	单机容量	MW	67
设计洪峰流量（$P=1\%$）	m³/s	3520	年平均发电量	亿 kW·h	7.96
校核洪峰流量（$P=0.05\%$）	m³/s	5820	其中：汛期电量	亿 kW·h	4.73
大坝设计洪水位（$P=1\%$）	m	1200.04	枯期电量	亿 kW·h	3.23
大坝校核洪水位（$P=0.05\%$）	m	1208.06	装机年利用小时数	h	3960
正常蓄水位	m	1200	保证出力	MW	59.8
死水位	m	1180	水量利用率	%	90.79
汛期排沙运行水位（6—9月）	m	1188	最大水头	m	121
正常蓄水位相应库容	亿 m³	1.41	最小水头	m	95
死库容	亿 m³	0.61	出力加权平均水头	m	110.32
调节库容	亿 m³	0.80	额定水头	m	102.5
库容系数	%	2.0	设计引用流量	m³/s	228
装机容量	MW	201			

（2）对下游梯级的补偿效益。红石岩堰塞湖整治工程水库调节库容 0.8 亿 m³，库容系数 2%，具有季调节性能。

红石岩堰塞湖整治工程上游规划有黄梨树多年调节水库，但由于水库淹没等问题尚未开展前期工作，河段上游调节水库匮乏。红石岩水库具有季调节性能，在一定程度上可以蓄丰补枯，提高下游电站的枯期发电效益。下游已建的天花板、黄角树水电站，以及规划的凉风台、陡滩口水电站均可受益于红石岩堰塞湖水利枢纽工程对径流的调蓄作用。

红石岩堰塞湖整治工程正常运行的最高水位为正常蓄水位 1200m，最低水位为死水位 1180m，汛期排沙运行水位 1188m。经分析 1956 年 6 月至 2012 年 5 月的逐月径流调节计算成果，水库多年平均运行水位 1194.11m。红石岩堰塞湖整治工程具有季调节性能，上游象鼻岭水电站水库同样具有季调节能力。每年汛期 6—9 月水库按不超过 1188m 的汛期排沙运行水位运行，10 月进入蓄水期，一般都可以在 10 月末蓄水至正常蓄水位，枯水期水库供水并对枯期来流进行适当调蓄。经分析，下游梯级电站枯期电量可增加 0.23 亿 kW·h，增长 2.2%。

4.4.2.5　区域经济效益

1. 红石岩堰塞坝开发利用方案直接经济效益突出

比拆除方案节省投资 6.1 亿元，红石岩堰塞体规模巨大，最大坝高 103m，总方量达 1000 万 m³，拆除难度巨大、费用高昂。若采用拆除方案，堰塞体开挖渣料总量约 991 万 m³，不仅没有合适的渣场，而且爆破拆除难度极大，拆除后左岸古滑坡体稳定性也将降低，加固处理难度极大，很可能带来新的次生灾害。

2. 促进区域经济增长

随着工程的建设、交通运输条件的改善，可提高当地资源的开发利用水平，增加库区周围居民的经济收入。在工程建设期间，对当地的建筑材料、小型机械和日常生活用品的需求将增加，同时当地的劳动力资源可得到大量利用，增加个人收入和政府税收，由此可以促进当地的消费水平，带动当地经济发展。

整治工程建设形成的大坝、厂房和泄洪池都将是新兴的重要工业旅游资源，极具现代旅游开发价值。从文化视角看，工程本身就是集先进的管理文化、尖端技术和精湛工艺等为一体的现代工业文化景观。工程建设将形成新的旅游景点，电站建设改善的交通条件以及库区水道的形成，都将有助于地区旅游业的快速发展。另外，电站建设期间大量的人流、物流也将给地方服务业的发展创造机会。

3. 促进与水电建设相关产业发展

工程的开发建设还能促进与水电建设相关产业的发展。水电项目的建设，涉及产业面很广，在施工建设期间需要大量的建筑材料、机电设备、建筑机械等。电站运行期间，其巨大的电力、电量将输送到需要电力的各行各业，促进经济社会的发展。

红石岩堰塞湖永久性整治枢纽工程位于牛栏江下游河段，左岸地处云南省昭通市巧家县境内，右岸地处昭通市鲁甸县境内。巧家县是云南省矿产资源富集的重要地区之一，鲁甸县是云南省核桃、优质烤烟主产县。随着整治工程的建设，交通运输条件的改善，提高当地资源的开发利用水平，增加库区周围居民的经济收入。在工程建设期间，对当地的建筑材料、小型机械和日常生活用品的需求将增加，同时当地的劳动力资源可得到大量利用，增加个人收入和政府税收，由此可以促进当地的消费水平，带动当地经济发展。

4. 有利于库区城镇化建设和城乡统筹发展

工程的开发建设，将是当地人民脱贫致富的突破口。大规模的现代化施工技术将给昔日的穷乡僻壤带来文明的信息，增加了对外交流，扩大了视野，提高了当地人民的素质。农村居民用电水平的提高、农村群众的物质文化生活同步得到改善，传统的生产、生活方式和思想观念也会有质的转变，学科学、用科学、依靠科学致富之风将在农村悄然兴起。开工建设后所必需的大量原材料、生活物资和劳动力将带动地方建材、农贸产品、交通运输和第三产业等行业的发展，可解决大量剩余劳动力的就业。

5. 增加地方财政收入

电站运行期还可以使地方财政收入增加。水电站对地方财税收入的贡献主要体现为向地方政府交纳一定的增值税、城建税、教育费附加、所得税、水资源费、库区基金等。

6. 促进受电区经济和环境协调发展

近百年来，经济全球化加速发展。该期间人口激增，由 20 世纪初的 16.5 亿元增至目前 68 亿元，预计 2050 年超过 90 亿元；能源消耗量也剧增（按标准煤计），由 20 世纪初的 15 亿 t 增至现在的 150 亿 t，其中以碳为主要可燃成分的化石燃料占八成以上。若全球平均气温上升 2℃，将可能给人类带来重大影响，突出的表现为：海平面上升、物种灭绝、极端天气事件频率增加、热带传染病北上、全球粮食短缺、水资源供应不足，以及地区冲突增加等，因此必须控制大气中的二氧化碳浓度，实施节能减排。

4.4.2.6 生态环境效益

水电作为清洁可再生能源，其建设和发展一直得到国家的鼓励和支持。水电对我国减轻资源环境压力、应对气候变暖具有十分重要的作用。此外，随着水电的发展，修建的水库为我国的防洪、灌溉、供水、航运等作出了十分重要的贡献。工程的建设投产可有效调整供电区的电源结构，减少供电区燃煤电厂或燃油电厂的建设规模，减少环境污染，改善生态环境。加大西电东送规模，特别是西南水电的外送力度，替代供电区相应的煤电机组将有利于节能减排政策的落实，有利于受电区的环境保护。

项目建成后可替代燃煤火电电量 7.96 亿 kW·h，按火电标准煤耗 $300g/(kW·h)$ 计算，每年可节省标准煤约 23.88 万 t，从而减少大量的废气、废水和废渣的排放所造成的大气污染和环境污染，其环境效益显著。

工程的建设投产及电力的送入可缓解受电区用电供求的矛盾，保障当地经济的快速发展，同时减少受电燃煤电厂或燃油电厂的建设规模，减少煤炭消耗和减轻交通运输和环境污染的压力，促进受电区域社会经济环境协调发展。

4.5 本章小结

堰塞湖开发利用主要考虑四类因素：堰塞体的安全性、开发利用的资源可行性、经济性可行性以及生态环境可行性。堰塞体安全性方面，堰塞体体积、物质组成、溃决后下游影响人口、基础措施、泄洪能力等因子综合影响堰塞体安全性，影响后期堰塞坝建设的成本。资源可行性方面，堰塞湖开发前期需综合评价可利用水资源、水能利用率、洪水调蓄能力、供水能力和旅游前景等。经济可行性方面，主要考虑水电开发成本与收益，包括单位电能投资、发电机组容量等。生态环境可行性方面，考虑节能效益、二氧化碳减排效益、水土流失治理效益和生物多样性影响。为增强堰塞坝开发利用决策的科学性，应以安全性、资源开发可行性、经济性、生态环境可行性等四类因素为基础建立堰塞坝开发利用可行性评价指标体系，进而基于评价指标体系建立综合评价模型，进行综合评分，以得到更加科学的结论。

堰塞坝开发利用勘察与设计 5

5.1 堰塞坝开发利用勘察

堰塞坝开发利用综合勘察技术如图 5.1-1 所示。

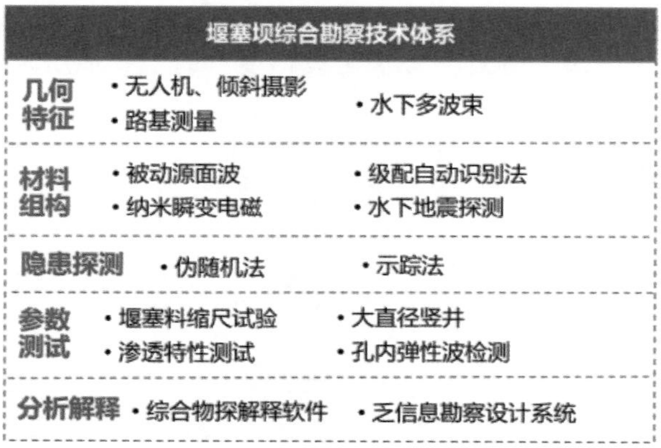

图 5.1-1 堰塞坝开发利用综合勘察技术

红石岩堰塞坝所采用的综合勘察技术主要体现在以下五个方面：

（1）应用无人机、倾斜摄影、路基测量、水下多波束等先进技术，开展堰塞湖核心及相关区域地形及水下地形测量，建立了三维地形模型，获取堰塞坝、水下堆积体及河道的几何特征、地形及相关灾害数据。

（2）首次采用以被动源面波、纳米瞬变电磁、水下地震探测结合级配自动识别法的综合方法查清了堰塞体的材料组成与结构。

（3）采用了伪随机法、示踪法等进行堰塞体渗漏探测，探测结果表明红石岩堰塞体没有明显的渗漏通道。

（4）开展了堰塞料缩尺试验、大直径竖井、渗透特性测试、孔内弹性波检测等材料参数测试，查清了堰塞体的材料参数。首次在堰塞坝顶布置 3 个大直径勘探竖井（D1.5m），最深达 97m 见基岩，表明堰塞体堆积密实度较好，更精确地查明了堰塞坝物质组成，论证堰塞体防渗墙方案可行。

（5）采用以上方法和手段首次对堰塞体开展了系统、全面地综合勘察，并辅之以自主研发的滑坡体综合物探解释软件、乏信息勘察设计系统、三维地质系统等进行分析解释，为后续设计提供了科学依据。

基于红石岩堰塞坝综合勘察的研究及实践，建立堰塞坝综合勘察技术体系研发了堰塞坝勘察技术与设备，查清了堰塞体的材料组构，揭示了堰塞体物质组成及空间分布特征，确定了物理力学指标和材料参数；与此同时，还利用地质测绘、地形数据、综合物探数据、重型勘探（含大竖井）数据等，基于自主研发的三维地质系统，构建了红石岩堰塞湖核心区的三维地质模型，为后期综合整治设计提供了可靠的数据依据。

5.1.1 地质测绘技术应用

考虑研究区域山体雄厚，边坡陡峻等地理、地质环境状况，通行条件极为有限，传统的实地勘察方法难以实施，必须采用远距离、非接触、高精度的勘察手段来辅助此次的调查与研究。

采用无人机航拍测量技术辅以地面像控点，并结合地面三维激光扫描仪获取的点云数据进行加工处理，实现地形图的测量、地形地貌、物理地质现象、边坡结构、不稳定体（包括危岩体）等信息的采集，制作可以满足设计要求的工程地质勘察所需的基础测绘地质信息（见图 5.1-2）。

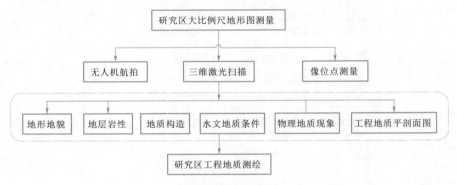

图 5.1-2 工程地质测绘技术应用

枢纽区 1：500 地形图采用地面三维激光扫描仪进行测量，面积约 1.6km^2。枢纽区 1：2000 地形图则采用低空无人机航摄成图，面积约 8.8km^2。对于堰塞湖 1180m 以下高程无影像覆盖区域采用地面三维激光扫描仪进行补测。像控点通过 RTK 全站仪来采集，当平面收敛精度达到 2cm，垂直收敛精度达到 5cm 时进行像控点数据采集。

1. 无人机低空摄影测量技术

低空无人机倾斜摄影技术是近年来航测领域逐渐发展起来的新技术，相对于传统航测采集的垂直摄影数据，通过新增多个不同角度镜头获取具有一定倾斜角度的倾斜影像。

低空倾斜摄影技术在地质测绘上的应用具有以下优势：

（1）高分辨率。倾斜摄影平台搭载于低空飞行器，可获取厘米级高分辨率的垂直和倾斜影像。

（2）获取丰富的地物纹理信息。倾斜摄影从多个不同的角度采集影像，能够获取地物侧面更加真实丰富的纹理信息，弥补了正射影像只能获取地物顶面纹理的不足。

（3）高效自动化的三维模型生产。通过垂直与倾斜影像的全自动联合空三加密，无须人工干预,即可全自动化纹理映射,并构建三维模型。

(4)逼真的三维空间场景。通过影像构建的真实三维场景,不仅拥有准确地物地理位置坐标信息,而且可精细地表达地物的细节特征,包括突出的屋顶和外墙,以及地形地貌等精细特征。

采用无人机为德国 MD4-1000 型四旋翼无人机,对研究区进行正射测量和倾斜测量。MD4-1000 型四旋翼系统是一种全球技术领先的垂直起降小型自动驾驶无人飞行器系统,可用于执行资料收集、协调指挥、搜索、测量、通信、检测、侦查等多种空中任务。相比其他的无人机拥有更大的任务载荷,更强的抗风能力,更长的续航时间,更优秀的姿态控制(见图5.1-3)。

图 5.1-3 无人机飞行控制

正射测量用于获取平面数据,倾斜测量用于获取高程数据和实景三维模型。共布置了 18 飞行架次,飞行路线布置图及参数设置如图5.1-4所示(利用 modCockpit 软件对飞行航线进行了布置,图中灰色粗线为计划飞行路线,彩色粗线为当前飞行路线)。首先进行了研究区的正射测量,获取平面数据,再通过室内的处理最终生成了研究区的高精度航拍正射影像图(见图 5.1-5)。然后按照 45°倾角及 60°倾角获取了高程数据及研究区高陡边坡的立面信息,对需要重点研究的范围进行悬停精细拍摄,获取更为精细的数据。此次无人机倾斜摄影航拍获取的影像均采用 INPHO 全数字摄影测量软件系统进行影像处理。

图 5.1-4 飞行路线布置图及参数设置

利用 POS 数据结合地面像控点进行影像空中三角测量,数据平差模型为光束法区域网平差。数据处理时,根据每次平差后生成的平差报告文件,对误差较大的像控点及模型连接点进行调整,平差的内部符合精度满足相关要求,并可获取研究区高分辨率正射照片、地形图、数字三维模型等成果(见图 5.1-6)。

图 5.1-5　数字三维模型

图 5.1-6　堰塞体历史影像对比

通过对这些成果的分析，可以从各个角度对研究区进行观察，可以识别裂缝、地物、地质体（危岩体），以适应对研究区不同程度的研究。

2. 三维激光扫描技术

三维激光扫描技术又称实景复制技术，能够完整并高精度地重建扫描实物及快速获得原始测绘数据。其最大特点就是精度高、速度快、逼近原形。它将传统测量系统的点测量扩展到面测量，可以深入到复杂的现场环境及空间中进行扫描操作，并直接将各种大型、复杂实体的三维数据完整地采集到计算机中，进而快速重构出目标的三维模型及几何数据，而且用所采集到的三维激光点云数据还可以进行多种后处理工作。

三维激光扫描技术采用的是奥地利 RIEGL VZ-4000 型三维激光扫描仪。RIEGL VZ-4000 作为新推出的 VZ 系列三维激光扫描仪，提供了高达 4km 的超长距离测量能力，并且沿用了 RIEGL 其他扫描仪对人眼安全的一级激光。VZ-4000 甚至可以在沙尘、雾天、雨天、雪天等能见度较低的情况下使用并进行多重目标回波的识别，在高陡边坡地形条件复杂、局部地方人员难以到达的困难环境下也可轻松使用。

VZ-4000同时提供竖直60°、水平360°的广阔视场角度范围。内置5m像素的数码相

机可通过棱镜旋转获取覆盖整个视场和一定数量的高分辨率的全景照片，这些全景照片可与VZ-4000的测量成果相结合，创建三维数字模型，为地质以及岩土的调查提供相应的服务保障。

研究区两岸边坡高陡，尤其是危岩体发育的B1滑坡、H1滑坡、珍珠岩边坡，局部甚至反倾。为了得到更为准确的边坡数据，采用RIEGL VZ-4000对边坡进行精细的扫描，分别在右岸开挖平台对左岸H1滑坡陡壁及堆积体进行了扫描（见图5.1-7），在河床堰塞体上对右岸下部陡壁进行了扫描，在左岸古滑坡堆积体上对右岸边坡及堰塞体进行了扫描，对珍珠岩边坡也进行了扫描。扫描完成以后，对扫描的点云数据进行拼接，得到相对位置准确的

图5.1-7 运用三维激光扫描仪对H1古滑坡进行扫描

三维点云图，并与无人机测量的三维模型结合，对无人机测量的数据进行补充，得到更为精确的数字三维模型（见图5.1-8）。

图5.1-8 工程区实景三维模型

3. 地形图的绘制

结合无人机和三维激光扫描的数据，生成了研究区等高距分布是2m、5m，比例为1：1000的大比例地形图。考虑到研究区地形条件，结合全站仪和RTK对研究区进行了像控点的测量，匹配地形图的坐标系为国家2000的大地坐标系和国家1985的高程坐标系

（见图 5.1-9 和图 5.1-10）。

图 5.1-9　全站仪控制点测量　　　　　　图 5.1-10　RTK 控制点测量

4. 现场踏勘工作

（1）踏勘工作主要内容。为了查明堰塞体的物质组成以及岸坡的地层岩性和构造特征，对研究区开展了全面的现场踏勘工作，沿着一定的观察路线作沿途观察：①在关键的点上进行定点、详细观察和描述、测量和取样（见图 5.1-11 和图 5.1-12）。②选择典型地段测绘工程地质剖面。③必要时进行相关调查、勘探和现场试验（见图 5.1-13～图 5.1-16）。采用穿越法、追索法、布点法三种布置方法完成了大比例尺的研究区工程地质填图工作。

图 5.1-11　地质点的定点与描述　　　　　　图 5.1-12　钻孔编录

图 5.1-13　危岩体调查　　　　　　图 5.1-14　斜坡裂缝调查

图 5.1-15 平调编录   图 5.1-16 现场试验

（2）野外地质踏勘 GeoGPS 集成技术应用。野外踏勘工作中，采用了一种基于 Andriod 操作系统 GeoGPS 集成技术的便携式智能设备工程地质测绘方法。该方法主要包括了地形地质资料信息技术检索；影像数据、地形数据、区域地质图、地震区划图、设计对象及三维地形 DEM 数据的坐标校正、配准并转换为 WGS84 直角坐标系或地理坐标系；创建二维及三维地质信息 GIS 数据库；野外在便携式智能平板电脑或手机中直接打开二维或三维地质信息库，启动 GPS 系统，跟踪行走路线，实时报警导航；野外自动记录地质点及地质界线的文本、照片、音频及视频信息，并存入 GIS 数据库；野外收集到的地质点、线、面及体的坐标信息转换为工程坐标，经格式转换后存入CAD 格式平面地质图上；GIS 数据库更新后与后方专家同步互动，动态更新，完善野外工程地质测绘的质量控制程序；该工作方法基于 Andriod 操作系统，较 Windows 操作系统软件耗用内存少且设备携带方便；利用 GIS＋GPS 集成技术，经坐标处理后野外定位精确；建立动态更新的二维及三维地质信息 GIS 数据库，地质记录信息包括了音频、视频信息，野外操作直观简单，内容层次清晰，无重复和遗漏，改变了以往单纯的文字＋照片信息的记录方式，提高了野外工作的效率，且通过与后方专家的同步沟通，填补了野外工程地质测绘系统性质量控制程序的空白，亦可及时调整工作计划，野外地质测绘目标更明确（见图 5.1-17）。

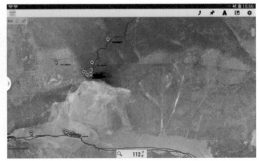

图 5.1-17 GeoGPS 野外地质勘察技术应用

5.1.2 堰塞坝综合物探技术

堰塞体的物探探测对于工程物探界来说是一大难题。堰塞坝内部结构疏松,密实度差,一般呈松散~稍密状态,本身的物理力学性质较差,其变形模量一般也较低。同时,堰塞体崩塌堆积体往往具有物质组成、结构特征的不均一性,地形起伏较大,表面广泛分布有大孤石、块石,架空现象严重,堆积深厚,不同部位堆积体厚度的不等性等特点,影响坝体的安全和稳定。

通过文献搜集与分析,专门针对堰塞坝的地球物理探测工作的相关资料很少。唐家山堰塞湖导流渠地层结构的地球物理探测是能查到的为数不多的中文文献,该文仅对导流渠地层结构进行了探测。红石岩堰塞坝由于沉降时间十分有限,且滑坡体的崩塌堆积有两期,最大厚度超过120m,对其进行地球物理探测面临许多难题。因此,鉴于堰塞体的复杂特性研究适合的综合物探探测方法具有十分重要的意义。

1. 红石岩堰塞体概况

堰塞体位于原红石岩水电站取水坝下游600m处,在取水坝与厂房之间。航测资料及原始地形初步测算,堰塞体为快速倾倒崩滑,其物质均分别来自左右岸高处,颗粒大小总体较均匀,但左右岸的物质组成存在一定的差异——在靠近河床左岸颗粒组成相对较细,右岸相对较粗。堰塞体地形起伏较大,表面广泛分布有巨石、块石,其余部分表面有薄层土壤和灌木分布,架空现象严重。堰塞体地形地貌及工作条件如图5.1-18和图5.1-19所示。

图 5.1-18　红石岩堰塞湖区航拍图　　　　　　图 5.1-19　堰塞体及堰塞湖

根据地质资料,在"8·03"鲁甸地震之前,该河段左岸有规模较大的古滑坡,形成于1000年前左右,古滑坡也曾造成该段河道堵塞。这次地震的崩滑体覆盖在古滑坡和现代河床之上形成新的红石岩堰塞湖。因此,地震之后该河段的地层关系如图5.1-20所示。

2. 探测目标

红石岩堰塞坝物探工作的主要目标就是探测堰塞体古滑坡和其规模,分析其物质组成不均匀分布和相对密实度。

3. 工作难点与对策

该次物探工作探测对象的地质、地球物理特征特殊、复杂,一些常用的物探方法均不具备开展工作的地球物理前提和环境条件,而且由于勘察周期短,钻探、竖井、地质等专

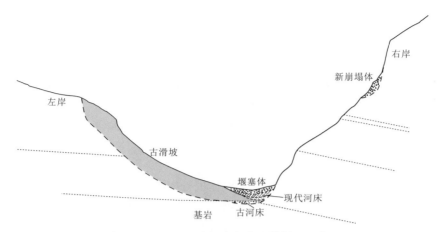

图 5.1-20 红石岩堰塞坝中段横剖面示意图

业与物探同时在有限的场地中开展工作，对物探工作干扰因素较多。针对物探工作面临的难点，根据以往经验和现场试验采取了相应的对策，尽最大努力完成物探探测任务。

（1）工作难点。

1）堰塞体：①堰塞体为快速倾倒崩滑堆积，地形起伏较大，表面广泛分布有大孤石、块石，架空现象严重，堆积深厚，且物质组成不均匀性明显，不具备高密度电法、大地电磁法和探地雷达法的工作条件；②堰塞体物质组成不均匀、无明显层状结构和弹性波速分层，不具备浅层折射波法、浅层反射波法、折射层析成像法的工作条件；③堰塞体靠右岸的区域由于安全原因无法开展物探工作。

2）古滑坡体：①古滑坡浅表部岩溶发育，岩体破碎，多见溶孔，溶隙，且块体大小不一，表面大部分区域分布有大孤石、块石，局部表面有薄层土壤和灌木分布，架空现象较严重，绝大部分区域不具备高密度电法、充电法、自然电场法、大地电磁法和探地雷达法的工作条件；②古滑坡体中部及靠近下游的区域滑坡体物质组成不均匀性，无明显层状结构和弹性波速分层，不具备浅层折射波法、浅层反射波法、折射层析成像法的工作条件；③古滑坡局部地形陡峭、大粒径块石堆积，无法开展物探工作。

3）干扰因素：①地表孤石多，架空严重，起伏大；②局部区域孤石多，坡陡，灌木丛生，施工难点大；③现场的钻探施工，以及竖井施工大功率电机、大吨位夯锤的影响；④天然采石场，破碎机，大型运输车辆；⑤现场堆放的金属施工材料、建材等。

4）地球物理特征的不利因素：①堰塞坝和古滑坡体内部结构以疏松为主，密实度差，物质组成、结构特征不均一，地形起伏较大，表面广泛分布有大孤石、块石，架空现象严重，且堆积深厚，最大厚度超过 120m，堰塞体和古滑坡的地球物理特征决定了能够有效开展的物探方法较少；②从物性上看，河床冲积层与上覆的古滑坡体没有明显的差异，应用物探手段无法将河床冲积层与上覆滑坡体分开；③堰塞体的崩塌堆积体与下伏现代河床冲积层之间、堰塞体与古滑坡体之间、古滑坡体与古河床之间的弹性特征和电性特征差异不明显，应用物探方法很难将两者分开。

（2）有利条件。

1）崩塌堆积体与下伏基岩之间存在着明显的弹性波差异和电性差异，同时在崩塌堆积体内部由于物质组成的不均匀性，也存在弹性波差异和电性差异，这为物探探测提供了基本的地球物理条件。

2）古滑坡体与下伏基岩之间存在着明显的弹性波差异和电性差异，在滑坡体内部由于物质组成的不均匀性，同样存在明显的弹性波差异和电性差异，这为物探探测提供了较好的地球物理前提。

3）从物性上看，全风化、强风化或较破碎的岩体的物性参数与完整岩体的物性参数有一定差异，应用物探方法能够大致判断完整岩体与破碎岩体。

（3）对策。

1）采用综合物探方法对堰塞体和古滑坡体进行探测。

2）开展包括弹性波类、电性类的多种物探方法对于堰塞体和古滑坡体探测适宜性充分的研究与试验，在此基础上选择最优方法，确定工作方案。

3）将 3S 与三维建模与可视化技术应用于物探资料的解释与分析，提高物探成果的展示与应用效果。

4. 方案设计与实施

（1）物探方法适宜性试验。根据探测目标，在分析堰塞体、古滑坡的地质、地球物理特征和常用物探方法的适用条件后，在堰塞体、古滑坡上主要就浅层反射波法、被动源面波法、纳米瞬变电磁法、高频大地电磁测深法等方法的适宜性开展了试验工作。试验结果表明以下方面：

1）浅层反射波法：在堰塞体上，反射波波组杂乱，多次反射明显，无明显同相轴，连续性差，也不能有效追踪目的层，不具备该方法的适用条件。在古滑坡相对密实，有植被、土层分布的区域，地震反射波经地层反射能达到目的层深度，反射波同相轴连续性好，有效探测深度可达 $30\sim80\mathrm{m}$，能有效追踪目的层。在堰塞体上开展地震反射试验，不能形成有效反射界面，探测达不到目的层深度，该方法不可行；在古堰塞体局部区域采用地震反射法能够探测到目的层深度，是可行的。

2）被动源面波法：根据现场条件，采用 36 道检波器的三角排列和直线排列，在堰塞体和古滑坡上探测是可行的，探测深度为 $80\sim120\mathrm{m}$，能较好地反映堰塞体和古滑坡体的地下速度分布情况，但对于浅部 20m 以内的探测效果不好。其成果可用于判定堆积体的底界面、岩体完整性等，相对速度还可用于评价堆积体的相对密实程度。

3）纳米瞬变电磁法：在堰塞体和古滑坡体上利用纳米瞬变电磁法进行探测是可行的，其成果可与被动源面波的速度成果一同用以分析堆积体的底界面、相对密实程度、岩体完整性等。

4）高频大地电磁测深法：根据试验成果和接地条件，可以在古堰塞体局部植被少量发育的区域开展大地电磁测深法测试工作；新堰塞体由于是新的崩塌碎石堆积体，巨大石很多，内部架空现象严重，表层没有土层，不宜开展大地电磁测深法工作。

（2）综合物探方法选择。根据试验成果与结论，针对探测目的及任务，确定的工作方案如下：

1）堰塞体和古滑坡体物质不均匀分布、相对密实情况：以被动源面波法和纳米瞬变电磁法为主要方法，钻孔全景彩色数字成像为辅助方法。

2）泄洪后堰塞体上游堆积物和河床冲积层厚度探测：以浅层反射波法为主要方法，高密度电法为辅助方法。

3）古滑坡体深部电性特征、古滑坡体边界、软质岩带、隐伏构造：以高频大地电磁测深法为主要方法，被动源面波法和纳米瞬变电磁法为辅助方法。

4）古滑坡体厚度和规模：以被动源面波法和纳米瞬变电磁法为主要方法，浅层反射波法为辅助方法。

确定以上方案后，被动源面波法和纳米瞬变电磁法基本覆盖了堰塞体和古滑坡体整个工作范围；浅层反射波法的工作区域为古滑坡靠近上游的区域以及泄洪之后堰塞体上游河床；高频大地电磁测深法仅在古滑坡地表接地条件较好的区域开展了工作。由于物探外业工作期间余震不断，右岸边坡不时有崩塌体滚落，堰塞体靠右岸区域未能开展物探探测工作。图 5.1-21 为综合物探探测工作现场。

（a）浅层反射波法

（b）被动源面波法

（c）高频大地电磁测深法

（d）纳米瞬变电磁法

图 5.1-21　综合物探探测工作现场

5. 资料解释与成果分析

（1）资料解释。图 5.1-22～图 5.1-25 分别为浅层反射波法、被动源面波法、高频大地电磁测深法、纳米瞬变电磁法的典型图。

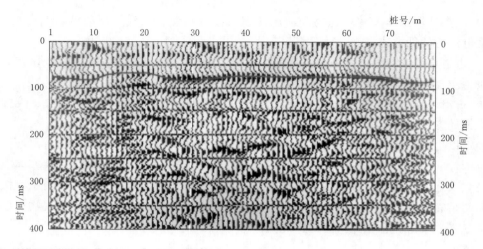

图 5.1-22 浅层反射波法波形图

（图中红线为滑坡体底界面）

图 5.1-23 被动源面波法波速图

（图中白色虚线为滑坡体底界面）

　　堆积体底界面、基岩顶面深度解释：采用多种物探方法的探测成果，结合地质、钻探和测绘资料，对堰塞体、古滑坡体的底界面深度及其物质不均性和相对密实情况进行综合解释。对堰塞体采用被动源面波法与纳米瞬变电磁法相结合的方法；在古滑坡体上采用被动源面波法与浅层反射波法为主，纳米瞬变电磁法为辅的方法进行解释。

　　（2）成果与分析。

　　1）堰塞体规模。堰塞体厚度一般在 30～70m，最大厚度为 78.1m，平均厚度41.9m。整体上看，堰塞体迎水面和背水面较薄，厚度在 10～30m，背水面尾部最薄；中部最厚，厚度在 50～70m；河床部位厚，左、右两岸薄，如图 5.1-26 所示。

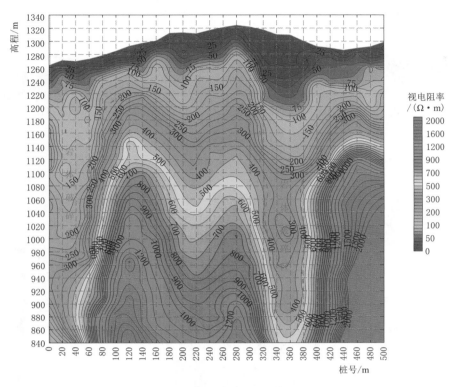

图 5.1-24 高频大地电磁测深法视电阻率断面图
(图中有两个明显低阻异常带)

依据测量边界和物探解释成果推算，堰塞体覆盖范围面积约 25.2 万 m^2，方量约 1056 万 m^3。

2）古滑坡体规模。在古滑坡体边界范围内，古滑坡体（含河床冲积层和全强风化层）厚度一般在 50～110m，最大厚度 154.7m，平均厚度 65.6m。滑坡体的厚度分布总体上是古滑坡的中部，厚度在 80～140m，边缘区域较薄，厚度在 100m 以下，如图 5.1-27 所示。

在古滑坡体边界范围内，推测古滑坡体上游边界延伸长度约 1100m，古滑坡体（含河床冲积层和全强风化层）厚度一般在 50～110m，平均厚度 65.6m；古滑坡体覆盖范围面积约 85.9 万 m^2，方量约 5636 万 m^3。

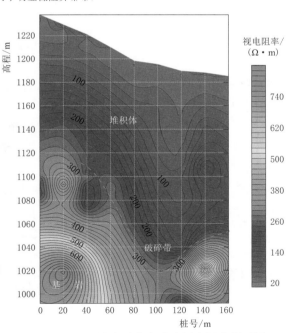

图 5.1-25 纳米瞬变电磁法视电阻率断面图
(图中红色虚线为滑坡体底界面)

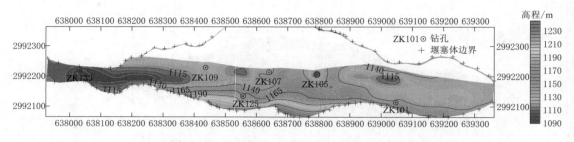

图 5.1-26　堰塞体厚度等值线图（单位：m）

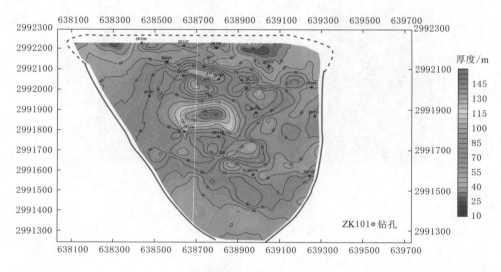

图 5.1-27　古滑坡体厚度等值线图（单位：m）

3）物质组成不均匀性和相对密实情况。首先，由于被动源面波的波速与崩塌堆积体的密实度的变化有着较好的一致性，波速较小的区域堆积体松散，波速高的地方堆积体相对较密实。需要引起重视的是，除了松散的崩塌堆积体外，密实程度好、阻水性较好的黏土的面波波速也会在 500m/s 以下，应结合其他资料综合判定。其次，视电阻率的大小与岩体的相对密实度没有相关性。

根据工程经验，结合工区地质地球物理特征，崩塌堆积体的相对密实度的确定按表5.1-1的标准来划分。

表 5.1-1　　　　　　　　　　　　堆积体的相对密实度分类表

序号	波速范围 /(m/s)	相对密实分类等级	序号	波速范围 /(m/s)	相对密实分类等级
1	$v_R>800$	相对密实	3	$500 \geqslant v_R>0$	相对松散
2	$800 \geqslant v_R>500$	中密实			

堰塞体相对密实情况：根据实测面波波速结果对堰塞体的相对密实度作定性分类，较密实（波速大于800m/s）的仅有极少量零星分布，中等密实的（波速为500～800m/s）区域占总体积的70%以上，较松散的（波速小于500m/s）区域占总体积的近30%，主要分布在表层。

古滑坡体相对密实情况：根据实测面波波速结果对古滑坡体的相对密实度作定性分类，较密实（波速大于800m/s）的仅有极少量零星分布，中等密实的（波速为500～800m/s）区域占总体积的85%以上，较松散的（波速小于500m/s）区域占总体积约10%，主要分布在古滑坡体中部以及与堰塞体接触的区域。

4）红石岩堰塞湖勘探区视电阻率三维模型。应用瞬变电磁法得出的视电阻率成果，构建了勘探区的视电阻率三维模型，如图5.1-28所示。图中粉红色点为物探测点，红色点为钻孔点位。

通过视电阻率三维模型可以大致弄清堰塞体物质的空间分布规律。

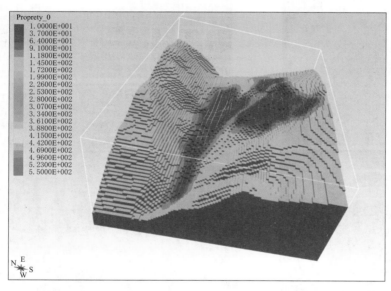

图 5.1-28　红石岩堰塞湖勘探区视电阻率三维模型

5.1.3　堰塞体重型勘察

工程地质勘探是利用一定的机械工具或开挖作业深入地下了解地质情况的工作。在地面露头较少、岩性变化较大或地质构造复杂的地方，仅靠地面观测往往不能弄清地质情况，这就需要借助地质勘探工程来了解和获得地下深部的地质情况和资料。工程地质常用的勘探工程有钻探和开挖作业两大类。

钻探是利用钻机向地下钻孔以采取岩心或进行地质试验的工作。工程地质钻孔的深度通常仅数十米到数百米。红石岩堰塞坝上共完成34个钻孔，共4698.07m，全部深入到基岩，基本探明了堰塞坝的物质组成和物理力学性状等基本地质条件。

为揭露地质情况，在地表或地下挖掘不同类型的坑道工程，主要形式有探坑、探槽、竖井和平洞等。其特点是地质人员可直接观察被揭露出的地质现象,采取各种岩土试验样品和直接进行岩土原位试验。红石岩堰塞坝上共完成3个直径达1.8m的竖井,其中最深的竖井达97m,已深入到基岩,并在竖井中进行了摄像、试验等勘察探测技术,如图5.1-29所示。

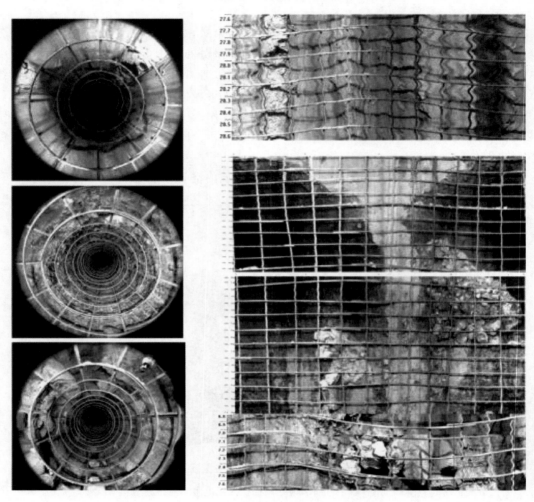

图5.1-29　堰塞体大直径孔内及平铺图

该阶段共施工完成3个竖井。利用这3个竖井进行了一系列的地质调查、物探、岩土试验、测试等综合勘察工作。其中,测试项目有全井壁数字成像和井下视频。竖井参数见表5.1-2。

表5.1-2　　　　　　　　　　竖 井 参 数 表

序号	竖井编号	竖井位置	设计井深/m	实测井深/m
1	SJ1	堰塞体中部	87.0	30.3
2	SJ2	堰塞体迎水面	41.0	27.5
3	SJ3	堰塞体背水面左面	97.0	71.1

检测过程说明：3个竖井在施工过程中都采用水泥浆及砂浆护壁，施工完成后又使用直径100~130cm的钢筋笼护壁，所以竖井井壁有大面积水泥砂浆护壁，且厚度大。在进行物探测试之前，竖井井壁虽已清洗多遍，但仍然无法冲刷干净，且竖井施工区域属于崩塌堆积体，施工过程中及施工完成后都不断有碎石掉落，甚至部分孔段有坍塌，特别是清洗时，坍塌更为严重，给成像工作带来很大困难。由于测试工作条件等客观因素限制，该次测试全孔壁数字成像不理想，井下视频效果稍好，仅能作简要分析。

5.1.4　地质勘察岩土试验

岩土试验是工程地质勘察的重要组成部分，分为使岩、土试样脱离母体的取样试验和在岩、土体上直接进行的原位试验。

取样试验一般在实验室内进行，主要测定：①表征岩、土结构和成分的指标；②渗透性指标；③变形性能和强度指标。

岩体的原位试验包括变形试验、强度试验和地应力测试3个方面。在变形试验中，有测定岩体各种模量的承压板法和液压枕法，以及测定隧洞围岩抗力系数的经向液压枕法和水压法。强度试验主要为岩体的直剪和抗压试验。抗压试验常与承压板法变形试验结合进行。原位三轴试验也在探索研究中。地应力测试可在钻孔中或岩体、地下洞室围岩表面上进行，直接测得岩体的应变，再用岩体变形参数计算地应力。

红石岩堰塞坝由于物质组成较为复杂，试验难度较大，采用了取样试验和原位试验，通过现场施工检验，发现后期施工与前期的试验成果较为吻合。

1. 实验现场取样与实验项目内容

根据地质勘察的需要，2014年8月24—26日，岩土试验项目组第一次前往红石岩堰塞湖，并按照地质工程师的指定地点完成第一次现场取样工作。于2014年11月第二次前往红石岩堰塞湖区域取心墙土料样品，于2015年3月2日，第三次前往红石岩堰塞湖现场试验和取样，2015年4月又多次前往红石岩堰塞湖整治工程现场试验。图5.1-30~图5.1-33为部分现场取样、试验工作情况照片。

图 5.1-30　堰塞坝体右岸取样

图 5.1-31　左岸古滑坡脚取样

图 5.1-32　堰塞坝体岩石取样及部分岩石磨片取样区域

图 5.1-33　水工、地质及科研专业人员现场试验定点确认讨论

2015 年 3 月 4—5 日，在水工、地质专业人员的支持配合下，共同确定了现场堰塞新堆积体、古滑坡体、下游河床冲积层增加试验的试验点，试验项目包括现场密

度、颗粒分析、渗透性以及浅层平板载荷试验等，并将样品取回完成相应的室内试验工作。

2. 试验完成情况

根据《云南省牛栏江红石岩堰塞湖整治水利枢纽工程初步设计阶段工程地质勘察任务书》及地质工程师的试验要求，现场完成堰塞新堆积体、古滑坡体、河床冲积层密度、颗粒分析、渗透性试验以及相应取样，完成了心墙土料场天然密度、含水率以及土料的室内物理力学性质试验，并按照要求完成了室内岩石试验和水质简分析试验。

截至 2015 年 6 月，红石岩堰塞湖整治工程地质勘察阶段完成的堰塞新堆积体、古滑坡体、河床冲积层、心墙土料、岩石及水质简分析试验工作量分别见表 5.1－3～表 5.1－7。

表 5.1－3　　　　　　红石岩堰塞湖整治工程堰塞新堆积体试验工作量

试验项目	现场试验					大型相对密度试验	室内试验								
	密度（灌水法）	含水率	比重	颗粒分析	平板载荷试验		密度	含水率	比重	液塑限	颗粒分析	击实	固结	直剪	渗透
组数	7	10	19	19	6	1	10	10	16	16	16	—	8	7	2

表 5.1－4　　　　　　红石岩堰塞湖整治工程古滑坡体试验工作量

试验项目	现场试验					大型相对密度试验	室内试验								
	密度（灌水法）	含水率	比重	颗粒分析	现场渗透		含水率	比重	液塑限	颗粒分析	自由膨胀率	击实	高压固结（1.6MPa）	直剪	渗透
组数	6	6	28	22	4	1	1	13	13	13	4	3	6	6	3

表 5.1－5　　　　　　红石岩堰塞湖整治工程河床冲积层试验工作量

试验项目	现场试验					室内试验							
	密度（灌水法）	含水率	比重	颗粒分析	现场渗透	密度	含水率	比重	液塑限	颗粒分析	自由膨胀率	高压固结	直剪
组数	2	2	9	9	2	4	4	7	7	7	1	4	4

表 5.1－6　　　　　　红石岩堰塞湖整治工程心墙土料试验工作量

试验项目	现场试验			比重	液限	塑限	大型击实	大型渗透	轻型击实	小型渗透	膨胀率	膨胀力	收缩	湿化	高压固结（1.6MPa）	直剪	中型三轴剪切	
	密度	含水率	颗粒分析														CU剪切（测孔压）	CD剪切
组数	13	17	13	11	9	9	2	2	6	6	6	6	6	6	12	10	6	3

表 5.1－7　　　　　　红石岩堰塞湖整治工程室内岩石及水质简分析试验工作量

试验项目	比重	密度	自然吸水率	饱和吸水率	抗压强度	压缩变形	直剪试验	岩矿鉴定	岩石试件加工（件）	水质简分析
组数	37	36	36	36	72	38	19	12	349	6

5.1.5 三维地质建模技术

工程勘察设计涉及测量、勘探、地质、土建、坝工、引水、厂房、施工等众多专业，其中工程地质专业在工程前期枢纽布置设计阶段和工程施工详图设计阶段都处于重要的基础位置。利用地形数据和勘探资料建立满足设计精度要求的三维地质模型，并输入设计平台供设计专业直接利用，是实现工程三维协同设计的必要条件之一。当前，工程地质勘察信息化、三维化等计算机应用还存在许多不足，主要体现在工程地质勘察数据流程管理、数据采集、数据处理、数据分析、数据利用等比较落后手段。

计算机辅助进行地质信息的采集、存储、加工、分析、制图，以及建立三维地质模型并进行相应的空间分析和决策支持一直是地质研究、地质勘探、工程地质、水文地质、矿业工程等科技工作者的梦想。随着人类岩土与地质工程活动（包括采矿、隧道与水电工程建设等）的加剧，为工程建设场地建立三维地质模型将成为发展趋势。

该次研发工作是为工程建设新的需求而提出的，旨在开发出工程三维地质系统（以下简称"三维地质系统"）提高工程勘察设计质量和效率，以利勘察设计企业更好地服务于工程建设。其总体目标是，以工程三维地质系统的研究开发与应用，推进工程设计行业工程勘察信息化水平，以创新信息化手段提升工程勘察的质量和效益，促进设计专业三维设计技术共同发展。

5.1.5.1 建模技术与平台软件研发

1. 技术方法

工程三维地质系统以地质点源信息系统的理论与方法为基础，根据结构-功能一致性准则，地质点源信息系统的结构可分为内、中、外 3 层（见图 5.1-34）。内层为核心的数据管理层，由下部的主题式对象-关系数据库子系统与上部的数据仓库组成，用于实现数据组织、存储、检索、转换、分析、综合、融合、传输和交叉访问；外层是技术方法层，包括各种高功能的应用硬、软件模块和空间分析技术、三维可视化技术、CAD 技术、人工智能技术系统或模块；中层是功能应用层，包括数据综合整理、三维地质建模，勘察图件编绘以及工程地质条件分析、评价等 3 个层次，用于实现功能处理和决策支持。

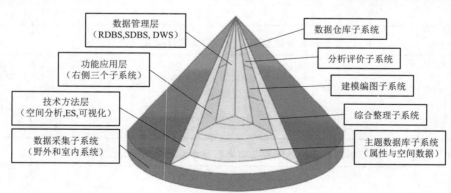

图 5.1-34　以主题式点源数据库为核心的地质信息系统逻辑结构

三维地质系统基于 QuantyView 平台，充分利用原平台的三维建模与模拟模块，其中包含一些关键技术，如在三维建模算法（线性插值、克里金插值、半基函数插值等）方面，研究如何在保证精度的情况下，更合理地模拟地层面、断面与节理等构造、三维体拓扑结构的表达、三维体剪切与挖洞技术等，在此基础上针对水电工程的特点，研制一些适合于水电勘查的实体模型，如地下洞室漫游、虚拟开挖及与工程地质模型的关系，体积方量计算方法等。三维地质系统充分吸收了一些流行的工程设计与三维建模软件操作方式与操作习惯，便于用户方便和快速地掌握；还集成了常用的 CAD 软件、数据库软件和 GIS 软件的功能，实现了水利水电工程地质勘察的多源、异构和异质数据的一体三维可视化存储、管理、处理和应用，并妥善地解决了与工程设计的流畅对接和应用。

2. 技术方案

研发技术方案是以 QuantyView 软件作为三维地质系统二次开发平台，采用 IDL、VC.NET、SQL 等计算机编程语言，集成地理信息系统（GIS）、数据库（DB）、辅助绘图（CAD）、网络通信（WEB）、地质三维建模与空间分析（3DGM）等信息化处理与专业分析技术，参考工程地质勘察业务流程，按照软件工程标准和行业技术规范要求，自主研发工程地质勘察三维信息化系统，包含数据库与数据管理、三维建模与模型分析、二维辅助编图、网络数据查询与统计四个子系统和一个外部软件接口模块。项目研究开发及应用技术线路如图 5.1 - 35 所示。

3. 地质建模方法与技术

（1）工程勘察数据库设计系统采用 SQL Server 2000 企业版数据库作为后台数据库服务器。SQL Server 2000 具有高性能，优化的数据操作算法及对数据严格的保护等特点。用户通过管理员分发的动态变更的个人密钥文件登录，保证系统数据库的安全。数据库内容包含工程项目、勘探布置、编录描述、地质点、实测剖面、钻孔、平洞、探井、探坑、探槽、施工边坡、施工洞室、物探与测试、取样与试验、地面测试、长期观测、地质巡视、资料登记、工程成果等十多个大类，每一个大类由多个数据表所组成。

（2）数据管理、查询、统计功能实现。数据管理指对工程勘察过程中获得的原始勘探数据的采集、存储、加工、校审、修改等。通过组建内部局域网，用户可以在系统环境中协同进行数据管理工作。数据查询分为单表查询和专题查询，其中专题查询又可分为构造查询、取样查询、风化卸荷查询、测试查询、图件查询、资料查询、工作量查询等。数据统计一般是针对测试数据查询的结果，按照地层岩性、风化卸荷程度、测试段、位置等分类条件统计数据的最大值、最小值、平均值、置信区间等。数据查询、统计结果都可以输出成 Excel 文档，供用户作为工程报告的编制材料。

（3）勘察数据采集与处理流程化。工程勘察过程伴随着大量勘察数据的采集和处理，需要遵循的工程地质规范、规程众多，往往需要记录的信息多（例如地质构造需要记录构造类型、力学性质、充填类型、宽度、延伸长度、断距等），计算公式和应用条件相对复杂（例如抽水试验有稳定流和非稳定流、单孔和多孔、完整和非完整孔试验条件，单孔稳定流计算公式就有 16 种），因此在系统设计时将充分考虑数据采集和处理的流程化，以减少数据的遗漏、偏差和错误。对于复杂的数据处理，采用人机交互的方式进行，例如抽水试验、洞室围岩分类等。

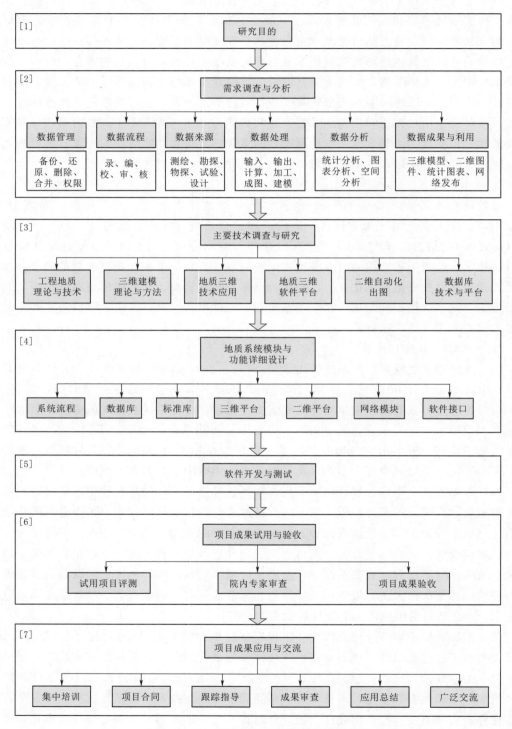

图 5.1-35 项目研究开发及应用技术线路

（4）三维地质系统专业图形标准库创建。三维地质系统中图形标准库分为二维和三维两个部分。二维图形库遵照《水电水利工程地质制图标准》（DL/T 5351—2006）所列的符号、线型、地质花纹创建，三维图形库根据三维地质建模的需要自定义创设。三维地质系统开发时需要将所有的标准图形绘制成 CAD 图块，然后将其保存到系统资源文件夹中供程序调用。在实际使用二维图形库时，二维图形需要按照合适的比例绘制。

（5）三维地质模型关联数据库抽取二维图。从三维地质模型中提取地质界线或切割剖面线，从数据库中读取孔洞及试验点等勘探对象的坐标位置，经过多种投影转换，三维地质系统在二维平台中按照制图规范要求绘制设定比例的图件，并自动标注点线的地质属性以及坐标、图框、图签、图例等。工程地质二维图包括钻孔柱状图、平洞展示图、探井展示图、探槽展示图、探坑展示图、实测剖面图、地层综合柱状图、平面布置图、实际材料图、平面成果图、剖面布置图、剖面成果图、平切图、等值线图、施工洞室展示图、施工边坡展示图、节理玫瑰花图、节理等密图、赤平投影图等 19 类图件。

（6）三维地质系统建模理论、方法与建模流程。从工程地质需求出发，研究各种建模理论的特点，选择合适的模型类型，进而研究该模型类型下的三维地质模型创建流程，充分论证在现有软硬件条件下实现地质建模的可行性。

（7）三维地质系统三维平台开发。三维地质平台需要重点解决的功能是：点、线、Tin 面（三角网格填充面）、Grid 面（网格曲面）、实体、文字的创建与编辑，线、面、体的相互剪切与处理，系统专业图层设置及图层管理，图形与文字对象属性编辑与管理，对象显示方式、视图控制、光源管理与三维漫游，通用商业 CAD 软件接口支持，屏幕拷贝、屏幕录像与打印输出等。

（8）三维地形模型创建。三维地形模型创建既需要满足模型的工程精度，又要考虑普通电脑中的操作和显示速度。对于不同比例尺、不规则边界、有重合范围、有平面转角等特殊状况的地形数据，三维地质系统必须提供较智能的地形面创建工具，用户仅需要进行很少的参数设置即可获得满意的结果。

（9）工程地质体、曲面对象的创建与操作。三维地质模型分为面模型（B - Rep 模型）和实体模型，其中实体模型不仅要解决简单实体对象的减、并、交处理，而且还要解决包含有一个或多个岩石透镜体的实体对象与线、面、实体的相互处理。地质曲面作为实体分割依据，决定了模型的准确性，因此创建实体模型首先要解决符合工程精度要求的地质曲面的创建问题。地质曲面形态受两个因素制约：一是勘探揭露点；二是地质曲面本身规律的人工解释。与地质曲面创建相关的系统功能有不规则边界曲面无精度损失的三角网格化、三角网格填充面内插值平滑处理、多点产状结构面参数化创建、复杂地质曲面的人工交互处理、曲面校正等。

（10）地质勘探孔、洞参数建模。根据用户录入的地质点、实测剖面、钻孔、平洞、探井、探坑、探槽、施工洞室、施工边坡的位置和形态参数，以及物探、取样、试验位置信息，系统执行命令时在图形区中绘制特定的点、线、面、体来表示勘探对象的空间位置、地层分段、试验值曲线等信息。这些图形对象存放在指定的图层，具有专门设定的颜色、线型、地质属性等。

（11）工程地质问题三维模型分析。三维地质模型分析重点解决曲面等值线分析（等高、等深、等厚）、模型任意剖面分析、模型多截面分析、模型基础开挖分析、模型洞室开挖分析、虚拟孔洞分析，以及配合这些分析功能设计各种表现效果，例如数值标注、属性标注、方位标注等。分析结果一般显示在新弹出的临时程序窗口中，用户可以保存分析结果以备后用。

（12）三维地质模型的空间查询与统计。简单的几何查询包括点坐标、线长度、两点距离、线段方位角、两线段平面投影夹角、平面面积、面坡面积、面陡坡面积、实体体积、实体表面积等。较复杂的查询是开挖体方量查询，要求根据地层岩性按照不同风化程度和饱水状态分别查询开挖体方量，应用于天然建筑材料和施工开挖料的统计。

（13）三维地质模型分阶段利用与重建。随着水利水电工程项目勘察工作分阶段不断地推进，新增的勘探数据不断被录入数据库，三维地质模型也需要随之反复修改和完善。三维模型的继承利用有两个方面的需要：一是辅助勘探布置，预测孔洞揭露信息；二是加快当前阶段模型的创建和动态修正速度，用户仅需要根据最新补充采集的勘探资料进行局部修改。针对模型分阶段利用和重建问题，需要研究系统的数据流程、建模步骤，开发孔洞布置工具、勘探剖面修改工具等。

（14）三维地质系统与上、下序专业软件平台接口打通。上序测量专业提供 AutoCAD 的等高线数据，一般为 DWG 文件，实际利用时把文件转为明码的 DXF 2000 格式，三维地质系统导入工具至少保证建模时需要的点、多段线、样条线、文字数据不丢失。下序设计专业使用的三维设计平台是 INVENTOR、REVIT 等，该软件使用的文件格式为 DXF，需要导入 DXF 的模型内容包括点、文字、线、面、体，要求保留对象的图层、颜色、地质属性等信息，通过实践确定专业间数据文件的交换格式、内容、提交方式等。

5.1.5.2　软件架构及建模流程

1. 软件整体架构及模块功能

三维地质系统包括地质数据库、地质对象建模、模型分析、图件编绘、成果导入及输出等功能模块。GeoBIM 软件整体架构如图 5.1-36 所示。

2. 三维地质建模流程

三维地质模型中的各种地质对象都不是孤立无联系的，而是受到其他对象的影响和约束的，地质对象建立的先后顺序及创建过程中的相互参考对于模型的合理性及精度影响很大。三维地质建模流程如图 5.1-37 所示。

具体建模流程如下：首先导入测绘专业提供的地形面，整理各类原始资料得到空间点线数据，然后根据各类勘探点数据绘制建模区的三角化控制剖面，并根据各类地质对象的特点绘制特征辅助剖面对建模数据进行加密，得到各类地质对象的控制线模型，通过拟合算法即可得到各类地质对象的初步面模型，通过剪切、合并等操作形成三维地质面模型，通过围合操作得到三维地质围合面模型，通过实体切割操作得到三维地质体模型。

5.1.6　红石岩堰塞坝综合勘察成果

在堰塞坝工程项目中完成了应急抢险及开发利用两个阶段的地质勘察及地质建模工作。

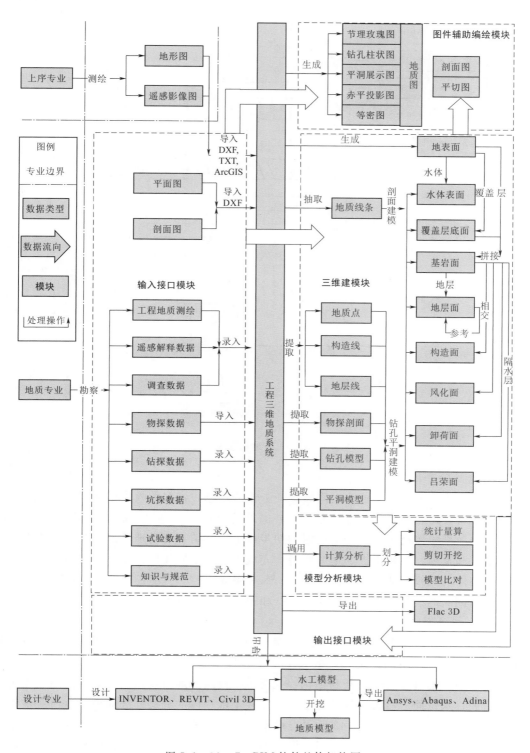

图 5.1-36 GeoBIM 软件整体架构图

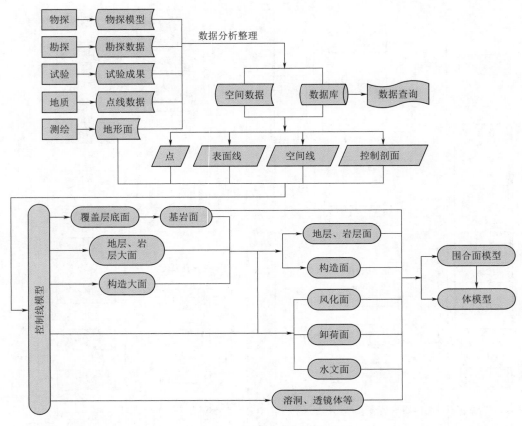

图 5.1-37 三维地质建模流程图

1. 应急抢险阶段

该阶段工作从一开始就面临时间紧、任务重的难题，资料的收集整理工作主要是针对区域地质资料、遥感解译资料以及原红石岩电站的资料。通过整理后得到了地层、岩性、区域构造以及堆积体范围、堆积体成因的初步成果，并结合现场地质测绘成果对整理成果进行了复核和梳理。根据掌握的地质资料，完成了三维地质建模工作，主要是针对工作范围建立了整体的三维地质模型，如图 5.1-38 和图 5.1-39 所示，并结合建筑物布置完成了三维地质剖面的剖切出图，如图 5.1-40 和图 5.1-41 所示。

2. 开发利用阶段

该阶段工作在应急抢险工作完成后开展，根据工程设计工作需要开展了勘探、物探、地质测绘、试验等地质勘察工作，极大丰富了地质资料。根据施工阶段现场地质编录成果，对三维地质模型进行了更新和细化，主要包括枢纽区地质模型的地层岩性面、风化界面、卸荷面、水位面、吕荣面等地更新，并完成了堆积体的分层详细建模。枢纽区整体地质模型如图 5.1-42 和图 5.1-43 所示。堆积体的整体模型如图 5.1-44 所示，堆积体三维剖切栅格图如图 5.1-45 所示。根据设计要求，完成了地质模型到设计软件的转换，转换后的地质模型如图 5.1-46 和图 5.1-47 所示。

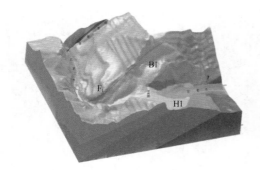

图 5.1-38　枢纽区整体地质模型 1

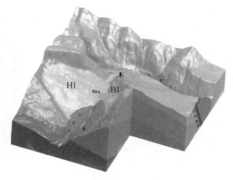

图 5.1-39　枢纽区整体地质模型 2

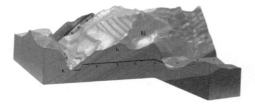

图 5.1-40　引水隧洞轴线三维剖切图

图 5.1-41　溢洪洞轴线三维剖切图

图 5.1-42　枢纽区整体地质模型 3

图 5.1-43　枢纽区整体地质模型 4

图 5.1-44　堆积体整体模型

图 5.1-45　堆积体三维剖切栅格图

图 5.1-46 设计软件中堆积体模型

图 5.1-47 设计软件中地质实体及曲面模型

5.2 堰塞坝开发利用设计

堰塞坝未经人工填筑，由自然堆积而成，因此传统土石坝设计技术与标准并不能完全适用于堰塞坝的设计。本书依托红石岩堰塞坝设计的研究与实践，提出了堰塞坝设计技术体系，见图 5.2-1。

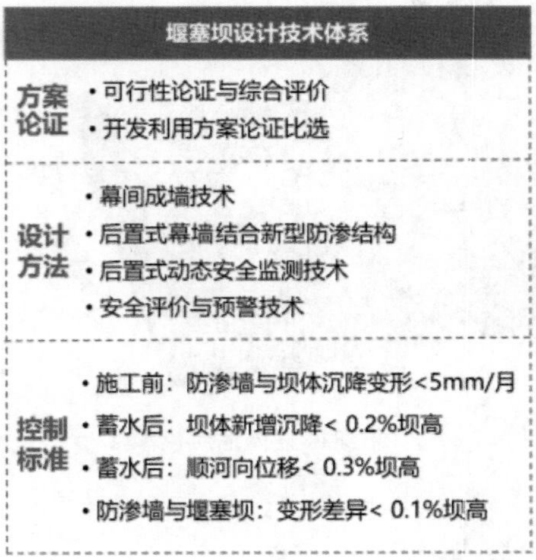

堰塞坝设计技术体系

方案论证
- 可行性论证与综合评价
- 开发利用方案论证比选

设计方法
- 幕间成墙技术
- 后置式幕墙结合新型防渗结构
- 后置式动态安全监测技术
- 安全评价与预警技术

控制标准
- 施工前：防渗墙与坝体沉降变形 <5mm/月
- 蓄水后：坝体新增沉降 < 0.2%坝高
- 蓄水后：顺河向位移 < 0.3%坝高
- 防渗墙与堰塞坝：变形差异 < 0.1%坝高

图 5.2-1 堰塞坝设计技术体系

现简要阐述如下：

（1）堰塞坝开发利用方案论证。主要包括堰塞坝开发利用的可行性论证、堰塞坝开发利用的综合评价，以及开发利用方案论证比选。开发利用方案论证比选与传统土石坝设计方法类似，可行性论证与综合评价详见 4.2 节堰塞坝开发利用评估理论与方法。

（2）堰塞坝设计方法。

1）幕间成墙技术：针对天然形成的堰塞坝的防渗墙设计与施工，提出了幕间成墙技术。施工时，先在堰塞坝防渗墙的上下游的两侧各做一道防渗墙，在防渗帷幕施工完成后，再进行防渗墙施工。

2）后置式幕墙结合新型防渗结构：堰塞坝的防渗墙结构是一种新型的后置式幕墙结合新型防渗结构。

3）后置式动态安全监测技术：这是针对堰塞坝坝体内部监测提出一种新型监测技术，与传统土石坝内部监测技术相比，后置式动态监测的监测设备及其埋设方式均有所不同。

4）安全评价与预警技术：研制了堰塞坝及防渗墙分布式柔性、分层沉降、内部非接触式、分布式光纤高精度监测新设备，构建了堰塞坝—基础—高边坡一体化安全监测预警体系；建立堰塞坝安全评价指标体系与安全预警模型。

（3）堰塞坝变形控制标准：①施工前，防渗墙与坝体沉降变形小于 5mm/月；②蓄水后，坝体新增沉降小于 0.2% 坝高；③蓄水后，顺河向位移小于 0.3% 坝高；④防渗墙与堰塞坝变形差异小于 0.1% 坝高。

除以上创新之外，还研发和提出了全专业 HydroBIM 协调设计技术、大规模高性能数值模拟技术、高边坡分区分期治理技术等，并在红石岩堰塞坝开发利用设计中得到全面应用。

5.2.1 全专业 HydroBIM 协同设计技术

5.2.1.1 HydroBIM 协同设计平台概述

以昆明院 60 余年历史沉淀的工程技术能力及 50 余个专业知识为核心，遵循"统一架构""一个平台""一个模型"的技术发展思路，依托各专业能力以"工程＋业务＋感知"信息化为主要抓手，打造数字化、信息化与工程各专业融合的信息集成大数据服务平台。经过十多年的探索和研发，形成了昆明院独具特色的 HydroBIM® 技术体系，它是涵盖土木工程、水利水电工程及各种基础设施工程规划设计、工程建设、运行管理一体化、信息化的解决方案、集成技术及集群平台（见图 5.2-2～图 5.2-4）。

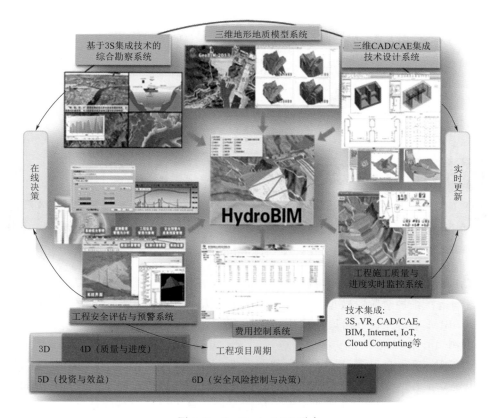

图 5.2-2　HydroBIM 平台

昆明院从 2008 年即开始依托底层基础开发平台，持续研发工程全生命周期管控平台，历经水电、市政、交通等不同工程不同阶段实践和迭代，逐渐形成了经历工程考验的

图 5.2-3　HydroBIM 平台总体框架

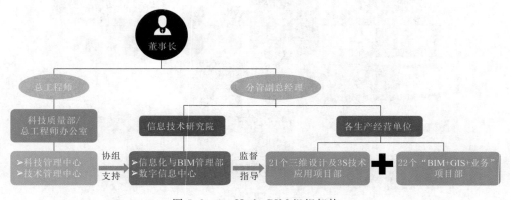

图 5.2-4　HydroBIM 组织架构

HydroBIM 平台，并获得了注册商标（见图 5.2-5）。该平台满足工程从设计成果交付、建设实施到运行维护全阶段数据汇聚与继承的集成需求（见图 5.2-6～图 5.2-8）。

HydroBIM 平台在设计阶段的应用主要如下。

1. 勘测设计管理模块

HydroBIM 乏信息勘测设计子平台如图 5.2-9 所示。首先，基于测绘和现场地勘数据，初步建立工程区的三维地形地质模型，以便于对工程进行总体规划设计，并将总体设计模型导入平台内。其次，各专业根据具体情况，在总体设计模型的基础之上，进行各模块的专业模型设计。最终，将各专业的模型进行汇总、集成，形成 BIM 设计成果，并进行实际应用。

2. 3S 及 BIM/CAE 集成设计

3S 及 BIM/CAE 集成设计如图 5.2-10 所示。

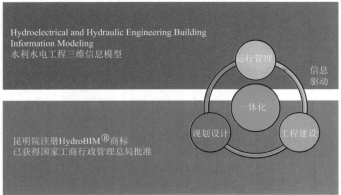

图 5.2 - 5 HydroBIM 商标注册

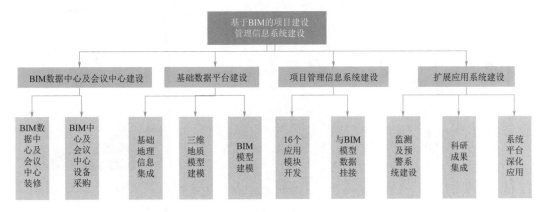

空间维	设计信息		建设信息		运维信息
枢纽工程	1. 汇报系统; 2. 三维BIM; 3. 安全监测设计; 4. 工程布置; 5. 工程总进度; 6. 工程量台账; 7. 工程信息数据库		1. 招标采购管理系统; 3. 费用控制管理系统; 2. 工程建设质量与进度实施监控系统; 4. 工程信息数据库		1. 验收资料; 2. 数字水电站; 3. 工程安全评价与预警; 4. 工程维修策略与应急预案
机电工程	1. 汇报系统; 2. 三维BIM; 3. 安全监测设计; 4. 工程量台账; 5. 设备数据库		1. 制造、安装、调试等全过程实时监控系统; 2. 设备数据库		
水库工程	1. 移民安置大纲, 征地移民安置规划报告; 2. 移民工程设计三维BIM; 3. 水库库岸稳定性GIS信息系统		1. 征地移民进度动态优化仿真; 2. 移民安置工作协调管理系统; 3. 移民工程建设进度与质量实时监控		
生态工程	1. 环境影响评价报告; 2. 水土保持方案报告; 3. 生态工程设计三维BIM; 4. 生态工程监测系统设计		1. 工程建设生态环境实时监控; 2. 生态工程建设进度与质量实时监控		
时间维	规划设计阶段		工程建设阶段		运行管理阶段

图 5.2 - 6 三个阶段四大工程结构

图 5.2 - 7 HydroBIM 平台功能模块总览图

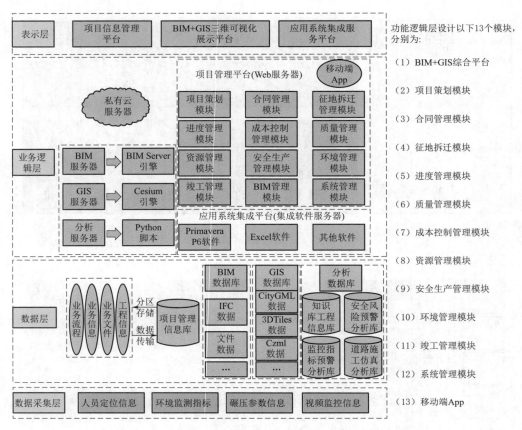

图 5.2-8　HydroBIM 平台总体架构

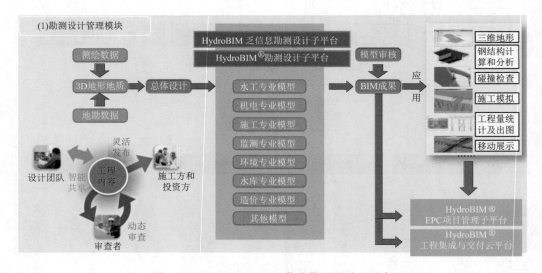

图 5.2-9　HydroBIM 乏信息勘测设计子平台

应用 HydroBIM 平台可达到设计过程管理透明、BIM 产品平台交付、可视化技术交底的要求。

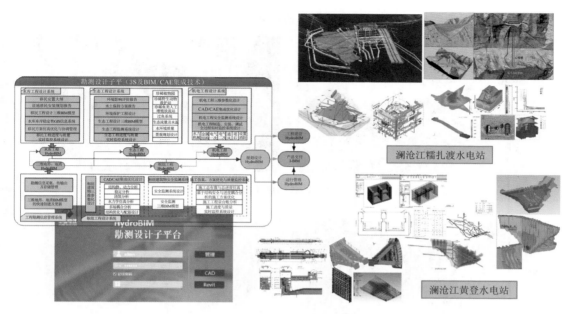

图 5.2-10 3S 及 BIM/CAE 集成设计

5.2.1.2 HydroBIM 协同设计平台在红石岩堰塞坝的应用

充分应用以 3S 技术为代表的乏信息勘察设计技术，收集测绘、地质、交通等基础资料，采取全三维设计技术开展可行性研究方案。

1. 勘测

工程枢纽建筑物主要由除险防洪工程（堰塞体整治、新建溢洪洞、改建泄洪冲沙洞、边坡治理工程）、电站重建工程和下游供水、灌溉工程组成。乏信息条件下红石岩堰塞湖水利枢纽工程工作流程如图 5.2-11 所示。

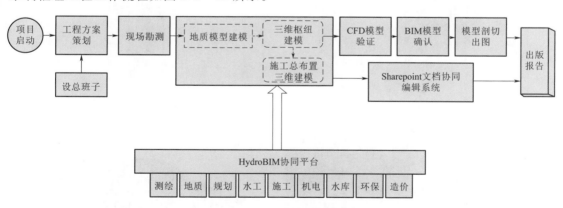

图 5.2-11 乏信息条件下红石岩堰塞湖水利枢纽工程工作流程图

2. BIM 协同设计

不同数据处理和 BIM 设计平台之间的数据接口可满足各专业之间的数据传递、数据（模型）共享，利用不同 BIM 设计软件可满足多专业 BIM 协同设计，完成实施方案。

（1）枢纽协同设计。红石岩三维模型及协同设计成果如图 5.2-12～图 5.2-14 所示。

图 5.2-12　红石岩堰塞湖开发利用工程三维模型

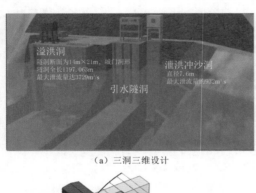

（a）三洞三维设计

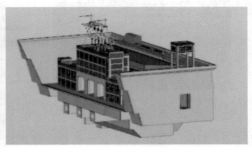

（b）厂房三维设计

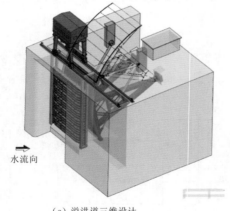

水流向

（c）溢洪道三维设计

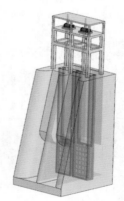

（d）导流洞三维设计

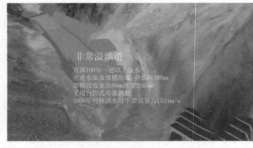

（e）非常溢洪道

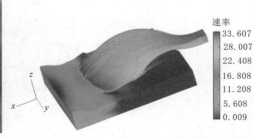

（f）CFD流态分析

图 5.2-13　红石岩堰塞湖开发利用工程枢纽设计成果

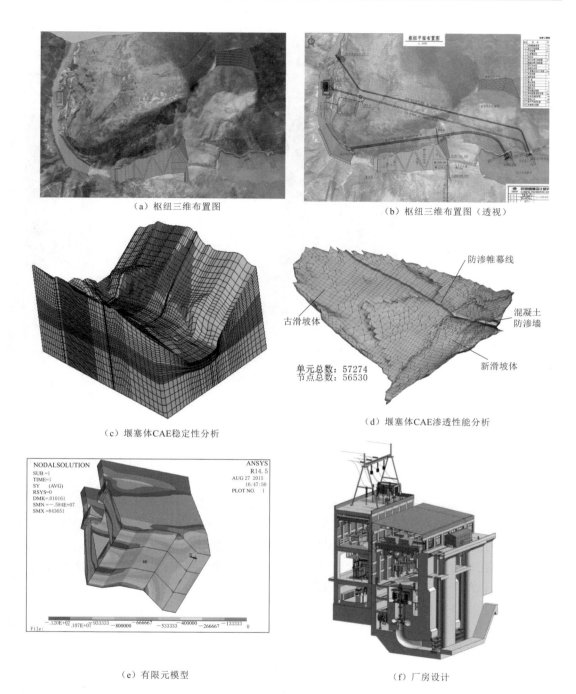

（a）枢纽三维布置图   （b）枢纽三维布置图（透视）

防渗帷幕线

古滑坡体

混凝土
防渗墙

单元总数：57274
节点总数：56530

新滑坡体

（c）堰塞体CAE稳定性分析

（d）堰塞体CAE渗透性能分析

（e）有限元模型   （f）厂房设计

图 5.2-14   三维协同设计成果

（2）数字移民系统。开发了数字移民管理系统进行系统化管理，录入实物指标调查人口、房屋、附属、零星果木等信息建立实物指标数据库，可方便快捷查看项目基本情况，进行数据文字、图像、音像资料等保存并展示（见图 5.2-15）。

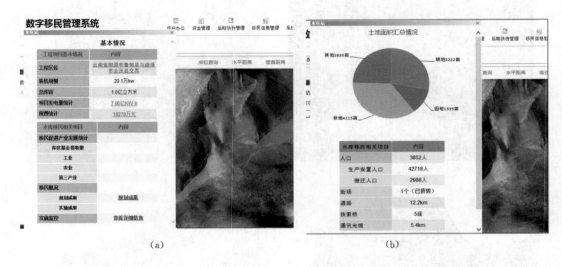

图 5.2-15　数字移民系统

5.2.2　防渗墙＋可控帷幕灌浆设计技术

对堰塞坝防渗技术的研究结合了堰塞坝的几何特性、基础和堰塞体材料特性，采用调研、试验测试、数值模拟等方法，开展防渗墙技术、自流可控灌浆技术、自密实混凝土技术和古滑坡体帷幕灌浆技术等，评估防渗效果和适用性。

1. 防渗方案比选

初拟了堰身防渗墙、上游坡面防渗（主要有土工织物防渗、面板防渗、黏土铺盖防渗三种）、堰身自流控制灌浆防渗加固等三个方案进行比选。上游坡面防渗的三个方案中，由于 100m 级以上的土工膜防渗设计及施工经验欠缺，类似工程在国内外几乎没有，且左岸古滑坡体部位开挖及防渗连接难度大，难以实施，因此该阶段不考虑土工织物防渗方案；面板防渗方案趾板高边坡问题也同样非常突出，对左岸古滑坡体影响较大，因此该阶段也不考虑面板防渗方案；由于工程区已探明的黏土储量严重不足，无法满足黏土铺盖所需的黏土量，黏土铺盖防渗方案也不成立。

综上所述，该阶段仅重点比选堰身混凝土防渗墙和堰身自流控制灌浆防渗加固两个方案。

（1）堰身防渗墙方案。

1）国内已建类似工程。为达到渗透稳定和对渗漏量控制的要求，垂直防渗必须全部截断堰体和堰基砂砾石层。2003 年国内在下坂地水库坝基垂直防渗试验工程中首次使混凝土防渗墙深度突破了 100m 大关，达 102m，在以后的狮子坪水电站大坝基础处理工程（101.8m）、新疆兵团南疆石门水库坝基防渗墙工程（121m）、泸定水电站坝基防渗墙工程（154m）、西藏甲玛沟尾矿坝基础防渗工程（110m）、西藏旁多水利枢纽坝基防渗墙工程（201m）中百米深墙技术得到进一步发展。

国内已建的在爆破堆石体中施工防渗墙的工程实例有云南省武定县己衣水库防渗墙

（混凝土防渗墙造孔最大深度 47m，墙厚 0.8m，采用了先期的预爆＋预灌浓浆方式对爆堆体内的大块石进行爆破处理并对大空腔及渗漏通道进行了充填、堵塞）、昆明市盘龙区黄龙水库除险加固工程、永胜县康家河水库除险加固工程（爆破堆积体建 40cm 薄墙）、岭澳核电站二期防渗墙、台山核电厂一期工程临时防渗工程，在爆破堆积体和填石、海积卵石、残积粉质黏土地层中施工混凝土防渗墙的成功实例。

2）试验成果。见表 5.2－1，结合新堆积体其他地点取样，共完成现场颗粒分析 16 组，堰塞体比重为 2.71～2.83g/cm³，7 个检测点最大干密度为 2.28g/cm³，最小干密度为 1.66g/cm³，干密度均值为 1.98g/cm³，相应最小孔隙率 19.4%，最大孔隙率为 40.7%。

表 5.2－1　　　　　　　　红石岩堰塞坝新堆积体现场试验成果

项目	灌水法密度检测			相对密度		颗粒组成占比/%			
	干密度 /(g/cm³)	比重	孔隙率 /%	最大 干密度 /(g/cm³)	最小 干密度 /(g/cm³)	>200mm	200～ 60mm	60～2mm	<2mm
范围值	1.83～ 2.28	2.71～ 2.83	19.4～ 33.9	—	—	0～18.3	1.8～ 41.1	31.1～ 85.3	5.5～ 37.4
平均值	2.01	2.78	26.2	2.11	1.55	6.82	19.9	49.8	26.8
试验 组数	7	15	3	1	1	15	15	15	15

古滑坡体平洞内完成 6 个点的现场密度试验（见表 5.2－2），干密度范围值为 2.20～2.35g/cm³，均值为 2.30g/cm³，比重均值为 2.83，6 个点孔隙率为 17.5%～23.1%，孔隙率平均值为 19.5%。22 组颗粒分析试验表明，粒径占比主要集中在 60～2mm 砾石段，均值为 53.6%；其次为小于 2mm 以下部分，占 22.8%；大于 60mm 的巨粒合计均值为 23.6%。现场渗透试验在平洞内进行，共完成 4 个点的渗透试验。试验的最小渗透系数为 2.13×10^{-2} cm/s，最大值为 1.24×10^{-1} cm/s，渗透性较高。

表 5.2－2　　　　　　　　红石岩堰塞坝古滑坡体现场试验成果

项目	灌水法密度检测			现场 渗透试验 k_{20}/(cm/s)	相对密度		颗粒组成占比/%			
	干密度 /(g/cm³)	比重	孔隙率 /%		最大 干密度 /(g/cm³)	最小 干密度 /(g/cm³)	>200 mm	200～60 mm	60～2 mm	<2mm
范围值	2.20～ 2.35	2.69～ 2.89	17.5～ 23.1	2.13×10^2～ 12.4×10^{-2}	—	—	0～ 19.6	1.4～ 46.7	7.2～ 68.8	7.2～ 51.4
平均值	2.30	2.83	19.5	—	2.34	1.77	4.4	19.2	53.6	22.8
试验组数	6	34	6	4	1	1	22	22	22	22

3）红石岩堰塞体堰身防渗墙实施可行性分析。根据设计初步确定的防渗处理形式，为更有效地查明堰塞体的物质组成，在堰塞体防渗线上布置了三个大直径勘探竖井（$D1.5m$），最深的一个竖井施工至 97m 见基岩，这表明堰塞体堆积密实度较好，实施堰

塞体防渗墙方案是可行的。

4）防渗墙布置。根据堰塞体表面监测结果，堰塞体在形成后下游侧的密实度比上游侧高，变形收敛更易趋于稳定，因此防渗墙布置在堰塞体中部偏下游，右岸为避开坍塌松渣向下游偏转。

5）C35 混凝土防渗墙防渗方案设计。坝体防渗采用防渗墙和防渗帷幕，两岸防渗通过灌浆洞进行帷幕灌浆（见图 5.2-16 和图 5.2-17）。

防渗墙顶部长度约 267m、厚 1.2m，最深位置约 130m；由于左岸堆积体深厚，为避免开挖扰动左岸堆积体，在左岸堆积体范围内开挖灌浆洞，并延伸灌浆洞与地下水位线相接，灌浆洞总长约 278m，堆积体范围内洞长 184m，堆积体范围内进行双排帷幕灌浆防渗，堆积体范围内帷幕最大深度约 90m，基岩范围内采用单排灌浆防渗，帷幕深度按伸入基岩单位吸水率 $\omega \leqslant 0.05L/(\min \cdot m \cdot m)$ 地层 5m 控制，灌浆间距 1.5m。右岸崩塌体边坡内设灌浆洞，与 $\omega \leqslant 0.05L/(\min \cdot m \cdot m)$ 线相交，灌浆洞长 106m，设置单排帷幕，帷幕深度按伸入基岩单位吸水率 $\omega \leqslant 0.05L/(\min \cdot m \cdot m)$ 地层 5m 控制，帷幕间距 1.5m。

图 5.2-16 防渗墙平面布置（单位：m）

（2）堰塞体自流控制灌浆的可行性分析。采用自流控制固结灌浆技术对红石岩堰塞体防渗帷幕附近一定范围进行加固处理，对堰塞体初始颗粒进行胶结，形成可进行常规压力灌浆的胶结体，作为防渗加固体系。基于自流控制灌浆技术，采取逐层从上向下进行灌注的方式，形成连续的灌浆胶结体系，再用常规压力灌浆充满胶结块体孔隙形成连续防渗帷幕作为堰塞体防渗体。

2015 年 5 月，由清华大学、中国电建集团昆明勘测设计研究院、昭通市水利水电勘测设计研究院联合进行现场质量控制灌浆试验。试验区布置在堰塞体左侧顶部靠近中国水

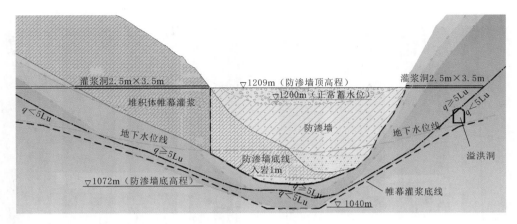

图 5.2-17 沿防渗线展开图

利水电第十四工程局有限公司营地附近场地约 36m² 的范围内进行，灌注深度为 20m，灌浆区域的体积约为 720m³。累计完成灌浆试验孔 9 个，钻探进尺 158.8m，灌浆进尺 158.8m，检查孔 10 个，钻探进尺 85.2m，注水试验 67 段。灌浆试验共耗用水泥 273t，砂子 441t，外加剂 5t，共灌浆 296.6m³。

根据检查孔芯样及电视全景图可以看出：堰塞体大孔隙被自密实砂浆充填饱满，与大颗粒岩块黏结紧密；中小颗粒形成有部分孔隙的胶结体，固结效果明显；细颗粒及岩石夹土部分有自密实浆液充填，但是胶结效果相对较差。由于受到试验深度影响，检查孔越深部位固结效果逐渐减弱。

红石岩堰塞体自流控制灌浆检查孔电视全景如图 5.2-18 所示。

在堰塞体上施工防渗墙深度达 130m 以上有一定的施工难度，但国内已有几个类似工程的成功案例，施工技术是可行的，且该工程采用预爆预灌工艺可保证防渗墙的成墙效果。自密实灌浆采用了新技术、新材料、新工艺，具有工艺简单，造孔简便，施工成本低，方便补强，风险可控，由于没有较大开挖，也不对堰塞体进行冲击、爆破等扰动，具有不破坏原堰塞体结构等优点。但自流控制灌浆方案防渗效果存在一定的不确定性，最终推荐采用堰塞体防渗墙＋左岸古滑坡体帷幕灌浆结合的防渗方案。

2. 防渗方案

（1）防渗墙。图 5.2-19 为红石岩堰塞体防渗墙施工现场。防渗墙顶部长度 267m，最深位置约 130m，厚 1.2m，入岩 1m。虽然塑性防渗墙适应变形能力较强，但该工程防渗墙深度较深，塑性防渗墙自身的变形较大，且塑性防渗墙可承受的水力坡降有限，该工程防渗墙最大挡水水头达 100m 以上。综合上述因素，并参考已建工程经验考虑，防渗墙材料采用 C35 混凝土防渗墙，28 天抗压强度大于等于 25MPa；弹性模量不宜超过 30000MPa，90 天抗压强度大于等于 30MPa；180 天抗压强度大于等于 35MPa，180 天弹性模量不宜超过 35000MPa，抗渗等级为 W10，抗冻等级为 F100。参考类似工程，在防渗墙顶部 20m 范围内配筋，钢筋采用 Φ20@200mm，双层双向钢筋。

采取预爆预灌、槽内钻孔爆破、特制钻头、接头管法等施工工艺克服了强漏失地层成槽、孤石含量极高且粒径大、强度高、孤石层孔斜控制、墙段连接、高陡坡嵌岩、预埋灌

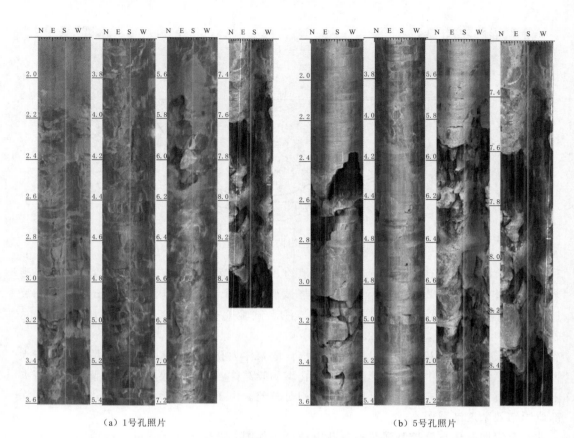

（a）1号孔照片　　　　　　　　　　　　　　（b）5号孔照片

图 5.2 - 18　红石岩堰塞体自流控制灌浆检查孔电视全景图（单位：m）

浆管下设等不同技术难点，确保了防渗墙成槽施工。图 5.2 - 20 为防渗墙施工后现场取芯，可以看到钻孔岩芯连续性较好，施工质量较高。

图 5.2 - 19　红石岩堰塞体防渗墙施工现场

图 5.2-20 红石岩堰塞体防渗墙施工后现场取芯

（2）帷幕灌浆设计。混凝土防渗墙下部接帷幕灌浆至 5Lu 线。由于左岸堆积体深厚，为避免开挖扰动左岸堆积体，在左岸堆积体范围内开挖灌浆洞，并延伸灌浆洞与地下水位线相接，左岸灌浆洞总长约 278m，堆积体范围内洞长 184m，左岸堆积体范围内进行双排帷幕灌浆防渗，排距 1.5m，间距 1.5m，堆积体范围内帷幕深度约 90m，基岩范围内采用单排灌浆防渗，帷幕深度按伸入基岩单位吸水率 $\omega \leqslant 0.05 \text{L}/(\text{min} \cdot \text{m} \cdot \text{m})$ 及地下水位线以下 5m 控制。右岸崩塌体边坡内设灌浆洞，与 $\omega \leqslant 0.05 \text{L}/(\text{min} \cdot \text{m} \cdot \text{m})$ 线相交，灌浆洞长 106m，设置单排帷幕，帷幕深度按伸入基岩单位吸水率 $\omega \leqslant 0.05 \text{L}/(\text{min} \cdot \text{m} \cdot \text{m})$ 及地下水位线以下 5m 控制。灌浆洞支护衬砌后断面为 3m×3.5m 的城门洞形，灌浆洞在堆积体及强风化基岩内进行混凝土衬砌，其余洞段喷锚支护，底板浇筑盖重混凝土。初拟帷幕灌浆压力为 0.8~2.5MPa。

5.2.3 高陡边坡分区分期治理设计技术

红石岩堰塞坝右岸边坡崩塌后形成边坡高 760m，坡度为 70°~85°，崩塌后地形变化较大，边坡高陡近直立，整体呈一台阶状地形，上部滑床后缘为陡崖，坡表卸荷裂隙发育，遍布碎裂状块体，边坡后缘坡面约 60m（距崩塌边缘）范围内卸荷变形缝多见，发育频率约 5m 一条（见图 5.2-21）。

右岸高边坡震后卸荷裂隙发育，卸荷裂隙与原岩层产状互相切割形成深度达数米的碎裂块体，震后坡面块体不断塌滑，现场交通条件差，人员无法进入勘查，传统的测绘及勘查手段无法应用将导致对边坡整体稳定性的判断及后续的整治措施缺乏基础支撑。

震后 800m 级碎裂高陡边坡稳定性的准确判断是堰塞湖应急抢险处置的关键前提，其综合治理措施是整个堰塞湖开发利

图 5.2-21 地震形成的红石岩堰塞坝右岸高边坡

用工程的关键技术难点。该工程采用了倾斜摄影方法对边坡的地形地质条件进行精细测绘，利用 BIM 平台建立边坡三维地形、地质及数值模型，回溯边坡的失稳过程，反演边坡力学参数，正演边坡目前所处状态，判定应急抢险期间边坡整体稳定性，分析提出了边坡的分区分期综合治理措施。边坡治理已经完成，边坡各项监测数据稳定，治理后边坡稳定性良好，边坡治理方案合理可靠。

1. 三维地形地质模型建立

利用无人机倾斜摄影技术对地形进行高精度测量，采集边坡表面图像及空间信息，快速生成地表三维高清影像（见图 5.2-22），通过自主开发程序进行角度、尺寸等的量测，较为清晰地确定岩层产状、节理裂隙的分布及开展岩层分区等情况。

图 5.2-22　堰塞体量测高边坡倾斜摄影图

通过边坡的岩层表象、周边区域的现场地质测绘以及崩塌后堆积的物质组成可以获得边坡的岩层产状、地层分界、裂隙发展情况等基础依据，形成边坡的地质分区，进而建立边坡三维地形地质模型，并对边坡坡表的围岩体进行划分编号，以便现场进行崩塌预警（见图 5.2-23～图 5.2-26）。

（a）王家坡在不稳定斜坡正射影像图

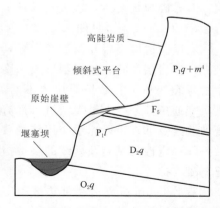

（b）红石岩堰塞坝及右岸边坡剖面示意图

图 5.2-23　利用倾斜摄影结果确定的地层分区

图 5.2-24 三维地质模型

图 5.2-25 倾斜摄影坡面裂缝开展延伸情况

图 5.2-26 危岩体排查编号

2. 塌滑过程回溯模拟

为较精确地模拟边坡滑塌过程、反演关键地层岩体力学参数,需要对边坡滑塌前的地形地貌进行较为准确的复原,并在此基础上采用强度折减等分析方法回溯边坡地震塌滑过程,判定边坡的失稳破坏模式。

(1)原始地形重构。采用三维几何投影的方法以现场实测的地质平面图和现场拍摄的正面和侧面照片为基础,通过关键点对应,将相关实测信息逐步转换到侧视图上,同时参照河谷两侧高边坡地形角度,实现对原始地形的恢复。

选择震后边坡的 A、B、C 三个关键点为基础,采用正视、俯视和侧视三视做图法,建立三个视图的空间对应关系,通过侧视图校正,并结合 Google Earth 原始地形图,推测得到较为准确的原始地形图,如图 5.2-27 所示。

(2)地震条件下边坡滑塌过程的回溯及参数反演。根据校正后的原始地形和现状地形建立三维模型,采用块体方法及三维有限差分方法进行塌滑过程的数值模拟。

如图 5.2-28 和图 5.2-29 所示,根据地震后对边坡的现场勘查及边坡的非线性数值模拟分析可知,边坡的整体变形失稳主要受陡倾角卸荷裂隙与下部软弱夹层影响。地震情况下,边坡软弱夹层出现剪切变形,发生挤压及滑动,后缘陡倾角裂隙部位出现明显拉破

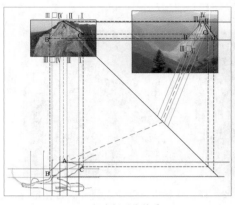 

（a）视空间对应关系　　　　　　　　　（b）原始地形反演

图 5.2-27　视空间对应关系及侧视图校正及原始地形反演

坏，裂隙贯通形成拉裂面，边坡中上部的岩体失去支撑且受陡倾角裂隙的影响，导致了大
范围的崩塌滑动。

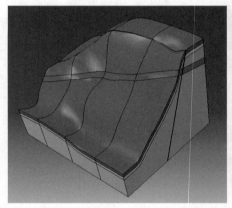 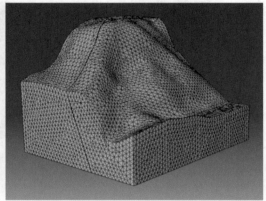

图 5.2-28　基于倾斜摄影地形的三维边坡数值模型

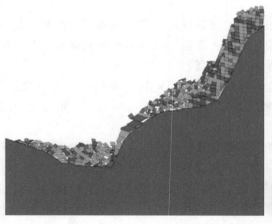 

图 5.2-29　滑坡过程的回溯模拟

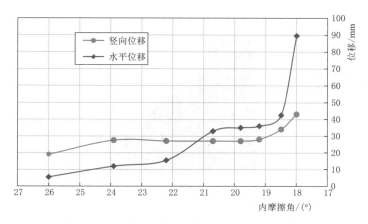

图 5.2 - 30 不同内摩擦角条件下边坡最大位移变化曲线

（3）岩土力学参数的反演。依据基本地质参数，采用强度折减方法分析边坡控制性地层参数的敏感性，同时结合位移变化、塑性区开展范围等综合判定岩层的力学参数取值。根据图 5.2 - 30 的分析成果可知：软弱夹层参数对边坡整体稳定性敏感，其强度参数为 $\varphi = 18.6° \sim 19.2°$、$c = 100\text{kPa}$。

3. 现状边坡破坏模式分析及整体稳定性判定

（1）边坡破坏模式分析。采用不同数值手段对边坡的位移响应及塑性区变化等进行分析可知，右岸边坡的破坏模式主要有以下两种：

1）地震滑坡影响区域表层卸荷岩体的局部失稳。图 5.2 - 31 给出了不同计算方法模拟出的坡表变形范围及塑性区分布情况。分析可知，边坡地震滑塌后，坡表一定范围（特别是滑塌区域两侧坡顶）出现较大变形，产生了明显的坡表塑性区。根据现场实际勘查情况也表明这些部位岩体卸荷松弛现象明显，在不利条件下可能发生浅表或局部块体的垮塌和崩滑。

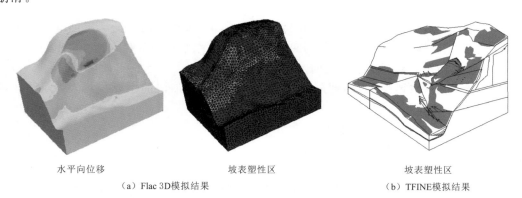

水平向位移 　　　　　　　坡表塑性区 　　　　　　　坡表塑性区
（a）Flac 3D模拟结果 　　　　　　　　　　　　　　　　（b）TFINE模拟结果

图 5.2 - 31　坡表影响区域及塑性区分布示意图

2）以软弱夹层为底面，卸荷裂隙为后缘的大范围的崩滑。采用强度折减方法分析边坡的变形破坏趋势，根据边坡整体变形及破坏规律可知，边坡整体稳定受控于软弱夹层及陡倾角卸荷裂隙，在不利情况下，边坡软弱夹层发生挤压及滑动，后缘陡倾角裂隙逐渐贯通形成拉裂面，形成大范围失稳（见图 5.2-32）。

水平向位移 坡表塑性区 坡表塑性区

（a）Flac 3D模拟结果 （b）TFINE模拟结果

图 5.2-32 边坡整体变形及控制性部位示意图

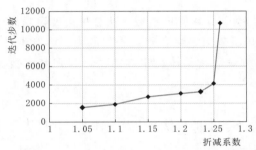

图 5.2-33 迭代步数-折减系数变化曲线

（2）边坡的整体稳定性。利用强度折减法分析边坡稳定性，以计算不收敛、位移突变和塑性区贯通准则综合判断红石岩堰塞体右岸高边坡整体稳定安全系数，并结合边坡变形及塑性区开展情况对边坡的可能破坏模式进行分析。分析可知，边坡整体稳定性良好，边坡整体稳定安全系数为 1.25，不会产生大规模的二次塌滑（见图 5.2-33）。

4. 边坡综合治理设计

（1）坡治理原则和措施。红石岩堰塞坝右岸高边坡是该工程开发利用的关键及难点，结合数模分析及现场勘查成果提出边坡综合治理原则：坡顶限制卸荷，软弱层面封闭加固，局部块体清挖，保障边坡整体稳定，降低块体垮塌风险。依据此原则，确定了边坡综合治理措施如下：

1）坡顶削坡、主动支护。结合卸荷区域分析，在坡顶及两侧受地震崩滑影响区域卸荷岩体的清挖，增加预应力锚索限制卸荷裂隙发育，增加边坡的稳定性。

2）坡面防护。对坡面进行挂网及喷锚支护。

3）软弱夹层（$P_1 l$ 梁山组地层）处理。该层是岸坡崩滑的主要控制区，对该区域进行封闭并采用锚拉板支护。

4）卸荷松弛岩体及危岩体处理。

5）支护后补勘，动态设计调整。

6）加强监测。

以上措施可消除坡表卸荷岩体滑塌危险对下部堰塞体治理工作带来的威胁，同时加强对软弱夹层的支护并限制陡倾角卸荷裂隙的发展，可提高边坡的整体稳定性。根据以上原则，细化边坡综合治理方案，并根据治理过程中揭露的边坡地质条件进一步分析边坡稳定状态，动态调整优化设计。提出的边坡分区治理方案如图 5.2-34 所示。

（2）边坡治理方案设计。按边坡的治理原则，确保边坡整体稳定，并降低坡面碎裂块体崩塌，具体设计方案如下（见图 5.2-35 和图 5.2-36）：

图 5.2-34 边坡分区治理方案

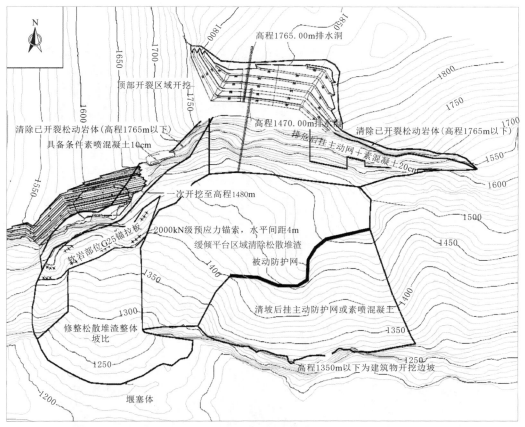

图 5.2-35 边坡综合治理措施

1）对高程 1765m 以上松动开裂岩体做挖除，视揭露情况布置锚索。

2）高程 1765～1755m 之间清坡喷锚，局部设锚拉板。

3）高程 1765～1470m 边坡排危处理后，局部增设主动防护网和喷 C20 混凝土 20cm 进行支护。

4）软岩条带部位喷混凝土挂双层钢筋网，并布置 2 排预应力锚索。

在高程 1765m 和高程 1470m 布设两条永久排水洞满足右岸高边坡的内部排水需要，并兼顾补充勘察边坡整体的卸荷发育情况。

图 5.2-36　边坡综合治理三维设计图

（3）动态设计。该边坡高差近 800m，震后坡表碎裂块体遍布，边坡治理难度大、周期长，在边坡开挖过程中发生了多次小规模的块体崩塌，坡面局部卸荷裂隙进一步发展，在未完成支护区域形成了较大规模的不稳定块体并且影响了边坡的治理设计方案。因此，该边坡的动态分析及设计尤为关键，工程利用倾斜摄影手段，建立了三维地质信息模型，及时对边坡裂缝的开展、延伸进行细致描述，分析判断可能破坏模式，调整边坡局部区域开挖支护设计方案（见图 5.2-37 和图 5.2-38）。

图 5.2-37　剖面不稳定块体空间分布确定及破坏模式判断

图 5.2 - 38 开挖支护方式的分区调整

目前边坡整治措施已完成，边坡整体稳定性良好，边坡块体监测数据平稳，综合治理措施保障了边坡的整体稳定，大幅降低了坡表块体崩塌情况的发生。

5. 边坡监测成果分析

右岸崩塌边坡共安装 GNSS 监测点 13 个，顶部开裂区域 3 套多点位移计，开挖边坡区域布置了 8 台锚索测力计，临时监测点多个。监测成果如图 5.2 - 39 ～图 5.2 - 42 所示，可以看到：边坡变形测点无明显位移增大变形趋势，坡顶裂缝开度稳定，锚索测力计测值稳定。

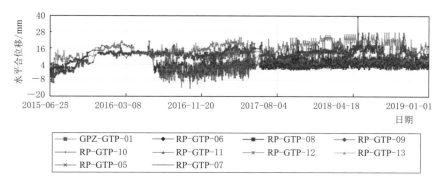

图 5.2 - 39 右岸崩塌边坡表面变形水平合位移历时曲线

综合监测成果及现场临时观测成果可知，边坡综合治理取得了较好的效果，坡体稳定性良好。

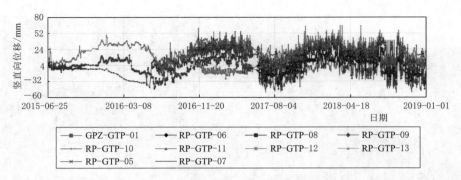

图 5.2-40　右岸崩塌边坡表面变形垂直位移历时曲线

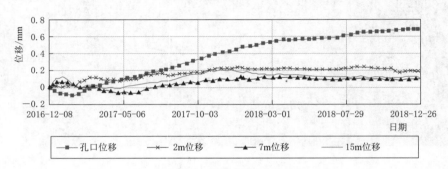

图 5.2-41　裂缝开度历时曲线

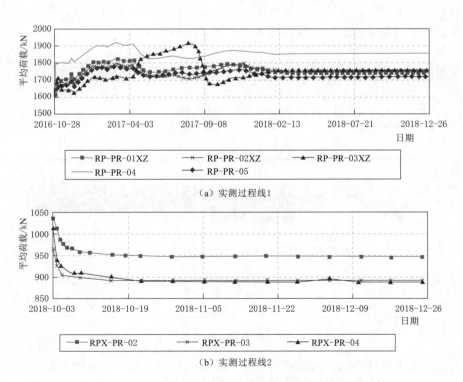

图 5.2-42　右岸边坡锚索测力计测值过程线监测成果总结

5.2.4 后置式动态安全监测技术

传统土石坝沉降监测仪器一般随着坝体填筑而埋设完成，故难以满足堰塞体内部沉降变形监测，需结合堰塞体特点研究沉降监测技术。针对堰塞坝的特点，本书提出了后置式动态安全监测技术对堰塞体内部沉降变形进行监测。

堰塞体内部结构可通过钻孔埋设监测仪器，也可结合堰塞体前期地质勘探竖井布置监测仪器，两种方式的监测仪器均需研制。考虑到竖井或钻孔内布置的监测仪器与堆石体沉降难以协调一致，需重点研究不同材料间的变形协调性。

利用钻孔监测堰塞体内部沉降，在设计位置钻孔布置沉降测线，采用钻孔在各个监测高程安装埋设不锈钢钢环，然后采用水泥膨润土砂浆灌浆，灌浆前需进行配合比试验，使水泥膨润土砂浆强度与堰塞体强度接近。

为验证以上沉降监测技术对现场的适应情况及稳定性等，在堰塞体钻孔布置电测沉降测线进行现场试验。

防渗墙内部水平位移监测，结合防渗墙施工工艺研究防渗墙分布式柔性变形监测仪器。

5.2.5 大规模高性能数值模拟技术

5.2.5.1 计算网格

根据地质勘探资料，考虑材料的大致分区、整治方案以及后期可能的蓄水过程，建立考虑古滑坡体和堰塞体的应力变形有限元计算分析网格。计算网格包含了古河床 al-1、现代河床 al-2、古滑坡 del-1、古滑坡 del-2、堰塞体 col-1、堰塞体 col-2、防渗帷幕以及混凝土防渗墙等材料分区。三维网格的单元形式以六面体单元及其退化单元为主，总体网格如图 5.2-43 所示。

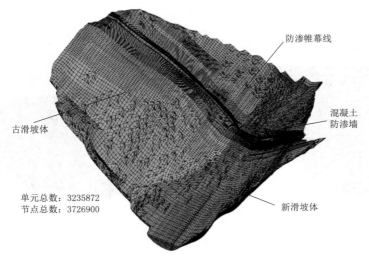

单元总数：3235872
节点总数：3726900

图 5.2-43　红石岩堰塞体整体三维有限元网格

　　为提高混凝土防渗墙中的计算精度，需提高混凝土防渗墙网格的划分密度。图5.2－44给出了混凝土防渗墙有限元计算网格图。

　　为提高防渗墙变形和应力的计算精度，需要提高防渗墙计算网格的划分密度。若采用传统接触面单元势必会造成计算规模的增加和网格划分的困难。在非线性接触计算方法中，对相互接触的不同物体可以独立地进行计算网格的剖分，可不要求接触界面上的网格匹配。这为对混凝土防渗墙进行网格的局部加密提供了极大的便利。混凝土防渗墙沿厚度方向划分9层网格，防渗墙面上的网格密度较上游堆石体提高了大约64倍。防渗墙单元厚度0.13m，墙面方向单元尺寸小于0.5m。图5.2－44（a）给出了混凝土防渗墙三维加密的示意图；图5.2－44（b）给出了混凝土防渗墙的立面展开图；图5.2－44（c）为防渗墙底部计算网格局部图。

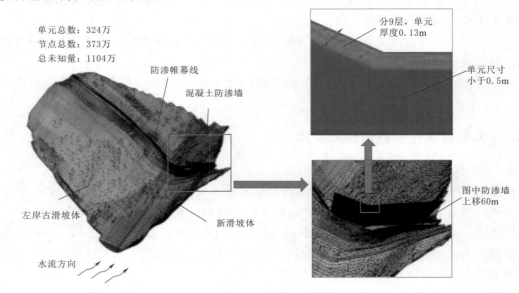

（a）三维加密示意图

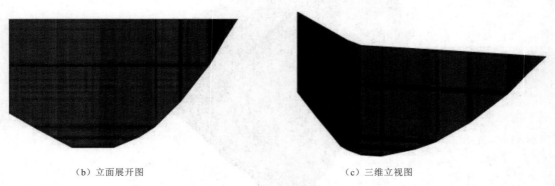

（b）立面展开图　　　　　　　　　　　　（c）三维立视图

图5.2－44　混凝土防渗墙有限元计算网格图

　　本章所进行的精细化计算方案共包括单元总数约324万个、节点总数约373万个、计算系统自由度1104万。

图 5.2 - 45 给出了混凝土防渗墙-接触过渡区-堰塞体接触关系示意图。在当前的接触算法中，为了保证计算精度，通常需要将相对较软的物体作为主动接触体，而主动接触体又需要划分较密的计算网格。在堰塞堆石体-混凝土防渗墙的接触关系中，上述的两种要求是相互矛盾的。为此，专门在混凝土防渗墙周围人为地划分了接触过渡区。在接触过渡区，网格划分密度和防渗墙大体相当或稍密。这样总体会构成混凝土防渗墙-接触过渡区-堰塞堆石体这样一种两重的接触关系。对混凝土防渗墙-接触过渡区接触以及接触过渡区-堰塞堆石体，均可取接触过渡区为主动接触体，则可满足上述接触计算的两条要求。此外，接触过渡区实际上也是堰塞堆石体的一部分，两者之间并不存在实际的非连续变形，在计算中可通过位移绑定的方法进行处理。

大量计算经验表明，如果在底部直接将混凝土防渗墙和基岩相连，会造成局部非常大的应力集中现象，为此通常需要设置"沉渣单元"。图 5.2 - 46 为防渗墙底部计算网格局部图。

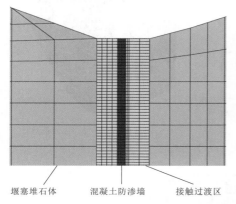

图 5.2 - 45　混凝土防渗墙-接触过渡区-堰塞体　　图 5.2 - 46　防渗墙底部计算网格局部图
接触关系示意图

5.2.5.2　主要计算成果

对于红石岩堰塞坝，堰塞体形成期和堰塞体堆积期所发生的变形没有实际的工程意义。堰塞体和防渗墙变形是指混凝土防渗墙建成后所发生的变形增量。该位移增量主要由堰塞体的流变以及加在混凝土防渗墙和防渗帷幕上的水压力引起。

图 5.2 - 47 给出了堰塞坝最大横截面上位移的计算结果。顺河向位移主要表现为在水压的作用下推动防渗墙向下游移动。最大值出现在防渗墙的中上部，为 5.3cm，并逐渐向四周减小。沉降最大值发生在堰塞体上游的顶部，为 7.4cm。可以看出，防渗墙上下游两侧土体的沉降存在明显不连续位移。

图 5.2 - 48 给出了防渗墙顺河向位移的分布图。最大顺河向位移发生在防渗墙中部偏下，约为 5.6cm。

值得注意的是，当混凝土防渗墙在水压力作用下向下游位移时，上游侧堰塞堆石体会随之向下游发生位移。但在堰塞体的底部由于受到位移约束，使得紧邻防渗墙上游侧一定范围的堆石体未能相应地随之运动，故在防渗墙上游侧底部计算得到了一定的脱空分布。图 5.2 - 49 给出了脱空的计算结果，最大脱空值约为 8.2cm。

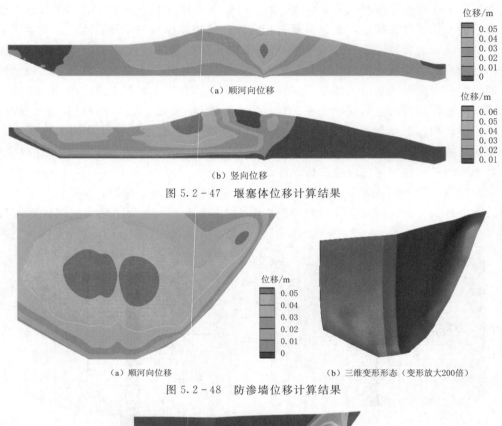

（a）顺河向位移

（b）竖向位移

图 5.2-47　堰塞体位移计算结果

（a）顺河向位移　　　　　　　　　　　　（b）三维变形形态（变形放大200倍）

图 5.2-48　防渗墙位移计算结果

图 5.2-49　上游堰塞体与防渗墙的脱空分布

图 5.2-50 给出了混凝土防渗墙下游面大主应力分布图。由图可见，大主应力较高数值的分布区域位于防渗墙转折部位的下游表面。该区域大主应力最大值约为 17.78MPa，这与防渗墙的转折在下游表面所产生的弯曲应力有关。由于防渗墙存在弯折，造成在它们上游表面作用的水压力存在夹角，产生较大的弯曲应力。总体看，防渗墙大部分区域的大主应力在 2~8MPa 之间。

从堰塞体变形计算成果看，顺河向位移主要表现为，在水压的作用下推动防渗墙向下游移动。最大值出现在防渗墙的中上部，为 53mm，并逐渐向四周减小。沉降最大值发生在堰塞体上游的顶部，为 74mm。根据监测成果资料，截至 2019 年 9 月，各测点水平位移介于 29.7~151.2mm 之间，垂直位移介于 -49.2~111.8mm 之间，堰塞体计算分析成果和实际监测成果基本吻合。

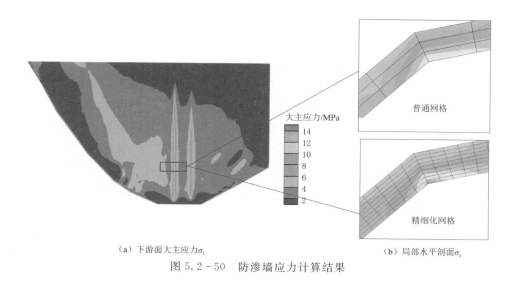

（a）下游面大主应力σ_1 （b）局部水平剖面σ_x

图 5.2-50　防渗墙应力计算结果

5.2.6　红石岩堰塞坝开发利用设计方案

5.2.6.1　开发利用方案

红石岩堰塞湖水库正常蓄水位 1200m，总库容 1.85 亿 m^3，堰塞体高 103m，设计灌区面积 3.6 万亩（远期 6.3 万亩），年引水量 2175.3 万 m^3，供水工程年引水量 139 万 m^3，总装机容量 201MW。

工程枢纽由堰塞体整治工程、右岸溢洪洞、右岸泄洪冲沙放空洞、右岸引水发电建筑物、下游供水及灌溉建筑物等组成，如图 5.2-51 所示。泄洪建筑物等级为：溢洪洞、泄洪冲沙放空洞为 2 级，引水发电进水口为 2 级，引水发电隧洞、调压井及压力钢管、电站厂房为 3 级。永久交通道路按照 4 级公路标准设计。工程防洪标准为 2000 年一遇。

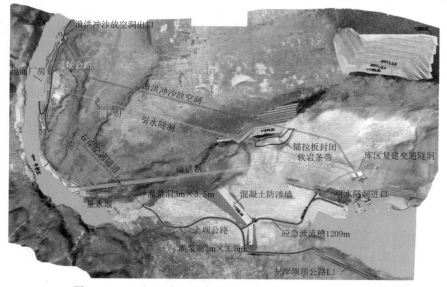

图 5.2-51　红石岩堰塞湖整治工程枢纽三维 BIM 布置图

5.2.6.2　堰塞坝开发利用设计

堰塞体整治是对堰塞体、坝基及两岸岸坡进行防渗加固及堰坡部分整治。堰塞体防渗处理采用防渗墙及帷幕灌浆相结合。

1. 防渗方案

河床部位采用幕间成墙方案，即在混凝土堰塞坝防渗墙上下游方向两侧各设计一道防渗帷幕灌浆，见图 5.2 - 52。左岸古滑坡及右岸基岩段采用灌浆洞内帷幕灌浆的防渗方案。

图 5.2 - 52　堰塞坝幕间成墙技术示意图

左岸灌浆洞延伸与透水率 5Lu 线相连，灌浆洞端头桩号为 K0−280.158，长约 293m。右岸灌浆洞深约 107m，根据灌浆先导孔压水试验成果推测，帷幕灌浆右端点处透水率 5Lu 顶界面的深度约为 45m，防渗底界按伸入基岩单位吸水率 $\omega \leqslant 0.05L/(min \cdot m \cdot m)$ 深度以下 5m 控制。左岸古滑坡体内双排帷幕实施完成后合格率较低，经水利水电规划设计总院咨询及参建各方讨论后确定增加一排帷幕，基岩范围及混凝土防渗墙下采用单排灌浆防渗。由于基岩溶蚀、风化均较弱，除表部卸荷裂隙较发育外，深部裂隙紧密，无集中渗漏通道，基岩段不会产生大规模渗漏损失，也不会发生渗透破坏。结合堰塞湖形成初期 2 个月的蓄水情况，并经计算分析，防渗范围满足要求。

（1）防渗墙设计。防渗墙顶部长度约 273m，最深位置约 137m，厚 1.2m，入岩 1m。虽然塑性防渗墙适应变形能力较强，但该工程防渗深度较大，塑性防渗墙自身的变形较大，且塑性防渗墙可承受的水力坡降有限，该工程防渗墙最大挡水水头达 100m 以上。综合上述因素，并参考已建工程经验考虑，防渗墙材料采用 C35 混凝土防渗墙，28 天抗压强度不小于 25MPa；弹性模量不宜超过 30000MPa，90 天抗压强度不小于 30MPa；180 天抗压强度不小于 35MPa，180 天弹性模量不宜超过 35000MPa，抗渗等级 W10，抗冻等级 F100。参考类似工程，在防渗墙顶部 20m 范围内配筋，钢筋采用Φ20@200mm，双层双向钢筋。

（2）帷幕灌浆设计。左岸灌浆洞总长约 293m，其中堆积体范围内采用三排帷幕灌浆，排距 0.75m，间距 1.5m，基岩范围内采用单排灌浆防渗，灌浆孔间距 1.5m。右岸崩塌体边坡内设灌浆洞长 107m，设置单排帷幕，帷幕灌浆孔间距 1.5m。

防渗墙在右岸与岸坡搭接部位受地形及施工条件影响，防渗墙无法靠边，因此设置了灌浆搭接段，右岸搭接段长 5.1m，共设置 4 排灌浆帷幕，排距 1.5m，孔距 1.5m。

灌浆洞支护衬砌后断面为 3m×3.5m 的城门洞形，灌浆洞在堆积体及强风化基岩内进行混凝土衬砌，其余洞段喷锚支护，底板浇筑盖重混凝土。

帷幕灌浆压力为 0.3～2.5MPa。

2. 堰坡整治

由于堰塞体为地震自然形成，在应急处置阶段开挖了应急泄流槽，在整治阶段从厂房至堰塞体顶部修建了临时施工交通。为最大限度地保留堰塞体的原貌，在堰塞体上仅考虑布置防渗墙、灌浆洞施工，结合下游侧堆渣及上坝公路布置、上游侧公路布置及生态修复工程等对堰塞体进行修复及整治，并保留已有的应急泄流槽作为超标洪水的泄洪通道。应急泄流槽部位采用石渣回填并浇筑自密实混凝土与防渗墙顶齐平。

（1）上游坝坡。沿泄流槽至库区复建交通洞进口、三洞进口回填形成道路，回填顶高程 1210.00m，回填坡比 1∶1.8，在高程 1190.00m 设一台马道，外侧采用干砌石护坡，采用石渣回填碾压形成。上游左岸布置一条 6m 宽的上坝公路连接到红石岩村。

（2）下游坝坡。结合生态修复要求，对堰塞体下游坝坡进行整治。为保证施工期安全，避免右岸高边坡落石影响，将右岸防渗墙轴线往下游移动并偏转，右岸防渗墙方位角调整为 NW319°24′5″。为保证调整后右岸防渗墙下游堆石体的厚度，采用右岸高边坡开挖灰岩料进行回填，回填后 1209.00m 平台防渗墙下游侧平台宽度为 29~52m，1209.00m 以下堰坡坡比为 1∶1.7~1∶1.8，1156.00m 以上坡比为 1∶2.5~1∶5。下游坝坡 1156.00m 公路采用石方回填形成，公路宽度不小于 7m，与右岸交通隧道连接。结合生态修复要求，对 1156.00~1125.00m 之间下游坝坡以 1∶2.5~1∶5 的坡比进行回填处理，对高程 1125.00m 以下以 1∶3 的坡比进行回填处理，高程 1125.00m 预留 10m 宽马道，回填区域高程 1156.00~1125.00m 坡面布置 6m 宽便道（见图 5.2-53）。

5.2.6.3　左岸大型古滑坡堆积体稳定性评价

红石岩堰塞体左岸为一大型古滑坡体（见图 5.2-54、图 5.2-55），该滑坡体顺河向的长度约为 1200m，顺坡向的最大长度约为 900m，滑体的平均厚度为 70m，局部地段的最大厚度为 150m，初步估计其总方量约为 $81 \times 10^4 m^3$。根据现场调查情况，左岸古滑坡体在地形上具有下陡上缓的特点，其中，高程 1400m 以下地形相对较陡，坡度为 30°~40°；高程 1400~1500m 之间的地形较缓，坡度为 10°~15°。滑坡体后缘为地形陡峭的岩石高边坡。

根据现场勘测，滑坡体的物质组成主要为块石、碎石夹粉土，坡体表面多见粒径较大的块石和孤石，个别块石粒径达数十米，如图 5.2-56 石表面的风化状况与断面状态可以推断，因后缘基岩边坡地形陡峻，该地段局部块体的崩塌现象一直存在，而"8·03"鲁甸地震加剧了这一不良地质现象的发生。

需要指出的是，左岸古滑坡体在"8·03"鲁甸地震发生期间，在地震作用下，滑坡体表面局部部位发生滑塌破坏，根据现场调查，在古滑体后缘出现了一条与河流走向近于平行的裂缝，如图 5.2-57 所示，表明地震作用使古滑坡体出现了较大的变形，但整体仍处于稳定状态。从这个意义上说，左岸古滑坡体经受了"8·03"鲁甸地震的严峻考验，其整体稳定具有一定的安全储备。

根据地质资料，组成古滑体的堆积物结构密实，在"8·03"鲁甸强烈地震以及其后的多次余震的影响下，其密实度将不可避免地降低。另外，对红石岸堰塞体的整治施工，需要对左岸古滑坡体进行局部开挖，加之堰塞坝蓄水后，改变了古滑坡体前缘的渗流场，上述一系列因素的改变将使古滑坡体的稳定现状发生变化。

堆积体地貌特征明显，人为活动较少，基本保留了堆积体的原始地貌特征（见图 5.2-58）。坡表布满了大小不一的块石。这些块石形状不规则，有些孤立地立在坡表，有些一半没入坡体。堆积体表面块石最大的可达上百吨，小的则是小碎石，岩性多为砂岩、灰岩和泥岩，主体结构为灰白色块石，块石间充填碎石和碎屑石，中等密实到密实。坡积体块石含量约占 60%，块径一般为 10~30cm；碎石约占 30%，块径一般为 3~6cm；局部大块石块径为 1~3m，个别达 5m，发育架空现象。块、碎石主要成分为砂岩、灰岩类，多呈棱角状到次棱角状，多呈弱风化状态。

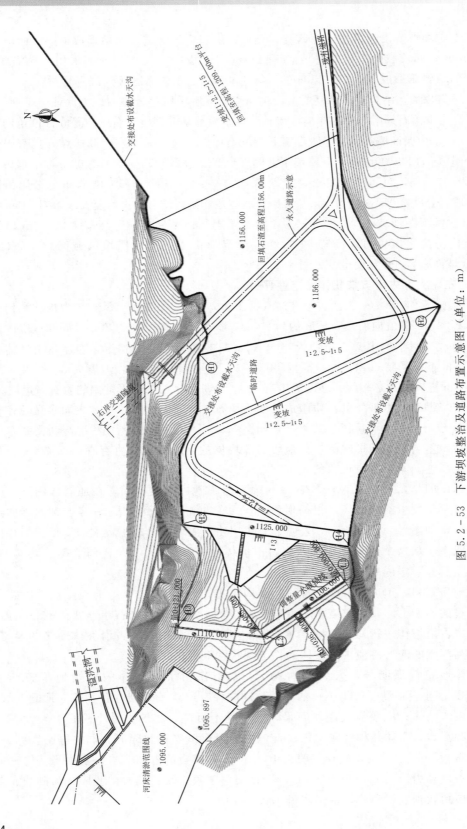

图 5.2−53 下游坝坡整治及道路布置示意图（单位：m）

图 5.2-54　红石岩堰塞体左岸古滑坡体
地形地貌图

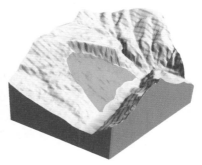

图 5.2-55　红石岩左岸古滑坡体
三维地形拟合图

图 5.2-56　堰塞体左岸古滑坡体
表面分布的孤石

图 5.2-57　左岸古滑坡体后缘与
基岩之间的裂缝

钻孔岩芯资料图如图 5.2-59 和图 5.2-60 所示。

图 5.2-58　古滑坡体表面

图 5.2-59　ZK123-1

通过现场调研，左岸古滑坡在地貌上表现为两个特征，滑坡顶部宽大平坦，滑坡前缘位于河谷底部，已经不存在滑动空间。因此，可以判断左岸古滑坡整体稳定性较好，虽然在鲁甸地震中滑坡体整体有向下变位的情况发生。发生该现象的原因主要是左岸古滑坡整体结构的大块石为骨架＋碎石土，并且在滑坡体上多处发现架空。滑坡体在振动

图 5.2-60　ZK123-2

作用下有进一步密实的空间。

由昆明院及科研院所进行了系统分析，通过几家不同单位的平行研究，对左岸边坡的稳定性进行分析，提出治理加固措施。主要结论与建议如下：

（1）左岸边坡静力下整体安全度在 1.4 以上，而采用拟静力法得到的地震荷载下的安全度也在 1.3 以上，边坡整体安全度满足设计要求，边坡处于稳定状态，与现场监测结论一致。

（2）动力时程分析表明，在三种地震工况下，分别于 3.16s、2.36s 和 2.38s 达到整体余能范数最大值，15s 后左岸趋于稳定，不平衡力主要集中在古滑坡体后缘以及坡脚处，由于坡脚主要为松散堆积体，对整体稳定影响不大，建议主要关注坡顶古滑坡体后缘，以避免地震下发生局部破坏。

（3）蓄水后左岸边坡整体塑性余能略有增大，坡脚、堰塞体以及古滑坡处不平衡力有所增加，建议对古滑坡后缘进行适当加固，并在蓄水过程中加强观测。

通过分析可知，左岸堆积体以上边坡仅需进行坡面清理，锚固、削坡处理必要性不大。

5.2.6.4　泄水建筑物

泄水建筑物由右岸溢洪洞、右岸泄洪冲沙放空洞组成。其中，泄洪冲沙放空洞在运行期兼具泄洪和冲沙功能，保证电站进水口"门前清"，必要时可作为水库放空洞，在施工导流期间兼作导流洞；溢洪洞主要参与泄洪，并有排漂功能。堰身应急泄流槽在发生超校核洪水频率时可作为应急泄流通道。

1. 溢洪洞

溢洪洞由引渠段、闸室段、无压洞段及出口鼻坎段组成，全长约 1240m，溢洪洞三维图见图 5.2－61。

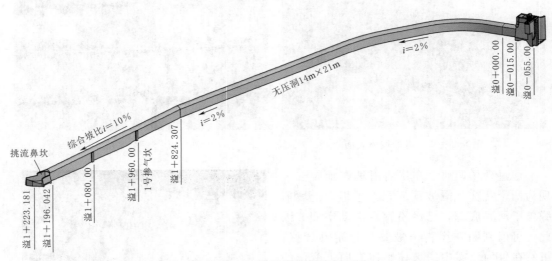

图 5.2－61　沿溢洪洞轴线剖面图

引渠底板高程为 1160.00m，中心线长度约为 20m，两侧设置导水墙。

溢 0－040.000～溢 0－000.000 为闸室段，设一孔溢流孔，孔口尺寸为 14m×20m

（宽×高），设一扇弧形工作闸门和平板检修闸门。堰顶高程 1180.00m，堰面型式为实用型低堰，堰面曲线为 $y=0.047366x+1.85$。堰面曲线后接 1：1.33 斜坡段，斜坡段后接反弧半径 $R=24.5253m$ 的反弧段，边墩为重力式边墙，闸室顶高程为 1210.00m，挡墙最大高度为 55m。在闸室顶部布置检修闸门门机及油泵房。溢洪洞检修闸门沿门机中心线在右边墩外侧布置储门槽。

溢 0+000.000～溢 1+196.042 为无压洞段，断面为城门洞形，尺寸为 14m×21m（宽×高）。洞身段总长 1196.042m，其中溢 0+000.000～溢 0+840.000 段底坡 $i=0.02$；溢 0+840.000～溢 1+196.042 段底坡 $i=0.10$。为减小高速水流对隧洞衬砌的破坏，结合水工模型试验成果，在溢 0+960.000、溢 1+080.000 分设两道掺气坎。根据洞身段地质条件及结构计算分析，确定溢洪洞采用 0.8m 厚的钢筋混凝土衬砌。在溢 0+685.5800 与溢 0+963.968 位置结合 2 号、3 号施工支洞各布设一道通风洞接至原红石岩交通洞，断面为城门洞形 5m×4.4m（宽×高）。

溢 1+196.042～溢 1+233.181 为出口挑流鼻坎段，鼻坎采用舌形鼻坎，反弧半径 $R=60m$，挑流鼻坎最高点高程为 1117.50m。鼻坎置于弱风化基岩上，同时在上、下游侧设置齿坎，齿槽处埋设锚筋桩。鼻坎下部采用钢筋混凝土进行护坡。校核水位时溢洪洞最大泄量达 3742m³/s。

2. 泄洪冲沙放空洞

泄洪冲沙放空洞布置于右岸，中部与原红石岩引水隧洞结合，出口与新建泄洪洞结合。施工期主要承担枢纽导流任务，运行期主要承担汛期泄洪、冲沙功能，必要时作为水库放空洞，为一综合利用功能的隧洞。泄洪冲沙洞放空由进口有压洞段、事故闸门井、井后有压洞段、工作闸室段，出口明渠段等组成（见图 5.2-62）。

进口有压洞段由喇叭口段、渐变段及圆形隧洞段组成。进口底板高程 1138.00m，泄 0+000.000～泄 0+005.000 为喇叭口段，泄 0+005.000～泄 0+015.000 为方变圆渐变段，泄 0+015.000～泄 0+096.177 为直径 7.6m 的圆形隧洞，泄 0+096.177～泄 0+106.177 之间为 10m 长的渐变段。

泄 0+106.177～泄 0+115.177 之间为事故闸门井，闸门井尺寸为 15m×8.5m×88.2m（长×宽×高），内设一道平板事故闸门，闸门尺寸 7m×8m，闸顶平台高程为 1210.80m。上部启闭机室净空尺寸为 26m×7m×16.091m（长×宽×高），启闭机平台高程为 1218.87m，在闸顶平台旁设置卸货及安装平台，设交通洞 7m×6m，与库区复建交通隧洞相连。

闸门井后泄 0+115.177～泄 0+125.177 之间为渐变段，后接有压隧洞至泄 0+275.431m 处与原红石岩引水隧洞改造段衔接。泄 0+125.177～泄 0+275.431 之间有压洞段采用龙抬头形式，考虑到施工要求，坡比设计为 $i=20\%$，其中泄 0+225.453～泄 0+275.431 之间为平面转弯段，转弯半径 60m，转弯角度 47°43′34″。泄 0+275.431～泄 1+280.901 之间为泄洪冲沙放空洞与原红石岩电站引水隧洞结合段，泄 1+280.901～泄 1+347.310 之间为新挖隧洞段，泄 1+347.310～泄 1+567.345 之间为泄洪冲沙放空洞与应急泄洪洞结合段。有压隧洞采用圆形断面，隧洞内径为 7.6m，衬砌厚度 0.6m。

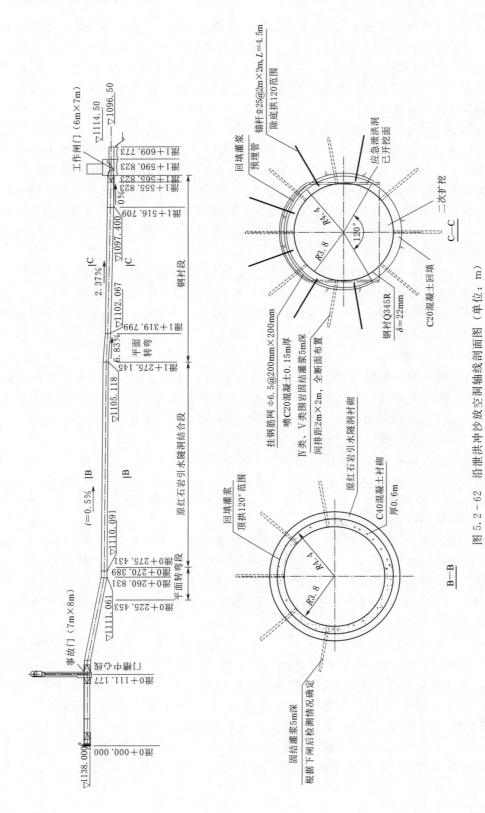

图 5.2-62 沿泄洪冲沙放空洞轴线剖面图（单位：m）

泄洪冲沙放空洞出口后接工作闸室，闸室平台高程1114.50m，内设一道弧形工作闸门，闸门尺寸6m×7m，工作闸室平面尺寸14m×25m。工作闸室后部接出口明渠，明渠长度18.95m，底部高程1096.50m，明渠尾部向下游偏转以便于水流归槽。

5.2.6.5 引水发电建筑物

引水建筑物由竖井式进水口和引水隧洞、调压井、压力钢管、发电厂房等组成。

1. 进水口

进水口为竖井式进水口，由拦污栅段、闸门竖井及拦污栅和闸门井之间的隧洞连接段组成。进水口底板高程为1163.50m，顶部高程与坝顶高程相同，为1210.00m。

进水口前沿设置三孔直立式拦污栅，拦污栅单个孔口尺寸为5.8m×17.5m，控制平均过栅流速为0.8m/s，采用清污机清污。拦污栅后接长约70m的引水隧洞至闸门井，闸门井净空尺寸为8m×16m×49m（长×宽×高），设8.5m×8.5m平面事故钢闸门一扇。竖井顶部平台高程1210.00m（见图5.2-63）。

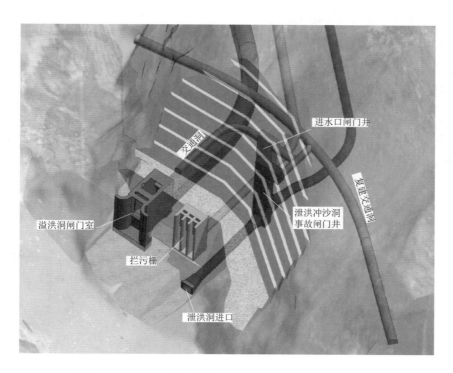

图5.2-63　红石岩堰塞湖水利枢纽工程三洞进口布置图

2. 引水隧洞

电站共三台机，采用"单管三机"供水方式，三台机总引用流量为228m³/s，需设置上游调压室。引水隧洞为圆形断面，净直径8.5m，采用钢筋混凝土衬砌，调压井前长度约为1307.476m，底坡0.5%。

3. 调压井

调压井为圆筒阻抗式，净直径21m，地下埋藏式，竖向高度约79m，顶部开挖为穹顶，阻抗孔直径 4.5m。

4. 压力钢管

压力钢管从调压井后渐变段末端开始设置，压力钢管净直径为 7.6m，主管长度约 239.8m。在地面厂房前通过非对称 Y 形月牙肋主岔管和次岔管分为三管进入厂房。

5. 发电厂房及开关站

地面厂房布置在原红石岩电站厂址处，顺水流向依次布置主变搬运道、上游副厂房、主厂房、尾水闸墩，主厂房左侧布置安装间及回车场等。由于厂房校核洪水位较高（1103.82m），厂区需要设置防洪墙，与尾水闸墩挡水墙形成整体挡水结构。

主厂房（包括安装间）尺寸为 72.6m×19.2m×42m（长×宽×高）。主厂房轴线方位为正北向，净宽 16.0m，机组间距 14.5m，内装三台单机容量 67MW 的水轮发电机组，机组安装高程 1075.00m，发电机层高程 1087.20m，吸出高度－4.0m。安装间布置在主机间左侧，副厂房布置在主厂房和安装间上游侧，主机间上游副厂房共三层，分别布置电气盘柜层、主变压器层和 GIS 层等。安装间下部布置空压机室，安装间上游副厂房布置油罐室和通风设备室（见图 5.2-64）。

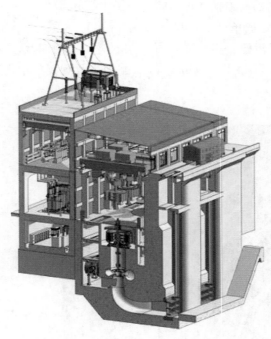

图 5.2-64　厂房三维图

尾水平台高程为 1106.00m，尾水平台宽度为 11.6m。尾水闸门底坎高程同尾水管高程，为 1066.45m，孔口尺寸为 9.33m×4.14m（宽×高），从尾水闸墩末端以 1∶0.5 的反坡与下游河床连接。

5.3　安全监测与运行管理

5.3.1　堰塞坝监测

5.3.1.1　堰塞坝监测体系

本书主要对堰塞坝监测项目、监测内容、监测技术、仪器安装埋设及监测资料分析进行总体研究，下面对堰塞坝监测体系作具体阐述。

堰塞坝监测项目和内容研究主要通过调查总结进行，虽然堰塞坝形成机理与土石坝不一致，但其后期的整治后工作状态与土石坝相似。因此，堰塞坝监测项目研究应在土石坝安全监测设计的基础上开展，并总结国内外堰塞坝整治经验，根据地质及岩体结构资料，对堰塞体监测项目进行深入研究。

土石坝安全监测项目包括变形监测、渗流监测、压力监测、环境量监测、地震反应监测等。以上监测项目为土石坝常规安全监测项目，通过调查研究，已有堰塞坝整治工程主要进行外部结构监测，结合堰塞坝工程特点，其外部监测布置可参照土石坝外部监测布置，对堰塞坝进行表面变形监测、坝后渗流量监测、环境量监测和地震反应监测。

已有的堰塞坝整治工程结构内部监测主要进行渗流监测，通过钻孔布置水位孔监测堰塞坝内部渗流情况；对于高度达 100m 级的堰塞坝结构内部变形监测是有必要的，同时堰塞坝结构内部变形监测是监测领域的难题，已有堰塞坝整治工程均很少设置，其难度主要体现在内部变形监测只能通过钻孔完成，现有的沉降监测技术普遍随着坝体填筑安装，故难以满足堰塞坝沉降监测需求。考虑到土石坝内部结构变形是其安全评价的重要依据，可通过监测技术创新研究适合于堰塞坝的内部结构监测仪器。

堰塞坝的防渗体一般设置防渗墙，防渗墙的稳定对堰塞坝安全有直接影响，根据堰塞坝结构资料，对防渗墙进行变形、防渗效果及应力应变监测。

通过初步分析，堰塞坝监测主要包括外部变形、内部变形、渗流及帷幕防渗效果，防渗墙变形及防渗效果，坝后渗漏量，环境量和地震反应监测。

5.3.1.2 堰塞坝监测技术与仪器研究

1. 堰塞体内部沉降监测技术研究

传统土石坝沉降监测仪器一般随着坝体填筑而埋设完成，故难以满足堰塞体沉降监测，需结合堰塞体特点研究沉降监测技术。

堰塞体内部结构可通过钻孔埋设监测仪器，也可结合堰塞体前期地质勘探竖井布置监测仪器，两种方式监测仪器均需研制。考虑到竖井或钻孔内布置的监测仪器与堆石体沉降难以协调一致，需重点研究不同材料间的变形协调性。

利用钻孔监测堰塞体内部沉降时在设计位置钻孔布置沉降测线，采用钻孔在各个监测高程安装埋设不锈钢钢环，并采用水泥膨润土砂浆灌浆，灌浆前需进行配合比试验，使水泥膨润土砂浆强度与堰塞体强度接近。

为验证以上沉降监测技术对现场的适应情况及稳定性等，在堰塞体钻孔布置电测沉降测线进行现场试验。

2. 防渗墙内部水平位移监测技术研究

结合防渗墙施工工艺研究防渗墙分布式柔性变形监测仪器。

5.3.1.3 堰塞坝监测技术研究

1. 防渗墙分布式柔性变形监测仪器

分布式柔性变形监测仪是基于物联网系统架构研制的，以 MEMS 传感器为核心敏感元件的多维度变形测量系统。系统由多维度变形测量装置、数据采集仪和物联网云平台三个部分组成。各部分功能描述如下：

（1）多维度变形测量装置为安装在测斜孔里的传感器阵列，负责信号采集和传输。

（2）数据采集仪负责给多维度变形测量装置供电，收集并分布式柔性变形本地存储多维度变形测量装置的测量数据和蓄电池电压等关键监测仪示意图状态信息，通过 DTU 推送数据到云平台。

（3）云平台负责用户界面，汇集数据、显示数据、系统管理等。对用户而言主要通过多维度变形测量系统软件实现云平台相关管理操作功能。

多维度变形测量装置外径为 $\phi48mm$，单节长度为 1.5m。其主要技术指标见表 5.3-1。

表 5.3-1　　　　　　　　　分布式柔性变形监测设备主要技术指标

序号	指　标　项	指　标　参　数	备　注
1	测量维度	3 个维度（X、Y、Z 三向）	
2	角位移测量范围	$0°\sim360°$	
3	角度分辨力（$\sin\theta$）	0.00005（相当于 0°附近 10″）	
4	位移分辨力	0.1mm@500mm	
5	角度测量精度（$\sin\theta$）	0.1%F.S	
6	系统稳定性	优于±2mm/32m	
7	输出接口形式	RS485 数字式（MODBUS 协议）	
8	工作温度	$-20\sim+60℃$	
9	直径	$\phi38mm$	
10	仪器长度	可订制	可选每节 0.5m 或 1m，仪器总长度可根据需求定制

由于分布式柔性变形监测仪装置传感器节点连续分布且相邻节点之间的间距较小，因此可以连续、准确地测量整个装置覆盖区域的位移变形情况。分布式柔性变形监测仪从原理上克服了活动式测斜仪类产品在工程应用中存在的各种技术缺陷，如重复性差、累积误差大、易于磨损、人工操作劳动强度大、不能实现自动化监测等。同时解决了固定式测斜仪类产品在工程应用中碰到的各种技术问题，如测点间距较大带来的传递杆挠曲导致位移变化传递失真、安装方法过于复杂、难以在同一个测斜孔中布局多个测点等。

2. 堰塞体分层式定点磁环内部沉降监测

分层式定点磁环内部沉降监测采用钻孔分层埋设磁环（见图 5.3-1），通过观测磁环空间位置变化来计算堰塞坝内部沉降，该项目重点对沉降技术的实施方法进行研究，主要实施方法如下。

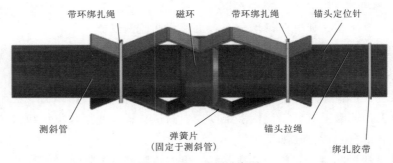

图 5.3-1　磁环示意图

（1）用黏合剂将底塞固定在测斜管的底部。

（2）在测斜管的底部用螺丝固定基准磁铁，基准磁铁的位置大约位于底盖上方

1m 处。

（3）选择测管上的较远部分，嵌入伸缩接头。沿着测管将星型磁铁定位于设计位置。

（4）用两端带环的 250mm 长的绑扎绳（或爪子链）缠绕测管一周，再将弹簧片紧贴测管表面一周，使它们收拢并固定在测管上。然后把两个环放在一起，用弹簧片磁铁定位针穿过两环和管壁与磁铁之间的空隙，直到它从另一端出来。

（5）用另一根长 250mm 长的绑扎绳将另一端的弹簧片以同样的方式进行绑扎，使其位于合适的位置，把磁铁端部的探针穿过绑扎绳的环。如果安装正确，弹簧片的张力将会绷紧绑扎绳，以阻止磁铁沿测管上、下滑动。

（6）从测斜管一端拉绳，在距离拉绳头约 30cm 的地方用一层胶带将拉绳缠绕在测管上，防止拉绳被过早扯掉。

（7）将拉绳与测点一一对应，并在每一根拉绳的末端做好标识，便于按测点顺序拉动拉绳。顶部锚固点拉绳编号为 1 号，往下依次为 2 号、3 号等。

（8）将测管等装置集中起来，然后把它们逐根连接放到钻孔中，在安装测管入孔时，将灌浆管固定在钻孔底部，如果钻孔中有水或者水泥砂浆，有必要在测管内注水以平衡浮力。

（9）当测管完全到达钻孔底部时，要确认所有的嵌入组件都伸直开来，避免弯曲，一遍就正确地测量位移变化。

（10）在最终锚固之前，使用读数探头确认锚固点的位置，如果锚固点产生滑移，则应重新调整它的位置至设计高程。

（11）采用水泥膨润土砂浆灌浆，灌浆前需进行配合比试验，使水泥膨润土砂浆力学性质与堰塞体材料接近。

（12）从顶部的磁铁开始，逐个释放定位簧片。首先选择 1 号拉绳，给它一个快而大的拉力使定位簧片松弛释放。在定位 2 号拉绳前，需要完全地将 1 号拉绳和磁铁定位针从钻孔中抽出后方可进行下一步，对所有的磁铁重复这一步骤。

5.3.2 InSAR 表面变形监测技术

5.3.2.1 InSAR 的测量原理

InSAR 是采用一种微波干涉技术的创新雷达，集成合成孔径雷达（SAR）、干涉测量技术（InSAR）和步进频率连续波技术（SFCW）等多种先进技术。其基本原理是通过 SAR 技术来提高 InSAR 系统的方位向分辨率，通过 SFCW 技术来提高 InSAR 系统的距离向分辨率，通过干涉测量技术获取 InSAR 系统的高精度视线向形变。InSAR 具有高精度、高空间分辨率、高采样频率和多角度观测等突出的技术优势。

SAR 技术基本原理：合成孔径雷达成像是一种高分辨率微波遥感成像技术，该技术可以对边坡进行全天时、全天候监测、体积小、监测周期短、监测范围广、精度高，且受恶劣气候条件影响较小。合成孔径雷达（SAR）是利用小天线作为单个辐射单元，向某一固定方向移动，在不同的位置上接收同一监测物体返回的雷达信号并进行相关处理，进行成像。通过小天线的运动形成一个等效的大天线，就可以获得高分辨率的星载合成孔径雷达图像，如图 5.3-2 所示。

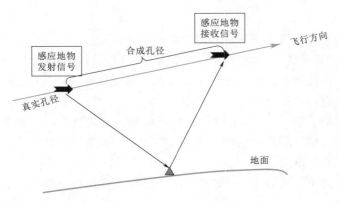

图 5.3-2 合成孔径雷达成像原理图

根据合成孔径雷达成像技术原理：设 InSAR 系统发射的信号带宽为 B，雷达信号波在空气中的传播速度为 c，则 InSAR 系统的斜距向分辨率为 $c/2B$，若 InSAR 系统发射的信号波长为 λ，系统在轨道上移动的最远距离为 L，则 InSAR 系统的方位向分辨率为 $\lambda/2L$。

InSAR 系统主要通过雷达信号接收器沿着滑动轨道进行移动而形成合成孔径效果，用于测量雷达小天线接收信号的幅度与相位信息，并通过差分干涉测量技术获取地基雷达监测区域的地形信息和相对形变信息，从而达到监测边坡形变的目的。InSAR 以固定的视角不断地发射和接收回波信号，经过聚焦处理后形成极坐标形式的二维 SAR 影像。在影像像元内，距离向分辨率是固定不变的，而方位向分辨率与像元夹角及目标距离有关，将距离向与方位向进行结合，监测区域被分为若干个二维小像元，如图 5.3-3 所示，监测距离越远，方位向分辨率越低。

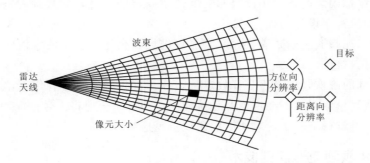

图 5.3-3 InSAR 影像分辨率示意图

InSAR 即差分干涉测量，它是利用同一地区不同时间、不同相位的 SAR 影像，利用差分干涉测量原理，获取该监测区域地表形变信息的技术手段。图 5.3-4 为 InSAR 对目标点 P 的干涉测量示意图。

设固定观测基站观测目标点为 P，P' 为监测目标点 P 移动后的位置，移动后 P 与 P' 之间的距离为 d，P 点移动前后的相位分别为 φ_{m} 和 φ_{s}，则两者的干涉相位为 $\Delta\varphi_{ms}$。

$$\Delta\varphi_{ms}=\varphi_{s}-\varphi_{m}=\frac{4\pi\,(SP'-MP)}{\lambda}=\frac{4\pi d}{\lambda} \tag{5.3-1}$$

式中：MP 为监测目标点与监测基站的距离；SP' 为监测目标点发生形变后与监测基站的距离；λ 为雷达波长，由式（5.3-1）得目标点 P 的形变量 d 为

$$d=\frac{4\pi}{\lambda}\Delta\varphi_{ms} \tag{5.3-2}$$

式（5.3-2）是在空间基线为 0、不考虑其他因素干扰得到的理论公式。其中，λ 为雷达波长，φ_m 为雷达第一次成像的相位，φ_s 为雷达第二次成像的相位。通过两次接收雷达波的相位信息可以准确地计算监测物体的径向位移变化。

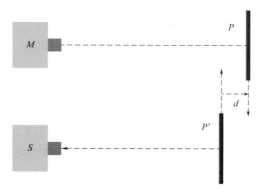

图 5.3-4　InSAR 干涉测量示意图

5.3.2.2 GB-InSAR 表面变形监测技术

1. GB-InSAR 监测流程

堰塞坝边坡所处一般地势陡峭，地形复杂，外部山体形态变化不稳定，易受人类活动和恶劣天气的影响，这些因素往往会对边坡监测产生极大的困难。因此，在监测前要整体规划，制定一个完整规范的监测流程。该工作流程主要包括构建地基干涉合成孔径雷达干涉技术（GB-InSAR）监测体系、建立 GB-InSAR 监测系统、采集实验数据、数据处理、制作边坡形变图、建立边坡预警模型以及制定相应的安全措施和应急预案等。具体监测流程如图 5.3-5 所示。

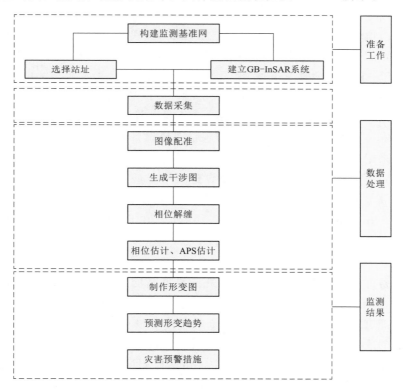

图 5.3-5　GB-InSAR 系统监测流程

2. GB-InSAR 监测关键技术

GB-InSAR 监测关键技术主要有图像配准、生成干涉图、相位解缠、相位估计、地理编码等。

图像配准技术是生成干涉图的基础，也是 GB－InSAR 形变监测的关键步骤之一，通过 GB－InSAR 系统在轨道上的两次滑动将所获取的 SAR 影像中同一监测物体的像元匹配到同一位置的点位上，并利用该点位在两幅不同的时间获取的 SAR 影像重叠的相位信息计算 SAR 影像的相干值即可完成 SAR 影像的图像配准。

在完成图像配准后，通过提取由二维 SAR 影像数据生成高质量干涉图的干涉相位为相位解缠做准备。由于噪声以及平地效应的存在，在完成相位解缠工作前不仅需对干涉图进行去噪处理，而且还要去除平地效应，从而获取更加直观的高程信息和稀疏的干涉条纹，为相位解缠工作提供便利。干涉图噪声及平地效应会严重影响 GB－InSAR 数据处理中 SAR 影像的图像质量，导致相位解缠工作无法实现。只有有效地减少噪声及平地效应对干涉图的干扰，才能保证获取高质量的 GB－InSAR 形变图。相位解缠主要是将 GB－InSAR 获取的干涉相位的主值还原为真值，也是 GB－InSAR 形变监测的关键技术之一，相位解缠的准确性直接影响到 GB－InSAR 监测结果的精度。

大气相位校正是指当雷达电磁波信号经过大气层时，大气会对电磁波信号产生折射和散射影响，导致其传播路径延迟，从而形成大气效应，对干涉结果造成严重影响。因此在数据处理过程中，需要考虑到大气相位对监测结果的影响，以提高监测精度。

最后完成以上工作的同时，采用多源数据融合技术将 GB－InSAR 技术与其他监测技术结合并分析出边坡综合形变信息，再对获取的综合形变监测结果进行地理编码，并将雷达坐标系中识别的边坡的点、线、面等属性映射到同一个地理坐标系下。

3. GB－InSAR 监测的作业条件

为了更好地监测目标区域，在选择观测房时，应该考虑到以下条件：

(1) 持续供电。为了保证设备可以连续 24 小时进行监测，GB－InSAR 系统需要持续供电。所以在安装 GB－InSAR 设备时，应保证对该设备的持续供电，若现场出现短时间断电情况，应采用 UPS 继续供电。

(2) 监测距离及范围。在施工现场布设过程中，应根据施工现场所处位置的地貌、水文等条件将雷达设备的监测距离及监测范围控制在合理的范围内，雷达设备最远监测距离应小于 5km，最大覆盖范围应小于 $10km^2$，在此基础上，监测距离越大，雷达接收回波信号越弱，其误差效果越大，监测效果越差，所以根据现场实际情况选择合适的监测距离。

(3) 通视条件。GB－InSAR 系统应该在能见度高的条件下工作，若能见度较低，则对 GB－InSAR 系统的监测结果造成一定的误差，影响其监测精度。同时在雷达设备与监测目标之间不能有障碍物的存在，例如岩石、树木、设备、无关人员等。如果存在障碍物，监测目标的反射强度会减弱，最终影响监测设备的数据处理结果。

(4) 设备安放点稳定性。在监测过程中，雷达监测设备应平稳放置，不能受到振动。所以在选址过程中，要考虑将监测房安置于水平地面上。

(5) 仪器架设位置。观测边坡时，应对设备视线方向和主滑移方向的夹角进行权衡，夹角越小，监测雷达对形变信号的强度越敏感，但不利于接收回波信号。

(6) 植被。GB－InSAR 系统的雷达波频率较高，波长较短，其雷达信号对目标物体的形变比较敏感，但如果在监测区域内存在大量的植被，由于空气流动的影响，植被会发生摇摆，雷达无法很好地接收监测目标的形变信号，最终会影响到 GB-InSAR 系统的监测效果。因此监测区域应选择植被稀疏的区域。

4. 基于天基 InSAR 的 PSI 技术

PSI 技术核心仍是合成孔径雷达（SAR）原理，是通过卫星搭载的合成孔径雷达传感器和地面目标（如边坡、大坝和道路等人工建筑物）之间距离变化信息获取高密度目标点的雷达视线向形变值，转换得到地面目标变形，适用于监测长期发生缓慢形变的区域，一般应用 Sentinel-1A 卫星 C 波段合成孔径雷达影像采用加泰罗尼亚电信技术中心（the Centre Tecnològicde Telecomunicacions de Catalunya，CTTC）研发的 PSI 数据处理软件进行差分干涉处理分析。

5.3.3　高边坡监测

5.3.3.1　监测对象与监测项目设置

堰塞坝及高边坡一体化监测包括环境量监测和工程安全监测，环境量监测包括上下游水位、气温、降水量等监测项目，其监测目的是为堰塞坝建设与运行调度提供所需环境量数据；工程安全监测主要监测堰塞坝、高边坡、引水建筑物、泄水建筑物等的渗流、变形和受力等，以准确评价堰塞坝与高边坡及其水工建筑物的安全特性，确保堰塞坝工程安全。堰塞坝及高边坡一体化监测体系的监测对象包括堰塞坝、两岸边坡、引/泄水建筑物、电站、堰塞湖湖区、堰塞体下游区等；其监测项目包括表面位移、岩体变形、结构受力、渗流渗压、温度、水位、降雨等。

5.3.3.2　智能采集设备

根据堰塞坝及高边坡监测主要针对变形、应力应变、渗流渗压、温度的监控要求和特点，堰塞坝及高边坡一体化智能监测体系可采用 GM1、GL2 和 GL3 无智能无线采集终端/系统，三种类型的采集终端/系统均自带防雷模块，且均满足水利水电行业安全监测自动化系统相关规范的要求。

GM1 智能采集终端主要适用于传感器分布比较分散，同一地点以接入单只传感器为主，GM1 智能采集终端具有小体积低功耗的特点，自带太阳能电池板供电，可接入 1～6 支各类传感器，支持 GSM/CDMA 通信方式，也可采用智能 RTU 与测量模块通过 GPRS、LAN 和北斗卫星将测量数据传送至 G 云平台。其网络结构如图 5.3-6 所示。

GL2 无线采集系统（包括 GL2 无线网关和 GL2 智能采集终端）主要适用于一定区域内有大量分散传感器、不易供电和布设电缆的场景，尤其适合施工期的在线安全监测；GL2 无线网关最大支持 6 万个测点，最远可达 15km，需采用交流/直流电源供电方式供电或太阳能供电方式，具有超低功耗，采用电池供电，3～5 年更换一次电池，通过无线局域网与 GL2 无线网关连接，再利用 GL2 通过 3G/4G/LAN 等方式将检测数据传输至云平台，同时配置无线回传天线接口以及 BT 接口。其网络结构如图 5.3-7 所示。

GL3 无线采集终端基于低功耗 LoRa 无线通信组成的一体化全密封装置，并利用内置的 LoRa 无线通信模块发送至网关及智能监测系统与预警平台。GL3 为全时在线测量装置，除提供常规的应答式测量（召测）外，还提供上/下限、变化率阈值等主动触发上报功能，一旦检测到测值超过设定阈值时，立即向 GL3-GW 型无线网关上报数据，并经无

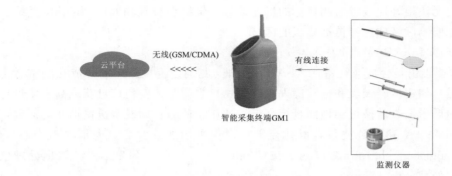

图 5.3 - 6　GM1 智能采集终端及其网络结构

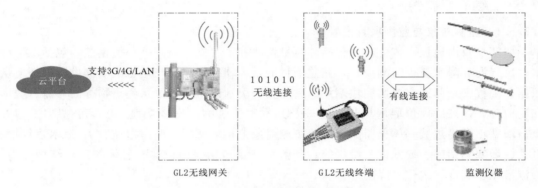

图 5.3 - 7　GL2 智能采集系统及其网络结构

线网关通过互联网上传到智能监测系统与预警平台,传感器相关参数可远程查看、设定及修改。GL3 - GW 型 LoRa 无线网关可使用 2G/3G/4G、以太网等将数据上传到监测预警平台的无线数据采集装置,无线网关与无线终端间采用 LoRa 通信,其通信视距可达 5km或更远,每台无线网关可容纳数千个节点,具备丰富的网络及本地通信方式,并且允许配置多个数据中心,支持 2G/3G/4G 全网通无线传输的同时,还提供包括 LAN、WiFi、USB、RS232/485 以及北斗卫星通信在内的远程及本地通信接口供用户自由选用,同时配置无线回传天线接口以及 BT 接口。其网络结构如图 5.3 - 8 所示。供电方式分为 220V 交流适配器供电与光伏(太阳能)供电两种。

5.3.3.3　智能监测自动化系统

堰塞坝及高边坡监测设施分布范围广,测点多,供电、通信不便,传统安全监测自动化方案安装施工不便、造价高。无线采集终端、无线网关等智能采集设备具有适用于测点分散、即插即用、低功耗、自带电池供电或太阳能供电、无线通信、传输距离远等特点,因此堰塞坝及高边坡智能监测自动化系统的监测仪器数据采集装置应优先采用无线采集终端和无线网关等智能采集设备。

堰塞坝及高边坡智能监测自动化系统可采用按监测站和监测中心管理站两级设置的网络结构,监测站和监测中心管理站之间的信号传输采用无线方式,有效解决了供电工程量和工作难度。传感器与监测站、监测站与监测中心管理站、监测中心管理站与流域安全监

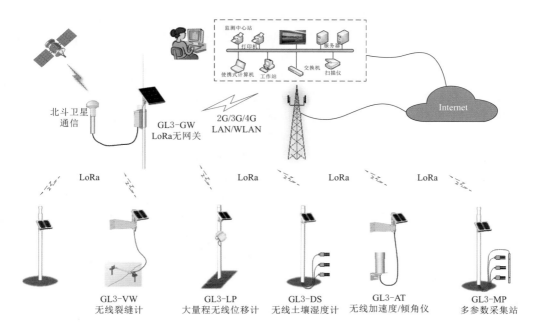

图 5.3-8 GL3 智能采集终端及其网络结构

测监控中心之间均存在通信，各站点供电及站点之间的通信采用以下方式：

（1）供电。监测中心管理站从站内配电箱引入多路 220V 交流电对站内设备进行供电，同时配备一套交流不间断电源（UPS），蓄电池要求按维持设备正常工作 48 小时设置。监测站主要使用数据采集仪或低功耗无线采集终端，其中低功耗无线采集终端采用自带可更换电池供电；无线网关在有条件部位采用市电供电，其他部位采用太阳能板和蓄电池供电。

（2）传感器与监测站：电缆。边坡工程内观监测仪器已就近牵引至人工观测站，在人工观测站根据传感器类型和数量安装 MCU 即可，传感器和监测站之间信号通过已有电缆传输。

（3）监测站与监测中心管理站："LoRa＋3G/4G" 或 "3G/4G"。"LoRa＋3G/4G" 方式为：① 监测站安装无线采集终端，坝址区设置无线网关；② 无线采集终端与网关之间，利用 LoRa 技术通信；③ 无线网关与监测中心管理之间，利用 3G/4G 信号通信。"3G/4G" 方式为：① 监测站安装数据采集仪；② 数据采集仪与监测中心管理之间，利用 3G/4G 信号通信。

5.3.4 周边环境监测

堰塞湖发生地常常位于山区，山体雄厚，边坡陡峻等地理、地质环境状况，通行条件极为有限，传统的实地勘察方法难以实施，对于周边环境的监测必须采用远距离、非接触、高精度的勘察手段来辅助。

（1）可通过无人机航空摄影测量技术辅以地面像控点，结合地面三维激光扫描仪获取的点云数据进行加工处理，实现地形图的测量、地形地貌、物理地质现象、边坡结构、不稳定体（包括危岩体）等的信息采集，制作可以满足设计要求的工程地质勘察所需的周边环境信息。

（2）根据堰塞湖区域地形条件，采用全站仪和 RTK 进行像控点的测量，结合无人机和三维激光扫描的数据，生成了堰塞湖区符合监测需求的地形图。

（3）采用三维激光扫描技术对堰塞湖周边进行扫描操作，可直接将各种大型、复杂实体的三维数据完整地采集到计算机中，进而快速重构出目标的三维模型及点、线、面、体等各种几何数据，制作满足堰塞湖周边环境监测需要的图件。

（4）为了做好堰塞湖周边环境监测，还需要通过现场踏勘来查明堰塞体的物质组成以及岸坡的地层岩性和构造特征，主要工作包括：在关键的点上进行定点、详细观察和描述、测量和取样；选择典型地段测绘工程地质剖面；必要时进行相关调查、勘探和现场试验。

还可采用穿越法、追索法、布点法三种布置方法完成大比例尺的研究区工程地质填图，辅助周边环境监测。

5.3.5 运行管理

堰塞坝的安全运行管理是至关重要的，因为堰塞坝如果受到不当管理或发生问题，可能会导致洪水、土壤侵蚀、生态系统破坏和人员生命财产的风险。

1. 结构监测与泄洪管理

定期进行结构巡视，包括视觉检查、测量坝体表面温度、裂缝、渗漏、水位等。使用遥感技术（如卫星影像或无人机）进行监测，以便进行更广泛的检查。确保泄洪设备（如闸门、泄洪道）的正常运行和维护，以防止泄洪问题。坚持预防性泄洪以降低泄洪事件对下游地区的影响。

2. 水文监测

定期监测上游流域的降雨、雪融、径流和水位，确保准确记录水文数据，以支持坝体的稳定操作。

确保在正常运行和洪水情况下维持适当的水位控制。根据水文数据和气象信息，调整泄洪闸门以防止洪水，同时保持下游水体的生态平衡。

定期监测上下游水体的水质，以确保不会发生污染事件。采取适当的措施来处理水质问题，如排放有害物质或清理泄洪通道中的废物。

3. 维护和修复

定期进行维护工作，包括清理泄洪通道、修复裂缝、维护闸门和检查排水设备。针对结构问题采取及时的修复措施，以确保坝体的稳定性。

提供堰塞坝操作人员和维护人员必要的安全培训，使其了解应急程序和操作最佳实践。建立培训计划，以确保员工能够应对不同情况下的挑战。

5.4 本章小结

本章创新性地提出了"除害兴利、变废为宝"的堰塞湖开发利用思路及方案，建立了堰塞坝开发利用勘察设计技术体系。具体包括以下方面：

（1）综合勘察技术体系。基于项目在勘察技术与设备方面的研究成果，在应急抢险工作完成后开展，根据工程设计工作需要开展勘探、物探、地质测绘、试验等地质勘察工作，大大丰富了地质资料。根据施工阶段现场地质编录成果，对三维地质模型进行了更新和细化，主要包括枢纽区地质模型的地层岩性面、风化界面、卸荷面、水位面、吕荣面等的更新，并完成了堆积体的分层详细建模。

（2）HydroBIM 协同设计平台。红石岩堰塞湖开发利用工程主要由除险防洪工程（堰塞体整治、新建溢洪洞、改建泄洪冲沙洞、边坡治理工程）、电站重建工程和下游供水、灌溉工程组成。通过采用全专业 BIM 协同设计，包括乏信息条件下水文资料、地形资料的采集、综合地质勘察、现场监测资料反馈分析、三维地质建模、三维枢纽建模、CAE计算分析、三维施工总布置、数字移民、报告文档协同编辑等，仅用 20 天时间协同设计完成整治工程实施方案设计，为确定堰塞湖后期开发利用勘测设计方案提供坚实的技术支撑。

（3）幕间成墙技术。针对天然形成的堰塞坝提出了幕间成墙技术，即先在堰塞坝防渗墙的上下游的两侧各设计一道防渗帷幕，在防渗帷幕施工完成后，再进行防渗墙施工。同时，在堰塞体中部设垂直混凝土防渗墙＋帷幕灌浆的防渗方案。防渗墙顶高程为1209.00m，顶部长度 267m，厚 1.2m，最深位置约 137m。在左岸堆积体范围内开挖灌浆洞，并延伸灌浆洞与地下水位线相接，左岸灌浆洞总长约 278m，堆积体范围内洞长184m，左岸堆积体范围内进行可控帷幕灌浆防渗，堆积体范围内帷幕深度约 90m，基岩范围内采用单排灌浆防渗，灌浆间距 1.5m。

（4）高陡边坡治理设计技术。震后 800m 级碎裂高陡边坡稳定性的准确判断是堰塞湖应急抢险处置的关键前提，其综合治理措施是整个堰塞湖开发利用工程的关键技术难点。该工程采用了倾斜摄影方法对边坡的地形地质条件进行精细测绘，利用 BIM 平台建立边坡三维地形、地质及数值模型，回溯边坡的失稳过程，反演边坡力学参数，正演边坡目前所处状态，判定应急抢险期间边坡整体稳定性，分析提出了边坡的分区分期综合治理措施。目前边坡治理已经完成，边坡各项监测数据稳定，治理后边坡稳定性良好，边坡治理方案合理可靠。

（5）后置式动态安全监测技术。根据堰塞坝形成机理，在总结土石坝安全监测体系的基础上，依据全方位、全过程、信息化动态设计理念，从监测项目、监测点及网络的布局以及监测仪器选型到监测成果的分析反馈，将其作为一个完整动态对应体系进行研究设计。

堰塞坝开发利用
施工与装备

6

堰塞体的加固处理与防渗施工是堰塞坝开发利用技术的关键环节。堰塞坝作为永久挡、蓄水建筑物，必须具备足够的强度、稳定性和防渗性能，以保证其安全和开发利用效益。综合运用调研、室内试验、现场试验等手段，按照"加固机理-加固技术-装备研发"的思路，研究松散堰塞料的加固-灌浆-防渗机理，遴选出适用于特定堰塞体防渗加固技术，研制适用于堰塞体的防渗灌浆新材料，研发堰塞坝施工专用装备，解决堰塞坝加固处理与防渗施工难题。

6.1 堰塞坝防渗墙钻孔成槽技术

6.1.1 成槽技术工法

防渗墙成槽施工方案确定是防渗墙施工组织的核心工作，主要包括设备选型、成槽工法选择、设备配置等，主要有地质、地形、地下水渗流、气象、工期、成本以及社会环境等影响因素。成槽施工方案优化组合综合比选方法是在总结大量防渗墙施工成果的基础上，以工程与施工安全、防渗墙质量和环境保护为前提，以工期为控制因素，以综合成本最优，综合考虑其他相关因素而提出来的，以期最大限度发挥设备工效，适应地质条件。

针对堰塞坝超级配不均匀、组分复杂的地质工况，要在如此复杂地质工况下建造超百米级深防渗墙，成槽工法的选择尤其重要，关乎防渗体系的成败。

基于我国建设市场的基础和条件，防渗墙工程主要采用的造孔挖槽设备有冲击钻机、冲击反循环钻机、回转钻机、液压抓斗、钢丝绳抓斗、液压铣槽机等。

我国引进防渗墙施工技术后，开始采用单孔连锁桩成墙。1959年，在密云水库防渗处理施工中，中国水电基础局有限公司创造了"钻劈法"防渗墙施工工法，成为沿用至今的造孔成槽方法。通过CZ－2000系列冲击重型反循钻机的研发与应用和重型冲击钻机的改进，验证了该工法仍然可以应用于超深与复杂地层防渗墙工程。

针对100m以上深度防渗墙槽孔稳定性差，特别是漏浆塌孔风险高的情况和孤、漂（块）石地层钻机施工难度大的难题，针对严重架空、渗透性强的地层，为防止严重漏浆塌孔，研发了"平打法"和"分段钻劈法"，这两种方法可充分挤密地层，减少漏浆塌孔。

针对超深防渗墙底部小墙钻头难以定位、施工效率低，孤、漂（块）石地层钻机施工效率低的难题，研发了"钻爆法"，该方法应用预爆破和孔内爆破法配合钻机施工，大幅提高了造孔效率。

"平打法""分段钻劈法"和"钻爆法"等作为"钻劈法"的辅助施工工法，共同构成了"改进钻劈法"施工工法技术。

1. 工法原理

该工法的基础是"钻劈法"，冲击钻机施工防渗墙槽孔主孔时，采用钻头连续冲击破碎地层，抽筒或砂石泵抽取泥浆中的钻渣形成进尺。副孔施工时，采用钻头连续或间断冲击主孔之间的副孔地层，冲击后钻渣落入主孔由抽筒抽取，或直接用接渣斗接出孔外。副孔施工完成后，由于钻头是圆形的，其间会留下一些残余部分小墙，需要钻机逐一打净。

2. 工法特点

"钻劈法"是我国最为传统的防渗墙施工工法，应用范围广，适应能力强，本书提出"改进钻劈法"可有效解决严重漏浆塌孔问题，提高深槽孔岩石小墙和大直径孤、漂（块）石地层施工效率，特别是采用改进重型冲击钻机后，该工法仍广泛应用于100m以上超深与复杂地质条件防渗墙施工。该工法特点具体体现在以下几个方面：

（1）设备价格低，市场保有量巨大，操作简单易学，具有广泛的市场基础。

（2）地层适应能力强，除噪声要求严格的城市工程外，几乎可以应用于所有地层工程的施工。

（3）修孔能力强，特别是对于不均匀地层和探头石、陡坡岩石地层，易于保证造孔精度。

3. 适用范围

该工法地层适应能力强，除噪声要求严格的城市工程外，几乎可以应用于所有地层的工程施工。目前，该工法仍是我国水利水电工程应用最广泛的工法技术之一，大量应用于国内水库大坝、围堰工程和病险水库防渗处理工程中。

4. 工艺流程

防渗墙是在已建好的施工平台基础上建造，并预先按照防渗墙的宽度做好导墙。"改进钻劈法"施工先施工主孔，再劈打副孔，主、副孔相连形成一个槽孔。主孔是一个独立的钻孔，钻头直径等于墙厚，副孔在两个主孔之间，长度大于主孔。"改进钻劈法"施工的副孔在防渗墙轴线方向上的长度，黏性土地层为1.0～1.25倍的主孔直径，砂壤土和砂卵石地层为1.2～1.5倍的主孔直径。

由于钻头是圆形的，主、副孔劈打完成后，其间会留下一些残余部分小墙，将钻机调整至小墙位置，从上到下至设计孔深（打小墙），至此形成一个完整的、连续的、等厚度的槽孔。

劈打副孔时一般在相邻的两个主孔中放置接砂斗接出大部分劈落的钻渣。由于在劈打副孔时仍有部分（或全部）钻渣落入主孔内，因此需要重复钻凿主孔，此作业称作"打回填"。当采用常规冲击钻机造孔时，钻凿主孔和打回填都是用抽砂筒出渣的，当采用冲击反循环钻机造孔时，主要用砂石泵抽吸出渣，有时也要用抽砂筒出渣（如开孔时），"改进钻劈法"工艺流程如图6.1-1所示。

6.1.2　成槽辅助技术（预灌与预爆）

针对堰塞坝存在大孤石层和架空强漏浆地层，在该地层中建造混凝土防渗墙不能保证

图 6.1-1 "改进钻劈法"工艺流程图

造孔质量,而且极易产生严重的漏浆继而发生塌孔现象,危及人员、设备安全,延误工期,因此需采取预灌预爆处理。

预灌孔轴线位于防渗轴线上、下游侧,布置为两排,其排间距为 1.8m,距防渗轴线 0.9m,上下游排预灌孔孔距为 2.0m,呈梅花形布置。预爆孔位于防渗轴线上,孔距 1.5m。

图 6.1-2 进口全液压多功能履带钻机及相应配套设备

6.1.2.1 设备选型及资源配置

根据堰塞坝的地质条件以及预灌预爆设计参数,选用全新进口全液压多功能履带钻机及相应配套设备,见图 6.1-2,预灌预爆主要资源配置见表 6.1-1。

表 6.1-1　　　　　　　　　预灌预爆破主要资源配置表

设备名称	型号	规格	数量/件	操作员/人	管理人员/人
全液压多功能履带钻机	JD180B 型	162kW	2	14	3
潜孔钻机	YGL-150A	55kW	1	7	
灌浆自动记录仪	CFEC-GMS2012	4 通道	1	2	
灌浆泵	3SNS	18.5kW	4	11	
泥浆搅拌机	ZJ-400	—	4	5	
汽车吊	25t	25t	1	2	
空压机	XHP750S	20m³	3	3	
潜水泵	QS	—	1	2	

6.1.2.2 施工工艺及工序

1. 预爆破施工

(1)钻孔布置。该工程防渗墙槽段拟划分一期槽 7m、二期槽 7.2m,每个槽段 5 个孔,遇轴线拐点位置可能会适当调整。预爆孔钻孔位置设置在防渗墙轴线上,预爆孔间距 1.5m。

(2)钻孔方法。钻进方法主要采用风动潜孔钻跟管钻进或地质钻机泥浆护壁回转钻进。

风动钻孔所用偏心跟管钻头应与所用套管相适应,套管拟采用 ϕ146mm 的优质地质钢管。所用的空压机应与潜孔锤的工作风压相适应,一般应采用中、高风压的空压机。

所有钻孔均为垂直孔,钻机对准孔位后,应调正钻机桅杆或立轴,使钻杆和套管保持在铅垂直方向上。钻进过程中,应随时检查套管或钻杆的垂直度,发现问题及时更正。预爆孔应特别注意控制钻孔偏斜,尤其是上部20m的孔斜,预爆孔偏斜率要求不大于1‰。

所有钻孔钻进时均应严格执行操作要求,避免孔内事故,确保钻孔成孔率,不得将套管、钻具等金属物遗弃在孔内。

(3) 预灌、预爆钻孔深度。钻孔深度根据地质情况以及设备情况进行调整。

(4) 钻孔爆破控制。预爆孔一次钻进到底,钻孔过程中密切观察出渣及钻进情况,详细记录孤石位置、大小,钻孔完成后在孤石部位下置爆破筒,提起套管、引爆。爆破筒内装药量按岩石段长2~3kg/m,如系多个爆破筒则安设毫秒雷管分段爆破。

2. 预灌浆施工

(1) 灌浆孔布置。预灌浆工程钻孔布置:防渗轴线上、下游侧各布置一排预灌孔,距防渗轴线0.9m;上、下排预灌孔排距为1.8m,孔距为2.0m,呈梅花形布置。

(2) 钻孔。钻进方法及要求同预爆孔。预灌孔钻进过程中如遇到孤石应进行爆破后再继续钻进。预灌孔爆破时钻孔套管上提5m,下设爆破筒进行爆破,孤石爆破完成后再继续钻进。

(3) 浆液配比及制备。该工程灌浆浆液采用水泥黏土(膨润土)浆,水固比为0.7:1、0.4:1两级,必要时在水固比0.4:1级浆液中掺加5%和10%水玻璃进行灌注,这样可加大浆液稠度、加快浆液凝结时间、控制浆液凝结时间、控制浆液扩散范围,使灌浆具有可控性,不仅可节约灌浆材料,且能够对渗漏通道进行有效封堵。浆液配比见表6.1-2。

表6.1-2　　　　　　　　　　　浆 液 配 比 表

灌注浆液		水泥黏土浆			
水固比		0.7:1	0.4:1	0.4:1	0.4:1
配合比	水泥	1	1	1	1
	黏土	1	1	1	1
	水	1.4	0.8	0.8	0.8
	水玻璃	—	—	0.05	0.1

浆液制备采用ZJ-400型搅拌机,具体制浆按以下程序执行:先加水,后加水泥,搅拌后加泥浆,继续搅拌2min;膨润土浆在具备条件时可先膨化4~6h后使用,不具备条件也可直接使用;黏土浆制出后应过筛除去大颗粒后入泥浆池,池内安设花管,用泵输浆或用高压风搅动池内泥浆,使之不沉淀,呈均匀状态。

(4) 灌浆。

1) 灌浆方式和段长。该工程预灌浓浆可采用拔管法灌浆,灌浆段长1~2m,自下而上分段拔管、分段灌浆,也可采取预埋PVC花管法灌浆,钻孔至计划深度时,孔内下设专门加工的PVC花管,灌浆管直径为89mm,每节管的长度为3.0~6.0m,管与管间进行连接,可根据施工情况进行调整。

2) 灌浆压力。根据孔内的吃浆量情况,建议灌浆压力采用0.2~0.5MPa。当吃浆量大时,采用小压力;当吃浆量小时,采用较高的压力。

3) 灌浆结束标准。当孔内浆液灌注量超过1000kg/m时,可以采用更浓的浆液进行灌注，注入量达到 2000kg/m 时，即可结束本段灌浆。

当灌浆压力达到 0.5MPa 以上，灌浆注入率仍然较低时（小于 10L/min），可以结束灌浆。

6.1.2.3 预灌预爆施工难点及采取的施工措施

针对堰塞坝施工难度大、地质条件复杂、工期紧的特点，充分分析制约工程施工的几大难点，逐一针对各个难点采取措施，确保工程顺利进行。制约施工的主要难点及采取的施工措施如下。

1. 施工难点

（1）地层条件复杂、均一性差，大孤石含量高，预灌预爆钻孔效率较慢。

（2）地层孤石含量高，普通钻孔爆破方式不能满足工期要求。

（3）地层架空层严重，普通浆液填充难度大、成本高、工效慢。

2. 针对施工难点采取的特殊施工措施

（1）针对该工程特殊地质条件，定制适用于复杂地层条件的大扭矩潜孔钻机和配套设备用于该工程钻孔施工，根据孔深及地层特点选择高风压大功率空压机。

（2）因普通的钻孔过程中遇到孤石即时爆破的方法已经不能满足该工程特殊地层条件的要求，因此根据工程实际特点采取跟管钻机全孔一次性成孔、下设薄壁的 PVC 管护壁、全孔分段一次性爆破的方式解决了实际问题。

（3）因该山体崩塌体孔隙率高，架空层严重，普通水泥浆液在地层中扩散范围太大不能较好充填防渗墙附近的大空隙渗漏通道，因此该工程采取了膏浆液进行预灌浓浆的材料，该膏浆浆液具有高屈服强度、高塑性黏度、低流动度的特点，在遇到动水、渗漏地层以及具备膏浆搅拌设备及灌浆设备的情况下使用。该膏浆主剂选择水泥与膨润土、辅剂选用速凝型添加剂。

6.1.2.4 预灌预爆破施工效果分析

预灌预爆作为防渗墙造孔成槽的辅助施工措施，施工效果只能通过防渗墙造孔成槽过程来判断是否有效。通过防渗墙试验槽段施工情况验证，施工过程基本正常，没有发生严重的塌孔漏浆现象，施工工效接近计划工效 2.5m²/（台·日），因此可以判断出预灌预爆破的施工效果比较明显，为防渗墙的造孔成槽过程起到了保护作用。

预灌预爆破作为防渗墙的辅助施工措施在复杂地层中的应用逐渐受到重视，本书所介绍的预灌预爆破施工不仅使防渗墙施工提高了工效，同时积累了一定的施工经验，能够为后续同等地层条件下的预灌预爆破工程施工提供一定的借鉴指导意义。

6.1.3 防渗墙钻孔成槽

堰塞坝的复杂地质条件决定了防渗墙钻孔成槽的工法，因此在成槽过程中"改进钻劈法"根据不同地质条件的灵活应用就尤为重要，是决定成槽的关键。

1. 成槽方法

（1）"平打法"是在遇到较大比例严重漏浆塌孔地层时，在漏浆塌孔地层上部采用"钻劈法"成槽，在严重漏浆塌孔地层槽孔内，采用主、副孔逐一平打的方式，边回填堵漏材料，边挤密地层，每一循环进尺不大于 1.5m。穿过漏浆塌孔地层后，再采用"钻劈法"施工下部槽孔。

（2）"分段钻劈法"是在遇到较大比例严重漏浆塌孔地层时的另一种施工方法，在漏浆塌孔地层上部采用"钻劈法"成槽，然后将槽孔分段，每 5～10m 为一段，按"钻劈法"施工成槽，穿过漏浆塌孔地层后，再采用"钻劈法"施工下部槽孔，直至施工到孔底。

（3）"钻爆法"作为辅助工法，主要是在超深防渗墙施工岩石小墙时和大直径孤、漂（块）石地层中应用。一种情况是在防渗墙施工前沿防渗墙施工轴线按一定孔距提前钻孔预爆破，以期预先破碎大孤石；另一种情况是在大直径孤、漂（块）石地层中，停止钻机施工，由潜孔钻机对大孤石进行钻孔行水下爆破，然后再由钻机施工。

2. 操作要点

（1）施工平台建造。在钻机平台上铺设枕木及导轨，其宽度满足钻机施工和移动要求。出渣平台的宽度根据钻具的长度而定，宜采用混凝土或浆砌石。导向槽的内宽略大于防渗墙的设计宽度，其材料一般采用钢筋混凝土。

（2）钻机安放要平稳、牢固，连接好钻具。对准孔位，做好开钻准备。

（3）先施工主孔，开孔时宜间断冲击，直至钻头全部进入孔内，冲击平稳后方可继续冲击。

（4）劈打副孔要对准孔位，间断冲击劈打，严禁打空钻。对于砂卵石地层，可用接砂斗接出大部分劈落的钻渣。

（5）在主、副孔钻完之后，其间会留下一些残余部分，称作"小墙"。这需要找准位置，从上至下把它们清除干净（俗称"打小墙"），形成一个连续完整和宽度及深度满足要求的槽孔。

（6）钻机中要及时测孔，发生偏斜时，及时修孔纠偏，保证成槽深度、宽度及孔斜满足设计要求。

6.2　堰塞坝防渗帷幕灌浆技术

6.2.1　灌浆工法

堰塞坝防渗帷幕灌浆是整个防渗体系的重要组成部分，和防渗墙互相补充，共同形成完整的堰塞坝防渗系统，为大坝安全运行奠定坚实基础。

帷幕灌浆施工方案的选择要根据堰塞坝地层特点及工程实际需求进行针对性研究，主要考虑要素为水文气象条件、工程地质条件、施工设备性能、施工工期、综合效益等。通过各种方案对比分析，并吸收其他类似工程成功及失败经验，最终确定帷幕灌浆施工方案，方案实施前宜进行试验以验证方案可行性，并通过试验对方案参数进行适当调整。

堰塞坝具有地质条件复杂、架空情况严重、卸荷裂隙发育等特点，尤其是百米级防渗帷幕灌浆实施难度极大，施工方法选择是工程能否顺利实施的关键。

国内帷幕灌浆采用的造孔设备主要有工程地质钻机、液压跟管钻机等，灌浆设备主要有 SNS 高压灌浆泵、膏浆灌浆泵等。

灌浆方法主要有"自上而下、孔内卡塞分段纯压灌浆法""孔口封闭灌浆法""自下而上、套阀管灌浆法""自上而下孔内卡塞循环灌浆法"等。

我国水利水电工程覆盖层地基的灌浆始于 20 世纪 50 年代,曾在北京密云水库、河北岳城水库等大型工程中应用。随着水利水电建设的发展,国内修建的大坝越来越多,地质条件良好的坝址,多已先开工修建。约自 20 世纪 60 年代开始,国内在一些地质条件复杂的,例如岩溶发育、冲积层深厚、渗透性大的地区,也逐渐修建大坝,甚至有很多是 100m 以上的高坝。目前技术发展已能够在超百米深堰塞坝进行防渗帷幕灌浆施工,例如红石岩电站大坝防渗帷幕灌浆工程,防渗帷幕灌浆工作也就随之由易到难,由一般性施工至特殊处理,我国的地基处理灌浆技术有了很大的发展和提高。

一般百米级堰塞坝帷幕灌浆上部多为崩塌堆积体,中部为冲积覆盖层,下部为基岩,地质条件极为复杂,采用一种帷幕灌浆施工方法很难有效解决防渗帷幕灌浆施工问题。针对百米级堰塞坝帷幕灌浆研究了"综合灌浆法"。"孔口封闭灌浆法""自下而上、套阀管灌浆法"结合使用,跟管钻进和地质钻机循环钻进相结合,互相补充,有效解决了堰塞坝复杂地层帷幕灌浆难题,形成"堰塞坝综合灌浆法"施工工法技术。

1. 工法原理

该工法主要针对堰塞坝复杂地层,不同地层采用不同灌浆方法。上部覆盖层采用液压跟管钻机跟管自上而下一次钻进到一定深度(主要钻孔深度根据设备钻孔能力确定,一般为 70m 左右),钻进结束下入套阀管并灌注套壳料,防止钻孔坍塌,灌浆从底部自下而上分段卡塞灌浆。上部灌浆完成后开始下部灌浆施工,下部覆盖层及基岩采用地质钻机自上而下分段钻孔,孔口封闭分段灌浆。随着浆液在压力作用下不断注入,地层孔隙逐渐被充填密实,形成相对不透水的防渗帷幕层。灌浆材料可根据地层透水率情况选择纯水泥浆或膏状浆液。

2. 工法特点

"堰塞坝综合灌浆法"主要是为适应复杂地质条件而研究的,可有效解决 100m 以上超深与复杂地质条件帷幕灌浆施工难题,施工效率高,施工质量可靠,应用前景广泛。该工法的特点具体体现在以下几个方面:

(1)该工法充分利用现有设备生产能力,能够适应复杂地层防渗帷幕施工。

(2)该工法工艺相对成熟可靠,施工质量能够满足设计要求。

(3)该工法施工工效较高,相比单一工法,能够节约施工时间,加快施工进度。

(4)该工法施工孔效率较低,能够保证工程安全顺利实施。

3. 适用范围

该工法是专为复杂地质条件研究的,能在堰塞坝及围堰等复杂地质条件下施工,适用于水利水电工程水库大坝、围堰工程和老旧病险水库的处理。

4. 工艺流程

先进行上部覆盖层跟管钻进钻孔,钻孔结束后下设套阀管并灌注套壳料。套壳料待凝 3 天后自下而上分段灌浆,上部覆盖层灌浆结束后,下部覆盖层及基岩采用地质钻机自上而下"孔口封闭分段钻孔灌浆",终孔段灌浆结束后压力封孔灌浆。其工艺流程见图 6.2-1 和图 6.2-2。

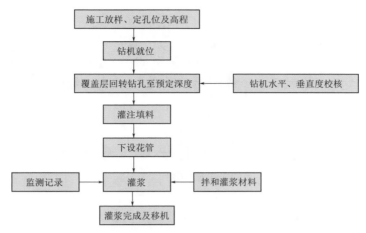

图 6.2-1 套阀管法灌浆施工工艺流程图

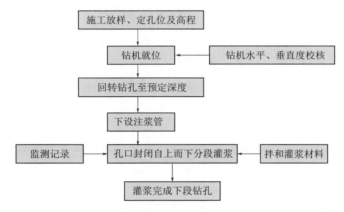

图 6.2-2 自上而下孔口封闭灌浆法施工工艺流程图

6.2.2 帷幕灌浆技术

1. 孔位布置

堰塞坝帷幕灌浆宜按三排帷幕布置，排距 0.75m，孔距 1.5m，分三序施工。帷幕灌浆孔典型孔位布置见图 6.2-3。

2. 钻孔

上部覆盖层钻孔采用全液压跟管钻机跟管钻进，跟管孔径采用 $\phi146$mm，钻孔完成后孔内下入 $\phi89$mm 套阀管。下部基岩及跟管钻机不能施工覆盖层钻孔采用 XY-2 地质钻机金刚石钻进。

钻孔过程中严格控制开孔孔斜，开孔时对正钻机，钻机安装平整稳固。钻孔使用长钻具，加强导向，减小孔斜。钻孔过程中应采取可靠的防斜措施，勤测孔斜，尤其严格控制 20m 内的孔斜率。如发现钻孔偏斜超过规定时，应及时纠偏。

3. 灌浆

（1）灌浆材料。灌浆材料主要为纯水泥浆液和膏状浆液，纯水泥浆液水泥标号不低于

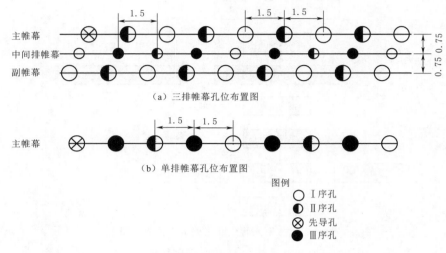

（a）三排帷幕孔位布置图

（b）单排帷幕孔位布置图

图例

○ Ⅰ序孔
◐ Ⅱ序孔
⊗ 先导孔
● Ⅲ序孔

图 6.2-3　帷幕灌浆孔典型孔位布置图（单位：m）

42.5。施灌浆液比级为 3、2、1、0.8、0.5 五个比级，开灌浆液比级为 3:1。膏状浆液采用膨润土与纯水泥浆液配置，分三级：一级膏浆（水灰比 0.48:1、膨润土掺量为水泥的 5%、扩散度 12~15cm），二级膏浆（水灰比 0.45:1、膨润土掺量为水泥的 10%、扩散度 10~12cm），三级膏浆（水灰比 0.43:1、膨润土掺量为水泥的 15%、扩散度 8~9cm）。

（2）浆液制备与输送。由集中制浆站统一制备水灰比为 0.5:1 的纯水泥浆液，通过输浆泵及中转站输送浆液至各灌浆工作面，各灌浆工作面测定来浆密度，并根据各灌浆部位的不同需要调制后使用。膏状浆液采用膏浆机利用 0.5:1 浆液进行二次制浆。

（3）灌浆分序。覆盖层帷幕灌浆为三排，先施工下游主帷幕孔，再施工上游排副帷幕孔，后施工中间排帷幕。灌浆孔分三序施工，先施工Ⅰ序孔，再施工Ⅱ序孔，最后施工Ⅲ序孔。

（4）施工工艺及工艺流程。

1）上部覆盖层灌浆工艺：采用"套阀管"灌浆工艺，自下而上分段卡塞纯压灌浆。

2）覆盖层灌浆工艺流程：覆盖层跟管钻进结束→下设 ϕ89mm 套阀管→灌注套壳料→起拔拔管→套壳料待凝 3 天→开环灌浆。

3）下部覆盖层及基岩灌浆施工工艺：采用"孔口封闭、孔内循环、自上而下"分段钻孔灌浆工艺。

4）下部覆盖层及基岩灌浆孔施工流程：钻机就位、固定→钻孔→冲洗（终孔段测量孔深、孔斜）→压水→灌浆→封孔。

（5）灌浆压力。灌浆压力尽快达到设计值，但所有接触段及Ⅰ序孔 2~12m 灌浆段和其他注入率大于 30L/min 的孔段采用分级升压方式逐级升压至设计压力。升压速度控制在 0.5MPa/10min 以内，分级升压时每级压力的纯灌时间不少于 15min。

（6）"套阀管灌浆"灌注填料、下设套阀管与开环：套阀管选用 ϕ89mm 焊接管，套阀管应分节下设，分节之间采用螺纹丝扣连接或焊接，沿焊接管轴向每隔 30cm 设一环出浆孔，每环孔 4 个，孔径 ϕ15mm。出浆孔外面应用橡皮箍圈套紧，套阀管底部封闭。

套阀管与孔壁之间的环状间隙中灌注套壳料，套壳料以膨润土为主、水泥为辅组成。

套壳料浆液密度为 1.35～1.60g/cm³，结石 3 天抗压强度为 0.1～0.2MPa，28 天抗压强度为 0.5～0.6MPa。

跟管钻进完成后下设套阀管，卡塞至套阀管最底部一环，自下而上灌注套壳料。套壳料通过导管从孔底连续注入。当孔口返出填料并确定灌满后，结束填料灌注，再起拔跟管，起拔过程中不断注入套壳料。

套阀管内灌浆自上而下进行，采用纯压式灌浆法。灌浆前先进行开环，开环可采用水固比 8∶1～4∶1 的稀黏土水泥浆或清水，开环后持续灌注 5～10min，然后换用灌浆浆液进行灌浆。

开环和灌浆压力以灌浆孔孔口处进浆管路上的压力表读数和传感器测值为准。开环压力为 1.5～2.5MPa，开环压力应逐级施加，不得突然增大。

（7）变浆标准。

1）灌浆液由稀到浓逐级变换。当灌浆压力保持不变，注入率持续减少时，或当注入率保持不变而灌浆压力持续升高时，不得改变水灰比。

2）当某一比级浆液注入量已达 300L 以上，或灌注时间已达 30min，而灌浆压力和注入率均无显著改变时，换浓一级水灰比浆液灌注；当注入率大于 30L/min 时，根据施工具体情况，越级变浓。

3）改变浆液水灰比后，如灌浆压力突增或吸浆量突然减小，应立即回到原水灰比进行灌注。

4）当采用最浓级纯水泥浆液灌浆注入量已达 300L 以上，或灌注时间已达 30min，而灌浆压力和注入率均无显著改变时，换一级膏浆灌注，一级膏浆灌注 300L 以上无明显变化时采用二级膏浆灌注，二级膏浆灌注 1000L 以上无明显变化时采用三级膏浆灌注，基岩部分在灌注单耗达 1t 后对灌注孔段待凝，覆盖层部分在灌注单耗达 2t 后对灌注孔段待凝。

（8）灌浆结束标准。

1）基岩部分：在该灌浆段最大设计压力下，注入率不大于 1L/min 后，继续灌注 30min，结束灌浆。

2）覆盖层部分：在该灌浆段最大设计压力下，注入率不大于 2L/min 后，继续灌注 30min，结束灌浆。

6.3 防渗墙施工成套技术

依托红石岩堰塞坝水利枢纽工程施工形成的堰塞坝防渗墙施工成套技术主要包括以下方面：

（1）根据红石岩堰塞湖防渗墙的地层条件，配备 CZ-6A 大功率冲击钻机施工，采用"钻劈法"造孔工艺。

（2）针对大范围架空强漏失地层，采用预灌浓浆、槽内灌浆和"平打法"等槽孔施工堵漏技术。

（3）针对大孤石、块石地层，采用钻孔预爆、槽内钻孔爆破和聚能爆破技术，必要时，采用"钻砸抓法"工法技术，使用重型钢丝绳抓斗携重锤重砸破碎孤石、块石和岩石副孔小墙。

（4）成槽施工采用新型防渗墙正电胶（MMH）固壁泥浆，塌孔漏浆时回填黏土碎石。

（5）采用超深防渗墙清孔换浆、混凝土浇筑、墙内预埋灌浆管等技术。

堰塞坝防渗墙总体上按预爆预灌→导墙建造→造孔成槽→混凝土浇筑的顺序施工。

防渗墙施工分两期进行，先施工Ⅰ期槽段，再施工Ⅱ期槽段，防渗墙槽段施工程序框图见图6.3-1。

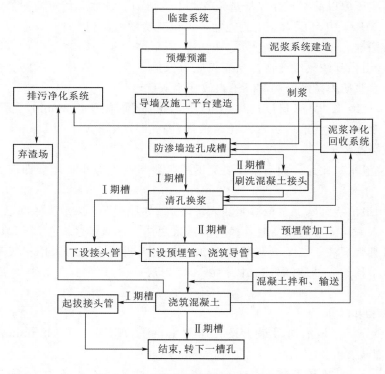

图 6.3-1 防渗墙槽段施工程序框图

堰塞坝防渗墙施工关键技术措施如下：

（1）预处理措施。

1）预爆破技术。为保证防渗墙顺利实施，防渗墙槽孔建造前采用钻孔预爆方法对地层进行预爆破处理，有效防止槽孔建造过程中遇孤石层孔斜率难控制、进度缓慢等问题，如图6.3-2所示。在红石岩工程中，沿防渗墙轴线布置了一排爆破孔，孔距为1.5m。对防渗墙轴线上的孤石进行全面破碎爆破，解决了大部分孤石、块石，为防渗施工创造了有利条件。

在以往的防渗墙工程施工中，预爆破仅针对于单个孤石进行爆破，红石岩工程预爆工程量大，采用常规预爆方法无法满足工程进度要求，结合深孔爆破和孤石解爆技术，研究采用全孔一次爆破技术。采用全孔一次爆破的关键是控制钻孔孔斜和确定装药量

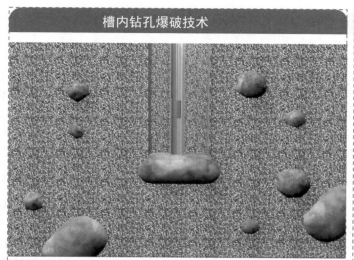
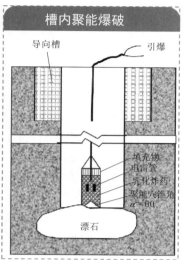

图 6.3-2 钻孔预爆处理技术

及起爆方法。通过试验，红石岩工程预爆孔孔斜严格控制不超过 1%，装入 2～3kg/m 的炸药，采用电雷管全孔一次起爆。全孔一次爆破法保证了孤石的破碎效果，加快了施工进度。

2）预灌浆技术。采取预灌低强度浓浆的方法对架空严重、大渗漏通道进行有效封堵，提高槽孔壁的整体稳定性，最大程度降低在槽孔建造过程中出现大的塌孔漏浆影响槽孔安全的可能性，如图 6.3-3 所示。为充填地层中存在架空和强漏失孔隙，避免防渗墙造孔过程中发生漏浆塌孔事故，在红石岩过程中，沿防渗轴线上游、下游各布置一排灌浆孔，孔距为 2.0m，排距为 1.8m，三角形布置，孔深 70～80m。

图 6.3-3 预灌浓浆技术及工艺

防渗墙预灌浆常规灌浆方法一般采取拔管灌浆法，但由于预灌工程量很大，采用传统方法不能满足工期要求，因此借鉴覆盖层预埋花管灌浆法，研究简易花管灌浆法，即采用跟管钻进法钻孔，下设花管，然后采用自下而上分段卡塞灌浆法灌浆。灌浆浆液采用水泥黏土浆，灌浆段长 5.0m，灌浆结束标准为：压力达到 0.5MPa，流量小于 10L/min 或灌注总量达到 2.0t/m，即结束该段灌浆。采用预灌浆处理后，在防渗墙造孔过程中，未引起塌孔事故，架空及强漏失情况得到很好解决。

（2）钻孔成槽技术。对于深度超过 100m 的防渗墙，钻孔成槽方法主要有钻劈法或改进钻劈法、钻抓法和铣槽法，根据工程的地层特点和以往施工经验，工程钻孔成槽采用改进钻劈法施工。钻进过程中采用了平打技术、分段钻劈、钻孔爆破、快速堵漏等技术，保证了钻孔成槽施工的顺利进行。

钻孔成槽主要施工设备采用 ZZ-6A 重型冲击钻机施工，钻头针对堰塞体地层的特点，结合平底钻和十字钻的优点，特研制加工了实心多用钻头，该钻头设置 4 个水口，水口宽度 12cm，钻头底部空心达到 28cm，冲击刃角由斜面变为弧面，改善了钻头的受力结构，提高了钻进工效和槽壁稳定性，保证了槽孔质量。

（3）混凝土防渗墙接头施工技术。在国内水利水电工程中，超过 100m 深墙的接头方式必须采用"接头管法"，主要设备为 YBJ 系列卡键直顶式大口径液压拔管机，解决了超深防渗墙施工的瓶颈，为国内防渗墙的发展作出了突出贡献。红石岩工程采用了拔管与扩孔结合的接头施工方法，防渗墙厚度为 1200mm，拔管直径采用 900mm，然后采用 1200mm 直径钻头进行扩孔，形成接头孔。

为满足堰塞坝防渗墙墙段连接施工难题，依托红石岩工程研发了一套针对防渗墙接头管法墙段连接施工工艺设计的专用施工设备——智能化全自动拔管机，结合了抱紧式及卡键式拔管机的起拔特点，设计了抱卡结合的新型起拔结构，应用电气自动控制技术，由单片机中的专家系统判断起拔时间并自动起拔，发生压力异常自动报警，实现起拔压力预警、自动抱紧顶升、自动落架等，减少了人为失误，提高了接头孔施工成功率。对自动拔管机的可行性、可靠性进行现场验证性试验，应用效果良好，如图 6.3-4 所示。

（a）抱紧式全自动拔管机　　　　　　（b）卡键式全自动拔管机

图 6.3-4　防渗墙施工智能化全自动拔管机

（4）新型护壁泥浆。国内防渗墙施工护壁泥浆主要有膨润土泥浆、黏土浆、正电胶泥浆、化学浆等，在分析了各种护壁泥浆优缺点后，红石岩工程选取了正电胶泥浆、普通膨润土浆和石灰泥浆综合使用的新型护壁泥浆方案，即钻孔底部采用石灰泥浆，加快钻进速度,下部采用正电胶泥浆前期护壁,上部采用普通膨润土泥浆保持槽孔稳定。泥浆综合使用既保证了槽孔安全,利于清孔和混凝土浇筑,又大大节约了施工成本。

(5)预埋灌浆管技术。预埋灌浆管的常规做法是采用框架桁架进行横向定位,但在以"劈钻法"施工的防渗墙中,尤其在大孤石地层,经常出现预埋管成活率低的问题,给后期的墙下灌浆埋下隐患。为避免该问题的发生,红石岩工程研究采用了一种新型预埋管定位方法,变横向定位为竖向定位,减小了定位架与孔壁的刮蹭概率,取得了很好的效果,成活率达到98%以上。

6.4 施工材料与装备

6.4.1 堰塞坝施工新材料

重点开展复杂地质条件百米级堰塞体和古滑坡体的帷幕灌浆技术研究,总结帷幕灌浆技术成果,研究提出包括浆液材料、堰塞体跟管钻进造孔技术、灌浆方式及灌浆工艺参数等在内的堰塞坝加固帷幕灌浆技术,重点研发硅溶胶及膏状浆液灌浆材料在堰塞坝的应用。

6.4.1.1 硅溶胶

硅溶胶灌浆材料是一种双组分单液型或双液型环保灌浆材料,其黏度低,与水接近。与混凝土、岩层、砂层、泥土层均有极佳的亲和力,并表现出良好的渗透性,是一种可灌性很好的环保型灌浆材料,可适用于堰塞坝特有的(大架空、超宽级配、沉降不稳定、随机性强)地层防渗体系构建,实现可控性精准灌浆,适应沉降变形能力强。

硅溶胶灌浆材料具有优异的抗渗耐久性,不仅适用于地下基础的防渗止水灌浆,特别是坝基帷幕防渗、水下泥、沙防渗、加固水泥灌浆后的补充灌浆工程、裂缝防渗、隧道开挖前的预灌浆止水及土体防渗加固等,还适用岩石基础、边坡土体支护等相关灌浆工程。

1. 浆材工程应用范围

(1)浆液黏度低,流动性好,可灌入粒径 0.05mm 以下的粉细砂层或基岩微细裂隙。

(2)凝胶体抗渗性能好,能满足工程建筑物高标准的防渗要求。

(3)能在中性、碱性或弱酸性范围内发生凝胶,不产生 SiO_2 溶脱,固砂体强度、耐久性及稳定性大大优于非碱性水玻璃。

(4)浆液安全环保,施工工艺及设备简单,人员操作少,性价比高。

2. 性能指标

浆液初始黏度值为 1.0~10.0mPa·s。

浆液的胶凝时间可在瞬时至几小时内随意调节。

固砂体抗压强度(水中养护)一般为 0.3~1.5MPa。

固砂体渗透系数 k 为 $1.0 \times 10^{-7} \sim 2.8 \times 10^{-10}$ cm/s。

室内耐久性试验推测寿命可达 100 年。

3. 与国内外主要微细裂隙灌浆材料的性能比对

红石岩堰塞体与国内外主要微细裂缝灌浆材料的性能比对见表 6.4-1。

表 6.4-1   红石岩堰塞体与国内外主要微细裂隙灌浆材料的性能比对

类别	浆液密度/(g/cm³)	初始黏度/(mPa·s)	可操作时间	固砂体强度/MPa	毒性或危险情况	每吨单价/万元	效果
硅溶胶	1.00~1.30	1.0~10.0	10s~180min	0.1~1.5	环保无毒	0.6~1.2	防渗效果优良
水玻璃	1.00~1.20	1.0~100	5s~120min	0.1~0.5	无毒（硫酸）	0.3~0.6	防渗效果优良
环氧树脂	>1.0	5.0~30.0	8~20h	40~60	毒性Ⅲ级，危险	4.0~10.0	固结效果优良
丙烯酸盐	1.05~1.08	1.0~4.5	10s~180min	0.1~0.5	低毒或无毒	3.0~4.0	防渗效果优良
超细水泥	1.00~1.50	10.0~100.0	1~3h	40~60	无毒	0.1~0.3	固结效果优良
测试方法	GB/T 4472	GB/T 10247	JC/T 1041	JC/T 2037	GB 15193.3	市场调查	

4. 工程应用情况

红石岩堰塞体右岸边坡为垂直状，防渗墙钻孔设备（冲击钻机）无法靠近，防渗墙无法施工，即防渗墙与右岸基岩灌浆帷幕存在一段防渗空白区，采取帷幕灌浆措施进行处理。右岸灌浆洞洞口桩号为防渗0+286.00，右岸防渗墙端头桩号为防渗0+280.10，连接段长度为5.9m，地层主要为堰塞体崩塌堆积层（Q^{col}），底部为基岩。帷幕灌浆合格标准均为透水率不大于5Lu。

堰塞体帷幕灌浆按三排进行布置，排距1.5m，孔距1.0~1.5m，其中中间排为主帷幕孔，深入5Lu相对不透水层，上、下游排副帷幕深入基岩2.0m。具体孔位布置见图6.4-1。

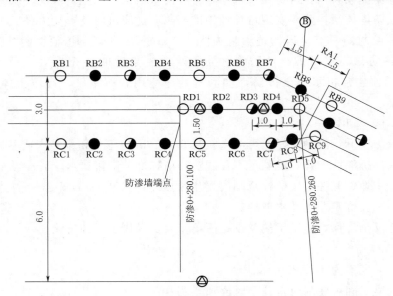

图 6.4-1 堰塞体防渗墙与右岸灌浆洞帷幕灌浆孔位布置图（单位：m）

帷幕灌浆孔上部均采用洞内全液压跟管钻机钻孔，采用"套阀管"灌浆工艺自下而上分段灌浆，下部采用地质钻机钻进，采用"孔口封闭法"灌浆工艺。上、下游排帷幕灌浆和中间排Ⅰ、Ⅱ序灌浆孔采用普通水泥浆液、水泥基混合浆液、膏状浆液，中间排Ⅲ序孔采用硅溶胶浆液。由于堰塞体深度较大，地层大块石多，跟管钻进无法一次成孔，因此水泥灌浆和硅溶胶灌浆均采用上部覆盖层采用跟管钻进成孔、袖阀管法灌浆，下部覆盖层及基岩采用 XY - 2 地质钻机钻孔、孔口封闭法灌浆的综合灌浆施工工艺。

6.4.1.2 膏状浆液

膏状浆液是由水泥、膨润土（或黏土）、粉煤灰、一定的外加剂组成的状似膏体的胶凝性浆液灌浆材料。膏状浆液具有较大的屈服强度和塑性黏度、较小的流动度及良好的触变性能，可适用于堰塞坝等具有不均匀性和各向异性等特点同时空腔、裂隙尺寸又较大的松散地层，具有环保、经济、节省材料、降低造价、可灌性好、容易控制、适用范围广等特点。

1. 膏状浆液应用范围

和普通水泥浆液和普通膏状浆液比较，膏状浆液具有塑性黏度高、屈服强度大、触变性好的优点，并具有较强抗水冲性能，适合于大孔隙地层和有动水情况下的灌浆，可有效避免或减少浆液被冲散和流失，减小扩散范围，缩短灌浆时间，节约灌浆材料，提高灌浆质量。膏状浆液可根据不同地层的特点及灌浆要求调整不同配比并控制浆液凝结时间，以达到在满足设计标准要求的条件下经济合理、节约材料目的。

2. 性能指标

（1）析水率小于 5%。

（2）抗剪屈服强度 τ_0 宜小于 $15\sim35\mathrm{Pa}$。

（3）塑性黏度 η 宜为 $0.1\sim0.3\mathrm{Pa\cdot s}$。

（4）浆液密度大于 $1.5\mathrm{g/cm^3}$，$R_{28}\geq7.5\mathrm{MPa}$。

（5）渗透系数 $k\leq1\times10^{-6}\mathrm{cm/s}$。

（6）扩散度为 $75\sim85\mathrm{mm}$。

3. 工程应用情况

红石岩左岸古滑坡体上部为孤块石夹粉土，渗透系数 $3\times10^{-2}\sim2\times10^{-4}\mathrm{cm/s}$，属中等—强透水层。古滑坡体下部为碎、块石混粉土、黏土，渗透系数为 $8\times10^{-3}\sim1\times10^{-4}\mathrm{cm/s}$，属中等透水层。

左岸灌浆洞帷幕灌浆按三排帷幕布置，排距 0.75m，孔距 1.5m，上下游排分两序孔施工，中间排分三序施工。上部地层为古滑坡堆积体，下部为基岩。帷幕灌浆合格标准均为透水率不大于 5Lu。

6.4.2 施工装备

6.4.2.1 防渗墙施工装备

冲击钻机自 20 世纪 50 年代引进以来，到 20 世纪末，以仿苏式 CZ22、CZ30 型钢丝冲击钻机为主的各种钻机，一直是水利水电工程防渗墙最基本的主力施工设备。这种钻机结构简单、易于维修、对地层的适应范围广、市场保有量巨大，但钻进深度有限、工效低，对于堰塞坝超百米深度防渗墙槽孔施工，其性能、能力和钻头质量不能满足施工要求，基本无法施工，必须提高钻机的能力与性能。

鉴于冲击钻机对地层的良好适应性和市场认可度，针对西南地区复杂地质条件下建造 100m 以上超深防渗墙的需求，我国对传统钻机进行改造升级，生产了系列重型冲击钻机，最大钻头质量可达 8t，在旁多水电站防渗墙工程中，最大成墙钻孔深度为 158.47m，试验段槽孔最大深度为 201m；已完工的大河沿水库防渗墙工程已完成 4 个 160m 以上深度槽孔造孔与浇筑，最大深度为 186.15m。改进升级的重型冲击钻机实现了大跨度飞跃，满足了 100m 以上、200m 级超深与复杂地质条件防渗墙工程施工的需要。重型冲击钻机技术要点叙述如下。

针对堰塞坝施工要求，在传统 CZ 型冲击钻机的基础上进行优化设计，改进内容包括：为提高钻进效率，钻具质量需要加大；随着成槽深度的增加，钢丝绳自身的弹性变形增大，钻机必须具备足够的冲击行程；钻机卷扬需满足重型钻头的提升能力要求，且具有超大容绳量；增加离合器摩擦片数量和制动轮毂直径以满足传动力需求；在重负荷恶劣环境工作状态下，机架及关键零部件需具备更高的强度和刚度及自身的稳定性，刹车与离合系统应更可靠。

1. 设计改进的重型钻机具备的特点

（1）设计大容绳量卷筒，配置螺纹绳槽，提高容绳量，降低摩擦损失；设计增加主卷扬传动链中间增力节，使提升操作更轻松省力。

（2）主轴加工选用加强型合金钢材，提升结构强度；采用分体式主轴提高传动能力，简化加工制作、方便维护。

（3）主轴离合器采用 ϕ350mm 型摩擦片，离合能力加大，在提升 8t 钻头时，主卷扬离合器闭合力仅为 20kgf，并且中间片加厚至 8mm，表面磨间使之接合轻松，解决了中间动力片因打滑发热而变形黏合的难题。

（4）加大三角带轮尺寸、增大三角带包角以减少打滑从而保证动力输出；曲柄的连接变更为矩形直孔键，连接可靠、使用简便。

（5）主机架采用 Q235/30C 型重型工字钢加工成型，保证安全可靠。通过合作厂家的深化完善及加工工艺调整，钻机已满足设计要求，并已批量生产，大量应用于 100m 以上深度防渗墙工程施工中，取得了良好效果。改型重型冲击钻机整机及施工见图 6.4-2。

图 6.4-2 改型重型冲击钻机整机及施工图

2. 配套重型钻具设计

冲击钻进基岩难度最大，一般采用十字形齿牙式钻头，钻头周围的受力点主要在齿牙部位，针对钻进坚硬岩石施工中容易磨损掉齿，钻刃磨损后容易发生卡钻和偏孔的问题。

改进措施如下：

（1）增加钻头周围弧形底刃的长度和外围硬质合金齿的数量，从而加强圆孔形成能力和钻进过程的稳定性。

（2）增加钻头底刃硬质合金齿的强度和尺寸，并使之能同时接触孔底，以加大钻头的破岩能力，减少钻齿的破损。

（3）调整各钻角摩擦面的角度，以减小钻头与孔壁的摩擦，提高钻进工效。改型钻头见图 6.4－3。

3. 配套 JHB－200 型泥浆净化机

在冲击钻机的钻进施工中，护壁泥浆的固相含有两种成分：一种是制造护壁混浆的必要材料，如膨润土等；另一种是有害固相，它是在钻进过程中，由钻屑（岩粉）或地层中的黏

图 6.4－3　改型钻头

土、砂、风化物及砂卵石等侵入泥浆中产生的。有害固相含量的增加对钻进效率、设备和机械的磨损、泥浆护壁性能都有很坏的作用，同时还增加功率损耗、增大泥浆成本和增加清除有害固相的工作。

据美国一些公司统计，有害固相含量降低 1％，机械钻速可提高 10％～29％。据国内石油钻井的钻探实测统计，有害固相含量降低 1％，机械钻速可提高 10％～26％。煤田勘探钻孔试验表明，使用旋流器除砂时泥浆比重由 1.15 降低为 1.08，钻进效率提高 24.3％。

由于有害固相的存在，使泥浆护壁性能降低，因此钻孔事故增多。据煤田勘探钻孔统计，使用泥浆净化设备后，孔内事故率从 10.3％降低为 0.72％。又据煤田勘探钻孔统计，使用泥浆净化设备减少了弃浆次数，使每米进尺泥浆成本由 2.22 元/m 降低到 0.23 元/m。

因此，在防渗墙槽孔施工中，利用专用设备对槽内泥浆进行净化和循环利用是十分必要的。国内相关单位研制了 JHB－200 型泥浆净化机，该设备也可以单独与其他泥浆回收系统结合应用。该设备的研发实现了相应设备的国产化，在保证设备性能的基础上，大幅降低了生产成本，大量应用于工程建设，经济效益、社会效益显著。

（1）国内外发展概况。泥浆净化机又称为泥浆振动旋流再生机，它是防渗墙施工中配合循环钻机净化泥浆的设备。

在国外，尤其在发达国家，由于广泛采用高效率的循环钻进工艺，并且采用膨润土浆护壁，对泥浆质量有高标准的要求，所以对泥浆净化设备的研制与应用极为重视，并且有较长的发展历史。许多发达国家都有专门的机构研制泥浆净化设备。如苏联的全苏石机器制造科学研究设计院、美国的 Milchem 公司、日本的利根公司，还有德国的宝峨公司等都重点研究和生产了成套的系列化泥浆净化设备，供世界各地选用。例如，宝峨公司生产了 BE－100、BE－150、BE－250、BE－300 及 BE－500 系列除砂机。其处理能力从 $100m^3/h$ 到 $500m^3/h$。这些泥浆净化机均采用双振动电机合成直线振动，金属和橡胶组成的复合弹簧以及抗震耐磨的聚氨酯橡胶筛网等先进技术，使净化机性能优异、除渣效果

良好，但价格昂贵。

在国内，石油钻井工程对泥浆净化设备的研制与生产应用时间较长，建筑业随生产的需要也普遍使用了泥浆净化设备。在水利水电系统中，因长期采用非循环钻进工艺，用黏土造浆护壁，所以对泥浆净化回收的研究相对落后，随着高效新型冲击反循环钻机的研制以及液压抓斗、液压双轮铣等先进施工机械的引进，推动了泥浆净化设备的研制及应用。

（2）泥浆净化机的构造。JHB-200型泥浆净化机是由振动筛、旋流器、管路系统、泥浆泵及泥浆罐等组合而成的综合泥浆处理设备。它集筛分、离心分离和沉淀等多种性能于一体，是高性能的泥浆净化装置。

（3）泥浆净化机工作原理。两台振动电机同步运转，使振动筛产生直线振动。由钻机反循环砂石泵抽出的含渣泥浆首先被送入振动筛粗筛网，筛除粒径大于5mm的粗颗粒，而后被送入细筛，通过细筛后落入泥浆罐。泥浆罐中的泥浆由泥浆泵抽送到旋流器的射流口，射入旋流器内，在旋流器内形成高速旋转的泥浆流。旋转产生强大的离心力使比重大的泥沙从泥浆中分离出来。净化的泥浆由旋流器的溢流口流出来至槽孔，由于旋流器排出的混砂含有较多混浆，所以在排渣口下设置细振动筛网，以便进步回收泥浆，压缩泥沙中的水分。

（4）JHB-200型泥浆净化机的设计特点和技术参数。发达国家因财力雄厚，不惜投入重金，使用各种新技术以及质量优良的泥浆净化设备组成泥浆净化回收系统，他们在泥浆净化设备上投入的资金有时甚至超过了在主机上投入的资金，从而获得优良的净化回收性能。我国的国情是底子薄，没有雄厚的资金购买或添置全部的先进设备。因此，设计的主导思想是：净化机要性能良好，造价低廉，适合我国国情。

经过多次试验、多次修改设计，JHB-200型泥浆净化机已逐渐完善和走向成熟。该机型有以下特点：

1）工作原理及工艺流程是国际通用和先进的，其结构布局也是合理的。国内外泥浆净化装置的工作原理大致相同，即筛分、离心分离和沉淀，并且多将这3种净化原理集中应用在泥浆净化机上，使之成为高性能、高效率的除砂设备。该机也是如此。

2）净化性能良好，处理能力大。处理泥浆能力达200m³/h，处理固体能力达20t/h以上。除渣率为60%～90%（根据不同的地层而不同）；渣料含水率小于30%；振动筛的激振力可以调节，以适应不同的地层要求。

3）造价低廉。该机使用单轴振动筛，其激振器只有一组，比直线振动筛少一组，大大降低了成本，且构造简单，便于维修。

该机选用铸铁旋流器和农用砂石泵也使产品成本降低。在设计上使钻机反循环砂石泵的流量略大于旋流器砂石泵的流量，并使用溢流管自动调节泥浆罐内液面高度，省去了复杂的液位自动平衡装置，进一步降低了整机造价。整机价格较低，是我国中型泥浆净化装置中造价最低的，与德国宝峨公司的BE-250型除砂机相比，造价仅是它的1/32～1/23；与国内某工程局防宝峨公司产品制造的泥浆净化装置相比，造价也仅是它的1/3～1/2。该机适合在水利水电工程中应用。

6.4.2.2 防渗帷幕施工装备

国内专门针对廊道内灌浆凿孔的工程钻机生产厂家较少，符合红石岩项目部施工要求的钻机生产厂家更少。在收集大量相关技术资料的背景下，结合现场的施工环境要求，设计的洞内全液压工程钻机成功解决了廊道内狭小空间施工的难题，且运行平稳和施工效率高。

与国外的知名厂家相比，国外设备采购周期较长，价格昂贵（1 台相当于国内的价格 2～3 倍），且售后和维修没法及时解决，所以一般情况施工方不愿意采购国外设备。结合实际情况综合考虑，关键核心部件动力头采用了德国欧钻原装进口，液压元件采用意大利品牌，既保证了核心零部件能够长期平稳运行，也降低了钻机成本，所以该设备可以替代国外设备。

1. 低净空全液压大功率工程钻机

基于堰塞坝加固需要确定低净空全液压工程钻机使用性能及设计参数以及动力头和动力源选型；采用 Solidworks 建模和仿真优化装备底盘、臂架、推进梁设计，基于功能要求优化设计液压系统，确定液压元件选型，通过现场试验测试不断完善施工工艺和设备部件和结构，研发了复杂地质条件超百米级堰塞体的帷幕灌浆技术装备——全液压工程钻机。

（1）概述。市场上适合廊道内使用的液压钻机较少，而红石岩项目是针对复杂地层中凿岩钻孔，现场地质大部分是山体垮塌的孤石堆积，要求凿岩机具有大扭矩、转速可调节、运行平稳且结构紧凑，适合低净空灌浆平洞内施工。

现场灌浆平洞尺寸见图 6.4 - 4。洞内最大宽度：3m；洞内最大高度：3.5m；洞内最低高度：2.63m。

其他要求：要预留行人行走空间和排水渠空间；凿岩机桅杆可相对于垂直孔能够进行 ±5° 的调整。

（2）钻机总览及主要参数。钻机总览见图 6.4 - 5。推进梁总成包括推进梁主体、夹持器、卷扬机、回转动力头、链条给进油缸、辅助给进油缸。上部结构包括机座、液压元件、液压油箱、电机及液压泵、散热装置、后支腿油缸、前支腿油缸、臂架组件。履带底盘包括履带。

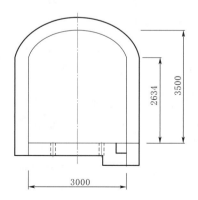

图 6.4 - 4　施工洞尺寸（单位：mm）

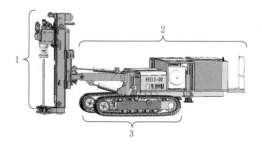

图 6.4 - 5　钻机总览图
1—推进梁总成；2—上部结构；3—履带底盘

主要技术参数如下：

1）钻孔直径：76～150mm。

2）动力头转速：40/60/120r/min。

3）动力头扭矩：12/8/4kN·m。

4）最大拔管力：75kN。

5）垂直钻孔时设备最大高度：3200mm。

6）垂直钻孔最大宽度：2603mm。

7）电机功率及转速：75kW/1480r/min。

8）钻孔最大深度：200m。

9）液压系统压力：20MPa。

10）液压系统流量：（188＋28）L/min。

11）外形尺寸：6121mm×2000mm×2656mm。

12）重量：10t。

（3）钻机的施工范围参数。钻机施工范围参数如图 6.4-6 所示。

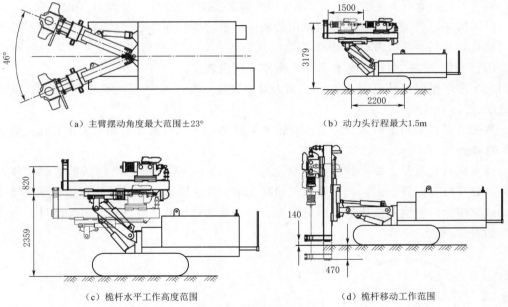

（a）主臂摆动角度最大范围±23°　　　　　（b）动力头行程最大1.5m

（c）桅杆水平工作高度范围　　　　　　　　（d）桅杆移动工作范围

图 6.4-6　钻机施工范围参数（单位：mm）

（4）操作说明。全液压钻机可手动操作和无线遥控操作。以下作简要说明：

1）手动操作。包括电动机启动、电动机停止以及行走、姿态调整、钻孔等操作（见图 6.4-7）。

2）遥控操作。遥控器操作包括动力头旋转、动力头侧移油缸、钻杆夹持油缸、卷扬带动钢丝绳的起吊、桅杆伸缩油缸的控制（见图 6.4-8）。

（5）全液压工程钻机的应用。FEC-1200 全液压工程钻机在红石岩施工现场正常使用，且运行稳定（见图 6.4-9 和图 6.4-10）。各项主要参数均达到施工要求，得到了施工人员、监理人员和业主方的认可。与国内凿岩机相比，在操作、运行平稳方面有较大优势。

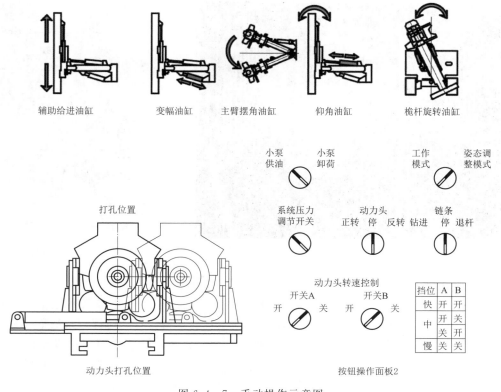

图 6.4-7 手动操作示意图

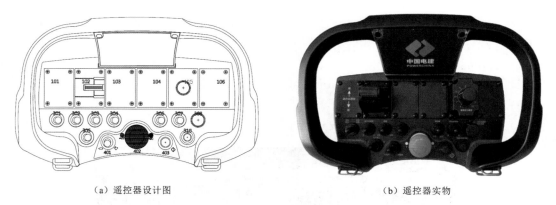

（a）遥控器设计图

（b）遥控器实物

图 6.4-8 自动操作遥控器

（6）应用效果。该设备在红石岩项目施工现场进行钻孔作业，表现稳定，在洞内可灵活施工。针对红石岩复杂堆积体孤石地层，正常凿孔速度达到 5min/m，平均每天可钻孔深度为 40～50m，单个钻孔深度最深达 50m，能够很好地满足施工设计要求。

动力源采用电机驱动，适合廊道内施工，无废气污染排放。动力头采用德国原装进口、扭矩大、运行平稳、可实现转速调节。采用履带行走和臂架结构，在廊道内可灵活施工，凿孔时可对凿孔位置进行微调，保证凿孔施工精度要求。操作可采用手动和无线遥控操作，操作简单方便。动力头桅杆采用钣金件折弯组焊而成，经久耐用。

图 6.4-9 灌浆平洞内施工   图 6.4-10 洞外施工

2. 一体式制浆系统

（1）概述。FEC Auto ZJ-800A 系列制浆系统是为灌浆、防渗墙及其他基础处理工程制备浆液而设计的集中作业平台，该系统集成了自动加料、自动搅拌、浆液输送和自动清洗等功能，配备先进的可编程控制系统和人机交互界面，能够按照用户设定的搅拌时间、原料配方和所需产量，以每次 800L 的浆液数量进行全自动生产。根据不同工况需求，还延伸设计出 B 型、C 型和泥浆后台供给系统，以满足多轴螺旋深搅、双轮搅、旋挖、抓斗等施工设备作业的浆液需求。

（2）一体式制浆系统总览及主要参数。一体式制浆系统总览见图 6.4-11，主要参数如下：

1）制浆能力：$16m^3/h$。

2）外形尺寸：$6000mm \times 2400mm \times 2400mm$。

3）储浆桶可储存浆量：1600L。

4）送浆泵最大流量：292L/min。

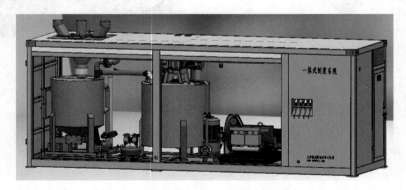

图 6.4-11 一体式制浆系统总览

（3）一体式制浆系统的应用。一体式制浆系统在红石岩防渗墙和帷幕灌浆施工中已全面应用，主要用于防渗墙护壁泥浆制浆和帷幕灌浆浆液制备。红石岩防渗墙墙体最深达到137m，堆积体覆盖层帷幕灌浆最深125m，地层复杂、多为松散堆积体，防渗墙和帷幕灌浆施工过程对浆液质量及浆液供应强度要求高，一体式制浆系统很好地解决了红石岩防渗墙造孔成槽护壁泥浆和帷幕灌浆浆液质量和供应强度问题，效果显著（见图6.4-12）。

图 6.4-12 一体式制浆系统现场布置

（4）应用效果。一体式制浆系统在防渗墙造孔泥浆浆液及帷幕灌浆浆液均能适用，且配备卧式灰灌，可洞内布设，占用空间较小，布置灵活，出浆效率高，浆液质量稳定。一体式制浆系统采用全自动化操作，方便，快捷，节约人力资源。

3. 膏状浆液一体机

（1）概述。膏状浆液一体机主要由螺旋送料机构、膏浆搅拌机构、膏浆灌浆机构、液压控制系统和电气控制系统构成，是根据混凝土输送泵原理，结合膏浆灌浆特点自行研发的一种针对浓稠浆液灌浆施工的泵送设备。该设备采用"S"阀分配结构，利用电液比例阀通过 PLC 进行智能控制，可实现灌浆过程压力的智能控制。

（2）设备总览及主要参数。膏浆灌浆机总览见图 6.4-13，主要参数见表 6.4-2。

图 6.4-13 膏浆灌浆机总览

表 6.4-2 膏浆灌浆机主要参数表

型号	GJB-4
理论输送量/（m^3/h）	4
理论最大出口压力/MPa	10
分配阀形式	"S"阀
浆液缸体内径/行程/mm	$\phi125/500$
主油缸径体行程/mm	800
动力功率/kW	26.3
整机重量/kg	2660
整机尺寸（长×宽×高）/（mm×mm×mm）	3700×1350×2190

（3）膏状浆液一体机的应用。膏状浆液一体机在红石岩堰塞体帷幕灌浆工程已全面应用，膏浆灌浆一体机制浆效率高、制浆质量控制好、节约了人力资源、满足了工程大量膏

状浆液需求。

（4）主要结论。膏状浆液一体机的发明，使膏浆的送料、搅拌、灌浆集成为一体，解决了传统搅拌机及灌浆泵成本高、膏状浆液输送易堵管的技术难题。

4. 智能灌浆系统

在灌浆施工过程中，出于灌浆泵的排出流量不稳、地层的吸浆量随裂隙充填而减少、水灰比变化及回浆卷带的细颗粒等原因，现场灌浆压力很不稳定，经常上下波动。灌浆压力的控制多采用人工操作控制，现场施工技术人员凭借丰富的灌浆经验观察灌浆过程中压力、流量值的大小调节回浆管道上压力阀的开度来调节灌浆压力。这种人工控制方式操作灵活，操作员可以根据现场突发事情做出紧急处理，在一定程度上达到控制压力的目的，但也存在着很多缺陷。

智能压力控制装置是基础处理灌浆施工中压力控制的专用设备，是为提高灌浆压力控制精度，实现灌浆压力的自动控制，确保灌浆工程质量和施工成本而研究设计的。

（1）概述。智能灌浆系统主要有全液压灌浆泵和智能压力控制装置组成。全液压灌浆泵是一款灌浆流量和灌浆压力可自动调节的灌浆泵，主要由料缸、液压油缸、电机及马达、控制柜、机座、传感器、液压油箱和液压控制系统组成，通过压力传感器和位移传感器的数据反馈可实现自动调节。

（2）设备总览及主要参数。全液压灌浆泵及其操作界面见图 6.4-14～图 6.4-16。

图 6.4-14 全液压灌浆泵   图 6.4-15 灌浆压力智能控制系统

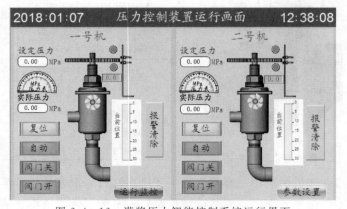

图 6.4-16 灌浆压力智能控制系统运行界面

主要参数如下：

1）灌浆流量：120L/min，160L/min。

2）最大灌浆压力：12MPa，9MPa。

3）功率：22kW。

4）外形尺寸：2200mm × 1200mm × 1600mm。

图 6.4-17　灌浆压力智能控制系统现场使用

（3）全液压灌浆泵的应用。智能灌浆压力控制装置用于灌浆工程中实现灌浆压力自动控制，确保灌浆工程质量和降低施工成本，避免了传统灌浆泵灌浆过程中峰值灌浆压力过大而造成原始地层抬动或对坝体的破坏，具有较广阔的应用前景。

全液压灌浆泵在红石岩帷幕灌浆工程已全面应用，实现了灌浆过程压力、流量的精准控制，保证了灌浆施工质量及安全（见图 6.4-17）。

（4）应用效果。全液压灌浆泵实现了灌浆流量和灌浆压力可自动调节，解决了以往灌浆施工中灌浆流量和压力依靠人工操作、灌浆压力控制不准确、容易造成地层抬动的难题，提高了灌浆质量，避免了抬动。

6.5　监测新设备与布设施工

6.5.1　基于分布式光纤传感技术的堰塞坝智能监测设备

6.5.1.1　分布式光纤应变传感测量原理

光在光纤中传播会发生散射，主要有 3 种散射光：瑞利散射光、拉曼散射光和布里渊散射光，如图 6.5-1 所示。

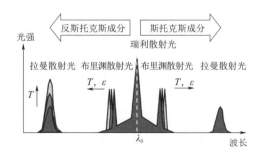

图 6.5-1　光纤内三种形式的散射

其中，瑞利散射光由入射光与微观粒子的弹性碰撞产生，散射光的频率与入射光的频率相同，在利用后向瑞利散射光的光纤传感技术中，一般采用光时域反射结构来实现被测量的空间定位；拉曼散射光由光子和光声子的非弹性碰撞产生，波长大于入射光的为斯托克斯光，波长小于入射光的为反斯托克斯光，斯托克斯光与反斯托克斯光的强度比和温度有一定的函数关系，一般利用拉曼散射光来实现温度监测；布里渊散射光由光子与声子的非弹性碰撞产生，散射光的频率发生变化，变化的大小与散射角和光纤的材料特性有关。与布里渊散射光频率相关的光纤材料特性主要受温度和应变的影响。研究证明，光纤中布里渊散射光信号的布里渊频移和功率与光纤所处环境温度和承受的应变在一定条件下呈线性关系，以式（6.5-1）表示，因此通过测定脉冲光的后向布里渊散射光的频移就可实现分布式温度、应变测量，利用布里渊散射光来进行感测的分布式光纤监测技术有 BOTDA、BOTDR 和 BOFDA。

$$\begin{cases} \Delta V_{B} = C_{VT} \Delta T + C_{V\epsilon} \Delta \epsilon \\ \dfrac{100 \Delta P_{B}}{P_{B}(T, \epsilon)} = C_{PT} \Delta T + C_{P\epsilon} \Delta \epsilon \end{cases} \qquad (6.5-1)$$

式中：ΔV_{B} 为布里渊散射光频移变化量；ΔT 为温度变化量；$\Delta \epsilon$ 为应变变化量；C_{VT} 为布里渊散射光频移温度系数；$C_{V\epsilon}$ 为布里渊散射光频移应变系数；ΔP_{B} 为布里渊散射光功率变化量；C_{PT} 为布里渊散射光功率温度系数；$C_{P\epsilon}$ 为布里渊散射光功率应变系数。

6.5.1.2 安装方法

1. 测斜管的安装

光纤光栅测斜管主要由光纤光栅点串、铝合金测斜管及测斜管连接件和堵头等组成，光纤光栅斜管结构如图 6.5-2 所示。

当测斜管发生弯曲变形时，通过测试粘贴在测斜管表面的光纤光栅测点的应变值，即可获得沿测斜管不同荷载变形下的位移量。

测斜管下放到最底部的一节需要做渗水处理，底部用专用堵头封堵，防止渗水漏水。测斜管的连接安装采用测斜管专用的连

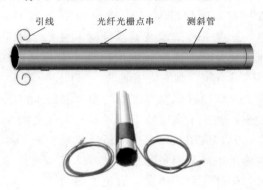

图 6.5-2　光纤光栅测斜管结构图

接管连接，用铆钉枪或者螺丝锁紧固定，保证测斜管连接的牢固。

在测斜管孔口做方向标记，标识堰塞体监测的移动方向，在下放传感器过程中，保持传感器监测方向与之一致。下放第一节测斜管后，用测斜管的连接管连接第二节测斜管，然后下放，以此类推。

每节测斜管下放固定后，将两端引线按顺序做标记，标记内容包括测斜管监测面对应的方向、对应的波长范围以及该节测斜管埋深。标记完成后再进行下一节安装。

测斜管下放完毕后填沙，采用砂土回填封孔。回填时应缓慢投入砂土，并轻轻摇晃测斜管，使砂土充分填充，若孔较深，可采用多次回填，确保最终孔内填实。将光纤冗余引线盘好，在测斜管外部套入大号的 PVC 套管进行保护。上述所有步骤完成后，记录此时的各个测点波长和光谱，检测传感器安装效果。

2. 光纤光栅固定式测斜仪的安装

光纤光栅固定式测斜仪下放在铝合金测斜管内。根据设计深度，将光纤光栅固定式测斜仪串联熔接好后，将上一个测斜仪底部通过钢丝绳与下一个测斜仪顶部连接固定。下放时施工人员拉住钢丝绳，将测斜仪串下放至测斜管中指定位置。然后将顶部测斜仪的钢丝绳固定在测斜管上。光纤光栅固定式测斜仪如图 6.5-3 所示。

3. 金属基索状应变感测光缆安装方式

感测光缆熔接和导头组装：将两根感测光缆熔接形成 U 形回路，用扎带、扎丝和布基胶带将感测光缆固定在导头内部。最后，套入导头套筒，接上导头尾部导管，完成导头

组装。

放线盘架设：感测光缆盘绕在放线盘上在下放布设感测光缆时，拉动或转动放线盘，光缆快速从放线盘绕出，便于下放安装。在使用长杆串起放线盘时，应注意放线盘的先后穿入顺序和各自方向，避免光缆过多，相互缠绕在一起。

感测光缆下放：将固定好的感测光缆、钢丝绳、配重导头放入钻孔内部，通过下放钻杆将感测光缆带入到钻孔深部。下放时，只能让钢丝绳受力，不能让感测光缆受力。保证光缆拉直，同时避免定点光缆受力过大。在下放过程中每间隔 2~3m，采用小扎带将感测光缆绑扎成一股。

钻孔回填：光缆固定和初步测试网完成后，立即回填钻孔，回填材料主要为砂石料，辅助回填部分小颗粒黏土球。采用少量多次的方法回填封孔，避免孔口堵死，钻孔内回填不密实。封孔回填一般应多天多次回填，尽量保证钻孔回填密实。

光缆最终固定：在钻孔回填完毕后，在孔口位置打入固定桩或者建立支撑横杆，用于固定孔口位置的光缆。取下缠绕在钻机上的光缆，将之缠绕固定在固定桩或者支撑横杆上。感测光缆应拉紧，避免在封孔材料固结过程中，光缆发生回缩，影响光纤后续测试。

监测站砌筑：在传感器与回填材料固结耦合后，一般为 3 个月时间，在钻孔位置上方砌筑监测站。将孔口余留的感测光缆引线等接入到电箱内，将电箱砌筑到砖体内进行保护。金属基索状应变感测光缆安装示意如图 6.5-4 所示。

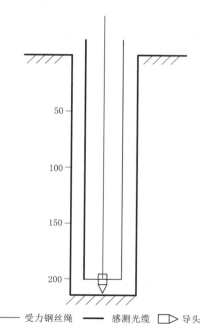

—— 受力钢丝绳   —— 感测光缆   ▷ 导头

图 6.5-3   光纤光栅固定式测斜仪

图 6.5-4   金属基索状应变感测
光缆安装示意图

4. 大量程光纤光栅位移计安装方式

材料准备：包括光纤光栅位移计及相关辅助材料等。

位移计组装：下放前先组装位移计，位移计头部内连接丝杆，根据标距长度确定丝杆的长度。

位移计下放：一组位移计往往标距在 5~10m，长度较长，需 2~3 人抬着组装好的位移计到井口位置，位移计绑扎在受力钢丝绳上，底部用抱箍固定，顶部用扎带固定。

钻孔封孔：在光缆再次固定完成之后，采用封孔材料进行回填封孔。封孔材料为砂，采用少量多次的方法回填封孔，避免孔口堵死，钻孔内回填不密实。封孔回填一般应分两天进行，第一天回填完毕后，等待封孔材料沉淀。第二天再次查看钻孔，进行二次回填，尽量保证钻孔回填密实。

监测站砌筑：在传感器与回填材料固结耦合后，一般为 3 个月时间，在钻孔位置上方砌筑监测站。将孔口余留的感测光缆引线等接入到电箱内，将电箱砌筑到砖体内进行保护。

6.5.2　分布式光纤监测堰塞坝防渗墙

1. 传感监测光纤布置设计

根据分布式光纤传感测量技术监测岩土工程及结构变形与受力的试验研究和工程应用成果，分布式光纤传感技术能够满足土石堤坝内部变形监测需要，也可用于混凝土面板与混凝土防渗墙等水工结构变形和受力的分布式监测，具有较高的监测精度。为精确评判红石岩堰塞坝混凝土防渗墙工作特性，设计采用分布式光纤传感监测系统开展防渗墙变形和受力监测研究。分布式光纤传感监测系统布置于红石岩堰塞坝Ⅱ期槽 38 号槽段，该槽段防渗墙深度约 94m，槽底高程约 1105.00m，墙顶高程 1208.80m，防渗墙上部 20m 为 C35 钢筋混凝土，下部 73.8m 为 C35 素混凝土。监测系统应变传感光纤布置型式设计为：沿混凝土防渗墙上游面，经防渗墙底部及下游面，上、下游面光纤平行，布置 1 条 V0 型应变传感光纤，构成测量回路引至地面；沿混凝土防渗墙上游面，经防渗墙底部及墙体中部，上游面与墙体中部光纤平行，布置 1 条 V0 型应变传感光纤，构成测量回路引至地面；防渗墙上、下游面外侧各保留 10cm 厚度混凝土作为传感光纤保护层，墙体传感光纤布置设计与安装示意如图 6.5-5 所示。

2. 传感监测光纤安装

红石岩堰塞坝防渗墙施工采用冲孔成槽后水下浇筑混凝土的成墙工艺，浇筑混凝土前预埋灌浆导管，灌浆导管每隔 10m 设置 1 组导向固定架以保持灌浆导管垂直；槽顶上部 20m 长度范围设置钢筋笼，不另设导向固定架，灌浆导管与钢筋笼直接固定以保持垂直。结合混凝土防渗墙成墙工艺，应变传感光纤安装前，分别在上下相邻 2 组导向架之间的上游面、中部和下游面焊接相互平行的 3 根 Φ22 螺纹钢筋，应变光纤从槽底开始分别捆扎在 3 根平行钢筋上（图 6.5-5 左下照片），传感光纤沿钢筋逐段向上引至钢筋笼高程后，分别捆扎在钢筋笼上游面、中部和下游面的钢筋上，如图 6.5-6 左上照片，传感光纤继续上引至槽口位置接续光纤跳线，对传感光纤辅以合理的保护方式，开始测量监测研究。

6.5.2.1　防渗墙分布式柔性变形监测仪器安装

在仪器安装埋设前，监测承包人应做相关埋设工艺试验，编制仪器埋设实施方案和保证措施，报监理批准后实施。如监测承包人针对该仪器提出其他安装埋设方法，报监理、设计同意后方可采用。

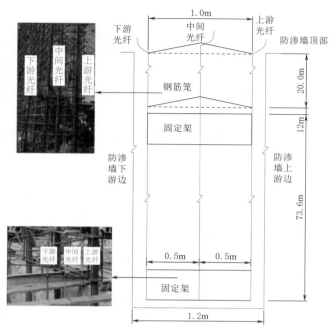

图 6.5-5　墙体传感光纤布置设计与安装示意图

（a）步骤一　　　　　　　　　　　　　　　（b）步骤二

（c）步骤三　　　　　　　　　　　　　　　（d）步骤四

图 6.5-6　仪器安装至 PVC 管

1. 堰塞体中钻孔埋设

（1）钻孔。

1）根据监测布置图布置防渗墙分布式柔性变形监测仪器，并进行测量定位，做好标志，将测量定位资料及时整理，记录在考证表内。

2）根据堰塞体实际条件选择钻孔方式，孔径为 110mm（可根据实际情况确定）。

（2）安装。

1）准备 PVC 套管（套管直径根据仪器截面尺寸确定），PVC 套管应当保持干净，不被灰尘、油等污染。

2）将仪器安装至 PVC 套管，具体过程如下：①仪器安装至 PVC 套管之前，保证导管是直的 [图 6.5-6（a）]；②将仪器卷轴放在卷轴架上以便可以从底部拉出，然后把绳子绑到孔眼上并用绝缘胶带黏牢，将仪器拉进导管内，务必有一人随时指引位移计进入套管，一直拉仪器直到 1～2 节完全露在套管远端 [图 6.5-7（b）]；③仪器安装至 PVC 管后，检查两端的方位标志确保成一条直线，并检查位移计是否扭曲 [图 6.5-7（c）]；④在确定仪器没有扭曲之后，对管底进行封堵，并将堵头黏住，黏好后用胶带将关节缠起来 [图 6.5-7（d）]。

3）将仪器和 PVC 管组合装置安装至钻孔中，具体过程（见图 6.5-7）如下：①在插进钻孔之前，拧紧固定螺丝，以保证仪器在 PVC 管内不能移动；②当组合装置插入钻孔时，需要准备位移计支撑设备，可结合现场设备开展，如图 6.5-7 中的脚手架、推土机、钻机架等；③将悬吊环拧紧到 PVC 管的顶部以支撑仪器（见图 6.5-8）。

（a）脚手架

（b）推土机

（c）钻机架

图 6.5-7　位移计安装支撑设备

4) 灌浆回填。采用水泥膨润土砂浆灌浆，灌浆前需进行配合比试验，使水泥膨润土砂浆力学性质与堰塞体材料接近。

2. 混凝土防渗墙中安装

混凝土防渗墙中推荐采用预埋管安装方式，即在防渗墙浇筑前预埋 ABS 管，待防渗墙浇筑完成后安装仪器，主要安装过程如图 6.5-9 所示。

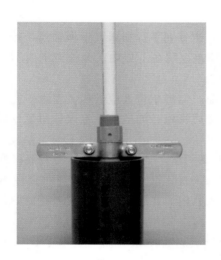

图 6.5-8 悬吊环支撑仪器

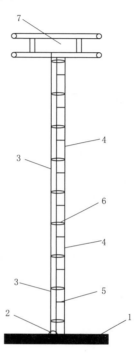

图 6.5-9 防渗墙内预埋管埋设示意图
1—沉重块；2—吊钩；3—吊装钢缆；4—预埋管；
5—预埋管分布；6—细铁丝绑扎；7—钢管框

（1）预埋 ABS 管。

1）防渗墙成槽后，按设计文件测放点位。

2）制作沉重块、钢管框及其附件，沉重块上面设有 1 个固定钢缆用的封闭挂钩，用 1 根钢缆悬挂沉重块，钢管框放置于导墙顶面固定钢缆的位置。

3）预埋管按设计位置采用逐节组装方法进行安装，并将各节预埋管用细铁丝绑扎在钢缆上，采用边向孔内插入边连接的方式。首先将第一根预埋管的一端套上底盖，用自攻螺钉拧紧底盖；放完一节，再向管接头内插入下一节预埋管，安装时须注意下一节预埋管一定要插到上一节预埋管端面处，并用自攻螺钉拧紧，预埋管绑扎在钢缆上后慢慢将其下放。若槽孔内有水，可向预埋管内注入清水，边往下放边注水。

4）当预埋管长度安装到位后，将钢管框放置于导墙顶面，将钢缆固定在钢管框上，以防止在混凝土浇筑过程中引起预埋管位置变化。防渗墙浇筑完后整条预埋管的偏斜率应控制在 5‰以内。

（2）仪器安装。防渗墙浇筑完毕初凝后在预埋管中安装位移计。

6.5.2.2 测斜孔（堰塞体）安装

1．准备工作

（1）检查所有测斜管内壁是否平直，管内导槽是否通畅，导槽不得有裂纹结瘤，管接头是否能与测斜管连接等。内径公差应小于±0.50mm，椭圆度不得大于 0.15mm，弯曲度每米不得大于 1mm。

（2）安装工具、配件及零星材料要一应俱全。

（3）在第一根测斜管安装管底堵头，并对每根测斜管的一端都安装好一个管接头，然后逐一预接，做好对接标志加以编号，以保证在现场顺利安装。

（4）在接头的两端及铆钉处应用防水胶带缠紧，以防止灌浆浆液渗入管内。

2．测斜管的安装埋设

（1）安装要求。测斜管安装时管内两对导槽分别平行和垂直于坝轴线，每两节测斜管导槽偏差控制在 10′以内，每 30m 导槽累计偏差控制在 1°以内，全长范围内不超过 5°。安装完后整条测斜管的偏斜率应控制在 5‰以内。

（2）安装埋设方法。在测斜管安装埋设前，监测承包人应做相关埋设工艺试验，编制测斜管埋设实施方案和保证措施，报监理批准后实施。如监测承包人针对该仪器提出其他安装埋设方法，报监理、设计同意后方可采用。

1）用两根安全绳扎紧带有堵头的第一根测斜管，通过起吊设备或人工将测斜管缓慢放入孔内，然后用专用夹具夹紧管口端并固定在孔口。按照预先做好对接标志与编号顺序，将测斜管逐一对接好，依照上述方法放入孔内。在孔口处应使放入孔内的每根测斜管中一对导槽方向正对预计岩体位移方向。

2）装配好的测斜管要随时用测扭仪测量测斜管的扭转角。要求全长范围内不超过 5°。测斜管按设计要求的总长度全部入孔后，再次调整好原先确定导槽方向，并固定好测斜管。测斜管安装完毕即可进行回填灌浆。

3）为防止地下水和浆液对测斜管的顶托，灌浆过程中应向测斜管内逐步注入清水，保证管内外水压的平衡，避免测斜管浮起，同时也有利于渗入管内的浆液稀释，保证导槽通畅。

4）灌浆管从导管外侧缓缓放入孔内，下到距孔底 1m 处为止。在下灌浆管时，要防止测斜管接头被破坏。灌浆管宜采用塑料软管或橡胶管（φ19～21mm），但在管入孔的末端要接一根 1m 左右外径与塑料软管或橡胶管内径相同的钢管，以便灌浆管顺畅进入孔内。

5）测斜管与钻孔之间应用水泥砂浆回填，水泥砂浆 28 天的抗压强度应不低于25MPa。为保证凝固后的水泥砂浆与钻孔周围介质的弹性模量相匹配，灌浆前应事先进行试验确定浆液的配比。

6）按预先确定的水灰比配制好的浆液，通过灌浆管送入孔内，并由下而上进行灌浆。灌浆时宜边灌边将灌浆管缓缓提升，但不能提出浆面，以保证浆液饱满。

7）灌浆完毕拔起灌浆管后，测斜管内要用清水冲洗干净，在测斜管管口加盖，随即做好牢固的孔口保护装置。

8）待水泥砂浆终凝后，测量测斜管孔口的坐标、导槽（A 向、B 向）的方位，记录在埋设考证表内。用模拟探头对全孔进行探测，以检查两对导槽是否通畅，并掌握测孔的实际观测深度，再次用测扭仪测量导槽的扭转角，记录在埋设考证表中。对埋设过程中发生的任何问题要做详细记录。

6.5.2.3 混凝土防渗墙中应变计和无应力计安装

（1）在仪器安装埋设前，监测承包人应做相关埋设工艺试验，编制仪器埋设实施方案和保证措施，报监理批准后实施。如监测承包人针对该仪器提出其他安装埋设方法，报监理、设计同意后方可采用。

（2）按设计文件测放点位。

（3）制作沉重块及其附件，沉重块的宽度应比防渗墙厚度小 5～10cm。沉重块上面设有 4 个四方对角排列的固定钢缆用的封闭挂钩，固定在钢沉重块上的 4 根钢缆长度应一致，并在顶部设一钢管箍。

（4）用 4 根钢丝绳悬挂沉重块，在高度方向每隔 5m 左右应布置钢筋定位框，以固定钢丝绳的位置。柔性钢筋笼的顶部要用钢管箍，并加工一个供起吊用的挂钩，便于柔性钢筋笼起吊就位。

（5）应变计按设计位置及方向用细铁丝扎在钢丝绳上，无应力计桶可用铅丝悬挂在钢筋笼上，全部仪器电缆应沿钢丝绳扎好引出。

（6）柔性钢筋笼宜采用起重机吊装就位，在槽内下放钢筋笼时，应按设计要求位置固定应变计和无应力计桶。

（7）仪器安装全部定位后，浇筑混凝土防渗墙。

（8）仪器埋设结束后及时填写埋设考证表。

6.5.3 堰塞坝内部沉降及其基础变形自动化监测技术与设备

堰塞坝作为天然形成的土石坝，坝料具有超宽级配、大粒径、局部松散、均匀性差等特点，其坝体在水流、坝体自重及余震等因素的影响下会产生较大的内部沉降及基础变形，及时准确地采集堰塞坝的内部沉降及其基础变形进行分析处理为堰塞坝的安全稳定监测及应急抢险提供科学依据。

传统的地质体或地基分层沉降测量装置是通过埋设沉降管，并在沉降管所在测量位置对应深度外套磁性沉降环，利用电磁式沉降仪对磁环位置进行读数从而确定测量位置的分层沉降。传统分层沉降的测量过程通常是需要测量人员将沉降仪探头放入沉降管内，当沉降仪探头接触管外磁环磁场时，探头通过电缆将信号传递到沉降仪并发出声音或光信号，通过电缆上的尺子刻度记录探头距管口的深度从而确定沉降环所处位置的高程，进而根据该环的初始高程得到该位置土层的相对位移，即沉降变形情况。通常一个沉降管有多个沉降环，这种分层沉降测量方法不仅费时费力，而且会造成较大的人工测量误差，且不能实现自动化测量。

对于堰塞坝这一类尚未变形稳定的天然堆积地质体，受其粒径较大、局部松散和空洞等因素影响，对集体内部变形过大很容易导致沉降管破坏，使得传统的分层沉降测量方法无法准确测量堰塞坝内部沉降及其基础变形过程。另外，堰塞坝的内部沉降变形较大，一般需要尽可能高频率地实时监测，且出于安全考虑尽量需要避免工作人员长时间在坝体进行操作，常规的分层沉降测量方法一般需要工作人员在沉降管埋设处进行实地测量，且无法进行实时自动化监测。由于分层沉降监测装置无法实现对堰塞坝内部沉降及其基础变形进行实时分析进而评估堰塞体的稳定及安全，迫切需要开发可以用于堰塞坝内部沉降及其基础变形的自动化监测技术与设备。

6.5.3.1 技术方案

测量堰塞坝内部沉降及其基础变形的装置主体为埋设于堰塞坝内部钻孔中不同深度位置的并联式连接的大量程位移传感器和位移块，位移块通过嵌入堰塞坝内部的弹性爪与土体紧密结合，当堰塞坝内部发生沉降时带动位移块发生移动，位移块移动时带动位移传感器位移杆移动将使位移传感器电感发生变化，通过测量不同深度位置的并联式的位移传感器的电感保护即可测得不同被测土层的沉降位移变化。测量装置安装埋设到堰塞坝内部，所有位移传感器信号电缆引至堰塞坝顶部汇集成若干根数据电缆通过出线器并采用保护管保护引至坝体现场以外安全区域（或监测房）与外部电信号接收读数仪连接进行实时测量，并结合自动化系统可实现堰塞坝内部沉降和基础变形监测测量及预警预报的目的。

6.5.3.2 仪器技术要求

（1）安装钻孔孔径为 150~200mm。

（2）刚性基准杆为直径不小于 50mm 的大刚度钢杆（或管壁不小于 10mm 的钢管），以保证刚性基准杆在堰塞坝内部具有良好刚度且保持垂直，刚性基准杆通过两端加工外螺纹并用连接套管连接，每根基准杆长可根据现场安装环境设置为 1~3m，基准杆距离外螺纹 10cm 处均设置直径 10mm 的通孔，一则用于插加力杆以紧固基准杆螺纹，同时该加力杆可作为测量装置安装下沉入孔时的吊装着力点。

（3）基准杆连接套管与基准杆外径尺寸相同，其两端加工成与基准杆外螺纹相匹配的内螺纹，连接套管中部打设直径 10mm 的通孔，该通孔功能与基准杆上通孔功能相同。

（4）大量程位移传感器采用 LVDT 大量程电感位移计，该位移计特点为量程大，可达 1000mm，精度高，传感器精度指标为 0.1%F.S，位移杆与仪器元件相互独立，位移杆活动自如，封装完成的位移传感器直径小，且不受量程大小影响。

（5）位移传感器位移杆为直径 6mm 的不锈钢杆，下部设置连接螺纹与连接组件固定连接。

（6）位移传感器限位固定夹和位移传感器支撑导向限位夹均为金属组装式构件，便于现场快速装配，采用金属材质以保证其固定和支撑强度。

（7）位移传感器的位移杆保护筒为高韧性刚性保护筒，其内径与位移传感器外径匹配，保护筒下部采用螺纹结构与位移组件进行刚性联接。

（8）位移块为厚度 60mm 的尼龙块，平面形状总体为圆形，位移块平面中部位置设置与基准杆外径匹配的孔以保证位移块沿基准杆自由运动，位移块周边固定有弹性爪和定位链，弹性爪总长度大于 60cm，安装过程由锁链将其收紧，安装过程定位链上部连接在基准杆上以保证测量设备安装全过程位移块准确定位在所需测量土层深度处，全套测量设备安装入孔到位后通过该设备设置的特有释放装置首先释放弹性爪使其牢固嵌入被测土层后，再释放定位链使位移块可以在土层沉降发生时沿基准杆自由移动以准确对被测土层的分层沉降进行测量。

（9）堰塞坝内部分层沉降测量装置所有位移传感器信号电缆引至堰塞坝顶部汇集成一根数据电缆通过出线器并采用保护管保护引至坝体现场以外安全区域与外部电信号接收读数仪连接进行实时测量，并结合自动化系统进行堰塞坝内部沉降和基础变形的监测测量和预警预报。堰塞坝内及其基础内部沉降自动化监测设备结构如图 6.5－10 所示。

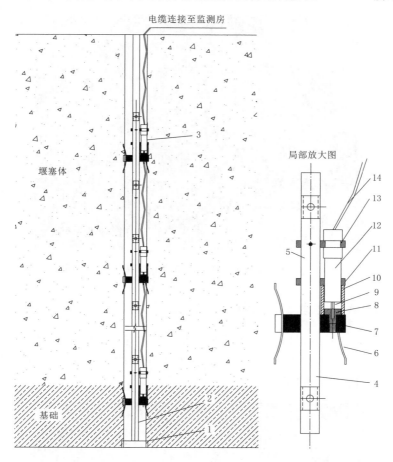

图 6.5－10　堰塞坝内及其基础内部沉降自动化监测设备结构图

1—法兰底盘；2—支撑件；3—位移监测单元；4—套管；5—刚性基准杆；6—弹性爪；7—位移块；8—连接件；
9—位移杆；10—保护筒；11—第二限位固定夹子；12—位移传感器（LVDT 大量程电感位移计）；
13—第一限位固定夹；14—位移传感器信号电缆

6.5.3.3　安装埋设方案

堰塞坝内及其基础内部沉降自动化监测设备（见图 6.5－11），安装方案如下：

（1）在待测点位钻孔至堰塞坝表面，作为监测孔。

（2）根据现场安装环境及测量深度确定每个位移监测单元的刚性基准杆长度，将位移监测单元通过套管连接。

（3）采用吊装方式逐段、分段或全段将所述自动化监测装置安装于监测孔内，其中刚性基准杆的底部法兰顶在钻孔底部基岩层。

（4）安装完成后，通过读数仪接收位移传感器信号，检测位移传感器是否工作正常。

（5）确认各位移传感器工作正常后，回填封孔，仪器信号电缆采用保护套管保护引至坝体现场以外的监测房，完成自动化监测装置的安装。

（6）自动化监测装置安装完成之后，通过读数仪的信号读数连入终端。

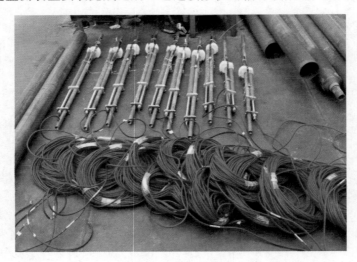

图 6.5-11　监测设备刚性基准管及位移计组实物图

6.5.4　GB-InSAR 表面变形监测技术方案

采用 GB-InSAR 技术对红石岩堰塞坝整治工程中右岸崩塌高边坡变形进行安全监测，实现了对高程 1765m 以下下游侧开挖区进行大范围的连续变形监测，实时获取监控区域的真实形变，监控区域见图 6.5-12。

图 6.5-12　红石岩堰塞坝右岸崩塌高边坡 GB-InSAR 技术变形监测区域

GB-InSAR 监测所用主要设备为微形变监测地基干涉雷达系统，设备系统的硬件组成包括以下分系统：总控分系统、雷达收发分系统、配电分系统、轨道分系统和相关扩展件。

    采用 GB-InSAR 技术对右岸崩塌高边坡进行变形监测时，监测站的选址主要遵循了以下原则：①观测站与观测目标保持通视，②远离电磁干扰区和雷击区，③避开地质构造不稳定区域，④便于接入公共通信网络，⑤具有稳定、安全可靠的交流电电源等。

    根据该边坡的实际条件，结合被监测边坡的地质条件及危险区域的分布范围，将 GB-InSAR 设备安置于被监测边坡正南方向的地基较稳定处。为了确保 GB-InSAR 设备在监测过程中不受降水、大风等恶劣天气条件的影响，并满足其在恶劣天气条件下仍然正常连续监测的要求，在红石岩边坡正南方向相对稳定的基岩上建立监测房。将 GB-In-SAR 设备安置于监测房中对边坡进行形变监测，监测房的建立可以有效地避免设备因不利天气条件而对监测结果产生影响，保证设备 24 小时连续监测。同时将监测边坡的系统服务器放置于监测房中，监测人员可以通过客户端对 GB-InSAR 设备的监测结果进行数据分析以及实时预警。

6.6 本章小结

    堰塞坝防渗体系的成功建造体现了堰塞坝综合整治的关键技术之一，通过防渗墙与帷幕灌浆工艺的应用以及装备、机具、材料的创新，最终达到了堰塞坝"变废为宝"的设计目标，达到了社会效益和经济效益的双丰收。

展望 7

　　本书围绕堰塞坝应急处置与开发利用关键技术难题，经过十年的科研攻关，取得了丰富的创新性研究成果。总结这些成果得到以下结论：

　　（1）通过理论研究与工程实践，创建了堰塞体风险识别、溃堰分析与泄洪分流的应急抢险关键技术，攻克了堰塞体应急抢险快速响应与科学决策的技术难题，为堰塞坝应急处置提供关键的技术支撑。

　　（2）系统总结了堰塞湖应急处置技术，详细阐述了堰塞湖应急处理的非工程措施和工程措施。在红石岩堰塞湖应急处置中，首次采用开挖应急泄洪洞的方式，处置效果良好。

　　（3）首次提出了堰塞坝工作性态分析和安全评价新方法，突破了堰塞坝静动力工作性态分析和安全评价的技术瓶颈，为堰塞坝的整治利用提供了理论依据。

　　（4）首次提出了堰塞坝开发利用评估理论与方法，填补了该领域的技术空白，为堰塞坝开发利用提供了重要支撑。堰塞坝开发利用应从安全性、资源可行性、经济可行性和生态环境可行性等方面进行综合评估。

　　（5）通过实际工程案例创建了堰塞坝整治利用勘察设计与安全监控技术体系，根据"减灾兴利、变废为宝"的思路，将红石岩堰塞坝整治成为集"应急抢险、后续处置、开发利用"一体化的世界首例水利枢纽工程。

　　（6）对堰塞坝特有的（宽级配、大粒径、非均匀等）地层防渗需求，研发了硅溶胶纳米级环保型灌浆材料和高塑性水泥膏浆新材料；针对堰塞坝不均匀性、各向异性以及松散地层空腔、裂隙尺寸较大的特点，研制了全液压低净空大功率工程钻机、一体式制浆系统、全液压灌浆泵、膏浆灌浆一体机施工成套装备，解决了复杂环境下宽级配堰塞坝防渗结构的灌浆施工关键技术难题。

　　（7）研发了系统软件，包括了堰塞坝应急指挥平台、水利水电工程三维地质建模平台、堰塞坝应急处置的全专业 BIM 协同设计平台、堰塞坝溃决计算模型与风险分析系列软件以及堰塞坝全生命周期智能安全运行平台，为堰塞坝的应急处置与整治提供了强有力的技术支撑和保障。

　　依托该成果完成的红石岩堰塞坝开发利用工程已于 2020 年 6 月投产发电并安全运行。成果大力提升了国家自然灾害防治体系建设的技术能力，在国际学术界产生了重要影响。其中，应急处置成果应用广泛，在红石岩、白格等堰塞坝应急抢险与风险处置中发挥关键作用，经济社会与生态环境效益显著。

　　由于堰塞坝多位于地震多发区，传统的地震动设计参数基于概率模型，具有不确定性。红石岩堰塞坝开发利用工程建立了系统的强震监测系统，水库周边建立了地震台网，下一步将加强库区及周边地震活动的监测、分析及应急管理，根据实测地震资料反演分析堰塞坝及高边坡永久安全性。

在堰塞湖应急抢险中，快速获取数据、研判风险因子、精确预测溃堰洪峰等抢险技术，是科学决策的核心难题。堰塞体结构复杂，开发利用面临性态评价、勘察设计、施工技术与装备等世界级技术难题。通过近15年的技术攻关，我国已在攻克堰塞湖风险识别与溃堰分析、堰塞坝形态评价与勘察设计、堰塞坝新材料新装备与施工等世界级技术难题方面取得了巨大进步。但由于堰塞湖成因的复杂性，堰塞坝具有地质、结构、水文、溃堰形式、处置条件等不确定性和不连续宽级配结构、材料颗粒尺度离散性大、空间结构和物性参数随机性强等特征，堰塞湖应急处置、堰塞坝开发利用的技术还不完全成熟，仍需进一步研究和发展。

参考文献

［1］ 尚殿钧. 哈姆山堰塞湖安全评价与综合治理研究 ［D］. 长春：吉林大学，2017.

［2］ 龙军飞，胡平，王会杰. 永定桥水库堰塞体治理工程施工技术要点 ［J］. 水电站设计，2016，32 （4）：49-51.

［3］ 熊影，李根生，周宏伟，等. 白沙河流域三座地震堰塞湖治理综述 ［J］. 中国农村水利水电，2013 （7）：118-121.

［4］ 王志强. 舟曲白龙江堰塞河道应急除险及防洪工程建设技术实践 ［J］. 水利规划与设计，2013 （2）：52-54，74.

［5］ 胡以德，袁兴平. 多种监测方法在城口县庙坝镇堰塞湖抢险救灾工作中的综合运用 ［J］. 重庆建筑，2012，11 （9）：47-49.

［6］ 王全才，王兰生，李宗有，等. "5·12"汶川地震区都汶路老虎嘴崩塌体治理 ［J］. 山地学报，2010，28 （6）：741-746.

［7］ 周宏伟，杨兴国，李洪涛，等. 地震堰塞湖排险技术与治理保护 ［J］. 四川大学学报（工程科学版），2009，41 （3）：96-101.

［8］ 王伟，李圣伟，原松. 3S 技术在汶川大地震堰塞湖应急处理中的应用 ［J］. 人民长江，2008，39 （22）：102-104.

［9］ Schuster R L, Costa J E. A perspective on landslide dams ［J］. Landslide Dams: Processes, Risk and Mitigation ASCE, 1986，3：1-20.

［10］ 柴贺军，刘汉超. 岷江上游多级多期崩滑堵江事件初步研究 ［J］. 山地学报，2002 （5）：616-620.

［11］ 崔鹏，韦方强，谢洪，等. 中国西部泥石流及其减灾对策 ［J］. 第四纪研究，2003 （2）：142-151.

［12］ Costa J E, Schuster R L. The formation and failure of natural dams ［J］. Geol Soc Am Bull, 1988，100 （7）：1054-1068.

［13］ 佚名. 堰塞湖险情应对措施 ［J］. 中国水利，2008 （10）：28-31.

［14］ 何宁，娄炎，何斌. 堰塞体的加固与开发利用技术 ［J］. 中国水利，2008，610 （16）：26-28.

［15］ 燕乔，王立彬，毕明亮. 地震堰塞湖的综合治理与开发利用 ［J］. 湖北水力发电，2009 （4）：33-35.

［16］ 周少煜，张冠洲，郭静明，田金鑫. 堰塞湖综合治理与开发利用方案 ［J］. 江苏建筑，2011，144 （S1）：74-76.

［17］ 李鹏云，周晓雁，邬全丰，等. 地震堰塞湖/坝的除险加固技术概述 ［J］. 长江科学院院报，2008 （6）：52-57.

［18］ 吴学明，高才坤，等. 综合物探方法在红石岩堰塞体探测中的应用研究 ［J］. 物探化探计算技术，2018，40 （3）：1-8.

附表 历史堰塞湖（坝）资料汇总表

序号	堰塞湖（坝）名称	国家	形成时间	形成方式	堰塞体方量/m³	堰塞湖库容/m³	溃决方式	溃口深度/m	溃口宽度/m	溃决时长/h	峰值流量/(m³/s)
1	圣玛利亚湖	美国	史前		3.8912亿	8700万					
2	泸定昔格达组的堰塞湖	中国	晚新生代时	崩塌							
3	格嘎冰川	中国	晚更新世中晚期的末次冰期	冰川发育							
4	波尔特河支流	新西兰	2200BP		22亿	4.22亿					
5	伊塞克湖	吉尔吉斯斯坦	8000BP		1800万	1.47亿					
6	斯坎诺湖	意大利	2世纪		1.12亿	850万					
7	蒙托内河支流	意大利	800年末		40万	320万					
8	羊汤天池	中国	明代（1368年）以前	山体岩崩							
9	圣克里斯托瓦尔湖	美国	13世纪		2940万	2.6亿					
10	帕斯里奥河	意大利	1404年		450万	850万					
11	比亚斯卡	瑞士	1513年		2000万	3960万					
12	商店河	日本	1588年		2025万	5.54亿					
13	塞奇亚河利奥河三角洲	意大利	1590年		1260万	770万					
14	安托拉皮亚纳湖	意大利	1642年		1200万	410万					
15	莱蒙河	意大利	1693年		150万	50万					
16	亚伯河	日本	1702年		488万	1900万					
17	桑布罗河	意大利	1762年		350万	150万					

附表　历史堰塞湖（坝）资料汇总表

序号	堰塞湖（坝）名称	国家	形成时间	形成方式	堰塞体方量/m³	堰塞湖库容/m³	溃决方式	溃口深度/m	溃口宽度/m	溃决时长/h	峰值流量/(m³/s)
18	阿莱盖湖	意大利	1771 年		2000 万	2480 万					
19	卡米尼托河	日本	1788 年		180 万	4000 万					
20	里诺河	意大利	18 世纪		430 万	2600 万					
21	塞尔尼奥滑坡	意大利	1807 年		250 万	8910 万					
22	萨维奥河	意大利	1812 年		1600 万	2150 万					
23	塞尔希奥河利马河三角洲	意大利	1814 年		200 万	830 万					
24	特格马奇河	苏联	1835 年			660 万		90	280~340		4960
25	冀河	日本	1847 年		200 万	26 亿					
26	冀河	日本	1847 年		1950 万	26.3 亿					
27	台伯河	意大利	1855 年		450 万	1070 万					
28	塞里奥河	意大利	1855 年		180 万	820 万					
29	小南海堰塞坝	中国	1856 年	地震	4600 万	8090 万					
30	小南海	中国	1856 年 6 月 10 日	地震	4.2 亿						
31	清水溪	中国	1862 年 6 月 7 日	地震							
32	巴塘	中国	1870 年 4 月 11 日	地震							
33	柳洼河	日本	1874 年		66 万	300 万					
34	文县天池	中国	1879 年								
35	斯科特纳河	意大利	1879 年		800 万	2190 万					

续表

序号	堰塞湖（坝）名称	国家	形成时间	形成方式	堰塞体方量/m³	堰塞湖库容/m³	溃决方式	溃口深度/m	溃口宽度/m	溃决时长/h	峰值流量/(m³/s)
36	杰克逊湖	美国	1880年		2万	4700万					
37	卡诺河	日本	1883年		13万	1.01亿					
38	白谷河	日本	1889年		1000万	3600万					
39	Totsu River	日本	1889年		85万	6.57亿					
40		日本	1889年		25万	2.82亿					
41		日本	1889年		41万	2.76亿					
42	恒河	印度	1893年		1亿	2.53亿					
43	恒河	印度	1893年			46000万		97.5			56650
44	特拉马佐河三角洲	意大利	1895年		300万	340万					
45	恰尔阿依格尔沟泥石流堰塞坝	中国	1896年	泥石流							
46	布兰奇河	加拿大	1898年		589万	1.28亿					
47	阿诺河	意大利	1898年		40万	150万					
48	白鹤滩海子沟	中国	1899年	泥石流							
49	坎皮诺河三角洲	意大利	1899年		93万	220万					
50	帕尔玛河	意大利	1902年		837万	1510万					
51	汤普森河	新西兰	1905年		1600万	3900万					
52	者波祖	中国	1905年5月18日	地震		270万				4	560
53	易贡	中国	1905年6月22日	地震		30亿		58.39	128	9.25	124000
54	卡什克里克	美国	1906年		55万	5.07亿					
55	萨蒙河	美国	1909年		30万	5200万					

续表

序号	堰塞湖（坝）名称	国家	形成时间	形成方式	堰塞体方量/m³	堰塞湖库容/m³	溃决方式	溃口深度/m	溃口宽度/m	溃决时长/h	峰值流量/(m³/s)
56	格若斯维崔河	美国	1909年		3750万	2.25亿					
57	萨雷兹湖	塔吉克斯坦	1911年	地震	20亿	170亿					
58	骏米河	日本	1911年		190万	3.6亿					
59	乌索伊堰塞坝	塔吉克斯坦	1911年	滑坡	21亿						
60	阿祖瑟河	日本	1915年		90万	1.1亿					
61	回龙溪	中国	1917年7月31日	地震							
62	西吉	中国	1920年12月16日	地震							
63	伊萨尔科河	意大利	1921年		100万	5220万					
64	格若斯维崔河	美国	1923年		6750万	18.3亿					
65	法兰德河	意大利	1923年		1000万	1670万					
66	格若斯维崔河	美国	1925年		8000万	8000万		15			
67	怀俄明	美国	1925年			8000万		15			
68	斯卡普利滑坡	意大利	1927年		65万	110万					
69	Yamato河	日本	1931年		11万	7.8亿					
70	可可托海海湖	中国	1931年8月11日	地震							
71	叠溪	中国	1933年8月25日	地震							
72	鱼儿寨堰塞湖	中国	1933年8月25日	地震		1117万					
73	岷江叠溪大海子	中国	1933年10月9日	地震		2508万					10500

续表

序号	堰塞湖（坝）名称	国家	形成时间	形成方式	堰塞体方量/m³	堰塞湖库容/m³	溃决方式	溃口深度/m	溃口宽度/m	溃决时长/h	峰值流量/(m³/s)
74	托素湖	中国	1937年1月7日	地震							
75	清水潭	中国	1941年12月17日	地震		1.2亿					
76	亚马斯卡河	加拿大	1945年		4万	2700万					
77	曼塔罗河	秘鲁	1945年			30100万		56			35400
78	西藏蔡隅	中国	1950年8月	地震							
79	金珠藏布	中国	1950年8月15日	地震							
80	萨瓦那河	意大利	1951年		400万	220万					
81	奥斯匹托河	意大利	1952年		8万	230万					
82	冕宁	中国	1952年9月30日	地震							
83	艾瑞达河	日本	1953年		260万	5000万					
84	古乡沟堰塞湖	中国	1953年	泥石流							
85	德拉贡河	意大利	1954年		700万	910万					
86	麦迪逊河	美国	1959年		2600万	11.81亿					
87	蒙大拿州赫布根湖	美国	1959年	地震	8000万						
88	赫布根	美国	1959年8月17日	地震							
89	里尼韦湖	智利	1960年	地震		30亿					

续表

序号	堰塞湖（坝）名称	国家	形成时间	形成方式	堰塞体方量/m³	堰塞湖库容/m³	溃决方式	溃口深度/m	溃口宽度/m	溃决时长/h	峰值流量/(m³/s)
90	塞奇亚河	意大利	1960年		438万	3410万					
91	外恩滑坡	意大利	1963年	地震	2.5亿						
92	瓦琼特滑坡	意大利	1963年		2.5亿	600万					
93	凡杜森河	美国	1964年		43万	7500万					
94	施塔尼河	日本	1965年		140万	900万					
95	恒河	印度	1968年		43万	5.76亿					
96	瓦永特堰塞坝	意大利	1968年	滑坡	3.2亿						
97	莱姆河	新西兰	1968年			110万		30	30		1000
98	伊南阿瓦	新西兰	1968年	地震							
99	史密斯河	美国	1970年	地震	28万	7.75亿					
100	曲江	中国	1970年1月5日	地震							
101	伯纳米克河	意大利	1973年			750万		50			
102	科斯坦蒂诺诺湖	意大利	1973年		600万	430万					
103	曼塔罗河	秘鲁	1974年		3.04亿	450亿					
104		秘鲁	1974年			67000万		107	243	12	10000
105	沃福伦湖	加拿大	1974年		7万	2100万					
106	大夫	中国	1974年5月11日	地震							
107	克林顿克里克	加拿大	1976年		343万	1亿					
108	婆奴河	新西兰	1976年		250万	1000万					
109	胡德河	美国	1980年			10.5万					850
110		美国	1980年		7万	1100万					

续表

序号	堰塞湖（坝）名称	国家	形成时间	形成方式	堰塞体方量/m³	堰塞湖库容/m³	溃决方式	溃口深度/m	溃口宽度/m	溃决时长/h	峰值流量/(m³/s)
111	杰克逊克里克湖	美国	1980年			247万					477
112	克图河	美国	1980年		30万	7900万					
113	西坡黄土滑坡堰塞湖	中国	1983年	滑坡		1000万					
114	波尼湖	美国	1983年	泥石流	2万	6.52亿					
115	培龙沟堰塞湖	中国	1984年			1.2亿					
116	奥塔基湖	日本	1984年		1250万	1亿					
117	贝拉曼河	巴布亚新几内亚	1985年	地震	1.2亿	1亿		70		3	5000
118	普拉湖	意大利	1987年		4000万	5380万					
119	波斯基亚沃湖	意大利	1987年		8156万	1980万					
120	天山奎屯河"87·7"堰塞湖	中国	1987年7月15日	滑坡	75000	166.6万					
121	雪松湾	美国	1988年			5.3万		2	10		
122	银溪湖	美国	1988年		2万	1400万					
123	马雷基亚河堰塞坝	意大利	1945年		15万	410万					
124	凯巴布湖	美国	1990年		0.14万	1800万					
125	皮斯克河堰塞坝	厄瓜多尔	1990年		250万	250万		30	50		700
126	吞纳瓦依河谷	新西兰	1991年			90万		15~20		1	250
127	维士伯河	瑞士	1991年		2000万	3520万					
128	瓦克拉芒湖	新西兰	1991年		77万	2100万					
129	里约托罗河	哥斯达黎加	1992年			50万		30~50	40~80		400
130	亚诺河	意大利	1992年		2万	30万					
131	拉约悉夫那河	厄瓜多尔	1993年			2亿		43		6	10000
132	里约迫特河	厄瓜多尔	1993年			2.1亿				4~6	8250

续表

序号	堰塞湖（坝）名称	国家	形成时间	形成方式	堰塞体方量/m³	堰塞湖库容/m³	溃决方式	溃口深度/m	溃口宽度/m	溃决时长/h	峰值流量/(m³/s)
133	桑布罗河	意大利	1994 年		113 万	150 万					
134	阔兹河	美国	1995 年		5 万	4600 万					
135	外努拉河	意大利	1996 年		12 万	180 万					
136	哈姆山	中国	1996 年 1 月 4 日	地震							
137	拉利玛湖	危地马拉	1998 年		5 亿	600 万					
138	宁滇	中国	1998 年 11 月 19 日	地震							
139	亚当斯山	新西兰	1999 年			500 万～700 万	漫顶溃坝	40～50	100～150	5.5	2000～3000
140	花莲	中国台湾	1999 年	地震	1.5 亿	4600 万					
141	新草岭潭	中国	1999 年 9 月 21 日	地震							
142	亚当斯山	新西兰	1999 年 10 月 6 日	岩石崩落		500 万～700 万	漫顶溃坝				
143	易贡藏布	中国	2000 年 4 月 9 日	地震	3 亿	28 亿	漫顶溃坝				12.4 万
144	埃尔德萨古河、吉博亚河	萨尔瓦多	2001 年	地震	150 万						
145	彩提楚河	不丹	2003 年			150 万					
146	东竹泽、寺野	日本	2004 年	地震	100 万						
147	阿尼玛卿	中国	2004 年 2 月 1 日	冰崩							

续表

序号	堰塞湖（坝）名称	国家	形成时间	形成方式	堰塞体方量/m³	堰塞湖库容/m³	溃决方式	溃口深度/m	溃口宽度/m	溃决时长/h	峰值流量/(m³/s)
148	帕里河	中印边界	2004年6月22日	山体滑坡							
149	杰赫勒姆河	巴基斯坦	2005年	地震	8000万						
150	卡利河	巴基斯坦	2005年			8600万					5500
151	大宁河青岩洞滑坡堰塞湖	中国	2005年6月21日	滑坡	30万	150万					
152	龙泉溪	中国台湾	2006年	地震		100万			15		
153	河原田川	日本	2007年	地震							
154	梅家台	中国	2007年7月25日	山体滑坡		1680万					
155	宗渠	中国	2008年5月1日	地震	120万	25万					
156	肖家桥堰塞坝	中国	2008年5月12日	地震	242万	3000万		120	40	8	1200
157	北川断面	中国	2008年5月12日	地震							
158	木鱼镇堰塞坝	中国	2008年5月12日	地震	4万	8万					
159	枷担湾堰塞湖	中国	2008年5月12日	地震	210万	610万		20			
160	簖子沟堰塞湖	中国	2008年5月12日	地震	180万	620万			25		

411

续表

序号	堰塞湖（坝）名称	国家	形成时间	形成方式	堰塞体方量/m³	堰塞湖库容/m³	溃决方式	溃口深度/m	溃口宽度/m	溃决时长/h	峰值流量/(m³/s)
161	关门山沟堰塞湖	中国	2008年5月12日	地震	270万	370万					
162	罐滩堰塞湖	中国	2008年5月12日	地震		200万					
163	治城	中国	2008年5月12日	地震	120万						
164	唐家山	中国	2008年5月12日	地震	2037万	3.16亿		42	145~235	14	6500
165	苦竹坝下	中国	2008年5月12日	地震	165万	200万					
166	新街村	中国	2008年5月12日	地震	200万	200万					
167	白果村	中国	2008年5月12日	地震	40万						
168	岩羊滩	中国	2008年5月12日	地震	160万	400万					
169	孙家院子	中国	2008年5月12日	地震	160万	600万					
170	罐子铺	中国	2008年5月12日	地震	180万						
171	唐家湾	中国	2008年5月12日	地震	400万						

续表

序号	堰塞湖（坝）名称	国家	形成时间	形成方式	堰塞体方量/m³	堰塞湖库容/m³	溃决方式	溃口深度/m	溃口宽度/m	溃决时长/h	峰值流量/(m³/s)
172	文家坝	中国	2008年5月12日	地震	532万						
173	马鞍石	中国	2008年5月12日	地震	580万	115万					2200
174	石板沟	中国	2008年5月12日	地震	1050万	1100万		8			
175	红石河	中国	2008年5月12日	地震	400万	400万		10	8~10		400~600
176	东河口	中国	2008年5月12日	地震	1000万	600万		10	25		800~1000
177	老鹰岩	中国	2008年5月12日	地震	300万						
178	罐滩	中国	2008年5月12日	地震	120万						
179	黑洞崖	中国	2008年5月12日	地震	40万						
180	小岗剑上	中国	2008年5月12日	地震	60万	1200		30	80		3950
181	小岗剑下	中国	2008年5月12日	地震	34万						
182	一把刀	中国	2008年5月12日	地震	10万	379万		8	15		

序号	堰塞湖（坝）名称	国家	形成时间	形成方式	堰塞体方量/m³	堰塞湖库容/m³	溃决方式	溃口深度/m	溃口宽度/m	溃决时长/h	峰值流量/(m³/s)
183	干河口	中国	2008年5月12日	地震	10万						
184	马槽滩上	中国	2008年5月12日	地震	100万						
185	马槽滩中	中国	2008年5月12日	地震	20万						
186	马槽滩下	中国	2008年5月12日	地震	12万						
187	木瓜坪	中国	2008年5月12日	地震	20万	4万			20		
188	燕子岩	中国	2008年5月12日	地震	1万	3万			20		
189	红村电站	中国	2008年5月12日	地震	24万						
190	谢家店子	中国	2008年5月12日	地震	12万						
191	凤鸣桥	中国	2008年5月12日	地震	14万	180万					500
192	竹根桥	中国	2008年5月12日	地震	153万						
193	六顶沟	中国	2008年5月12日	地震	75万	300万			20		

续表

序号	堰塞湖（坝）名称	国家	形成时间	形成方式	堰塞体方量/m³	堰塞湖库容/m³	溃决方式	溃口深度/m	溃口宽度/m	溃决时长/h	峰值流量/(m³/s)
194	火石沟	中国	2008年5月12日	地震	120万						
195	雍子评	中国	2008年5月12日	地震	67万						
196	杨家沟堰塞湖	中国	2008年5月12日	地震	60万	85万					
197	青川县东河口堰塞湖	中国	2008年5月12日	地震	150万	300万					
198	老虎嘴	中国	2008年5月12日	地震	150万						
199	茂县宗渠沟	中国	2008年5月12日	地震	80万	25万					
200	青牛沱堰塞湖	中国	2008年5月12日	地震	29900	55.97万					
201	银洞子滑坡堰塞坝	中国	2008年5月12日	滑坡			部分溃决				
202	秦通沟堰塞湖	中国	2007—2009年	泥石流							
203	大麻里溪	中国台湾	2009年			533万					
204	武隆鸡尾山堰塞湖	中国	2009年6月5日	山体滑坡	1200万	49万			15~20		
205	台湾小林村	中国台湾	2009年8月	台风							

415

续表

序号	堰塞湖（坝）名称	国家	形成时间	形成方式	堰塞体方量/万m³	堰塞湖库容/m³	溃决方式	溃口深度/m	溃口宽度/m	溃决时长/h	峰值流量/(m³/s)
206	旗山溪	中国	2009年8月	山崩	1534万						
207	大渡河	中国	2009年8月6日	山体崩塌		6000万					
208	汉源县猴子岩堰塞坝	中国	2009年8月6日	崩塌							
209	茶园沟堰塞坝	中国	2009年11月	地震		2060					
210	阿塔巴德大滑坡	中国与巴基斯坦交界	2010年1月4日	大规模滑坡		1.92亿					
211	重庆市湾罗江河	中国	2010年7月19日	滑坡	40万	1500万~2000万					
212	汉源永定桥飞水沟堰塞湖	中国	2010年7月20日	滑坡	60万	195万					
213	舟曲泥石流堰塞坝	中国	2010年8月7日	泥石流	140万						
214	白龙江	中国	2010年8月7日	泥石流	150万						
215	舟曲县眼峪和罗家峪沟域	中国	2010年8月7日	泥石流							
216	绵远河	中国	2010年8月13日	泥石流							
217	天瞪沟堰塞湖	中国	2011年5月	泥石流							
218	湖北省房县平渡河	中国	2011年6月14日	滑坡		60.9万					
219	贵州岑巩县龙家坡	中国	2012年6月29日	滑坡	300万~400万	7万					

续表

序号	堰塞湖（坝）名称	国家	形成时间	形成方式	堰塞体方量/m³	堰塞湖库容/m³	溃决方式	溃口深度/m	溃口宽度/m	溃决时长/h	峰值流量/(m³/s)
220	甲乐沟堰塞湖	中国	2012年8月	崩塌	65000	3000					
221	三交乡永定桥堰塞湖	中国	2013年7月13日	滑坡	200万	200万					
222	牛栏江红石岩水电站	中国	2014年8月3日	地震	0.12亿	2.6亿					
223	桑科西湖	尼泊尔	2014年8月2日	滑坡	200万	1110万					
224	牛栏江红石岩	中国	2014年8月3日	地震	1200万	2.6亿					
225	甘家寨	中国	2014年8月3日	地震							
226	北川县李家湾	中国	2016年9月5日	高速滑坡	38.20万						
227	汶溪县苏村堰塞湖	中国	2016年9月28日	山体滑坡							
228	天摩沟堰塞湖	中国	2018年7月11日	泥石流	18.7万						
229	白格	中国	2018年10月10日	山体滑坡	750万	2.9亿	漫顶溃坝		80~120		1万
230	加拉	中国	2018年10月17日	山体滑坡	2000万	6亿	漫顶溃坝				2.34万
231	雅谷	中国	2019年3月20日	滑坡		40万